7 系铝合金的焊接

陈芙蓉 著

科 学 出 版 社

北 京

内 容 简 介

本书系统总结了 7 系铝合金（7A52 和 7075）焊接的最新研究成果。主要内容包括 7 系铝合金、7 系铝合金熔化极惰性气体保护焊、7 系铝合金搅拌摩擦焊、7 系铝合金电子束焊、7 系铝合金光纤激光焊、7 系铝合金变极性等离子弧焊、7 系铝合金焊接接头的焊接应力场数值模拟、7 系铝合金焊接接头的表面纳米化处理、7 系铝合金焊接接头表面纳米化的数值模拟等。本书反映了十多年来 7 系铝合金及其各种焊接方法的研究现状和发展趋势，各种常用焊接接头成分、组织和性能的内在联系和特有规律。

本书既可作为材料成型及控制工程焊接方向、焊接技术与工程等专业学生的学习用书，又可作为相关领域的教师、科研人员和工程技术人员的参考书。

图书在版编目（CIP）数据

7 系铝合金的焊接/陈芙蓉著. —北京：科学出版社，2023.6

ISBN 978-7-03-071322-3

Ⅰ. ①7… Ⅱ. ①陈… Ⅲ. ①铝合金-焊接 Ⅳ. ①TG457.14

中国版本图书馆 CIP 数据核字（2022）第 006509 号

责任编辑：张振华 / 责任校对：马英菊

责任印制：吕春珉 / 封面设计：东方人华平面设计部

科学出版社 出版

北京东黄城根北街 16 号

邮政编码：100717

http://www.sciencep.com

天津市新科印刷有限公司印刷

科学出版社发行 各地新华书店经销

*

2023 年 6 月第 一 版 开本：787×1092 1/16

2024 年 10 月第二次印刷 印张：17

字数：380 000

定价：178.00 元

（如有印装质量问题，我社负责调换）

销售部电话 010-62136230 编辑部电话 010-62135120-2005

前　言

随着航空航天、船舶、汽车等行业的快速发展，铝合金凭借其质量轻、强度高、耐腐蚀等优良特性得到了广泛应用。其中，7 系铝合金包括 Al-Zn-Mg 系和 Al-Zn-Mg-Cu 系合金，具有密度低、加工性能好及断裂韧性高等优点。因为 7 系铝合金研发时间不长，目前国内外相关研究相对较少，尤其缺乏对其研究工作的归纳、总结和提升，所以探究其常用焊接工艺，揭示其焊接接头组织与性能的变化规律，对扩大该合金的应用范围，加速高强铝合金制造业的发展，具有十分重要的理论意义和应用价值。

本书共分 9 章，以 7 系铝合金的焊接性为主线，在简单介绍 7 系铝合金母材成分组织和性能特点的基础上，深入系统地介绍了 7 系铝合金熔化极惰性气体保护焊、搅拌摩擦焊、电子束焊、光纤激光焊和变极性等离子弧焊等焊接工艺特点、焊接接头组织和性能特征，以及 7 系铝合金焊接接头的焊接应力场数值模拟、表面纳米化处理及表面纳米化的数值模拟。

本书为国家自然科学基金项目“高强装甲铝合金焊接接头表面纳米化机理的试验和理论研究”（项目编号：50765003）、“带余高装甲铝合金焊接接头表面纳米化及其对接头组织和性能的影响”（项目编号：51165026）、“基于时效及超声冲击处理的高强铝合金激光焊接接头表面自纳米化研究”（项目编号：51765053）和内蒙古自治区自然科学基金项目“超声冲击作用下装甲铝合金疲劳行为的表征与评价”（项目编号：2015MS0537）的研究成果，吸收了内蒙古自治区“草原英才焊接创新团队”负责人韩永全教授课题组的部分研究成果。

内蒙古工业大学博士研究生李国伟、贾翠玲、翟熙伟、孙振邦、解瑞军、丁亚茹等，硕士研究生高云喜、张传臣、何静、毕良艳、黄治冶、尚英齐、田红雨、逯瑶、邱小明、唐大富、李阳、杨春艳、高健、李泰岩、陈超、吕鹏等为本书提供了有价值的实验数据和基本素材。李男、郑纲、张博友、白天雨、冯华龙、常建刚、杨帆、冯岩、李飞、刘成豪、杨予含、杨易杭、李锐峰、赵伊丽在书稿整理和校对方面给予了很大帮助。在成书之际，衷心感谢各位同学和老师们的辛勤付出！

特别感谢北方重工集团有限公司、北京航空制造工程研究所、天津大学等兄弟院校与科研院所同仁给予的大力支持！同时，向关心本书出版的焊接界同行及所援引文献的作者表示诚挚的谢意！

由于作者学识有限，书中难免存在不妥之处，如读者发现并能通过电子邮件（cfr7075@imut.edu.cn）告知，编者将非常感谢，并会在后续工作中予以更正。

陈芙蓉

2023 年 3 月

目　　录

第 1 章　7 系铝合金

1.1　引　　言

7 系铝合金包括 Al-Zn-Mg 系和 Al-Zn-Mg-Cu 系铝合金[1]，具有密度低、加工性能好及断裂韧性高等优点。因此，在航空航天工业、车辆、建筑、桥梁、工兵装备和大型压力容器等方面得到了广泛的应用[2-6]。现代工业的飞速发展，对 7 系铝合金的强度、韧性及抗应力腐蚀（stress corrosion resistance，SCR）性能等提出了更高的要求。近年来，新的合金成分设计、热处理工艺参数的优化、新热处理工艺的开发及相关机理的研究等成为 7 系铝合金研究和开发的重要方向。本章总结了国内外 7 系铝合金的种类、状态、用途和发展历史，讨论了热处理工艺对 7 系铝合金显微组织与性能的影响等，旨在为 7 系铝合金的焊接提供参考。

1.2　7 系铝合金的种类、状态和典型用途

7 系铝合金类型很多，并且每种铝合金的种类又分为很多种，同时不同种类的铝合金状态大不相同，其应用范围也越来越广泛。7 系铝合金的种类、状态和典型用途如表 1-1 所示。

表 1-1　7 系铝合金的种类、状态和典型用途

<table>
<tr><th>合金</th><th>种类</th><th>状态</th><th>典型用途</th></tr>
<tr><td>7005</td><td>挤压管、棒、型、线材</td><td>T53</td><td rowspan="2">挤压材料，用于制造既要有高的强度，又要有高的断裂韧性的焊接结构与钎焊结构，如交通运输车辆的桁架、杆件、容器，大型热交换器，以及焊接后不能进行固溶处理的部件；还可用于制造体育器材，如网球拍与垒球棒</td></tr>
<tr><td>7020</td><td>板材和厚板</td><td>T6、T63、T6351</td></tr>
<tr><td rowspan="3">7049</td><td>锻件</td><td>F、T6、T652、T73、T7352</td><td rowspan="3">用于制造静态强度既与 7079-T6 合金的相同，又要求有高的抗应力腐蚀开裂（stress corrosion cracking，SCC）能力的零件，如飞机与导弹零件——起落架、齿轮箱、液压缸和挤压件。零件的疲劳性能大致与 7075-T6 合金的相等，而韧性稍高</td></tr>
<tr><td>挤压型材</td><td>T73511、T76511</td></tr>
<tr><td>薄板和厚板</td><td>T73</td></tr>
<tr><td rowspan="6">7050</td><td>厚板</td><td>T7451、T7651</td><td rowspan="6">飞机结构件用中厚板、挤压件、自由锻件与模锻件。制造这类零件对合金的要求是：抗剥落腐蚀、应力腐蚀开裂能力、断裂韧性与疲劳性能都高。飞机机身框架、机翼蒙皮、舱壁、桁条、加强筋、肋、托架、起落架支承部件、座椅导轨、铆钉</td></tr>
<tr><td>挤压棒、型、线材</td><td>T73510、T73511、T74510、T74511、T76510、T7651</td></tr>
<tr><td>冷加工棒、线材</td><td>H13</td></tr>
<tr><td>铆钉线材</td><td>T73</td></tr>
<tr><td>锻件</td><td>F、T74、T7452</td></tr>
<tr><td>包铝薄板</td><td>T76</td></tr>
</table>

续表

合金	种类	状态	典型用途
7075	板材	O、T6、T73、T76	用于制造飞机结构及其他要求强度高、耐腐蚀性能强的高应力结构件，如飞机上、下翼面壁板，桁条，隔框等。固溶处理后塑性好，热处理强化效果特别好，在150℃以下有高的强度，并且有特别好的低温强度，焊接性能差，有应力腐蚀开裂倾向，双级时效可提高抗应力腐蚀开裂性能
	厚板	O、T651、T7351、T7651	
	拉伸管	O、T6、T73	
	挤压管、棒、型、线材	O、T6、T6510、T6511、T73、T73510、T73511、T76、T76510、T76511	
	轧制或冷加工棒材	O、H13、T6、T651、T73、T7351	
	冷加工线材	O、H13、T6、T73	
	铆钉线材	T6、T73	
	锻件	F、T6、T652、T76、T7352	
7175	锻件	F、T74、T7452、T7454、T66	用于锻造航空器用的高强度结构件，如飞机翼外翼梁、主起落架梁、前起落架动作筒、垂尾接头、火箭喷管结构件。T74材料有良好的综合性能，即强度、抗剥落腐蚀与抗应力腐蚀开裂性能、断裂韧性、疲劳强度都高
	挤压件	T74、T6511	
7178	板材	O、T6、T76	供制造航空航天器用的要求抗压、屈服强度高的零部件
	厚板	O、T651、T7651	
	挤压管、棒、型、线材	O、T6、T6510、T6511、T76、T76510、T76511	
	冷加工棒材、线材	O、H13	
	铆钉线材	T6	
7A04	板材	O、T6、T73、T76	飞机蒙皮、螺钉，以及受力构件，如大梁桁条、隔框、翼肋、起落架等
	厚板	O、T651、T7351、T7651	
	拉伸管	O、T6、T73	
	挤压管、棒、型、线材	O、T6、T6510、T6511、T73、T73510、T73511、T76、T76510、T76511	
	轧制或冷加工棒材	O、H13、T6、T651、T73、T7351	
	冷加工线材	O、H13、T6、T73	
	铆钉线材	T6、T73	
	锻件	F、T6、T652、T73、T7352	
7150	厚板	T651、T7751	大型客机的上翼结构，机体板梁凸缘，上面外板主翼纵梁，机身加强件，龙骨梁，座椅导轨。强度高，耐腐蚀性（剥落腐蚀）良好，是7050的改良型合金，在T651状态下比7075的高10%～15%，断裂韧性高10%，抗疲劳性能好，两者的抗应力腐蚀开裂性能相似
	挤压件	T6511、T77511	
	锻件	T77	
7055	厚板	T651、T7751	大型飞机的上翼蒙皮、长桁、水平尾翼、龙骨梁、座轨、货运滑轨。抗压和抗拉强度比7150的高10%，断裂韧性、耐腐蚀性与7150的相似
	挤压件	T77511	
	锻件	T77	

1.3　7 系铝合金的发展历史

早在 20 世纪 20 年代，德国科学家就研制出 Al-Zn-Mg 系铝合金[7]，但是由于该系铝合金抗应力腐蚀开裂性能和抗剥落性能太差而未能得到产业应用。从 20 世纪 30 年代初到二战结束期间，研究发现 Cu 元素可以提高合金的抗应力腐蚀开裂性能及综合力学性能，竞相开发了 Al-Zn-Mg-Cu 系铝合金，而忽视了对 Al-Zn-Mg 系铝合金的研究。德国、美国、苏联、法国等国家和地区在 Al-Zn-Mg-Cu 系铝合金的基础上成功开发了 7075、B95、B93 和 D.T.D683 等合金[8]，至今仍广泛应用于航空航天工业，但是在应用中依然不能实现强度、韧性及抗应力腐蚀开裂性能的最佳组合。20 世纪 50 年代，德国公布了具有较好焊接性能的合金——AlZnMg1 和 AlZnMg2，引起了人们对 Al-Zn-Mg 系铝合金的重视。在此期间，在 AlZnMg1 合金的基础上，美国学者加入了 Cr、Mn、Zr 等元素，研制出 7005 和 7004 合金，获得了良好的焊接性能和抗应力腐蚀开裂性能，被广泛应用于焊接结构[9]，但是合金的工艺性能不是很好，因此日本学者通过降低 Mg 含量和提高 Zn/Mg 值研制出 ZK60 和 ZK61 合金，获得了比较好的焊接性能和工艺性能，但是强度下降很多；此外，在同一时期苏联也研制出了 1933、1915Al-Zn-Mg 合金，但强度偏低[10]。为提高强度，20 世纪 70 年代，人们又研制出 7020 合金，其强度高、可焊接性好。此后，人们的注意力又集中到了 Al-Zn-Mg-Cu 系铝合金上。20 世纪 70 年代末 80 年代初，美国学者先后在 7075 合金的基础上，为解决工业应用中应力腐蚀开裂敏感性较高的问题，以及满足一些特殊性能的需要，通过调整合金元素的含量，又发展了几种新型合金，如 7178、7070、7175、7475 合金等[11]。

国内对 7 系铝合金的研发起步较晚。20 世纪 80 年代初，东北轻合金加工厂和北京航空材料研究所开始研制 Al-Zn-Mg-Cu 系铝合金。目前产品主要有 7075、7175 及 7050 等合金。20 世纪 90 年代中期，北京航空材料研究所采用常规半连续铸造法试制出 7A55 超高强铝合金[12]，近年来又开发出强度更高的 7A60 合金。鉴于优良的综合性能，Al-Zn-Mg-Cu 系铝合金一直是国内研究和发展的热点[13]。

Al-Zn-Mg-Cu 系超高强度铝合金的综合力学性能主要受显微组织的影响，而显微组织与合金的成分设计，以及微合金化的添加元素种类与数量、制备技术和热处理工艺有很大关系。为了研发综合性能更优的 Al-Zn-Mg-Cu 系超高强度铝合金，近年来国内外的研究主要集中于合金主要成分的设计与优化、微合金化、探索新的制备技术和热处理工艺等方面[14]。

1.4　热处理工艺对 7 系铝合金性能的影响

1.4.1　热处理工艺

热处理的目的是选择最佳的工艺参数，使合金具有最佳的综合性能或特殊的服役性能。常见的热处理工艺包括均匀化、固溶处理、时效处理。其中，固溶处理和时效处理对 7 系铝合金显微组织、强度、韧性及抗应力腐蚀开裂性能的影响较大。

1. 固溶处理工艺

在对合金进行时效处理之前，首先要通过固溶处理以获得过饱和固溶体。固溶处理的目的是使 Cu、Mg、Zn 或 Si 这类硬化溶质溶入铝基固溶体中，以获得高浓度的过饱和固溶体，为时效热处理做准备。典型的固溶工艺包括单级固溶、强化固溶和高温预析出。

（1）单级固溶

单级固溶即采取单一的温度和时间进行的固溶处理，它是目前较常用的固溶工艺[15-16]。固溶处理时应避免因生成过渡液相而使晶界弱化的过烧现象，这就需要将固溶温度控制在多相共晶点之下，结果导致残余结晶相不易完全固溶，从而降低了合金的断裂韧性。因此，单级固溶在工业应用中不能满足人们对材料性能的需求。

（2）强化固溶

强化固溶分为 3 个阶段：①在相对较低的温度下保温一段时间，这个阶段的固溶是影响合金力学性能的主要因素；②以一定的速度升到一个较高温度；③在这个较高的温度下保温一段时间[17-18]。逐步升温处理可使极限固溶温度高于多相共晶温度，同时能避免组织过烧，有效强化残余结晶相的固溶，显著提高合金的力学性能。因此，与单级固溶相比，强化固溶在不增加合金元素总含量的条件下提高了固溶体的过饱和度，同时减少了粗大未溶结晶相，对于提高时效析出程度和改善抗断裂性能具有积极意义，是提高合金综合性能的一条有效途径。但在工业应用中仍存在 2 个问题：①随着温度的升高，合金晶粒逐渐长大，晶粒长大又会导致强度下降；②温度的升高也会导致合金中的过剩相逐渐减少，第二相的弥散强化作用降低，从而使合金软化。

（3）高温预析出

高温预析出是指，首先在高温下充分固溶，然后在略低于固溶温度下保温，即通过两步固溶来改善晶界和晶内的析出状态，使合金具有良好的综合力学性能，尤其是抗应力腐蚀开裂性能得到显著提高[19]。

此外，固溶工艺还包括多级固溶、固溶降温处理等。

2. 时效处理工艺

7 系铝合金时效处理的目的是从过饱和固溶体中析出第二相，以达到对合金基体的强化作用。析出相的大小、数量和分布等决定了合金的强度、韧性及抗应力腐蚀性能。典型的时效工艺包括峰值时效（T6）、双级时效、回归再时效、特种峰时效（或称双峰时效）[20]。

1）峰值时效（T6），即一级完全时效，是目前较常见的时效工艺。时效后，合金晶内析出细小的半共格弥散相，晶界分布较粗大的连续链状质点，这种晶界组织对应力腐蚀开裂和剥落腐蚀十分敏感。合金经过该工艺处理后，虽然强度达到峰值，但抗应力腐蚀开裂性能较差，即该种生产工艺比较简单，能够获得很高的强度，但是获得的显微组织的均匀性较差，在拉伸性能、疲劳和断裂性能与应力腐蚀抗力之间难以得到统一。因此，在很大程度上限制了合金在工业中的应用。

2）双级时效包含 2 个阶段：①低温预时效，相当于成核阶段，温度一般较低，目的是形成高密度的吉尼尔·普雷斯顿区（Guinier Preston，G.P.区）；②高温时效，为稳定化阶段，即通过调整沉淀相的结构和弥散度以达到预期的性能要求。这是目前较为常用的时效工艺。双级时效后合金晶界上分布着断续的粗大沉淀相，这种晶界组织提高了抗应力腐蚀开裂性能，但基体中强化相同时长大粗化，使合金强度下降 10%～15%，同时，也导致了塑性和韧性不同程度的下降。

3）回归再时效包含 3 个阶段：①在较低温度下进行峰值预时效，显微组织与上述峰值时效状态的相同；②在较高温度下进行短时回归处理，经回归处理后，晶内的 η′又都溶解到固溶体内，晶界上连续链状析出相合并和集聚，不再连续分布，这种晶界组织提高了抗应力腐蚀和抗剥落腐蚀性能，但是晶内 η′的溶解大大降低了合金的强度；③在较低温度下再时效，达到峰值强度，晶内重新析出细小弥散的部分共格 η′相，晶界仍为不连续的非共格析出相。时效后，合金晶内组织与峰值时效的晶内组织相似，晶界组织与双级时效后的晶界组织相似。该晶界组织综合了峰值时效和双级时效的优点，使合金具有良好的抗应力腐蚀性能及强韧性。但是该工艺过程比较复杂，工艺参数较多且难以控制。

4）特种峰时效包含 2 个阶段：①在较低温度下进行峰值预时效，显微组织与上述峰值时效状态的相同；②在较高温度下进行短时回归处理。这种时效制度和三级时效相比少了第三阶段。通过合理选择高温回归温度及时间能使合金的强度和韧性同时达到较高的峰值（有人称为双峰时效）[21]。该时效制度的具体工艺参数有待研究，以便为实际的工业应用提供有效的参考。

1.4.2　固溶处理对显微组织的影响

图 1-1[22]和图 1-2[22]分别为不同固溶温度下 7075 合金的显微组织和 SEM（scanning electron microscope，扫描电子显微镜）形貌。由图 1-1 和图 1-2 可知，粗大第二相主要分布在晶界处，但在晶体内也有分布。粗大第二相的数量和尺寸均随固溶温度的升高逐渐减小，且固溶温度为 450℃时粗大第二相较多，固溶温度为 490℃时粗大第二相最少。固溶温度为 450～470℃时，晶粒尺寸变化较小，无明显长大现象；固溶温度达到 480℃时，晶粒略有长大；固溶温度达到 490℃时，晶粒长大与粗化明显。

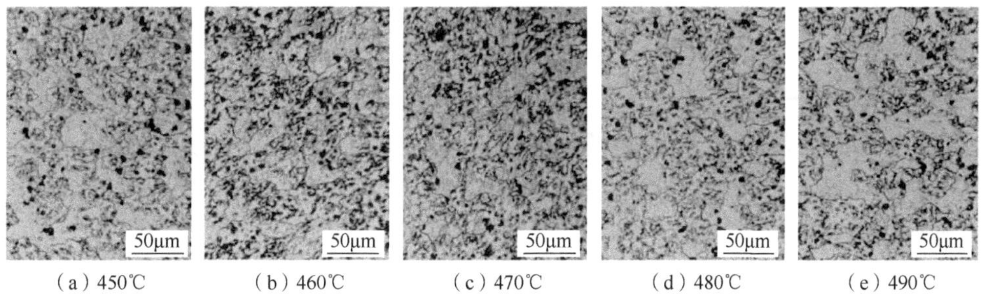

（a）450℃　（b）460℃　（c）470℃　（d）480℃　（e）490℃

图 1-1　不同固溶温度下 7075 合金的显微组织

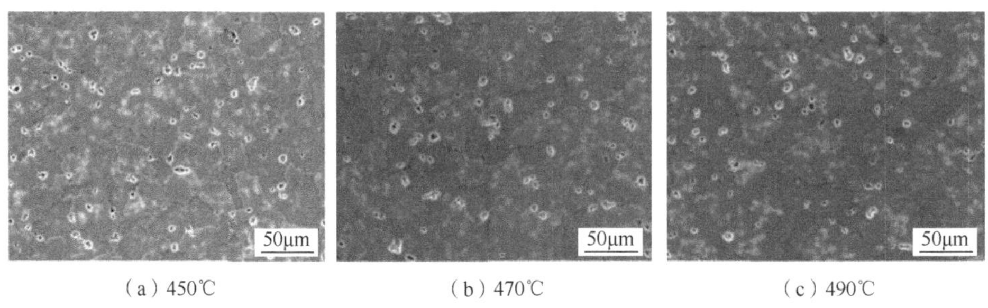

（a）450℃ （b）470℃ （c）490℃

图 1-2 不同固溶温度下 7075 合金的 SEM 形貌

对图 1-3[22]组织中的第二相进行能谱分析，其结果如表 1-2[22]所示。由能谱结果可知，图 1-3（a）中 A、B 及 C 点所示团聚状的黑色第二相颗粒成分与基体相近，为 AlZnMgCu 相；图 1-3（b）中 D 点的不规则多边形块状主要为富含 Cu、Fe 的 AlZn-MgCuFe 相，E 点处规则的四方块状主要为富含 Si、O 的 Si-O 相。因此，固溶时主要是 AlZnMgCu 相发生溶解，而难溶的富 Cu、Fe 相和富 Si、O 相残留下来。

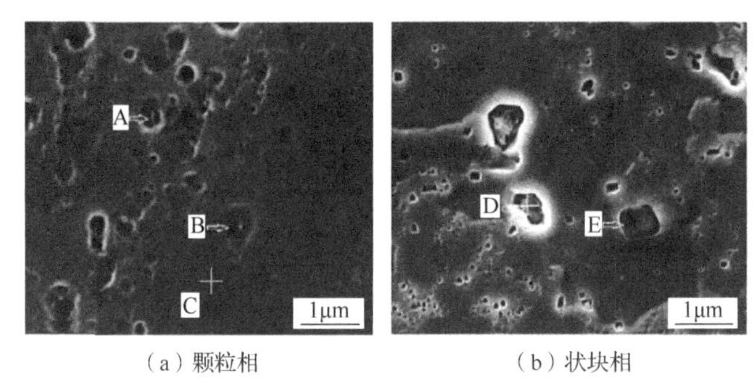

（a）颗粒相 （b）状块相

图 1-3 残留第二相 SEM 形貌

表 1-2 固溶组织中残留第二相 EDS 分析结果

位置	质量分数 w_B/%								
	Zn	Mg	Cu	Fe	Si	O	Cr	Mn	Al
A	6.09	2.69	1.88	—	—	—	—	—	余量
B	5.75	2.72	4.65	—	—	—	—	—	余量
C	4.07	2.51	1.44	—	—	—	—	—	余量
D	4.80	1.53	17.68	16.94	—	—	2.68	1.76	余量
E	2.12	0.51	—	—	48.29	28.77	—	—	余量

合金中残余的富含 Fe、Si 的难溶第二相为硬脆杂质相，在受力时，易形成应力集中，产生裂纹源，从而降低合金的塑性、韧性[23-24]。因此，应控制 7075 合金中杂质元素（如 Fe、Si）的含量。

不同固溶时间下 7075 合金的显微组织如图 1-4 所示[22]。由图 1-4 可知，保温时间为 20min 时，组织中晶粒较为细小，且含有较多第二相颗粒。保温时间为 60min 时，晶粒无明显长大，第二相的数量有所减少，且尺寸减小。当保温时间延长至 120min 时，晶粒粗化，第二相的数量稍有减少，且尺寸减小不明显，因此，保温时间大于 60min 后，第二相的数量和尺寸变化已不再明显。

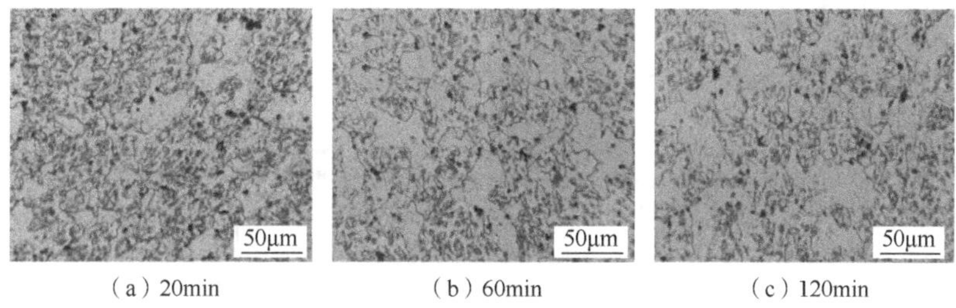

（a）20min　（b）60min　（c）120min

图 1-4　不同固溶时间下 7075 合金的显微组织

1.4.3　固溶处理对力学性能的影响

图 1-5[22]为不同固溶温度下 7075 合金的力学性能（试样经固溶+时效处理后）。制定的固溶工艺如下：①固溶温度设定为 450℃、460℃、470℃、480℃、490℃，保温时间设定为 60min；②固溶温度设定为 470℃，保温时间设定为 20min、40min、60min、80min、100min、120min。保温后进行淬火，淬火介质为水，然后进行 120℃×24h 时效。由图 1-5 可知，7075 铝合金的抗拉强度 σ_b、屈服强度 σ_s、伸长率 σ 和显微硬度均随固溶温度的升高先升高后降低，并且在 470℃时出现峰值，分别达到 635MPa、560MPa、13.5%和 205.6HV。

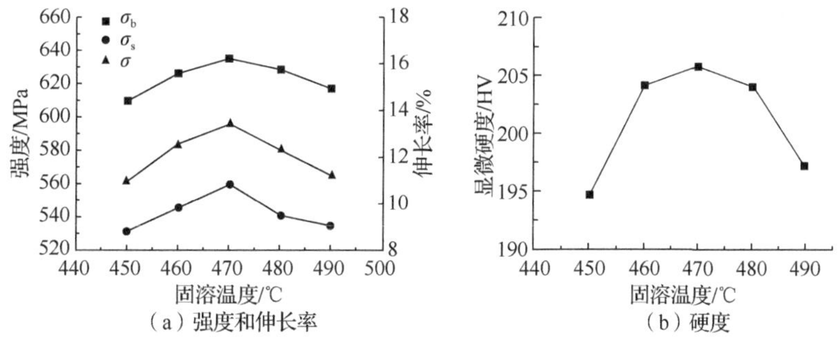

（a）强度和伸长率　（b）硬度

图 1-5　不同固溶温度下 7075 合金的力学性能

当固溶温度为 470℃，保温时间分别为 20min、40min、60min、80min、120min，经 120℃×4h 时效后，其力学性能变化如图 1-6 所示[22]。可以看出，固溶时间对合金性能的影响与固溶温度对合金性能的影响比较小。7075 合金的抗拉强度、屈服强度、伸长率和显微硬度随固溶时间的延长先升高后降低，在固溶 60min 时出现峰值，分别达到 639MPa、568MPa、13.4%和 205.8HV。

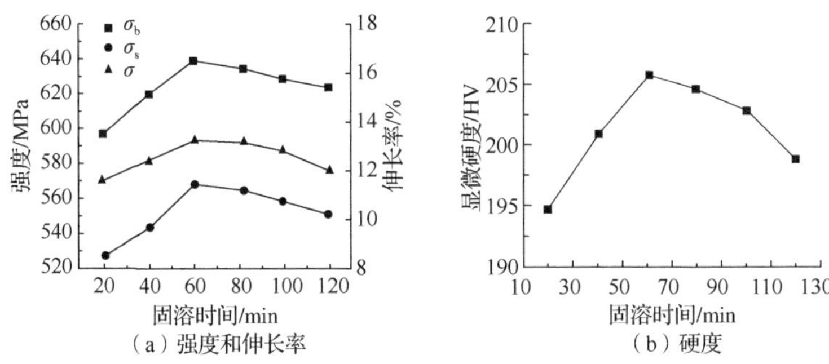

（a）强度和伸长率　（b）硬度

图 1-6　不同固溶时间下 7075 合金的力学性能

1.4.4　时效处理对显微组织的影响

图 1-7[25]列出了 7150 试验合金分别在铸态、双级固溶后未时效、120℃×4h、120℃×24h 一次时效、120℃×4h+160℃×12h、120℃×4h+160℃×24h 双级时效状态下的显微组织。与铸态组织相比，固溶态及时效态的合金显微组织晶粒细小均匀，这说明形变组织经固溶后都发生了再结晶。

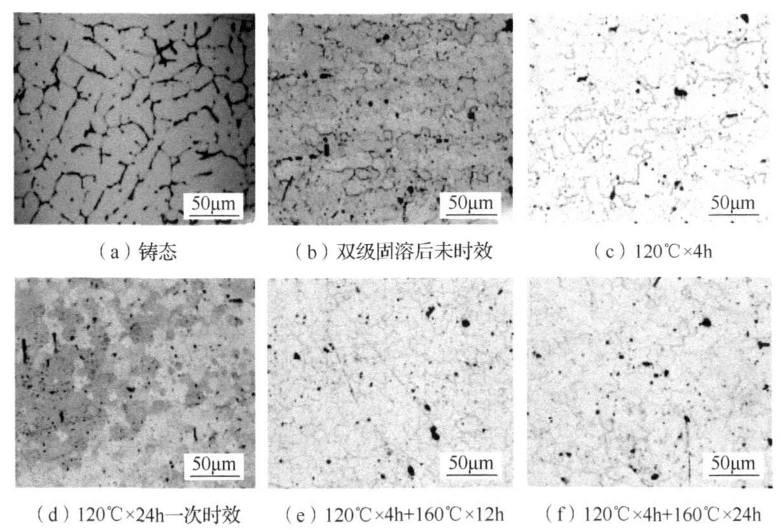

（a）铸态　（b）双级固溶后未时效　（c）120℃×4h

（d）120℃×24h一次时效　（e）120℃×4h+160℃×12h　（f）120℃×4h+160℃×24h

图 1-7　7150 试验合金分别在铸态及不同时效工艺后的显微组织

图 1-8（a）～（j）[25]分别为 120℃×4h、120℃×24h、120℃×4h+160℃×12h 及 120℃×4h+160℃×24h 时效后 7150 试验合金晶内及晶界沉淀析出相的形貌及衍射斑。由图 1-8（a）和（b）、（e）和（f）可知，120℃单级时效晶内析出细小弥散的沉淀相，时效 4h，晶界没有发现明显的析出物，延长至 24h，晶界有连续析出物。由图 1-8（c）和（d）、（g）和（h）可知，相比单级时效，160℃双级时效后，晶内棒状相增多，并且随时效时间延长晶内、晶界析出相长大明显，延长至 24h，晶界析出相粗化，间距增大变为不连续。

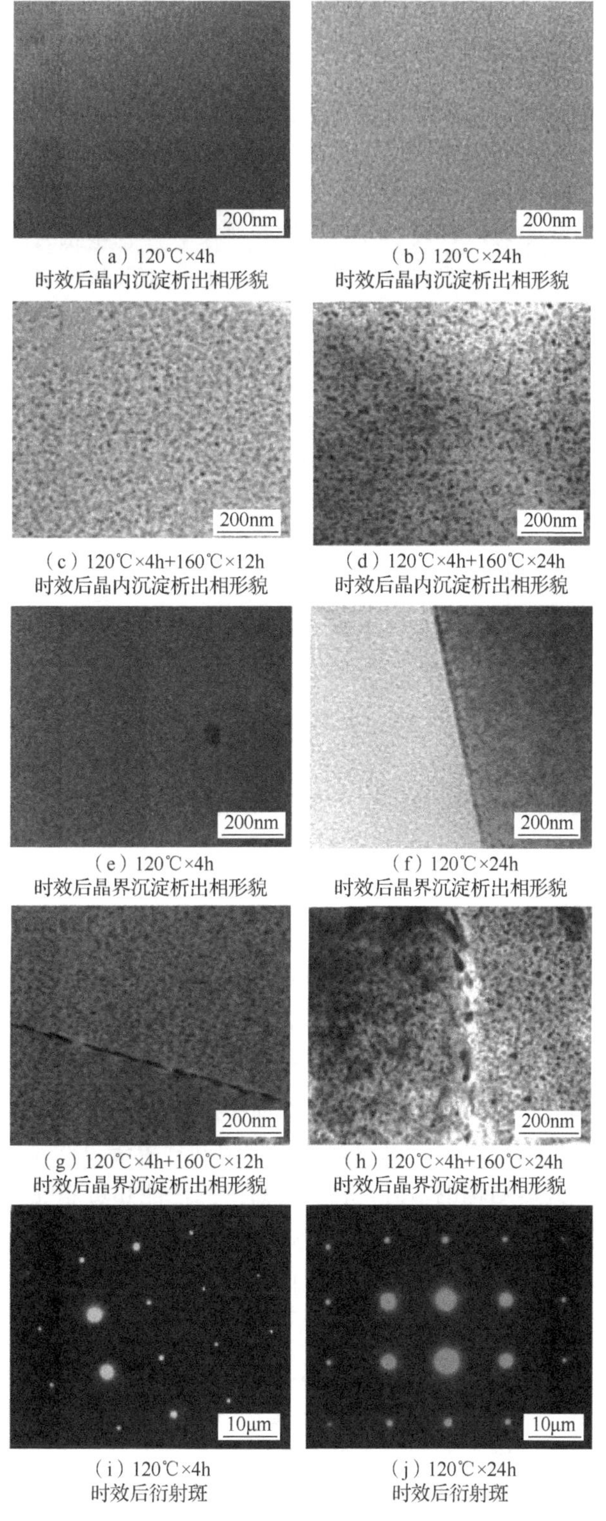

（a）120℃×4h 时效后晶内沉淀析出相形貌

（b）120℃×24h 时效后晶内沉淀析出相形貌

（c）120℃×4h+160℃×12h 时效后晶内沉淀析出相形貌

（d）120℃×4h+160℃×24h 时效后晶内沉淀析出相形貌

（e）120℃×4h 时效后晶界沉淀析出相形貌

（f）120℃×24h 时效后晶界沉淀析出相形貌

（g）120℃×4h+160℃×12h 时效后晶界沉淀析出相形貌

（h）120℃×4h+160℃×24h 时效后晶界沉淀析出相形貌

（i）120℃×4h 时效后衍射斑

（j）120℃×24h 时效后衍射斑

图 1-8　不同时效后 7150 试验合金晶内及晶界沉淀析出相的形貌及衍射斑

1.4.5 时效处理对力学性能的影响

在 470℃×30min+490℃×20min 固溶处理条件下的 7150 合金，经 120℃一级、160℃二级时效处理不同时间后的力学性能，如表 1-3[25]所示。可以看出，时效初期，强化速度很快，4h 时抗拉强度和硬度分别达到 620MPa、193HV1，延长时效时间，强度、硬度和伸长率并没有较大变化，时效 24h 后，抗拉强度、伸长率稍有降低。双级时效是在 120℃×4h 基础上再进行 160℃时效，二级时效时间 12h 后试样的强度和硬度均比 120℃×4h、24h 时效后高，抗拉强度增幅较大，约为 50MPa，硬度增幅不大；二级时效时间延长至 24h，抗拉强度、硬度和伸长率均降低。

表 1-3 时效工艺对 7150 合金的力学性能的影响

参数	固溶状态	时效过程			
		120℃×4h	120℃×24h	120℃×4h+160℃×12h	120℃×4h+160℃×24h
抗拉强度/MPa	528	620	608	670	619
伸长率/%	18.8	16.8	15.5	15	13.8
硬度/HV1	153	193	201	209	193

1.5 主要应用领域

铝及其合金的主要应用领域包括航空航天领域、汽车用铝合金领域、特种车辆领域、轨道交通领域等。

1. 航空航天领域

我国航天事业的未来发展重点包括载人航天空间站、高分辨率对地观测系统、深空探测、空间科学、在轨服务平台和激光通信卫星等。这些航天器的特点是：长期在轨运行，体积和质量大幅增加，需要配置更多的载荷和燃料，承受更加复杂的空间环境，对形状精度及其保持能力要求更高。为满足上述需求，航天器未来将朝着长寿命、大型化、高承载、轻量化、高尺寸稳定性，以及耐受复杂空间环境等方向发展。

而材料是形成航天器结构的基础，航天器结构的性能和可靠性在很大程度上取决于材料的性能。为了降低航天器结构的质量、提高结构的刚度和强度，虽然可以在结构形式、尺寸等方面进行各种设计和改进，但最直接和最有效的途径是选择密度小而弹性模量和强度高的材料[26]。

铝及其合金的密度低，强度高，耐腐蚀，耐低温，是一种重要的结构材料[27]。7075 铝合金作为一种典型的 Al-Zn-Mg-Cu 系强化型铝合金，具有相对密度小、强度高、加工性能好等特点，被广泛应用于航空航天等领域[28]。该铝合金含有 1%～8%的 Zn 元素和少量的 Mg、Cr 或 Cu 元素，为可热处理强化铝合金[29]。7075 铝合金通过淬火时效后析出大量弥散强化相，使合金得到强化[30]，合金性能良好[31]。

2. 汽车用铝合金领域

现代汽车正朝着轻量化、高速、安全舒适、低成本、低排放与节能的方向发展。铝具有密度小、质量轻、成形加工性好、可以重复回收利用、节能环保等优点，加上可以延长汽车的寿命，这对汽车的轻量化、提高汽车行驶性能和安全舒适性能、降低燃油的消耗、减少排放和减轻对环境的污染有显著作用。

铝具有比强度高、耐腐蚀性能优良、适合多种成型方法、较易再生利用等优点，是汽车工业应用较多的金属材料。特别是在能源、环境、安全等方面，汽车轻量化的要求越来越迫切。使用轻量化材料是实现汽车轻量化的重要途径，而铝是应用比较成熟的轻量化材料。近 20 年来，铝在汽车上的用量和在汽车材料构成中所占份额有明显的增加[32]。

7075 铝合金是强度较高的铝合金，虽然锻造性稍差，有应力腐蚀开裂倾向，但是若在设计时就预先考虑锻造性，并采取特殊调质处理方法消除应力腐蚀开裂，它将是理想的汽车轻量化材料，可用于重型载货车的主轴等大型零件。

3. 特种车辆领域

在常规兵器用材料中，金属材料约占 80%，其中又以钢铁材料占主导。随着现代化兵器装备的发展及轻量化需求，高性能的非铁合金装甲材料、结构特殊功能材料和复合材料的使用得到迅速增加，其对装备战术技术性能的提高起到越来越大的作用[33]。

铝合金装甲材料已广泛用于制造各种陆军武器构件，在同等防护水平下，与钢装甲相比，铝合金装甲可减重约 20%，采用铝合金装甲可以使整车质量大大降低[34]。国外铝装甲的使用从 20 世纪 50 年代就开始了，使用铝装甲的车辆也由装甲输送车发展到轻型坦克、步兵战车和中型主战坦克。我国从 20 世纪 60 年代中期开始研究铝装甲材料，新型 7A52 铝装甲材料已在部分战车上使用。轻型装甲车辆作为现代陆军的作战平台，发挥了越来越重要的作用，在发动机功率一定的情况下，为了提高其作战机动能力，应尽量减轻自身质量。7A52 铝合金属于超硬铝合金，强度可以达到钢的一半，而质量只有钢的 1/3[35]，因此为了减轻车体自身质量、提高装甲车辆机动性能、增强战场突防能力，7A52 铝合金在特种车辆领域得到广泛应用。

4. 轨道交通领域

近年来，随着我国经济的发展，城市及城市间的轨道交通也进入了高速发展时期，这也带来了对轨道交通车辆需求猛增的问题，但同时能源紧张、环境恶化等问题的存在也对轨道交通车辆的发展提出了更高的要求。铝及铝合金具有质量轻、成型性优、强度高、耐腐蚀、再生利用率高等特性，并且是热和电的优良导体，因此是优良的车体材料，在众多材料中脱颖而出。在一系列轨道交通装备制造上，铝化率不断提升，尤其在欧洲各国、美国、日本等工业发达国家，铝及铝材在交通运输装备制造业的应用持续增加，并取得了很好的经济效益和社会效益。一般，应用于地铁、高铁的车辆铝合金主要是 Al-Mg 5 系、Al-Mg-Si 6 系及 Al-Zn-Mg 7 系铝合金。近年来，尽管我国铝及铝材在交通运输装备制造业的应用上也获得了长足的发展，但与欧洲各国、美国、日本等工业发达国家相比，还存在着一定的差距，但这也意味着我国轨道交通用铝材还有很大的发展空间。

最初的铝合金车体是将原来的钢制车辆骨架与外板置换成焊接性能好的 5 系铝合金，采用 MIG 焊、MIG 点焊与铆接连接的结构。但随着强度更高、焊接性能更好的 7 系铝合金的开发，底架部件中各种受力杆件广泛应用 7 系铝合金，使车体质量大幅减轻[36]。

1.6 本 章 小 结

近年来，减轻结构质量已成为交通运输领域、航空航天领域降低对环境污染，提高燃料利用率的主要途径。铝合金由于比强度高而备受这些行业的青睐。尤其是 7 系铝合金具有良好的耐蚀性、导电性、延展性，且外形美观等一系列性能优点，并且随着材料科学、加工技术的发展，7 系铝合金在工业应用中的占比越来越大，应用范围也越来越广泛。铝合金的主要连接方法是焊接，因此焊接技术的发展和研究对铝合金的应用和推广有极大的影响。

一般而言，铝合金焊接普遍包括以下几个难点：①铝合金热导率大，焊接时需要更高的热输入，在同样的焊接速度下，热输入量要比钢材的大 2～4 倍；②铝和氧亲和力大，铝合金表面易形成熔点高达 2060℃的难熔氧化膜；③铝合金熔体很容易吸氢产生气孔；④铝合金属于典型的共晶合金，且线膨胀系数大，焊缝凝固时易产生热裂纹；⑤铝合金线膨胀系数大，易产生焊接变形。

7 系铝合金由于其自身特点，除具有以上焊接问题外，还具有其他焊接难点：①7 系铝合金含有较多的低沸点合金元素，如 Zn、Mg，在焊接过程中烧损严重，焊缝中强化相（如 $MgZn_2$）减少，导致焊缝强度降低；②7 系铝合金经固溶、时效等热处理达到较高的强度后使用，在焊接时，焊接区域经历较高温度的焊接热循环，热影响区发生过时效和晶粒粗化而严重软化。图 1-9 所示为 7 系铝合金焊接接头组织[37]，其中有热影响

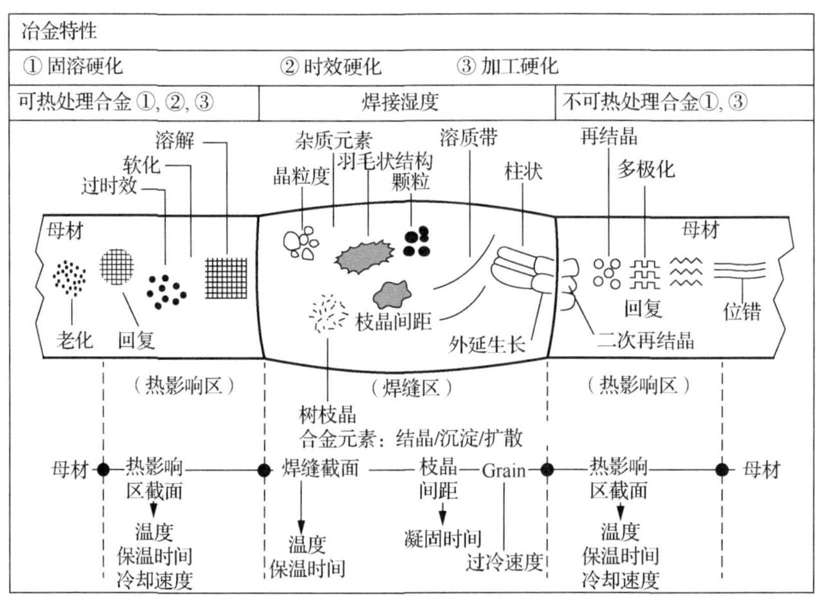

图 1-9　7 系铝合金焊接接头组织

区（heat-affected zones，HAZ）、表示枝晶间距（dendrite arm spacing，DAS）。在焊缝区存在羽毛状结构（feathery）、颗粒（granular）、溶质带（solute band）、树枝晶（dendritic structure）等各种复杂的晶粒和结构；在热影响区存在回复（reversion）、过时效（over-aging）、软化（softening）等变化，这些因素会导致焊缝区和热影响区中出现薄弱区域，在接头承载时易发生断裂。因此，在 7 系铝合金焊接时，既要考虑选择合适的焊丝，提高焊缝金属的强度，又要考虑采用合适的焊接方法与工艺，以控制热输入，尽可能减轻热影响区的软化程度。

参 考 文 献

[1] 从福官，赵刚，田妮，等. 7×××系超高强铝合金的强韧化研究进展及发展趋势[J]. 轻合金加工技术，2012，40（10）：23-33.

[2] CHEN C, CHEN F R, ZHANG H J. Surface nanocrystallization of 7A52 aluminum alloy welded joint by aging and ultrasonic impact compound treatment[J]. Rare metal materials and engineering, 2018, 47(9): 2637-2641.

[3] XIONG B Q, LI X W, ZHANG Y G, et al. Development of 7××× series aluminum alloy with high strength high toughness and low quench sensitivity[J]. Materials China, 2014, 33(2): 114-119.

[4] GAO Y, CONG D P, YU C P, et al. Constitutive deformation behavior and microstructure evolution of 7A85 aerospace aluminum alloy during hot forming process[J]. Journal of plastic engineering, 2019, 26 (5): 225-231.

[5] XU Y Q, TONG C Y, ZHAN L H, et al. A low-density pulse-current-assisted age forming process for high-strength aluminum alloy components[J]. International journal of advanced manufacturing technology, 2018, 97(5-8): 3371-3384.

[6] JI Y C, DONG C F, WEI X, et al. Discontinuous model combined with an atomic mechanism simulates the precipitated eta' phase effect in intergranular cracking of 7-series aluminum alloys[J]. Computational materials science, 2019, 166: 282-292.

[7] 杨则云. 高强度铝合金及其先进焊接技术研究现状及发展方向[J]. 电焊机，2018，48（3）：255-259.

[8] 赵宾，李向博，王久林，等. 微量 Sc 对高强铝合金铸态组织性能的影响[J]. 精密成形工程，2015，7（6）：70-75.

[9] 邓运来，张新明. 铝及铝合金材料进展[J]. 中国有色金属学报，2019，29（9）：2115-2141.

[10] 金龙兵，赵刚，冯正海，等. 高速列车用中强可焊 Al-Zn-Mg 合金材料[J]. 轻合金加工技术，2010，38（12）：47-51.

[11] 从福官，赵刚，田妮，等. 7×××系超高强铝合金的强韧化研究进展及发展趋势[J]. 轻合金加工技术，2012，40（10）：23-33.

[12] 黄振宝，张新明，刘振胆，等. 固溶处理对 7A55 铝合金的组织和力学性能的影响[J]. 材料热处理学报，2007，28（1）：87-91.

[13] 陈小明，宋仁国，李杰. 7×××系铝合金的研究现状及发展趋势[J]. 材料导报，2009，23（3）：67-70.

[14] 燕云程，黄蓓，李维俊，等. Al-Zn-Mg-Cu 系超高强度铝合金的研究进展[J]. 材料导报，2018，32（S2）：358-364.

[15] 肖艳苹，万里，李创，等. 固溶处理对 Al-Zn-Mg-Cu 合金显微组织的影响[J]. 铝加工，2017（4）：10-15.

[16] 蹇海根，姜锋，官迪凯，等. 固溶处理对 7B04 铝合金组织和性能的影响[J]. 材料热处理学报，2007，28（3）：72-76.

[17] 李海，韦玉龙，王芝秀. 固溶处理温度对峰值时效 7050 铝合金晶间腐蚀敏感性的影响[J]. 中国有色金属学报，2019，29（10）：2225-2235.

[18] 张琨，刘政军. 固溶处理对 7075 铝合金同质 TIG 焊接头显微组织及力学性能的影响研究[J]. 热加工工艺，2019，48（3）：83-88，92.

[19] 李安敏，王晖，郭长青，等. 7×××系铝合金应力腐蚀的控制[J]. 材料导报，2015，29（17）：84-88.

[20] 宋仁国，张宝金，曾梅光，等. 7175 铝合金时效“双峰”应力腐蚀敏感性的研究[J]. 金属热处理学报，1996，17（2）：51-54，16.

[21] 李春梅，陈志谦，程南璞，等. 超高强超高韧铝合金的热处理工艺研究[J]. 轻合金加工技术，2007，35（12）：36-40，50-51.

[22] 刘宏亮，疏达，王俊，等．超高强铝合金中杂质元素的研究现状[J]．材料导报，2011，25（5）：84-88.

[23] ALPAY S P, GURBUZ R. The effect of coarse second phase particles on fatigue crack propagation of an Al-Zn-Mg-Cu alloy[J]. Script metallurgical, 1994, 30(11): 1373-1378.

[24] 韩成府，岑少起，路王珂，等．固溶处理对 7075 铝合金组织和力学性能的影响[J]．特种铸造及有色合金，2017，37（2）：201-204.

[25] 魏春光，祝贞凤，史春丽，等．时效工艺对 7150 铝合金组织和性能的影响[J]．材料热处理学报，2019，40（4）：17-21.

[26] 王立，邢焰．航天器材料的空间应用及其保障技术[J]．航天器环境工程，2010，27（1）：35-40，4.

[27] HEINZ A, HASZLER A, KEIDEL C, et al. Recent development in aluminium alloys for aerospace applications[J]. Materials science & engineering A, 2000, 280(1): 102-107.

[28] 张允康，许晓静，罗勇，等．7075 铝合金强化固溶 T76 处理后的拉伸与剥落腐蚀性能[J]．稀有金属材料与工程，2012，41（S2）：612-615.

[29] ALATORRE N, AMBRIZ R R, NOUREDDINE B, et al. Tensile properties and fusion zone hardening for GMAW and MIEA welds of a 7075-T651 aluminum alloy[J]. Acta metallurgica sinica(english letters), 2014, 27(4): 694-704.

[30] 郭桂芳，陈芙蓉，李林贺．7075 铝合金电子束焊接温度场数值模拟[J]．焊接，2006（3）：28-30.

[31] 陈芙蓉，李国伟．7075 铝合金的研究现状[J]．机械制造文摘：焊接分册，2019（1）：1-7.

[32] 朱敏，曹娟华．铝合金在汽车上的应用分析[J]．江西化工，2013（2）：31-35.

[33] 杜德恒，高伟，蔡晓清，等．7A52 铝合金装甲材料冲压成形性能研究[J]．新技术新工艺，2017（11）：76-78.

[34] 张煜．“三明治装甲”与铝合金装甲材料发展[J]．包钢科技，2011，37（5）：4-6，24.

[35] 朱晶，杜坤，贾维平，等．5052 铝合金板材室温冲压成形性能研究[J]．热加工工艺，2015，44（19）：1-4.

[36] 于秀洁，吕永骏．简析地铁车辆：铝合金车体[J]．山东工业技术，2014（20）：14.

[37] FUKUDA T. Weldability of 7000 series aluminium alloy materials[J]. Welding international, 2012, 26(4): 256-269.

第 2 章　7 系铝合金熔化极惰性气体保护焊

2.1　引　　言

铝合金中厚板及厚板的焊接常选用熔化极惰性气体保护焊（metal inert-gas welding，MIG）。MIG 焊分为单丝 MIG 焊和双丝 MIG 焊（或多丝 MIG 焊）两种。在高焊接速度下采用单丝 MIG 焊时，电弧热量分布不均，形成的熔池小且凝固快，易造成咬边、焊缝余高大、不成形等缺陷。2001 年，德国克鲁斯公司研制出了 TANDEM 双丝 MIG 焊接技术，该技术将两根焊丝按一定角度放在一个特别设计的焊枪中，两根焊丝分别由各自的电源供电，相互绝缘，所有的参数都彼此独立，送丝速度、两根焊丝的直径、材质，甚至用或不用脉冲，都可以不一样，这样可以最佳地控制电弧，在保证每个电弧稳定燃烧的前提下，将两个电弧的相互干扰降到最低[1]。在进行 TANDEM 双丝 MIG 焊时，两根焊丝以一定角度前后排列，前丝焊接电流较大，以便形成较大的熔深；后丝电流稍小，起到填充盖面的作用；两根焊丝互相加热，充分利用电弧的能量可使熔敷率大大提高，使熔池里有充足的熔融金属且母材充分熔合，因此焊缝成形美观。一前一后两个电弧，大大加长了熔池的尺寸，熔池中的气体有充足的时间析出，气孔倾向极低。这种焊接方法虽然电流大，但焊接速度很快，因此热输入量小，焊接变形也很小，其优点如下：①熔敷率、焊接速度高；②热输入小；③焊接气孔少[2]。

目前，超硬铝合金中厚板的焊接主要采用单丝 MIG 焊，通常用粗焊丝大电流或细焊丝高电流密度来焊接。一般，前者用大电流焊接时，焊接热输入过大，从而导致晶粒严重粗化，使接头性能降低，且焊缝成形差、容易产生“橘皮”现象；后者用细焊丝大电流密度焊接时，对送丝速度要求极高，当送丝速度较慢时，焊接则不能正常进行。因此，利用双丝 MIG 焊技术焊接中厚超硬铝合金板，通过协调器调整各自的参数，形成统一熔池，最大限度地满足电弧控制要求，从而获得满意的焊缝，同时又可以提高焊接效率。

试验证明[3]，TANDEM 双丝 MIG 焊熔敷率是单丝普通焊的 3 倍，焊接速度也可以提高 1～3 倍。本章采用 TANDEM 双丝 MIG 焊焊接 20mm 厚的 7A52 铝合金，双丝 MIG 焊的焊接接头抗拉强度平均为 250～270MPa，有的高达 280MPa，均超过母材抗拉强度的 60%，同时焊缝热裂纹及气孔明显减少，而单丝普通焊焊接接头抗拉强度平均只有 240～260MPa，尽管也能达到母材抗拉强度的 60%，但还是比双丝 MIG 焊低 20～40MPa。

迄今为止，双丝 MIG 焊已成为十分成熟的高效焊接方法，仅德国 CLOOS 公司的 TANDEM 系统已经有 500 多用户，用于焊接碳钢、不锈钢、铝合金及其他金属材料，得到了广泛的应用。我国目前已引进几十套双丝 MIG 焊设备。随着焊接自动化程度的普及，TANDEM 双丝 MIG 焊技术具有更广阔的应用前景。

2.2　7 系铝合金单丝 MIG 焊焊接接头的组织

焊接接头的显微组织与焊接接头的性能密切相关，通过对显微组织的分析，可以对焊接接头力学性能的变化及其他性能的变化原因和机理进行分析和解释，因此，对焊接接头显微组织的分析是必要的。

试验用母材为 7A52 超硬铝合金，属于 Al-Zn-Mg 系热处理可强化高强可焊铝合金，板材厚度为 40mm，尺寸规格为 400mm×150mm×40mm。选用ϕ1.6mm ER5356 焊丝。其母材、焊丝化学成分分别如表 2-1[4]和表 2-2 所示。试验所用保护气体均为纯氩气，纯度不小于 99.99%。

表 2-1　7A52 铝合金的化学成分　（单位：%）

牌号	质量分数									
	Zn	Mg	Cu	Mn	Cr	Ti	Zr	Fe	Si	Al
7A52（LC52）	4.0～4.8	2.0～2.8	0.05～0.20	0.20～0.50	0.1～0.25	0.01～0.18	0.05～0.15	≤0.30	≤0.25	余量

表 2-2　ER5356 焊丝化学成分　（单位：%）

牌号	质量分数						
	Cu	Mn	Mg	Cr	Zn	Ti	Al
ER5356	0.1	0.05～0.20	4.50～5.50	0.05～0.20	0.10	0.06～0.20	余量

图 2-1　7A52 铝合金单丝 MIG 焊焊缝显微组织

7A52 铝合金单丝 MIG 焊焊缝显微组织如图 2-1 所示，焊缝中心和焊缝边缘的显微组织分别如图 2-2 和图 2-3 所示，由焊缝显微组织分析可得焊缝中心显微组织中 Mg 的质量分数为 6.16%，Zn 的质量分数为 0.94%；焊缝边缘显微组织中 Mg 的质量分数为 4.10%，Zn 的质量分数为 3.63%。根据 Al-Zn-Mg 系铝合金平衡图（图 2-4），可知焊缝组织是由 α(Al)+β($MgZn_2$)+T($Mg_3Zn_3Al_2$)相组成的。由图 2-3 可以看出，焊缝组织晶粒粗大、形状大小不一，原因是单丝 MIG 焊焊接速度慢，热输入量大，使得晶粒有充足的时间长大。

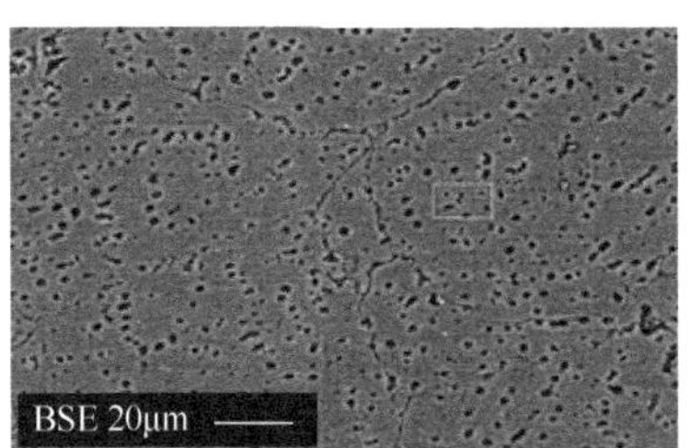

元素	质量分数/%	元素比例/%
Mg	6.16	6.83
Al	92.90	92.78
Zn	0.94	0.39

图 2-2　7A52 铝合金单丝 MIG 焊焊缝中心显微组织

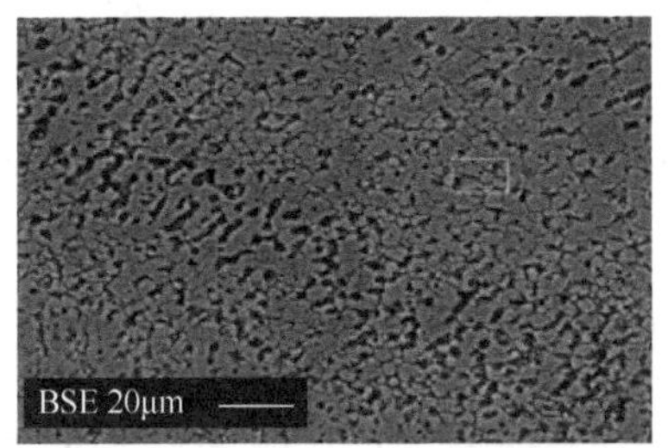

元素	质量分数/%	元素比例/%
Mg	4.10	4.63
Al	92.27	93.85
Zn	3.63	1.52

图 2-3　7A52 铝合金单丝 MIG 焊焊缝边缘显微组织

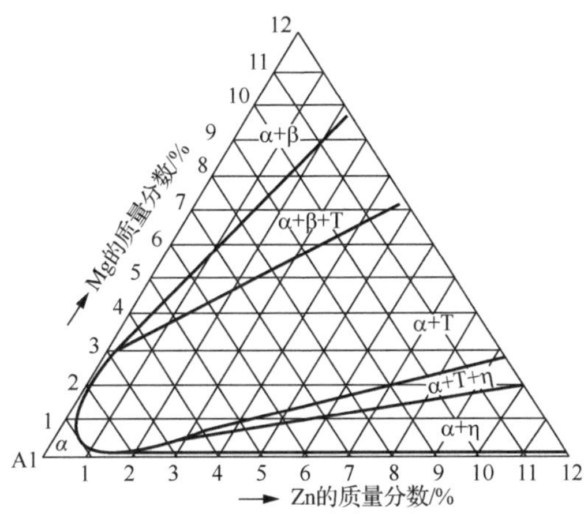

图 2-4　Al-Zn-Mg 系铝合金平衡图

7A52 铝合金单丝 MIG 焊焊接接头的熔合区显微组织如图 2-5 所示，由图可知该区组织粗大，靠近熔合线出现粗大柱状晶区，原因是单丝 MIG 焊热输入较大，使晶粒沿着散热方向长大时间相对较长所致。

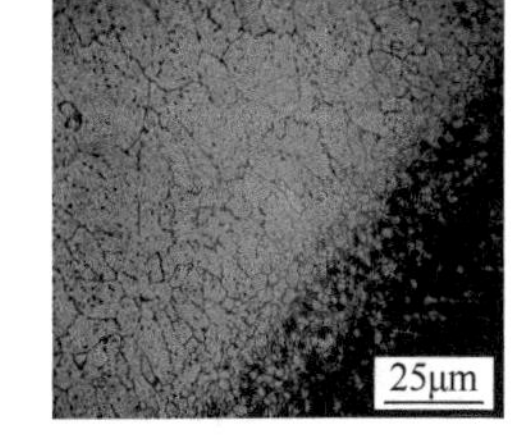

图 2-5　7A52 铝合金单丝 MIG 焊熔合区显微组织

通过单丝 MIG 焊焊缝显微组织分析，发现在焊接过程中合金元素发生烧损，7A52 铝合金母材中 Mg 的沸点 1110℃低于 Al 的沸点 2450℃，而 MIG 焊焊接时电弧温度又较高（一般在 2000℃以上），容易导致 Mg 的蒸发和氧化。焊接时，Mg 的蒸发和氧化不仅改变了焊接气氛，也会使焊缝区 Mg 的质量分数降低，而用 ER5356 作为填充材料焊接 7A52 铝合金时，ER5356 的 Mg 含量较 7A52 铝合金要高，对 Mg 的烧损有所补充，对焊接接头的组织和性能影响不大。同时焊接过程对 Zn 的蒸发也有一定的影响，Zn 的沸点为 960℃，与焊接温度相比很低，焊接时蒸发损失严重。通过检测单丝 MIG 焊焊缝局部区域各组分，发现焊缝中心与焊缝边缘成分有较大差别，焊缝中心 Zn 含量相对于焊缝边缘较低，原因是单丝 MIG 焊焊接热输入量大，焊缝凝固时间相对较长，使 Zn 元素挥发时间加长；而且 Zn 是主要的强化元素，导致焊缝强度下降。

2.3　7 系铝合金单丝 MIG 焊焊接接头的力学性能

在 7 系铝合金焊接的实际生产和科研中，焊接接头的力学性能是其重要试验内容，强度和韧性的合理配合对铝合金的安全防护水平具有重要的影响。

2.3.1　硬度试验

7A52 铝合金单丝 MIG 焊焊接接头的硬度试验结果如表 2-3 所示，单丝 MIG 焊焊接接头硬度曲线如图 2-6 所示。

表 2-3　单丝 MIG 焊焊接接头的硬度试验结果

序号	1	2	3	4	5	6	7	8	9	10	11	12	13
L/mm	0	5	10	15	20	25	30	35	40	45	50	55	60
硬度/HRB	18	26.5	29.4	41	54.3	58.7	62.5	65.2	75.4	78.8	81.8	82.3	82

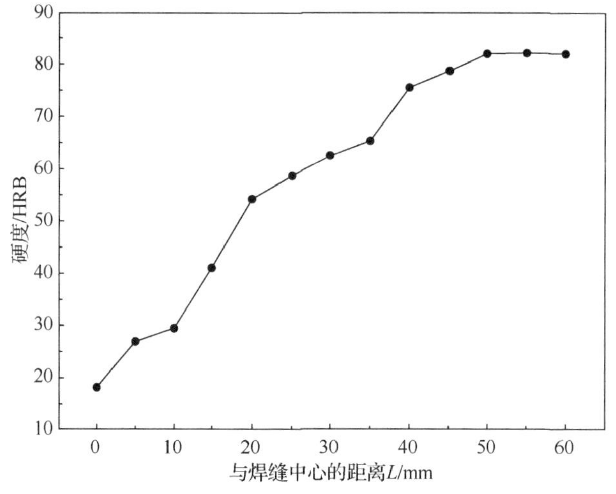

图 2-6　单丝 MIG 焊焊接接头硬度曲线

由图 2-6 可知，单丝 MIG 焊焊接接头硬度：靠近焊缝中心部位硬度最低；远离焊缝中心部位硬度逐渐增大，且焊接热影响区较宽。在焊接接头熔合区会产生过热组织、晶粒粗大，其塑性和韧性下降显著，发生几何形状变化，如果焊缝成形不良，在许多情况下会出现咬边、边缘未熔合等工艺缺陷，导致熔合区发生严重的应力集中，使焊接接头承载能力大幅度降低，这里也是裂纹、局部脆性破坏的“发源地”，是焊接接头的一个薄弱区。

焊缝金属内存在化学成分不均匀的偏析现象，单丝 MIG 焊的偏析如图 2-2 和图 2-3 所示。在焊接熔池快速结晶过程中，在液-固相及固-固相间，溶质来不及扩散，加上各相组元、熔池各部位（如边缘部位、中心部位）结晶先后不同，溶质浓度有差异，且来不及均匀化，因此结晶时可能出现显微偏析、区域偏析、层状偏析，从而可能引起性能缺陷（如晶界脆性、晶间腐蚀）和某些质量缺陷（如气孔、裂纹、氧化夹杂）。焊缝区是焊接接头的薄弱环节之一，与母材组织的最大区别是，它具有铸造组织的特征，其强度、硬度和塑性均较母材低，因此焊缝正反面需有适量余高。化学成分的不均匀，还与元素的烧损、挥发及溶入母材有关。

2.3.2　拉伸试验

图 2-7 所示为 7A52 铝合金单丝 MIG 焊焊接接头拉伸试样尺寸，表 2-4 是 7A52 铝合金单丝 MIG 焊焊接接头的抗拉强度试验结果。经单丝 MIG 焊焊接后，厚板 7A52 铝合金焊接接头平均抗拉强度为 250MPa，母材的抗拉强度为 410MPa，单丝抗拉强度约为母材的 60%。接头的伸长率 δ_{10} 为 5.8%，而母材的伸长率 δ_{10} 不小于 7%。单丝 MIG 焊焊接接头的伸长率为母材的 82.9%，图 2-8 所示为单丝 MIG 焊焊接接头拉伸断口的宏观照片，可以看出，单丝 MIG 焊拉伸断口较平整。

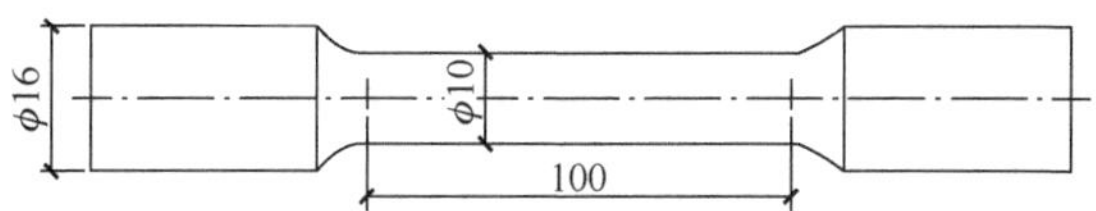

图 2-7　7A52 铝合金单丝 MIG 焊焊接接头拉伸试样尺寸（单位：mm）

表 2-4　7A52 铝合金单丝 MIG 焊焊接接头的抗拉强度试验结果

焊丝种类	R_m/MPa							备注
	单个试样值						均值	
5356	240	240	235	250	265	270	250	断于焊缝

图 2-8　单丝 MIG 焊焊接接头拉伸断口的宏观照片

由铝合金的强化机理可知，由于工业纯铝的力学性能很低，不能直接用于结构材料，但是通过变形硬化、晶粒细化、合金化等方法可以提高铝合金的力学性能。同其他合金一样，铝合金中的合金元素具有固溶强化和第二相强化两种机制，随着合金化程度的提高，其强度提高，但是塑性下降。本次试验所用材料为 Al-Zn-Mg 系铝合金，在这类合金的焊缝组织中存在 $\alpha(Al)+\beta(MgZn_2)+T(Mg_3Zn_3Al_2)$三相，当 Mg 含量很低时，随着合金中 Mg 含量的增加，Mg 在 α-Al 中的固溶度增大，强化效果也增加，当 α-Al 中的固溶度达到极限时，随着合金中 Mg 的含量增加，$\beta(MgZn_2)$相的析出增加，由此导致的弥散强化效果增加[5-6]。基于这一理论，在进行铝合金焊接时，焊接接头冷却后没有新相生成，那么造成焊接接头力学性能变化的原因是焊接后存在偏析，以及由于焊接温度较高而在铝合金中产生合金元素烧损的双重作用。

固溶体合金在结晶时始终进行着溶质和溶剂的扩散。该过程进行的均匀与否与冷却速度和冷却时间有着较为密切的关系，同时这种均匀性对焊接接头的性能和组织有很大的影响，因此，焊接熔池的结晶过程是和液相及固相内的原子扩散过程密切相关的，只有在极缓慢的冷却条件下，即在平衡结晶的条件下，才能使每个温度下的扩散过程完全进行，使液相和固相的成分均匀一致[7-8]。首先，在铝合金焊接熔池结晶过程中，铝合金热导率大，冷却速度较快，在一定温度下扩散过程尚未完全进行时，温度继续下降，这使液相尤其是固相内保持着一定的浓度梯度，造成各相内成分不均匀，先结晶的含高熔点的合金元素较多，后结晶的含低熔点的合金元素较多，在晶粒内部存在浓度偏差，造成晶内偏析。其次，焊接熔池在结晶过程中的不平衡结晶还造成了宏观偏析，其原因是，在焊接时，焊接熔池处于高温阶段，在电弧力和熔化金属自身重力作用下进行混合，其成分能够达到较大程度的均匀性，当温度降低而出现结晶时，靠近熔合区的液态金属冷却较快，这个区域的合金元素相对较少，当继续冷却时，较高熔点的金属集中在焊缝中心周围，使这个区域的合金元素含量较高，这样造成较大的区域偏析。因此，偏析会造成焊缝组织和性能的不均匀性。

在焊接过程中合金元素的烧损也是材料性能变化的原因之一，7A52 铝合金单丝 MIG 焊焊缝中心和边缘显微组织如图 2-2 和图 2-3 所示。因为采用 ER5356 焊丝施焊，焊丝成分中 Mg 的质量分数较高，为 4.5%～5.5%，对于焊接温度高引起的 Mg 元素的烧损将有所补充，而 ER5356 焊丝中 Zn 的质量分数较低，仅占 0.10%，Zn 的沸点为 960℃，焊接时烧损严重，又得不到补充，所以焊后单丝 MIG 焊焊缝组织中 Zn 的质量分数较低。单丝 MIG 焊焊缝中心 Zn 的质量分数为 0.94%，这使焊缝中形成的 β 强化相减少，焊缝强度低。

当拉伸试样在承受拉伸载荷时，在应力超过材料的屈服强度时发生塑性变形，产生缩颈形成三向应力状态。中心轴向应力随着缩颈的进行不断增大。在三向应力作用下，在沉淀相、夹杂物与金属界面处分离产生微孔，或夹杂物本身破碎成裂纹，也可能由于强烈滑移位错塞积产生孔洞。

图 2-9 所示为 7A52 铝合金单丝 MIG 焊焊接接头拉伸断口形貌 SEM 照片。由图 2-9（a）可以看出，单丝 MIG 焊焊接接头的拉伸断面上存在许多大小不同的韧窝，说明单丝 MIG 焊焊接接头在拉伸过程中发生了塑性变形。由图 2-9（b）～（d）可以看出，单丝 MIG 焊焊接接头存在不致密自由表面，且存在大量自由表面坑，自由表面坑的深度较大，其是单丝 MIG 焊焊缝形成过程中，铝液凝固过快，凝固时间过短，导致铝液来不及补充而形成的。自由表面坑使单丝 MIG 焊焊接接头强度下降。铝合金焊接接头拉伸断裂过程为韧窝断裂，韧窝断裂包括 3 个阶段，即裂纹的萌生-形成显微孔洞、裂纹的扩展聚集和最终断裂，如图 2-10 所示。图 2-10（a）为缩颈导致三向应力，图 2-10（b）为显微孔洞在缩颈中心区域形成，图 2-10（c）为孔洞长大连接形成锯齿裂缝，图 2-10（d）为最终边缘剪切断裂。

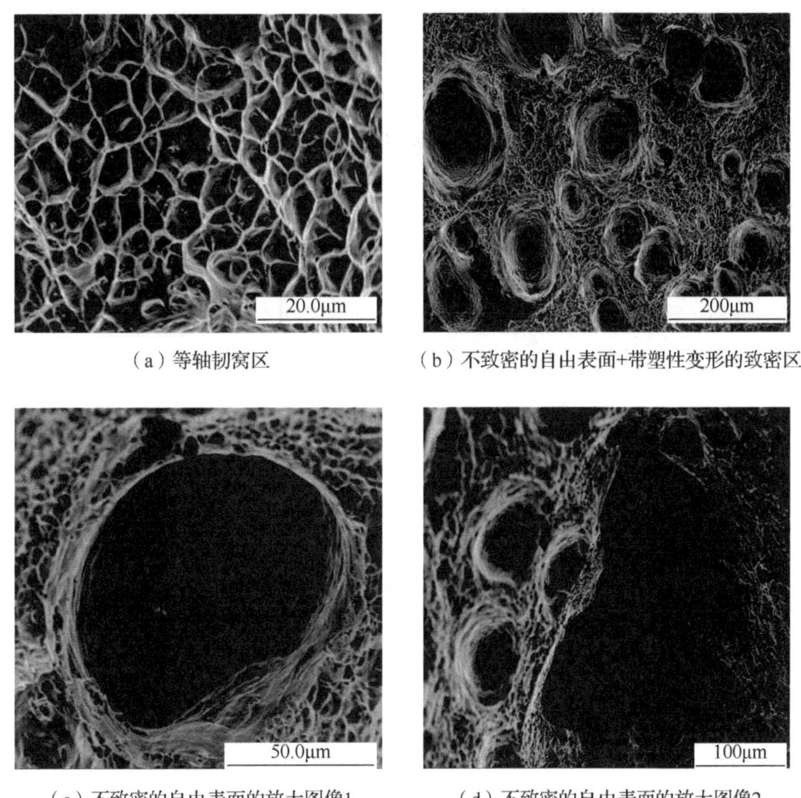

（a）等轴韧窝区　（b）不致密的自由表面+带塑性变形的致密区

（c）不致密的自由表面的放大图像1　（d）不致密的自由表面的放大图像2

图 2-9　单丝 MIG 焊焊接接头拉伸断口形貌 SEM 照片

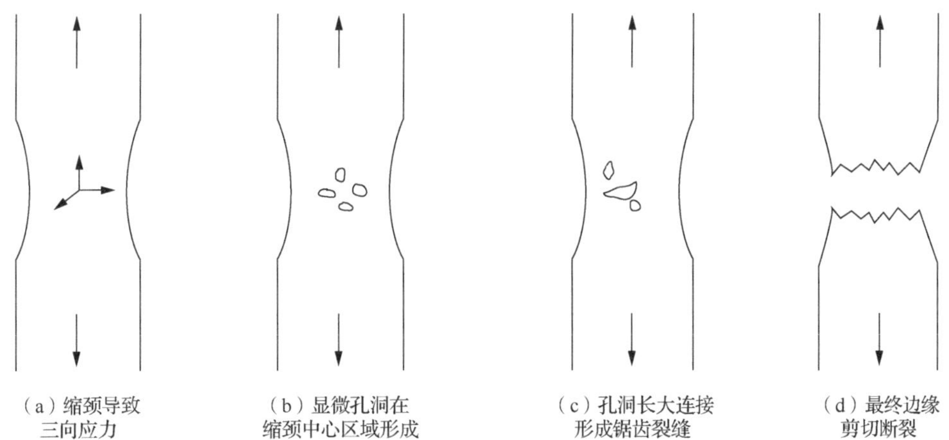

（a）缩颈导致三向应力　（b）显微孔洞在缩颈中心区域形成　（c）孔洞长大连接形成锯齿裂缝　（d）最终边缘剪切断裂

图 2-10　铝合金焊接接头拉伸断裂过程示意图

2.3.3　冲击试验

焊接接头夏比冲击标准试样尺寸及缺口位置如图 2-11 所示（图中 B 为开口宽度，I 为开口角度）。表 2-5 为 7A52 铝合金单丝 MIG 焊焊接接头冲击试验结果。由表 2-5 可知，单丝 MIG 焊焊缝的平均冲击韧性为 17.0J/cm^2，母材的平均冲击韧性为 26.7J/cm^2，单丝 MIG 焊焊缝的冲击韧性为母材的 63.7%，单丝 MIG 焊焊缝的冲击韧性要比母材小。这是因为：单丝 MIG 焊焊缝组织为 α(Al)+β($MgZn_2$)相和少量 T($Mg_3Zn_3Al_2$)相，且组织较粗大，不均匀；而母材组织为 α(Al)+T($Mg_3Zn_3Al_2$)相，T 相强化效果较好，数量相对较多，且组织均匀致密。由此可知，金属材料的性能与其显微组织有着极其密切的关系。

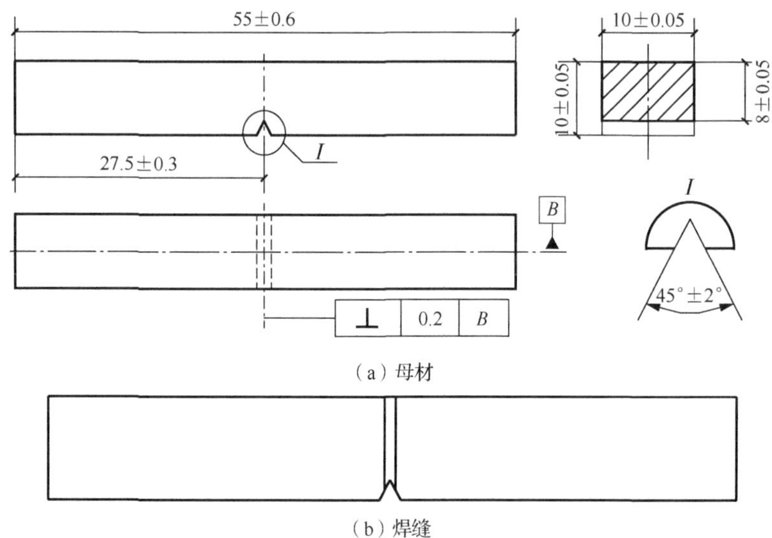

（a）母材

（b）焊缝

图 2-11　焊接接头夏比冲击标准试样尺寸及缺口位置（单位：mm）

表 2-5　7A52 铝合金单丝 MIG 焊焊接接头冲击试验结果

试样	试样编号	冲击吸收功 A_{kv}/J	冲击韧性 a_{kv}/（J/cm²）	冲击韧性平均值 a_{kv}/（J/cm²）
焊缝	1	13	15.8	17.0
	2	16	19.3	
	3	13	15.8	
母材	1	21	25.5	26.7
	2	24	29.1	
	3	21	25.5	

2.3.4　腐蚀试验

将 7A52 铝合金单丝 MIG 焊焊接接头及母材试样放在 3.5%NaCl 盐雾中连续喷雾 50h，测得焊接接头及母材的腐蚀速度分别为

$$v_{单丝}=0.02838\text{g}/(\text{m}^2\cdot\text{h}) \tag{2-1}$$

$$v_{母材}=0.03422\text{g}/(\text{m}^2\cdot\text{h}) \tag{2-2}$$

从试验结果可知，单丝 MIG 焊焊接接头的腐蚀速度比母材低，为母材腐蚀速度的 82.9%，这说明焊缝比母材的耐腐蚀性要好。

材料腐蚀形貌特征是反映材料耐蚀性能及腐蚀过程的重要信息来源之一。腐蚀后金属表面会附着不同结构和形貌的腐蚀产物，这层由腐蚀产物形成的覆盖膜对材料的腐蚀性能影响很大。因此，对不同合金腐蚀后表面形成的氧化膜形态及对应的基体表面腐蚀情况进行分析，并对腐蚀过程中形成的不同氧化膜、附着物及腐蚀产物进行分析具有重要意义。对氧化膜进行形态和结构鉴定，可以为腐蚀机理分析提供必要的依据。利用 SEM（日立 HITACHI S3400 型）对腐蚀表面形貌进行观察，并借助 EDAX JENESIS 型能谱仪进行微区成分分析。

图 2-12 和图 2-13 分别为 7A52 铝合金母材、单丝 MIG 焊焊缝在 3.5%NaCl 盐雾中腐蚀 50h 后腐蚀形貌 SEM 照片。从图 2-12 和图 2-13 中可以看出，两个试样的腐蚀不均匀，母材上除有大面积的腐蚀产物外，在基体上还散布着大小不均匀的腐蚀坑，可见 7A52 铝合金基体上发生了点腐蚀（又称孔腐蚀）。

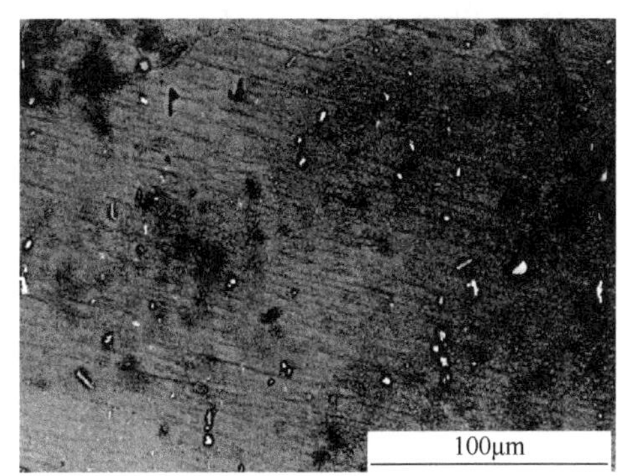

图 2-12　母材在 3.5%NaCl 盐雾中腐蚀 50h 后腐蚀形貌 SEM 照片

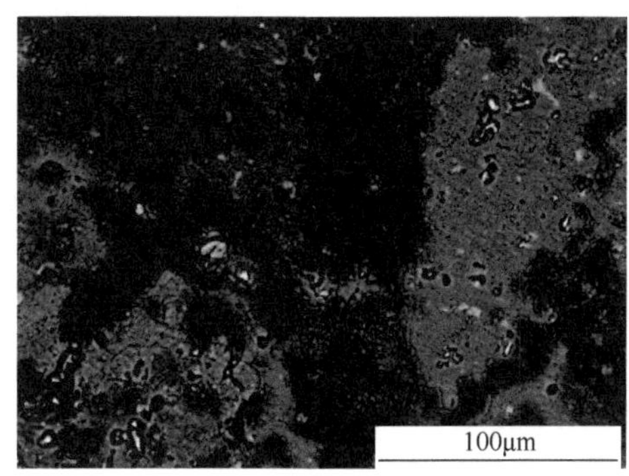

图 2-13　单丝 MIG 焊焊缝在 3.5%NaCl 盐雾中腐蚀 50h 后腐蚀形貌 SEM 照片

点腐蚀是在金属基体上产生针尖状、点状、孔状的一种极为局部的腐蚀形态。点腐蚀是阳极反应的一种独特形式，也是一种自催化过程，即点腐蚀孔内的腐蚀过程造成的条件既可以促进又足以维持腐蚀的继续，腐蚀孔内 Cl^-和 H^+不断增加，加速了腐蚀发展。腐蚀孔内的主要反应为

$$Al \longrightarrow Al^{3+}+3e \quad (2-3)$$

Al^{3+}水解的总反应为

$$Al^{3+}+3H_2O \longrightarrow Al(OH)_3+3H^+ \quad (2-4)$$

所以，孔内 Al^{3+}及 H^+浓度很高，将保持腐蚀的继续进行。

从图 2-13 中可以看出，单丝 MIG 焊焊缝表面也有点蚀发生（图中圆形孔为焊接过程中产生的气孔，并非点蚀引起的），但点蚀数量较母材少。

经过 50h 盐雾试验后，7A52 铝合金母材及单丝 MIG 焊焊缝金属试样表面的大部分区域腐蚀形貌相似，小部分区域出现了少量疏松的白色腐蚀产物堆积，分别如图 2-14 和图 2-15 所示，经 SEM 能谱分析发现，主要成分为 Al，还有少量的 Mg 和 O，其中图 2-14（a）中的白色产物中还含有大量的 Fe，Fe 在铝合金中属于杂质，对合金的耐腐蚀性、力学性能及可焊性能均有不利影响，这也是 7A52 铝合金母材耐腐蚀性相对于焊缝金属低的一个原因，所以应尽量控制其在整个基体中的含量，最好不超过 0.3%。从

图 2-14（a）也可以看出，在发生点蚀的部位有白色的腐蚀产物出现，这说明有害杂质 Fe 促进了点蚀的发生和继续。

（a）母材在3.5%NaCl盐雾中腐蚀50h后腐蚀产物SEM照片

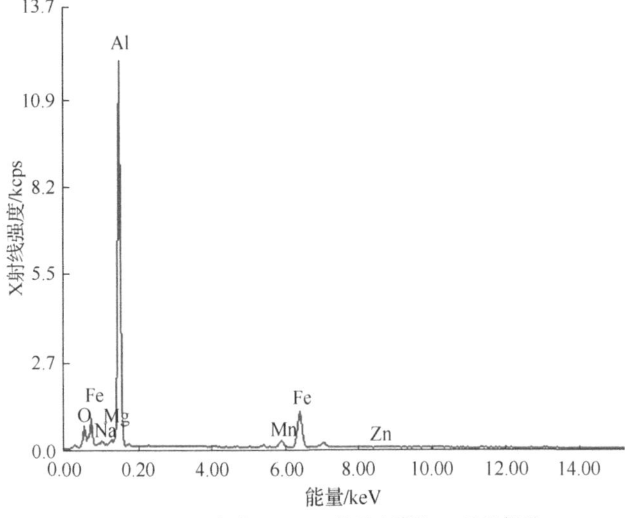

（b）母材在3.5%NaCl盐雾中腐蚀50h后的能谱

图 2-14　母材腐蚀产物及能谱

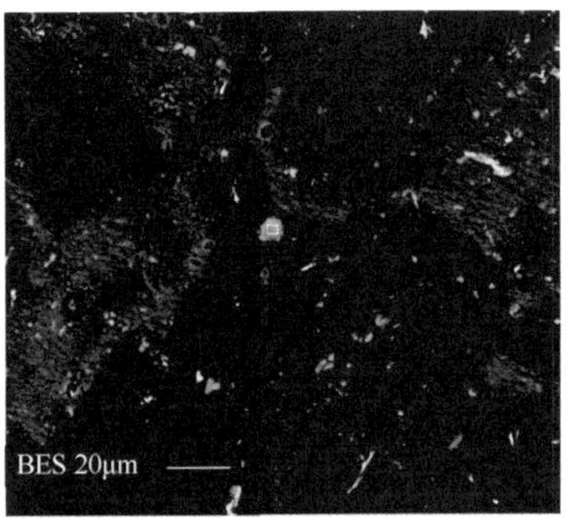

（a）单丝MIG焊焊缝在3.5%NaCl盐雾中腐蚀50h后腐蚀产物SEM照片

图 2-15　单丝 MIG 焊焊缝腐蚀产物及能谱

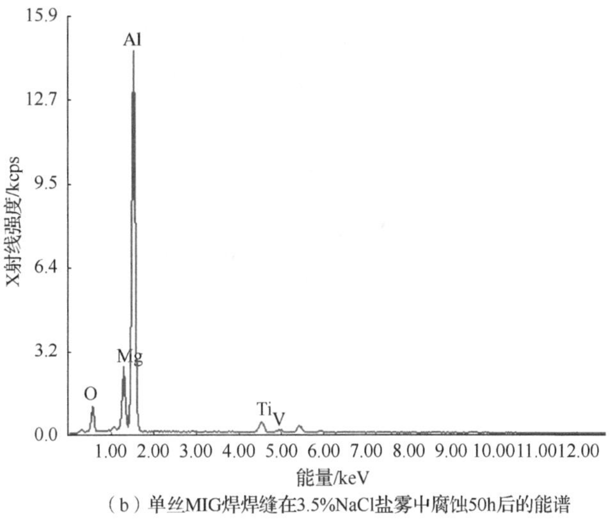

（b）单丝MIG焊焊缝在3.5%NaCl盐雾中腐蚀50h后的能谱

图 2-15（续）

7A52 铝合金及单丝 MIG 焊焊缝在 3.5%NaCl 盐雾中腐蚀 50h 后，表面会形成一层保护膜起到保护作用，图 2-16 和图 2-17 分别为 7A52 铝合金母材、单丝 MIG 焊焊缝的腐蚀产物膜在 SEM 下的形貌及其能谱分析。

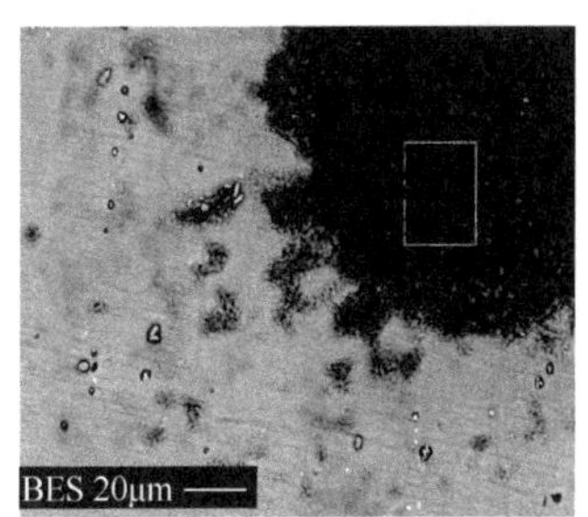

（a）母材在3.5%NaCl盐雾中腐蚀50h后产物膜SEM照片

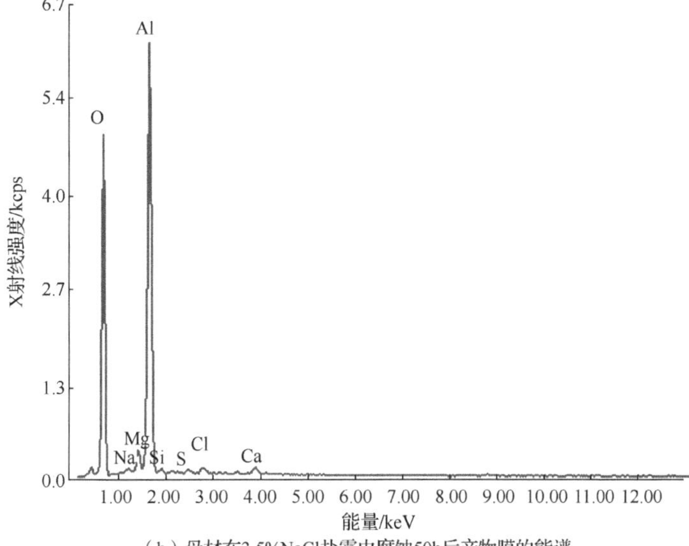

（b）母材在3.5%NaCl盐雾中腐蚀50h后产物膜的能谱

图 2-16　7A52 铝合金腐蚀产物膜及能谱

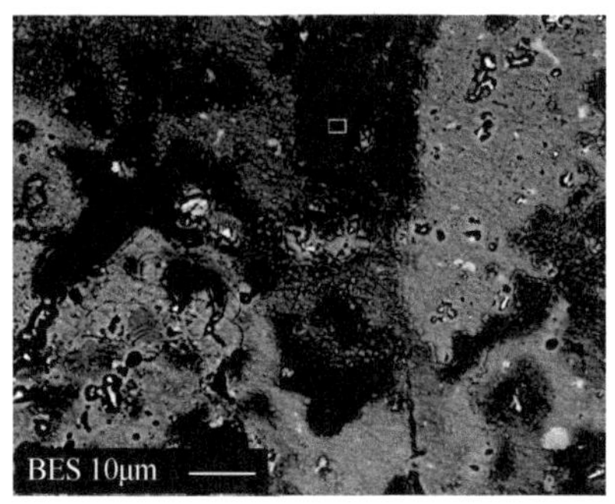

（a）单丝MIG焊焊缝在3.5%NaCl盐雾中腐蚀50h后产物膜SEM照片

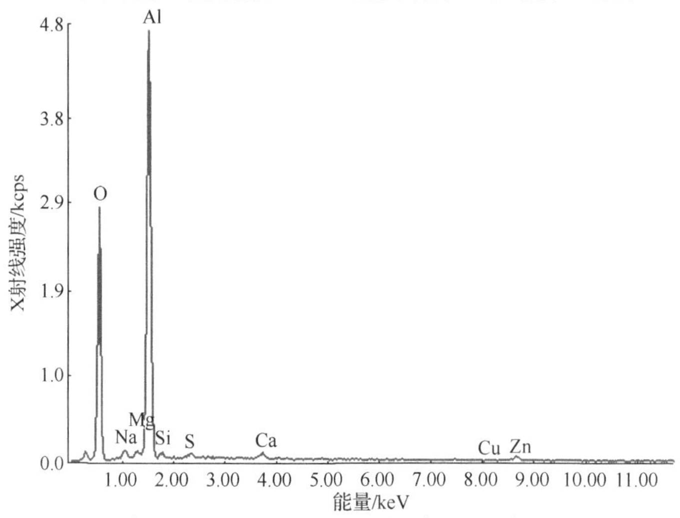

（b）单丝MIG焊焊缝在3.5%NaCl盐雾中腐蚀50h后产物膜的能谱

图 2-17　单丝 MIG 焊焊缝腐蚀产物膜及能谱

从图 2-16 中还可以看出，在没有发生点蚀的部位，在基体表面覆盖着一层较厚的腐蚀产物膜（其成分主要为 Al_2O_3），这层腐蚀产物膜比较疏松，通过能谱分析得知，该产物膜中含有少量 Cl^-，疏松的孔洞就成为 Cl^-的活性通道，使 Cl^-易于向基体内部渗透，使腐蚀向金属内部扩展。同时较厚的腐蚀产物膜发生了皲裂，出现了大量不规则的纵横交错的裂纹。腐蚀产物膜被这些裂纹割裂成不规则的小板块。这为基体腐蚀进一步向纵向扩展提供了可能。

从图 2-17 所示的单丝 MIG 焊焊缝腐蚀产物膜 SEM 形貌可以看出，该产物膜出现了轻度皲裂现象，能谱分析没有发现活性 Cl^-存在，这是由于其含量比较低，如果腐蚀时间延长，皲裂现象将会加重，将提高腐蚀速度。

由此可知，50h 盐雾腐蚀试验后，接头表面出现点腐蚀现象。材料首先发生局部区域氧化、变色（发黄）、失光，进而产生点蚀；随试验时间的延长，氧化、变色区和腐蚀点增多，并逐渐生成薄的氧化物膜，在 3.5%NaCl 盐雾中的腐蚀电流则相应减小。材料表面的 O 元素与 Al 元素形成氧化物。该氧化膜可减缓腐蚀行为的继续进行。由此也表明，合金在含 Cl^-的潮湿环境中有一定的腐蚀倾向，因此在 7A52 铝合金产品实际应用中，应采取必要的防护措施，减少点蚀的发生。

2.4　7 系铝合金双丝 MIG 焊焊接接头的组织

7A52 铝合金母材、双丝 MIG 焊焊缝及焊接接头熔合区的显微组织分别如图 2-18～图 2-20 所示。由图 2-19 可以看出，焊缝中形成了晶粒细小的等轴晶，组织比较致密，这是因为：双丝 MIG 焊的热输入量小、焊接速度快，同时由于柱状晶的生长，经过散热，熔池中心的液态金属的温度全部降至熔点以下，再加上液态金属中杂质等因素的作用，满足了形核时对过冷度的要求，于是在整个剩余液体中同时形核；而此时的散热已经失去了方向性，晶核在液体中可以自由生长，在各个方向上的长大速度几乎相等，因此长成了焊缝中心的等轴晶；当它们长到与柱状晶相遇，全部液体凝固完毕后，即形成明显的中心等轴晶区。

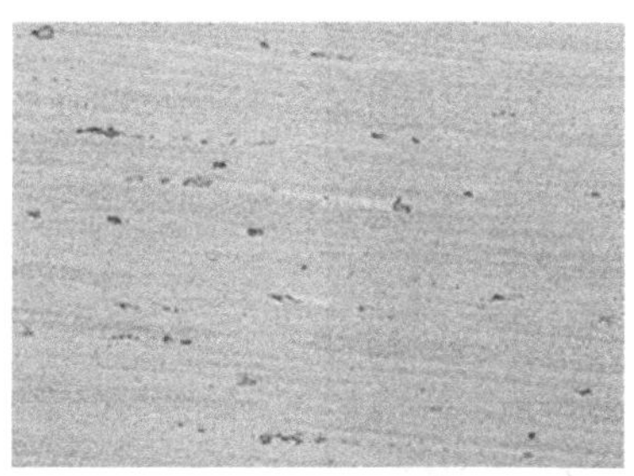

图 2-18　7A52 铝合金母材显微组织

图 2-19　7A52 铝合金双丝 MIG 焊焊缝显微组织

图 2-20　7A52 铝合金双丝 MIG 焊焊接接头熔合区显微组织

7A52 铝合金双丝 MIG 焊焊接接头的熔合区显微组织如图 2-20 所示，该区组织成分比较复杂，而且组织极不均匀，靠近熔合线的热影响区出现粗大柱状晶区，原因是焊缝位置的热输入量最大，晶粒沿着散热方向长大时间相对较长。对比观察焊缝与母材的显微组织图可以发现，焊缝区域的晶粒比较粗大。

通常，7A52 铝合金 Mg 的质量分数为 2.00%～2.80%，Zn 的质量分数为 4.00%～4.80%。由图 2-21 和图 2-22 可知：7A52 铝合金双丝 MIG 焊焊缝的中心显微组织中，Mg 的质量分数为 4.70%，Zn 的质量分数为 3.40%；边缘显微组织中，Mg 的质量分数为 6.35%，Zn 的质量分数为 1.81%。由于采用 ER5356 焊丝进行施焊，焊丝成分中 Mg 的质量分数较高，为 4.50%～5.50%，因此对因焊接温度高引起的 Mg 的烧损有所补充。7A52 铝合金母材相组成为 α(Al)+T($Mg_3Zn_3Al_2$)相，焊缝组成相为 α(Al)+β($MgZn_2$)+T($Mg_3Zn_3Al_2$)，因为 ER5356 焊丝中 Zn 的质量分数较低，且焊接时烧损严重，所以焊后焊缝组织中 Zn 的质量分数比较低，$T(Mg_3Zn_3Al_2)$相含量减少，大部分 Mg 与 Al 形成 $\beta(Mg_5Al_8)$相析出。

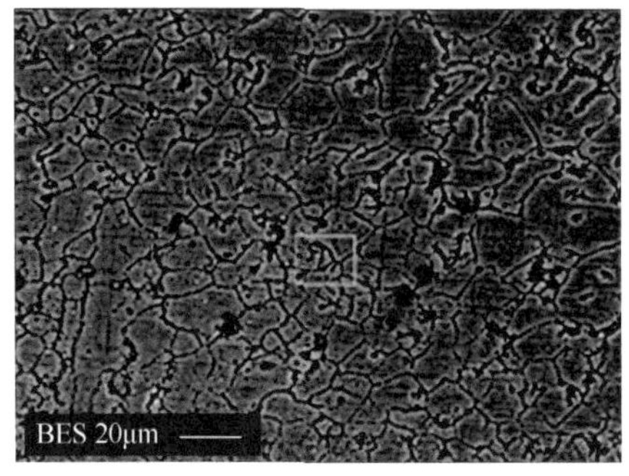

元素	质量分数/%
Mg	4.70
Al	91.90
Zn	3.40

图 2-21　7A52 铝合金双丝 MIG 焊焊缝中心显微组织

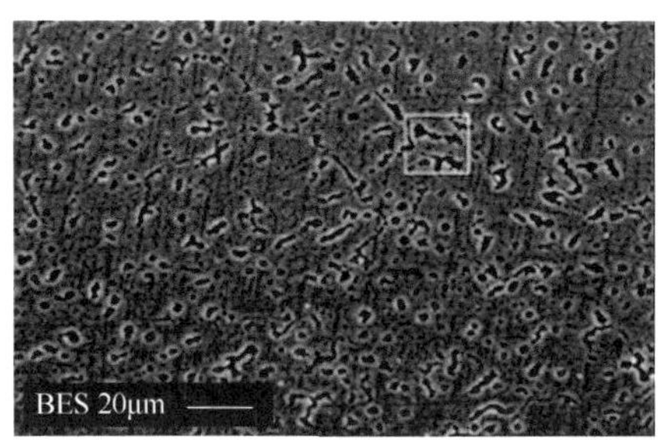

元素	质量分数/%
Mg	6.35
Al	91.84
Zn	1.81

图 2-22　7A52 铝合金双丝 MIG 焊焊缝边缘显微组织

热影响区组织相对复杂，其组织、成分和性能还与母材熔合比相关。其典型的特征是加工态组织大部分发生再结晶，同母材区的晶粒相比，晶粒明显发生了长大。在焊接热循环的作用下，焊缝金属重新凝固，热影响区也受到高温影响，发生再结晶、退火，组织改变，使韧性降低，离焊接热源越远，材料受到的影响越小。

2.5　7 系铝合金双丝 MIG 焊焊接接头的力学性能

2.5.1　硬度试验

采用 HRB-150A 型洛氏硬度计测量了 7A52 铝合金双丝 MIG 焊焊接接头焊缝、热影响区和母材 3 个区域的洛氏硬度，载荷为 100kg。

图 2-23 所示为焊接接头硬度测试点分布示意图。按图所示在洛氏硬度计上从焊缝中心向母材侧逐点测试硬度，测点间距为 5mm。

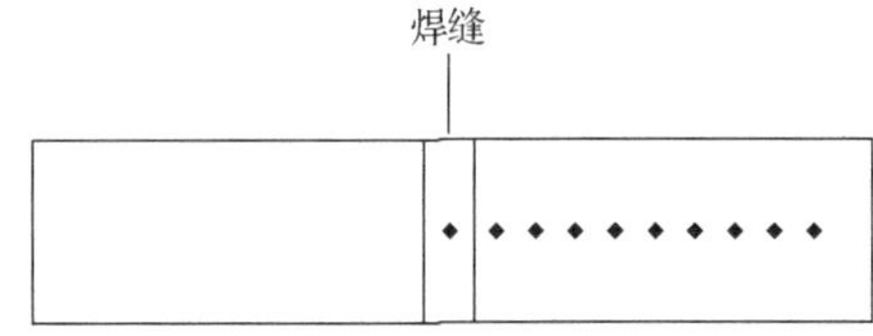

图 2-23　焊接接头硬度测试点分布示意图

图 2-24 是 7A52 铝合金单、双丝 MIG 焊焊接接头硬度对比曲线。由图 2-24 可知，采用双丝 MIG 焊工艺的焊接接头硬度比采用单丝 MIG 焊工艺焊接接头的硬度高；从热影响区的硬度试验结果看，双丝 MIG 焊的热影响区小，而且在热影响区的硬度高于单丝 MIG 焊的硬度。这说明采用双丝 MIG 焊方法，铝合金焊后软化问题得到一定的控制，焊接接头具有较好的硬度。

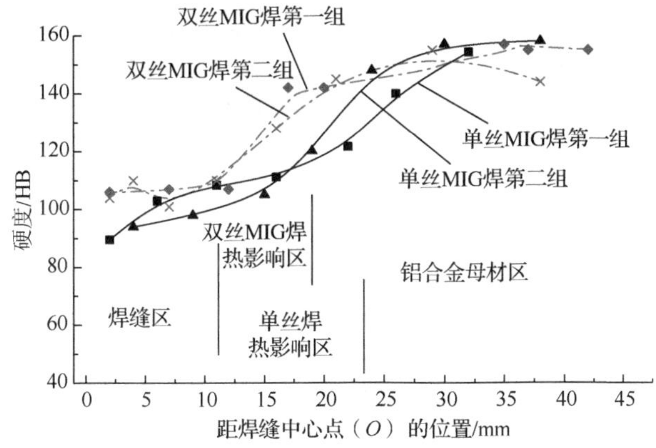

图 2-24　单、双丝 MIG 焊焊接接头硬度对比曲线

2.5.2　拉伸试验

通过多次试验和参数的调整，双丝 MIG 焊的焊缝力学性能最后达到铝合金炮塔焊接要求，拉伸试验结果如表 2-6 所示。对炮塔底部焊缝进行了无损检测，检测位置如图 2-25 所示，结果显示采用多次调整后的焊接参数在 8 个检测位置均没有出现未焊透的现象，基本满足了炮塔焊接质量要求。

表 2-6　拉伸试验结果

试验组别	试验号	抗拉强度 R_m/MPa	断后伸长率 A/%	备注
1	1	270	21.0	
	2	255	15.0	
	3	240	16.0	
	4	183	7.0	大气孔
2	1	240	10.0	
	2	255	14.5	
	3	240	10.0	
	4	235	14.5	
3	1	235	9.5	
		250	8.0	
	2	275	8.5	
		260	6.5	
	3	275	15.0	
		275	17.5	

续表

试验组别	试验号	抗拉强度 R_m/MPa	断后伸长率 A/%	备注
4	1	280	20.0	
		285	19.0	
	2	275	13.5	
		260	8.0	

图 2-25　炮塔无损检测位置

2.5.3　冲击试验

不同温度下 7A52 铝合金母材、双丝 MIG 焊焊缝和热影响区各试样 V 形缺口冲击吸收功和冲击韧性结果如表 2-7～表 2-9 所示。其中，冲击韧性为

$$a_{kv}=A_{kv}/A \tag{2-5}$$

式中，A_{kv} 为冲击吸收功（J）；A 为试样断口截面面积（cm^2），A=1cm×0.8cm=0.8cm^2。

表 2-7　不同温度下 7A52 铝合金母材各试样 V 形缺口冲击吸收功和冲击韧性

温度/℃	冲击吸收功 A_{kv}/J				冲击韧性
	1 号	2 号	3 号	均值	a_{kv}/（J/cm^2）
−40	20	19	19	19.3	24.1
−20	18	18	19	18.3	22.9
0	18	20	20	19.3	24.1
20	20	20	21	20.3	25.4
40	21	20	22	21	26.3

表 2-8　不同温度下双丝 MIG 焊焊缝各试样 V 形缺口冲击吸收功和冲击韧性

温度/℃	冲击吸收功 A_{kv}/J				冲击韧性
	1 号	2 号	3 号	均值	a_{kv}/（J/cm^2）
−40	8	5	4	5.7	7.1
−20	4	5	6	5	6.2
0	7	6	6	6.3	7.9
20	8	5	7	6.7	8.3
40	8	7	8	7.7	9.6

表 2-9　不同温度下双丝 MIG 焊热影响区各试样 V 形缺口冲击吸收功和冲击韧性

温度/℃	冲击吸收功 A_{kv}/J				冲击韧性 a_{kv}/（J/cm^2）
	1 号	2 号	3 号	均值	
-40	11	11	12	11.3	14.1
-20	10	11	12	11	13.8
0	15	15	15	15	18.3
20	16	12	15	14	17.5
40	15	15	14	14.6	18.8

根据冲击试验数据画出 7A52 铝合金及其焊接接头冲击韧性变化曲线，如图 2-26 所示。通过对比发现，母材、热影响区和焊缝分别在 40℃冲击韧性值较高，分别为 26.3J/cm^2、18.8J/cm^2 和 9.6J/cm^2；在-20℃较低，分别为 22.9J/cm^2、13.8J/cm^2 和 6.2J/cm^2。但在-40～+40℃温度内，母材、热影响区和焊缝的冲击韧性变化均不明显，这是因为铝合金是面心立方结构，具有面心立方结构材料的迟屈服现象不明显，在很低的温度下仍具有较高的韧性，所以 7A52 铝合金冲击韧性对温度的变化不敏感。在同一温度下，不同区域间的冲击韧性由焊缝到热影响区再到母材依次升高。

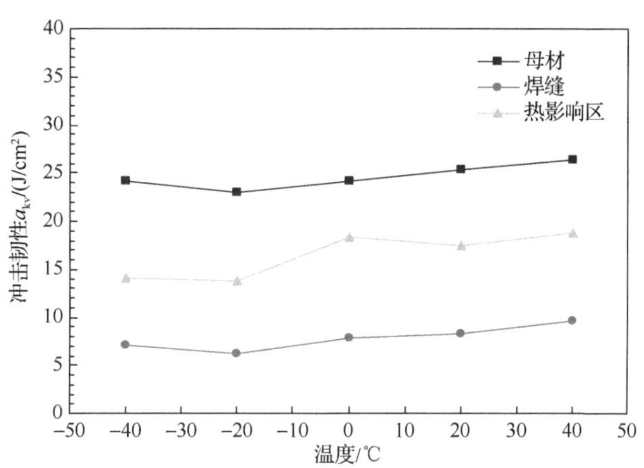

图 2-26　7A52 铝合金及其焊接接头冲击韧性变化曲线

2.5.4　腐蚀试验

试验采用 PGASTAT30 恒电位仪进行母材及焊缝区的电化学腐蚀测试。采用三极电极：铂电极为辅助电极，饱和甘汞电极为参比电极，工作电极为 10mm×10mm 的 7A52 铝合金表面。先用焊锡将铜导线焊在试样的背面以保证试样导电，试样的非工作表面用环氧树脂密封，以保证绝缘。试验所用药品为 NaCl 分析纯，试验介质溶液选用质量分数分别为 3.5%和 10.5%的 NaCl 溶液，介质溶液用蒸馏水配制。试验在室温下进行，腐蚀电位范围为-1.8～-0.5V，扫描速度为 10mV/s，为使腐蚀液均匀稳定地侵蚀被测样品的表面，试验前先将试样在介质溶液中浸泡 5min 再开始。测试记录 *E-I*（电势-电流）曲线，计算出曲线的 Tafel（塔菲尔）参数。通过极化曲线可以比较母材与焊缝处耐腐蚀能力的强弱及 NaCl 溶液质量分数对 7A52 铝合金耐蚀性的影响。

7A52 铝合金是电子良导体，NaCl 电解质溶液是离子导体，合金在 NaCl 溶液中发生电化学腐蚀。在腐蚀过程中，阳极反应为铝原子失电子溶解成为阳离子的过程；阴极反应为质子的还原反应，在电极表面析出氢气。电极反应如下。

阳极反应：

$$Al \longrightarrow Al^{3+} + 3e \tag{2-6}$$

阴极反应：

$$2H^{+} + 2e \longrightarrow H_2 \tag{2-7}$$

阳极反应生成的 Al^{3+} 与阴极反应生成的 OH^{-} 结合，形成 $Al(OH)_3$，沉积在电极表面，形成表面腐蚀产物膜。随着电极反应的不断进行，会有 $Al(OH)_3$ 沉淀析出。沉积在合金表面的腐蚀产物膜阻碍了电子与离子的传输过程，使电极反应速率降低。但是 $Al(OH)_3$ 疏松且多孔，有 Cl^{-} 存在时，因发生电解而对电极的保护作用微乎其微，因此，7A52 铝合金发生阳极活化溶解。

图 2-27 所示为 7A52 铝合金及其双丝焊焊缝（在质量分数分别为 3.5%和 10.5%的 NaCl 溶液中腐蚀）极化曲线。由图 2-27 可知，7A52 铝合金及其焊缝的极化曲线遵循 Tafel 的变化规律。在图 2-27 中，曲线最尖锐处表示极化时临界钝化电势，对应电流称为临界钝化电流，该电位越大，耐蚀性越好。以该点分为阴阳两极界限，该点上侧为 7A52 铝合金阴极极化曲线，该点下侧为阳极极化曲线，可以看出母材和焊缝在 3.5%和 10.5%的 NaCl 溶液中，均发生活化溶解，阳极极化曲线没有典型的活化-钝化转换区、钝化区及过钝化区现象，说明 7A52 铝合金及其焊缝在 Cl^{-} 溶液中极不耐蚀。

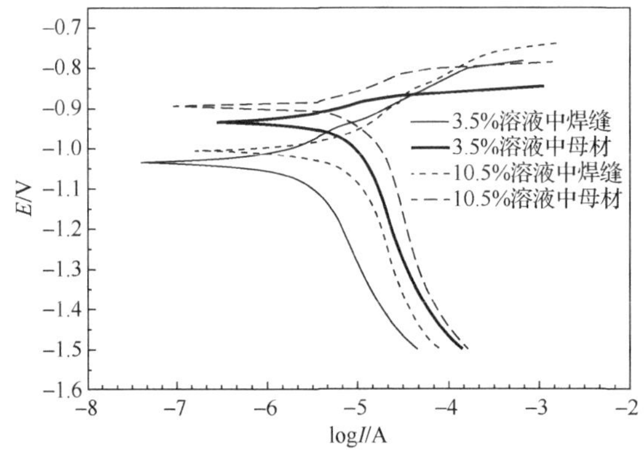

图 2-27 7A52 铝合金及其双丝焊焊缝极化曲线

使用 Origin 软件对强极化区采用三参数法进行拟合，计算出曲线的 Tafel 参数，电化学腐蚀试验分析结果如表 2-10 所示。

表 2-10 7A52 铝合金母材和焊缝电化学腐蚀试验分析结果

项目	母材		焊缝	
	3.5%NaCl	10.5%NaCl	3.5%NaCl	10.5%NaCl
自腐蚀电位 E/V	−0.894	−0.933	−1.000	−1.034
腐蚀电流密度/（mA/cm^2）	0.015	0.018	0.017	0.020
阳极斜率 B_a/V	0.200	0.116	0.283	0.117
阴极斜率 B_c/V	0.927	0.297	0.117	0.206

（1）相同质量分数 NaCl 溶液不同腐蚀部位的腐蚀性能

1）NaCl 溶液质量分数为 3.5%时：焊缝的自腐蚀电位为-1.000V，小于母材的自腐蚀电位（-0.894V），自腐蚀电位 Ecorr 的大小反映金属腐蚀的敏感度，自腐蚀电位越大，耐蚀性越强，通过对比母材和焊缝的自腐蚀电位可以得出，母材的耐蚀性高于焊缝；母材的腐蚀电流密度为 0.015mA/cm^2，小于焊缝的腐蚀电流密度（0.017mA/cm^2），腐蚀电流密度低，耐蚀性较好，可知母材的耐蚀性高于焊缝。

2）NaCl 溶液质量分数为 10.5%时：焊缝的自腐蚀电位为-1.034V，小于母材的自腐蚀电位（-0.933V）；母材的腐蚀电流密度为 0.018mA/cm^2，小于焊缝的腐蚀电流密度（0.020mA/cm^2）。因此母材的耐蚀性高于焊缝。

（2）相同腐蚀部位在不同质量分数 NaCl 溶液中的腐蚀性能

1）NaCl 溶液质量分数对母材耐蚀性的影响：通过表 2-10 可知，当 NaCl 溶液质量分数为 3.5%时，母材的自腐蚀电位为-0.894V，腐蚀电流密度为 0.015mA/cm^2；当 NaCl 溶液质量分数为 10.5%时，母材的自腐蚀电位为-0.933V，腐蚀电流密度为 0.018mA/cm^2。可见前者的自腐蚀电位高于后者、腐蚀电流密度低于后者，因此其耐蚀性随着 NaCl 溶液质量分数的增大而降低。

2）NaCl 溶液质量分数对焊缝耐蚀性的影响：当 NaCl 溶液质量分数为 3.5%时，焊缝的自腐蚀电位为-1.000V，腐蚀电流密度为 0.017mA/cm^2；当 NaCl 溶液为 10.5%时，焊缝的自腐蚀电位为-1.034V，腐蚀电流密度为 0.020mA/cm^2。可见前者的自腐蚀电位高于后者、腐蚀电流密度低于后者，同样得出焊缝的耐蚀性随着 NaCl 溶液质量分数的增大而降低。原因是随着腐蚀液质量分数的增大，Cl^-的吸附作用变强，导致钝化膜被破坏，铝合金发生点蚀更严重。

图 2-28 和图 2-29 分别为 7A52 铝合金母材及其焊缝在 10.5%NaCl 溶液中腐蚀形貌的 SEM 照片及对应的能谱图。从腐蚀形貌的 SEM 照片［图 2-28（a）和图 2-29（a）］可以看出，7A52 铝合金母材及焊缝试样的表面已出现明显的腐蚀斑点，焊缝试样的腐蚀产物相对母材较多，腐蚀斑点布满整个表面。母材及焊缝试样的腐蚀均不均匀，在母材表面散布着少量的腐蚀坑，焊缝表面不仅有大面积的腐蚀产物，还散布着大小不均匀的腐蚀坑，且数量较母材多。可见 7A52 铝合金及其焊缝表面均发生了点蚀。

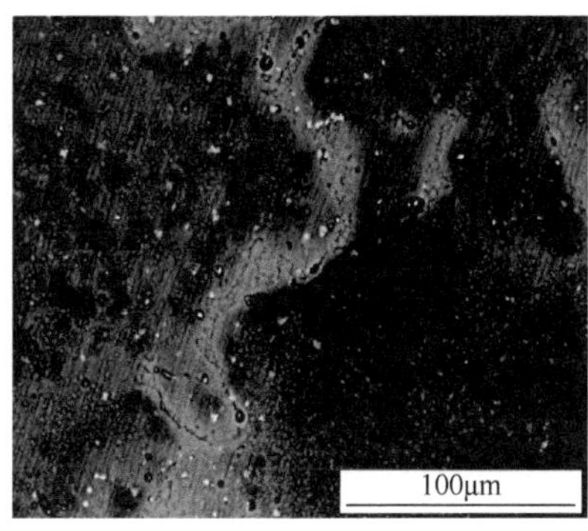

（a）母材在10.5%NaCl溶液中腐蚀50h后腐蚀形貌SEM照片

图 2-28　7A52 铝合金母材腐蚀形貌 SEM 照片及能谱图

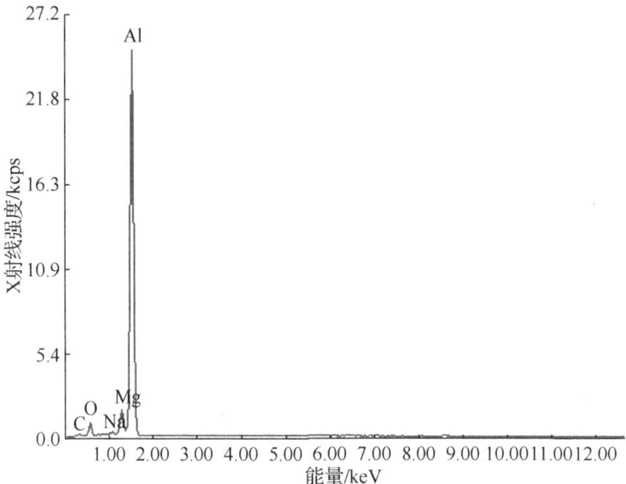

（b）母材在10.5%NaCl溶液中腐蚀50h后的能谱图

图 2-28（续）

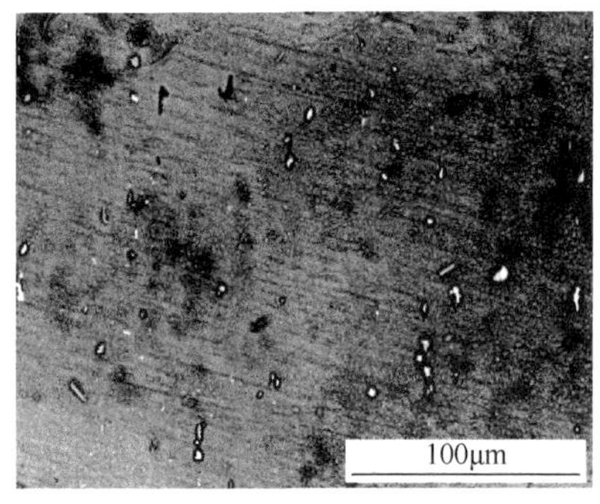

（a）焊缝在10.5%NaCl溶液中腐蚀50h后腐蚀形貌SEM照片

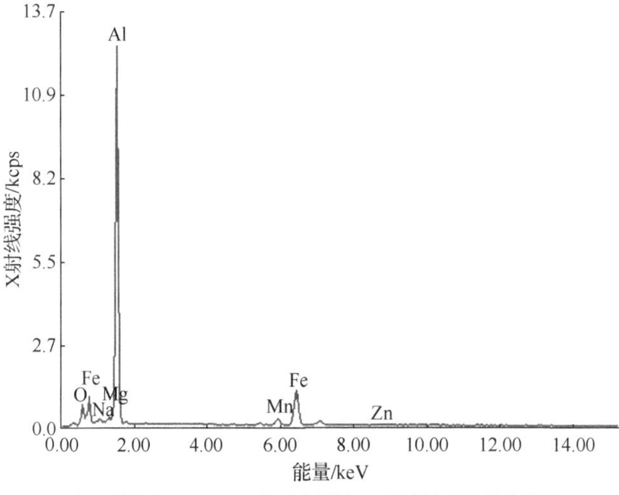

（b）焊缝在10.5%NaCl溶液中腐蚀50h后腐蚀形貌的能谱图

图 2-29　7A52 铝合金焊缝腐蚀形貌 SEM 照片及能谱图

SEM 观察和能谱测试后发现，7A52 铝合金母材及焊缝腐蚀产物主要成分为 Al，还有少量的 Mg 和 O，其中图 2-29 中的白色产物中还含有较多的 Fe，原因是 7A52 铝合金在焊接过程当中，ER5356 焊丝中 Fe 元素的加入使焊缝中 Fe 的质量分数大于母材，Fe 在铝合金中属于杂质，对合金的耐腐蚀性、力学性能及可焊性能均有不利影响，这也是 7A52 铝合金焊缝耐腐蚀性相对母材金属低的主要原因，所以应尽量控制 Fe 在整个基体中的质量分数，最好不超过 0.30%。从图 2-29 也可以看出，在发生点蚀的部位有白色的腐蚀产物出现，这说明有害杂质 Fe 促进了点蚀的发生和继续。

2.6　单丝 MIG 焊与双丝 MIG 焊对比

2.6.1　焊接工艺对比

板厚 40mm（坡口角度 70°）的 7A52 铝合金单、双丝 MIG 焊各层焊接参数如表 2-11 和表 2-12 所示。

表 2-11　板厚 40mm 的 7A52 铝合金单、双丝 MIG 焊第一层焊接参数

焊接工艺	双丝 MIG 焊		单丝 MIG 焊
焊接设备	主机	辅机	焊机
焊丝类型	ER5356	ER5356	ER5356
焊丝直径/mm	1.6	1.6	1.6
气体流量（Ar99.99%）/（L/min）	30	30	30
预送气时间/s	1.0	1.0	1.0
焊接速度/（cm/min）	20～40	20～40	30
送丝速度/（m/min）	9～11	8～10	9～11
焊接电流/A	240	190	230
焊接电压/V	18	20	21
后送气时间/s	2.0	2.0	2.0

表 2-12　板厚 40mm 的 7A52 铝合金单、双丝 MIG 焊第二、三层焊接参数

		层数	焊接电流/A	电弧电压/V	焊接速度/（cm/min）	气体流量/（L/min）
单丝 MIG 焊		二	235	22	30	30
		三	230	22	30	30
双丝 MIG 焊	主丝	二	240	16	35	45
		三	192	24	35	45
	副丝	二	240	16	35	45
		三	195	24	35	45

采用上述单、双丝 MIG 焊焊接参数分别焊接试板，并对焊接过程进行观察，焊接电弧燃烧稳定，过程平稳，焊接飞溅非常小。焊后对焊件的外观及显微组织进行检测和分析。

焊缝内部微裂纹、未熔合等缺陷应符合《铝及铝合金熔焊》（GJB 294A—2005）中Ⅱ级（含Ⅱ级）以上焊缝质量规定，如表 2-13 所示。对所焊接两种工艺的铝合金试板焊缝进行 X 射线探伤。图 2-30 所示为 7A52 铝合金双丝 MIG 焊对接试板的 X 射线探伤照片，由图 2-30 可以看出，焊缝中只有少量 0.5～1mm 的气孔分布。图 2-31 所示为 7A52 铝合金单丝 MIG 焊对接试板的 X 射线探伤照片，图中可见大量气孔散布。

表 2-13　焊缝外观质量要求

缺陷种类	允许最大值
表面裂纹	不允许
表面气孔	允许存在不连续分布的单个小气孔ϕ≤4mm，不允许存在连续或密集型气孔
火口缩孔	不允许
咬边	允许深度不大于 0.5mm 的轻微不连续咬边，累计长度不大于 10%*L*
焊瘤	不允许
凹陷	低于母材的凹陷深度不大于 0.5mm，累计长度不大于 20%*L*
飞溅物	不允许
宽窄差/mm	小于 2
焊缝余高/mm	0～3

注：*L* 为焊缝长度，ϕ为直径。

图 2-30　7A52 铝合金双丝 MIG 焊对接试板的 X 射线探伤照片

图 2-31　7A52 铝合金单丝 MIG 焊对接试板的 X 射线探伤照片

采用双丝 MIG 焊方法，不仅减少了焊接热输入，还降低了气孔倾向，而且焊接过程中副丝对主丝的跟进延长了熔池的凝固时间和熔池中气体的析出时间，也降低了产生气孔的倾向。

2.6.2　焊接变形对比

对比采用单丝 MIG 焊和双丝 MIG 焊工艺焊接 40mm、坡口角度为 35°的单边 V 形坡口对接焊缝，焊接变形示意图如图 2-32 所示，单、双丝 MIG 焊焊接变形和熔深情况的焊接试样对比如图 2-33 所示，单、双丝 MIG 焊焊接参数分别如表 2-14 和表 2-15 所示，其中单丝 MIG 焊的变形总角度为 24.6°，双丝 MIG 焊的变形总角度为 13.6°。从试验结果分析，双丝 MIG 焊由于焊接热量高度集中，熔敷速度快，焊接效率高，焊后变形明显比单丝焊小。

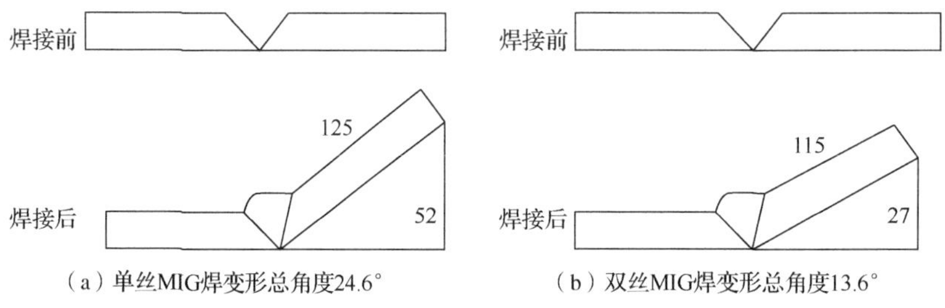

（a）单丝MIG焊变形总角度24.6°　（b）双丝MIG焊变形总角度13.6°

图 2-32　单、双丝 MIG 焊的平板对接试样变形比较

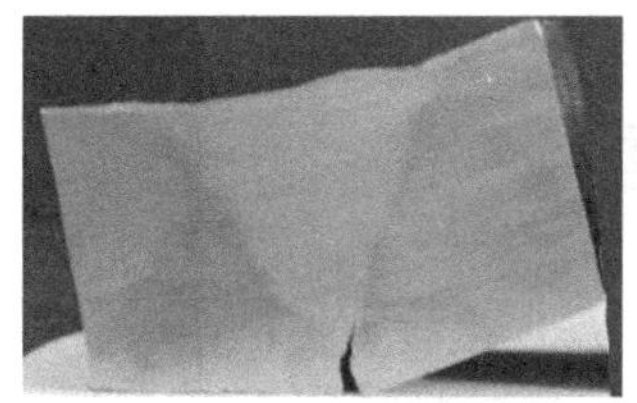

（a）单丝MIG焊焊接头

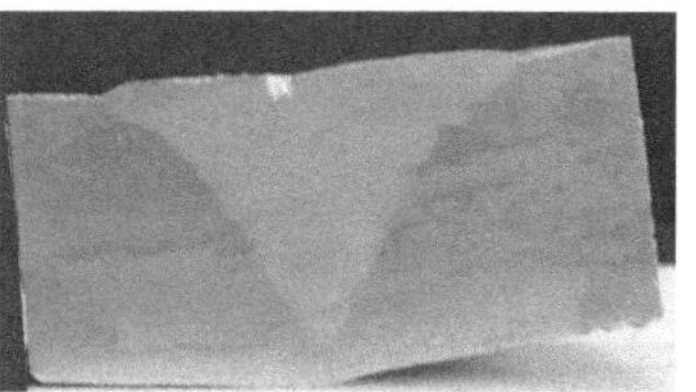

（b）双丝MIG焊焊接头

图 2-33　单、双丝 MIG 焊焊接变形和熔深情况的焊接试样对比

表 2-14　板厚为 40mm、坡口角度为 35° 的单边 V 形坡口板对接单丝 MIG 焊焊接参数

层数	一	二	三	四	五	六	七	八	九
焊接电流/A	230	235	230	228	230	230	230	230	230
电弧电压/V	21	22	22	20.8	21.5	21.5	21.5	21.5	21.5
焊接速度/（cm/min）	30	30	30	30	30	30	30	30	30
弧长修正	-10.00	-10.00	-10.00	-10.00	-10.00	-10.00	-10.00	-10.00	-10.00
功率/kW	70	70	70	70	70	70	70	70	70
Ar 纯度/%	99.99								
气体流量/（L/min）	30	30	30	30	30	30	30	30	30
层间温度/℃		70～80	70～80	70～80	70～80	70～80	70～80	70～80	70～80

表 2-15　板厚 40mm、坡口角度为 35° 的单边 V 形坡口板对接双丝 MIG 焊焊接参数

层数	一		二		三		四		五		六		七	
	主	副	主	副	主	副	主	副	主	副	主	副	主	副
焊接电流/A	240	190	240	192	240	195	240	192	235	185	230	183	230	183
电弧电压/V	16	24	15.8	23.5	15.7	23.5	15.8	23.5	16.5	23.8	19.8	23.5	19.8	23.5
焊接速度/（cm/min）	50		35		35		30		22		35		35	
弧长修正	-10	25	-10	25	-10	25	-10	25	-10	25	5	25	5	25
功率/kW	80	55	80	55	80	55	80	55	80	55	80	55	80	55
Ar 纯度/%	99.99													
气体流量/（L/min）	45		45		45		45		45		45		45	
层间温度/℃			70～80		70～80		70～80		70～80		70～80		70～80	

2.6.3　焊接效率对比

根据焊接生产的实际情况，对两种不同型号、不同厚度的某结构件的焊接效率进行对比。其中结构件 1 的双丝 MIG 焊焊接效率为单丝 MIG 焊的 3.09 倍，结构件 2 的双丝 MIG 焊焊接效率为单丝 MIG 焊的 3.68 倍，具体对比如表 2-16 所示。

表 2-16　单、双丝 MIG 焊焊接效率对比

焊件	结构件 1		结构件 2	
焊接方法	手工单丝 MIG 焊	自动双丝 MIG 焊	手工单丝 MIG 焊	自动双丝 MIG 焊
焊接工时/h	68	22	135	22（外部焊缝）
提高效率对比	68÷22≈3.09		81÷22≈3.68	
说明	单丝 MIG 焊焊接需要预热		仅外部焊缝采用双丝 MIG 焊，外部焊缝占构件总焊接量的 60%。135×60%=81	

2.7　本 章 小 结

本章针对装甲用材 7A52 铝合金进行 MIG 焊焊接参数优化，研究了焊接参数变化对焊接接头的力学性能、组织及抗应力腐蚀性能的影响规律。

1）无损探伤发现，7A52 铝合金双丝 MIG 焊比单丝 MIG 焊焊后气孔数量明显减少，尺寸上明显减小，焊缝质量较单丝 MIG 焊要好。

2）由 7A52 铝合金单、双丝 MIG 焊焊接接头变形对比结果表明，双丝 MIG 焊焊接接头变形较单丝焊焊接接头小，其变形量约为单丝焊焊接接头变形量的 55%。

3）采用单、双丝 MIG 焊后，焊缝均容易形成焊接热裂纹，由于单丝 MIG 焊焊接热输入相对双丝 MIG 焊较大，焊后焊接热裂纹倾向较大。

参 考 文 献

[1] 陈和，唐君才，魏占静，等. Tri-Arc 与 Tandem 双丝电弧焊焊接工艺特性的对比[J]. 电焊机，2021，51（10）：102-106.

[2] CHOUNG S, KIM J M, KYONG H J, et al. Mig-6 is essential for glucose homeostasis and thermogenesis in brown adipose tissue[J]. Journal of biotechnology, 2021, 572: 92-97.

[3] 刘莉，高宁，高峰，等. 轻质镁合金鼓胀吸能结构吸能特性研究[J]. 铁道科学与工程学报，2021，18（7）：1870-1876.

[4] 王文先，张金山，许并社. 镁合金材料的应用及其加工成型技术[J]. 太原理工大学学报，2001，32（6）：34-38.

[5] 李维钺. 中外有色金属及其合金牌号[M]. 北京：机械工业出版社，2005.

[6] TAGAWA T, TAHARA K, ABE E, et al. Fatigue properties of cast aluminium joints by FSW and MIG welding[J]. Welding international, 2014, 28(1): 21-29.

[7] 崔忠圻，刘北兴. 金属学与热处理原理[M]. 哈尔滨：哈尔滨工业大学出版社，1998.

[8] MAGGIOLINO S, SCHMID C. Corrosion resistance in FSW and in MIG welding techniques of AA6×××[J]. Journal of materials processing technology, 2008, 197(1-3): 237-240.

第 3 章　7 系铝合金搅拌摩擦焊

3.1　引　　言

7 系铝及其合金具有比强度、比模量、疲劳强度较高，且断裂韧性及耐蚀性强等特点，因此在航空航天、高速列车、高速舰船等工业领域备受青睐。但其采用传统焊接方法时，会存在很多的焊接问题，如对 7 系铝合金的 MIG 焊接工艺试验进行分析后发现，铝合金采用 MIG 焊容易出现焊接变形、气孔、存在较大的残余应力，且对应力腐蚀敏感，不能充分发挥材料的性能。所以很有必要探索新的焊接方法来解决 7 系铝合金的难焊问题。

搅拌摩擦焊（friction stir welding，FSW）是由英国焊接研究所（The Welding Institute，TWI）在 1991 年提出的一种固态连接方法，截至 1995 年，已向世界许多国家申请了知识产权保护。这种焊接技术的原理非常简单，其可变焊接参数主要包括搅拌头旋转速度、焊接速度及轴向压力等，且易于实现自动化，因此将焊接时的人为因素降到最低。与传统熔焊相比，FSW 焊接技术具有对焊前的连接温度几乎无要求（熔化焊的预热温度约为 200℃，而采用 FSW 焊接时，母材不发生熔化，无须进行预热）、焊后残余应力小（当旋转速度与焊接速度的比值合理时，主要存在纵向应力，而横向应力相对较小）、所得接头力学性能很接近母材的力学性能，甚至完全接近 100%等一系列优点，这些都使 FSW 焊接在许多工业领域，尤其在高强铝合金的连接上拥有广阔的市场范围。也可以说，FSW 焊接的出现从根本上解决了高强铝合金的难焊问题。

对于目前而言，对 FSW 焊接的研究较多，其中焊接参数对接头性能影响的探究越来越深入。截至目前，国内外对 FSW 焊接的探究主要包括对焊接过程中金属材料的塑性流动行为、接头显微组织、疲劳性能及接头摩擦磨损性能等方面的研究。通过许多铝合金的 FSW 焊接试验分析可以得出以下结论：焊核区发生了动态再结晶，由特别细小的等轴晶组成，热机影响区的晶粒明显被拉长，且具有一定方向性；焊接接头的力学性能与焊接参数密切相关。目前，尽管人们已在 FSW 焊接技术方面进行了大量研究，但对焊接过程中金属材料自身的塑性流动形态、异种材料间的焊接、搅拌头形状对焊缝成形的影响、焊接参数优化及接头的摩擦磨损性能等的研究还不够完善。

本章主要针对 7A52 和 7050-T7451 铝合金采用 FSW 焊接后的参数的优化及组织性能进行介绍。

3.2　焊接参数的选择

FSW 焊接的主要焊接参数包括搅拌头的旋转速度、焊接速度、轴肩的顶锻力、轴肩的直径。这几个参数中的任何一个发生变化，都会使焊接过程中的热输入发生变化，从而影响焊接接头的温度场和应力场，最终给焊接接头的显微组织和力学性能带来影响。

在 FSW 焊接过程中，搅拌头的轴肩直径、搅拌针直径、焊接下压力、摩擦面的摩擦系数及旋转速度与焊接速度的比值均会影响焊接热输入的大小。当搅拌头选定且下压量一定时，搅拌头的几何尺寸及摩擦系数都会成为定值，且焊接下的压力在焊接过程中一般不会改变。此时，影响接头性能的主要焊接参数是搅拌头的旋转速度与焊接速度的比值。因此本章主要通过单一因素研究旋转速度，并且用焊接速度分析焊接参数对 FSW 焊接效果的影响。

焊接参数的变化采用伪热指数作为参数选择的参考方法。FSW 焊接的实质是一种以摩擦热作为焊接热源的焊接方法，因此可以将比较焊接热输入的大小作为评价 FSW 焊接接头性能的好坏的一种重要手段。Arbegast[1]曾提出使用伪热指数 χ 作为表征焊接热输入的一种参数。具体的计算方法如下：

$$\chi = \frac{\omega}{v_{\mathrm{f}}} h_{\mathrm{f}} \tag{3-1}$$

式中，χ 为伪热指数；ω 为搅拌头的旋转速度（r/min）；v_{f} 为焊接速度（mm/min）；h_{f} 为搅拌工具轴肩压入工件表面的深度（mm）。Arbegast 等通过大量试验证实了伪热指数 χ 与焊接热输入呈现一定的线性关系，即：伪热指数 χ 越大，焊接接头的热输入越大；伪热指数 χ 越小，焊接接头的热输入越小。因此通过比较伪热指数的大小就可以用于解释“热”或“冷”的焊接参数范围对 FSW 焊接接头的影响。下面列举 7A52 铝合金在保持旋转速度不变的情况下改变焊接速度并综合分析焊接效果和伪热指数来得出焊接参数范围的具体执行方法。

表 3-1 所示为本次试验所用到的焊接参数，表 3-2 是根据式（3-1）计算出来的各试样的伪热指数 χ。

表 3-1　焊接参数

试样编号	旋转速度/（r/min）	焊接速度/（mm/min）	轴肩下压量/mm
1 号	600	50	0.2
2 号	600	100	0.2
3 号	600	150	0.2
4 号	600	200	0.2
5 号	600	300	0.2

表 3-2　各试样的伪热指数 χ

试样编号	伪热指数 χ
1 号	2.4
2 号	1.2
3 号	0.8
4 号	0.6
5 号	0.4

不同焊接参数下焊接接头的外观形貌如图 3-1 所示。从图 3-1 和表 3-2 可以看出，

伪热指数较大的 1 号和 2 号焊接接头，其表面成形较差，1 号接头表面还出现了较大的起皮，而 2 号接头则在表面鱼鳞纹上形成了粗糙的毛刺，由于焊接热输入较大，它们的接头两侧都产生了较大的飞边。飞边缺陷的产生原因是，在搅拌头的行进过程中，焊缝中的部分塑性材料被挤出冷却后形成的一种缺陷，它的产生位置一般为搅拌针插入位置的轴肩外缘和焊缝的后退侧。具体的产生过程为在搅拌针插入阶段，随着搅拌针的插入，被焊工件中的材料被逐渐挤出，这时材料的挤出量和插入材料中的搅拌针体积相当，之后搅拌针在材料表面做简单的停留，此时被搅拌针挤出的部分材料在轴肩的挤压作用下平铺到焊缝的表面，而少量的被挤出轴肩外的材料则形成飞边，并且在 FSW 焊接过程中，焊接接头的热输入越高，焊缝中金属材料的软化程度越大，进而使飞边越明显。

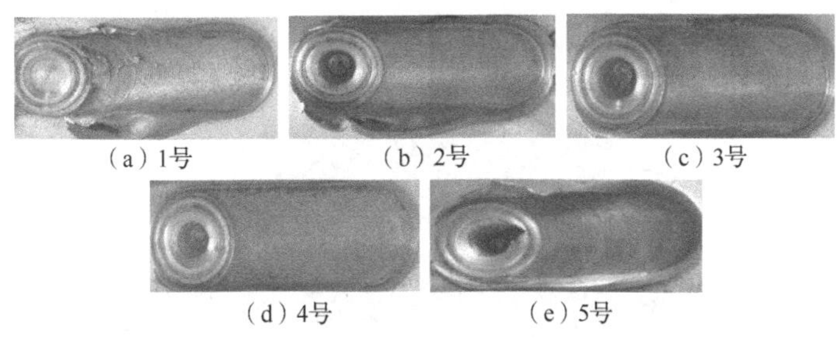

(a) 1号 (b) 2号 (c) 3号 (d) 4号 (e) 5号

图 3-1 不同焊接参数下焊接接头的外观形貌

从图 3-1 中可以看出，3 号和 4 号接头的表面成形良好，没有较大的飞边，且其表面鱼鳞纹光亮致密。而 5 号接头的伪热指数较小，相应的焊接热输入较低，从而造成焊接接头的热输入不足产生开裂和未焊透的缺陷。因此只有适当的焊接热输入才能保证焊接接头有较好的成形外貌，进而得到好的力学性能。因此可以得出在保证其他条件不变时，当焊接速度的范围为 150～300mm/min 时 FSW 焊接接头缺陷较少，成形形貌较好。

3.3 焊接速度对 7A52 铝合金 FSW 焊接组织和硬度的影响

3.3.1 焊接接头的宏观形貌及显微组织

如图 3-2 所示，从 7A52 铝合金在焊接速度为 150mm/min、搅拌头的旋转速度为 600r/min 时焊接接头的宏观形貌图上可以明显地看到，FSW 焊接接头的宏观形貌呈 V 形，根据各区域显微组织的不同，可以将其分为 A、B、C、D、E、F 共 6 个区域。其中，A 区是母材区（base metal，BM），此区未受到热影响也未出现热变形；B 区是焊核区（weld nugget zone，WNZ），此区是最靠近搅拌针的区域，其宽度比搅拌针直径略大点，且组织结构变化较大；C、D 区皆为热机影响区（thermal mechanically affected zone，TMAZ），该区的材料出现了显著的塑性变形；E、F 区皆为热影响区（heat affected zone，HAZ），该区的材料受到了热循环的影响，所以其显微组织与力学性能都出现了变化，但未出现塑性变形。图 3-3（a）中，母材区中未受到焊接热循环的作用，从图 3-3（a）中可以看出，7A52 铝合金母材的显微组织是典型的淬火加人工时效的轧制组织，晶粒为呈明显方向性的板条状，晶粒的长度可达到数百微米，这是由于轧制过程中的大变形

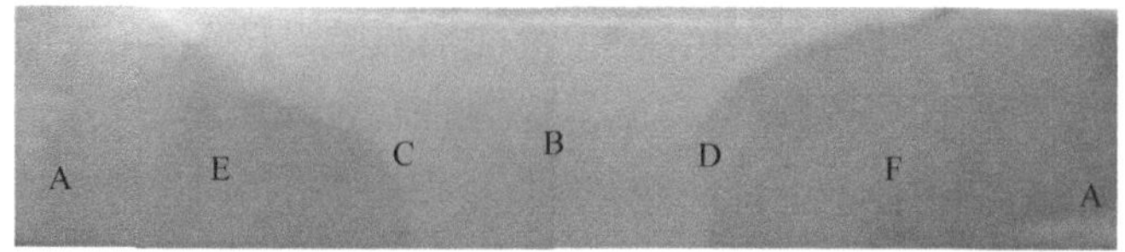

图 3-2　7A52 铝合金 FSW 焊接接头宏观形貌的组织分区

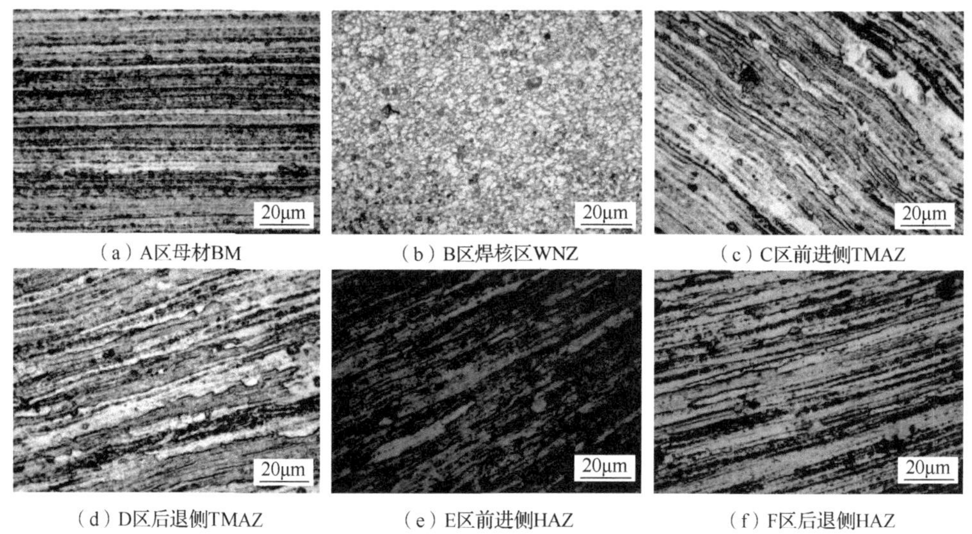

图 3-3　7A52 铝合金 FSW 焊接接头的显微组织

引起的。图 3-3（b）中，焊核区不仅受到了焊接热循环的影响，而且还受到搅拌头的搅拌作用，所以其显微组织和力学性能都发生了显著变化，但并没有塑性变形层的出现。可以看到焊缝的焊核区组织都是细小的等轴晶，组织均匀且有少量弥散相的出现，原因是：一方面，搅拌头在行进过程中与工件摩擦产生大量的热；另一方面，搅拌头的搅拌作用使得搅拌头周边的金属产生热塑化，位错密度也不断增加，在储能达到一定程度发生再结晶时，大量的晶核在金属内不断形成，然而形成的晶核还没来得及长大就被搅拌头打碎，从而形成了细小的等轴晶。

在图 3-3（c）和（d）中，C 区为前进侧热机影响区（TMAZ），D 区为后退侧热机影响区（TMAZ）中。由图 3-3（c）和（d）可以看到，前进侧和后退侧的热机影响区为发生了一定塑性变形的纤维状组织，原因是：该区域受到了焊接热循环和搅拌头的双重作用，在焊接热循环的作用下晶体发生了回复反应，但并未达到再结晶温度，因而一直保持纤维状组织，由于该区域并未像焊核区一样受到较大的搅拌作用，纤维状组织在搅拌力的作用下仅发生了一定的塑性变形，并未发生动态再结晶，热机影响区组织表现为有一定塑性变形的纤维状组织。

图 3-3（e）和（f）分别为前进侧的热影响区（HAZ）和后退侧的热影响区（HAZ）。由图 3-3（e）和（f）可以看出，热影响区只是受到焊接热循环的作用，并没有受到搅拌头的搅拌作用，所以热影响区的晶粒与母材相似，都有纤维状组织的出现，晶粒沿温度梯度方向生长；但部分晶粒出现了粗化的现象，在不同的区域有不同程度的晶粒粗化。

3.3.2　焊接接头横截面的显微组织形貌分析

图 3-4 所示为搅拌头的旋转速度为 600r/min、焊接速度为 150mm/min 时 7A52 铝合金 FSW 焊接接头横截面的显微组织形貌，从图 3-4 中可以明显地看出 7A52 铝合金 FSW 焊接接头焊核区的横截面呈明显的“洋葱环”形貌，表现为一组由内向外扩大的椭圆环。Krishnan 等[2]经研究认为，“洋葱环”的形成原因是高速旋转的搅拌头与工件产生的摩擦热使搅拌针周围金属处于热塑性状态，随着搅拌头沿焊缝方向行走，热塑化的金属被挤到搅拌头的后方，并在此堆积。堆积由中心向外扩张，当堆积增加到一定程度时，出现分层现象，“洋葱环”是焊缝区金属热塑性流动的结果。图 3-5 所示为热机影响区的塑性流线变形结构，它的产生主要是焊核区的纤维状组织在搅拌力的作用下发生的塑性变形。

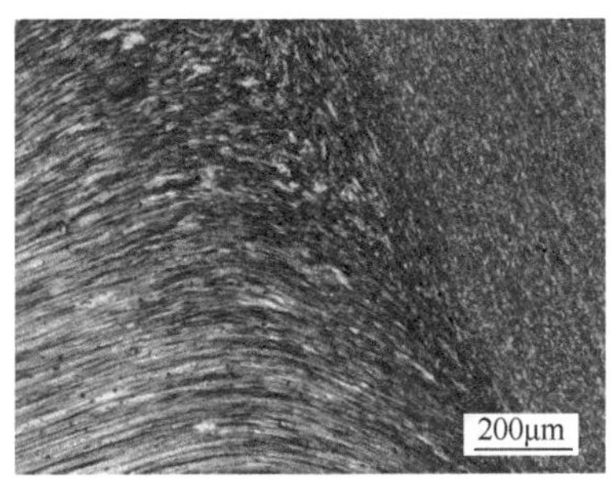

图 3-4　“洋葱环”形貌

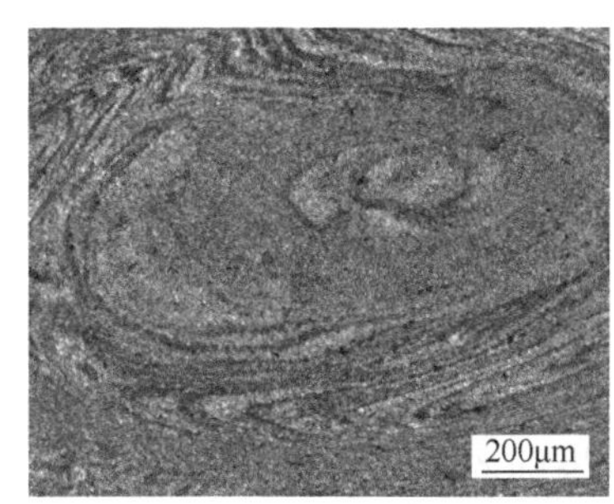

图 3-5　热机影响区的塑性流线变形结构

3.3.3　焊接接头焊核区分区显微组织分析

图 3-6（a）～（c）所示分别为焊核区底部、中部和顶部的显微组织，可以看到焊核区底部的晶粒最细小，其次为顶部，中部晶粒尺寸最大。这种现象的产生主要与焊核区的温度分布和散热条件有关，在 FSW 焊接过程中，焊核区顶部的金属受到轴肩的摩擦和搅拌头的搅拌产生大量的热，产生的这部分热量沿着金属内部自上而下传递，随着焊接的进行，焊核区顶部与空气接触，底部与垫板接触，使热量得以散失，底部相对于顶部有更快的散热和较小的热输入，表现出最小的晶粒尺寸，而焊核区中部的热量散失较慢、保温时间长，从而使晶粒发生了一定的长大。

（a）焊核区底部

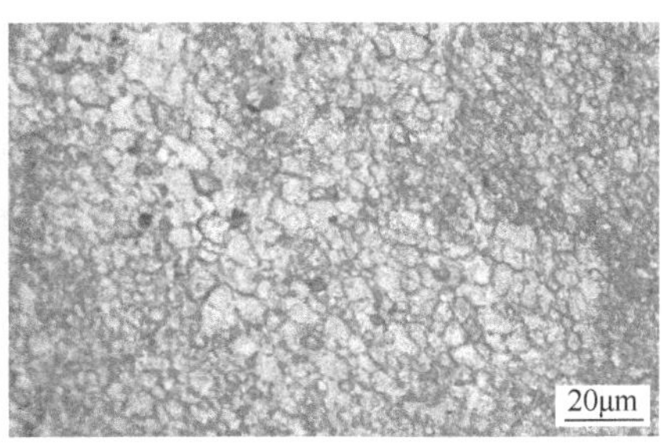

（b）焊核区中部

图 3-6　焊核区显微组织

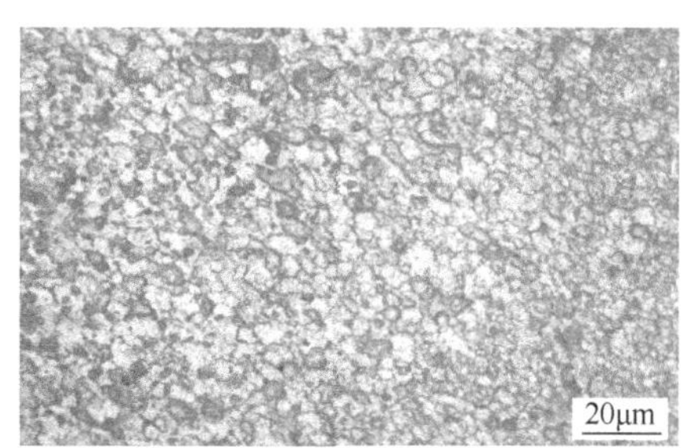

（c）焊核区顶部

图 3-6（续）

3.3.4 焊接接头的显微硬度分布

图 3-7 所示为搅拌头旋转速度为 600r/min、焊接速度为 150mm/min 时焊接接头垂直焊缝方向的显微硬度分布。由图可以看到焊接接头的显微硬度的分布呈现出 W 形变化，即满足“高—低—高—低—高”分布规律，两侧母材的硬度值最高，在热影响区和热机影响区处硬度值开始降低，等到达焊核区硬度值再次升高，且在焊缝区的顶部、中部和底部都为此规律。从图 3-7 可以看到，母材的硬度为 135HV，焊缝中心的硬度约为 131HV，最低硬度值出现在后退侧的热影响区和热机影响区的过渡区，其值约为 113HV，近似为母材硬度的 83%。

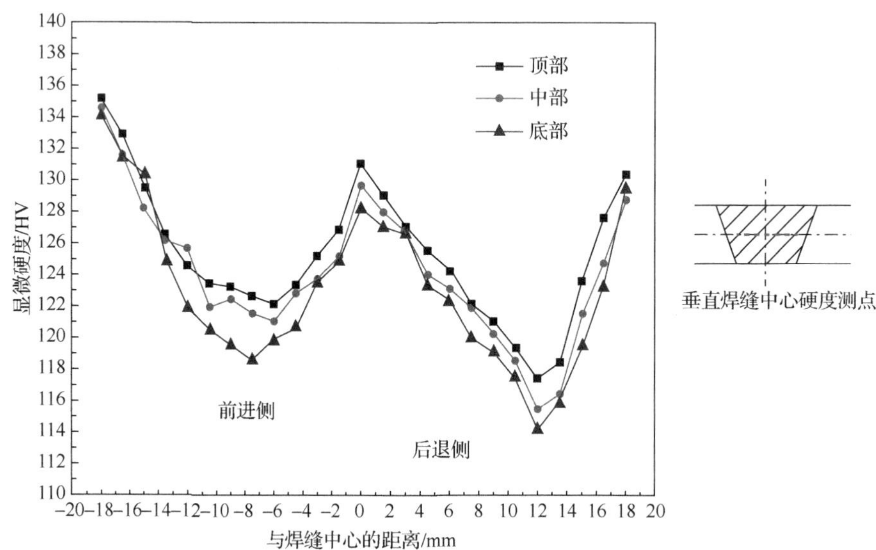

图 3-7　焊接接头垂直焊缝方向的显微硬度分布

图 3-8 所示为 7A52 铝合金 FSW 焊接接头沿焊缝方向的显微硬度分布，原点的左侧是顶部焊核区的硬度曲线，右侧是底部焊核区的硬度曲线，从图中可以清楚地看到，焊缝顶部和底部的显微硬度值都比焊核中间位置的显微硬度值高，产生这种结果的原因主要是焊核顶部和底部的组织都比中部的组织均匀细小，而焊缝中部晶粒受到的热输入大，且散热不充分，使晶粒发生了长大，从而影响了其力学性能。

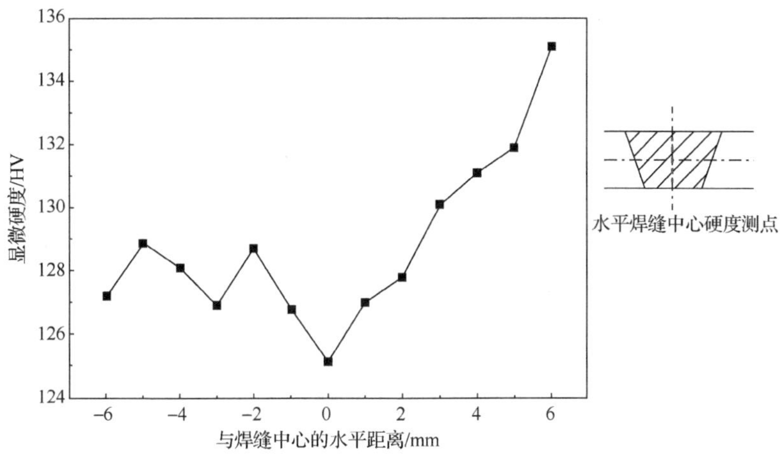

图 3-8　沿焊缝方向的显微硬度分布

3.3.5　不同焊接速度下焊接接头的宏观形貌

在 FSW 焊接搅拌头的形状和尺寸选定后，当搅拌头的旋转速度一定时，影响焊接过程中热输入的因素主要为焊接速度，而过快和过慢的焊接速度都会对接头的成形和性能带来不良影响，因此，选择合适的焊接参数至关重要。由 3.3.4 节可知，当焊接速度为 150～300mm/min 时焊缝可以得到良好的成形形貌，因此选择焊接速度分别为 150mm/min、200mm/min、250mm/min 研究不同焊接速度下 7A52 铝合金 FSW 焊接接头的显微组织和力学性能。

图 3-9 所示为不同焊接速度下焊接接头的宏观形貌。从图 3-9 中可以看到，当旋转速度一定时，焊核区的面积随着焊接速度的增大而增大。当焊接速度为 250mm/min 时，焊接接头的焊核区面积最大，这是因为在 FSW 焊接过程中，热输入可以分为两个部分：一部分是轴肩和搅拌针的摩擦产热，另一部分是金属塑性变形过程中的产热，所以焊接速度与热输入不呈线性关系，而是呈现复杂的形态，当焊接速度在一定范围内时，随着焊接速度的增大，塑性变形热在焊缝热输入中所占的比例增加，塑性变形增加的热量大于焊接速度增加时减少的热输入。所以随着焊接速度的增大，热输入也相应增加，因此可以看到，当焊接速度为 250mm/min 时，焊核区的面积最大。

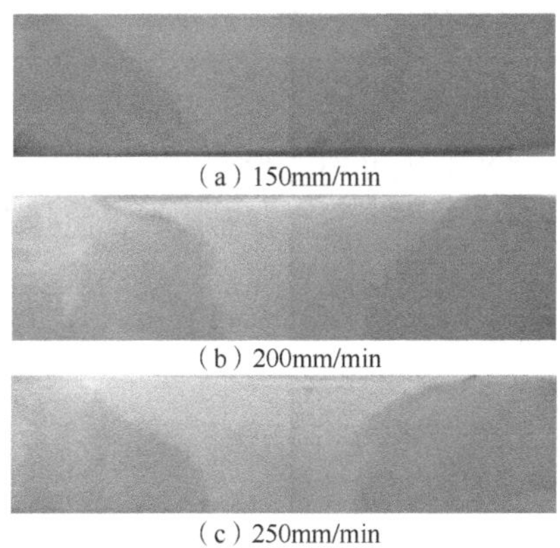

（a）150mm/min

（b）200mm/min

（c）250mm/min

图 3-9　不同焊接速度下焊接接头的宏观形貌

3.3.6　不同焊接速度下焊核区的显微组织

图 3-10 所示为不同焊接速度下焊接接头的显微组织。从图 3-10 中可以看出，不同焊接速度下焊接接头的焊核区晶粒都是细小的等轴晶，搅拌头的破碎和再结晶的双重作用使其组织均匀化，最终获得细小的等轴晶。从图 3-10 中还可以明显地看出，随着焊接速度的降低，焊核区晶粒尺寸也在明显变小，当焊接速度为 150mm/min 时，焊核区晶粒相对来说比较细小，这是因为该焊接速度相对较慢，搅拌头与试样摩擦产生的热量使焊缝温度达到再结晶温度，大量晶核在金属内部不断形成，同时搅拌力的作用使位错密度不断增加，位错不断缠结从而形成了亚胞状结构，晶核在此不断形成，而形成的晶核受到了搅拌头的搅拌作用，使其还没来得及长大就被打碎，从而形成了更为细小的等轴晶。

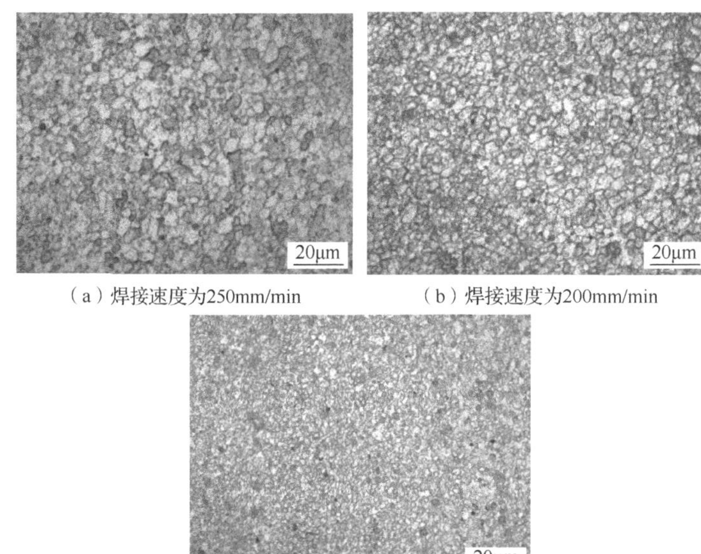

（a）焊接速度为250mm/min　（b）焊接速度为200mm/min

（c）焊接速度为150mm/min

图 3-10　不同焊接速度下焊接接头的显微组织

3.3.7　不同焊接速度下焊接接头的显微硬度

图 3-11 所示为不同焊接速度下焊接接头的显微硬度分布。由图 3-11 可知，焊接速度的变化未明显影响焊接接头的硬度曲线形态，焊接接头的显微硬度的分布仍呈现出 W 形变化，即满足“高—低—高—低—高”分布规律。但是焊接速度对焊接接头的显微硬度值有一定的影响：焊核区的硬度值随着焊接速度的降低有增加趋势，原因是焊接速度为 150mm/min 时，焊核区的晶粒尺寸比较细小，细晶强化的作用使焊接接头焊核区的显微硬度有一定的提高。

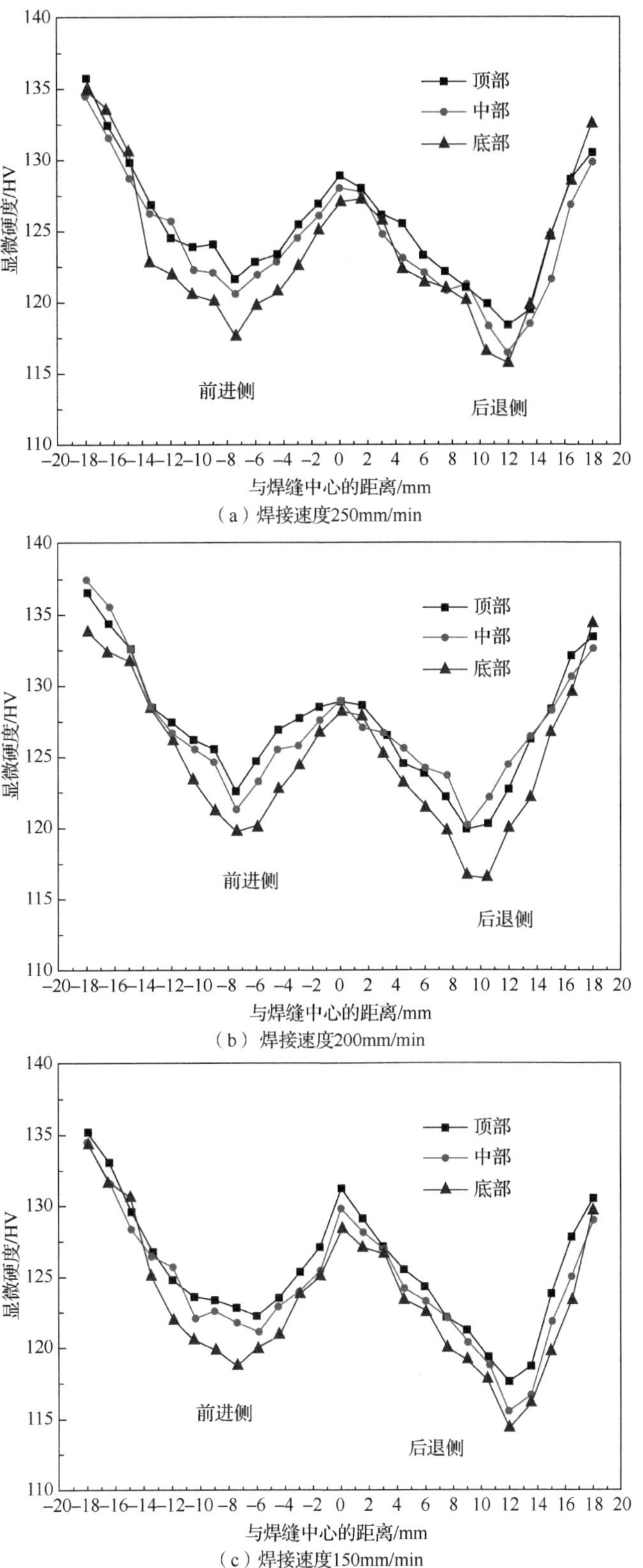

（a）焊接速度250mm/min

（b）焊接速度200mm/min

（c）焊接速度150mm/min

图3-11　不同焊接速度下焊接接头的显微硬度分布

3.4　7050 铝合金 FSW 焊接接头的物相分析

物相定性分析的目的是考察待检样物相所组成成分，其试验原理如下：每一种结晶物质，都有它特定的结构参数，包括晶胞大小、点阵类型、单胞中的原子（离子或分子）数目及位置等，且这些参数在 X 射线衍射（X-ray diffraction，XRD）分析的衍射花样上都会有所反映。尽管物质的种类成千上万，但很难找到衍射花样完全一样的物质。多晶体的衍射线条数目、位置及其强度，如同人的指纹一样，是某种物质的特征，因而可作为鉴别其物相的标志。若几种物质混合拍摄，则所得衍射线条就是各单独物相衍射线的简单叠加。根据此原理，就有可能从混合物的衍射花样中分别将各物相查找出来。本节为了能够更全面地对组织、结构、性能展开分析，首先对 7050 铝合金 FSW 焊接接头进行物相分析。

本次试验使用 search match 软件进行物相分析时，当 PDF 卡片中的标准衍射峰强度最大的 3 根衍射峰与试验所示的高峰对准时，即可确定待检样中所存在的物相。单击左侧的相，就可知道所检物相的具体信息。

物相分析结果如下：母材经过固溶+时效处理，且 7050 铝合金中的 Zn 与 Mg 元素质量分数的比值为 5∶2～7∶1，所以其母材中存在基体相 Al 的过饱和固溶体，其中的主要强化相为 $MgZn_2$ 相及 Mg_2Si 相[3]，此外，Fe 和 Si 在 7 系铝合金中是作为杂质元素存在的，因而形成了粗大且不溶的 Al_2Cu 及 $Al_{3.21}Si_{0.47}$ 和属于共晶相的 T（$Al_2Mg_3Zn_3$）相，前二者对铝合金塑性和韧性很不利，T 相一般会严重影响铝合金的强度与塑性。

图 3-12（a）～（d）分别为图 3-13 所示试样 4 个分区的所对应的 XRD 图，图 3-12（e）为试样整个接头所对应的 XRD 图，其中每个分区均含基体相 Al 相。图 3-12（a）显示母材区除基体相之外还含有沉淀强化相，该相主要在弥散相和晶界上形核；还有 Al_2Cu、$Al_{3.21}Si_{0.47}$ 等粗大脆性相的出现，在高温下都很难溶解，当铝合金进行热轧后，因基体中和脆性相的变形不一致而在部分颗粒与基体的边界上产生空隙，从而形成微裂纹。图 3-12（b）显示出热机影响区存在第二相 T 相（$Al_2Mg_3Zn_3$），这些 T 相和杂质相 $Al_{3.21}Si_{0.47}$ 都对铝合金的塑性与韧性不利。图 3-12（c）显示出焊核区存在强化沉淀相和杂质相 $Al_{3.21}Si_{0.47}$，这是因为沉淀相在焊核区溶解又重新形核，还有部分杂质相在焊核区聚集。图 3-12（d）显示出热影响区除了含有基体相之外，还有 Al_2Cu 和 $Al_{3.21}Si_{0.47}$ 两种杂质相的存在，这是因为热影响区的温度只受到热影响，而没有受到机械作用，且温度不是很高，所以这些粗大的杂质相不能溶解，依然保留了下来。图 3-12（e）显示出整个接头中主要含有沉淀相 Mg_2Si 相和部分杂质相。分析认为，采用上述试验方案可以比较全面地分析出焊接接头中可能存在的物相。

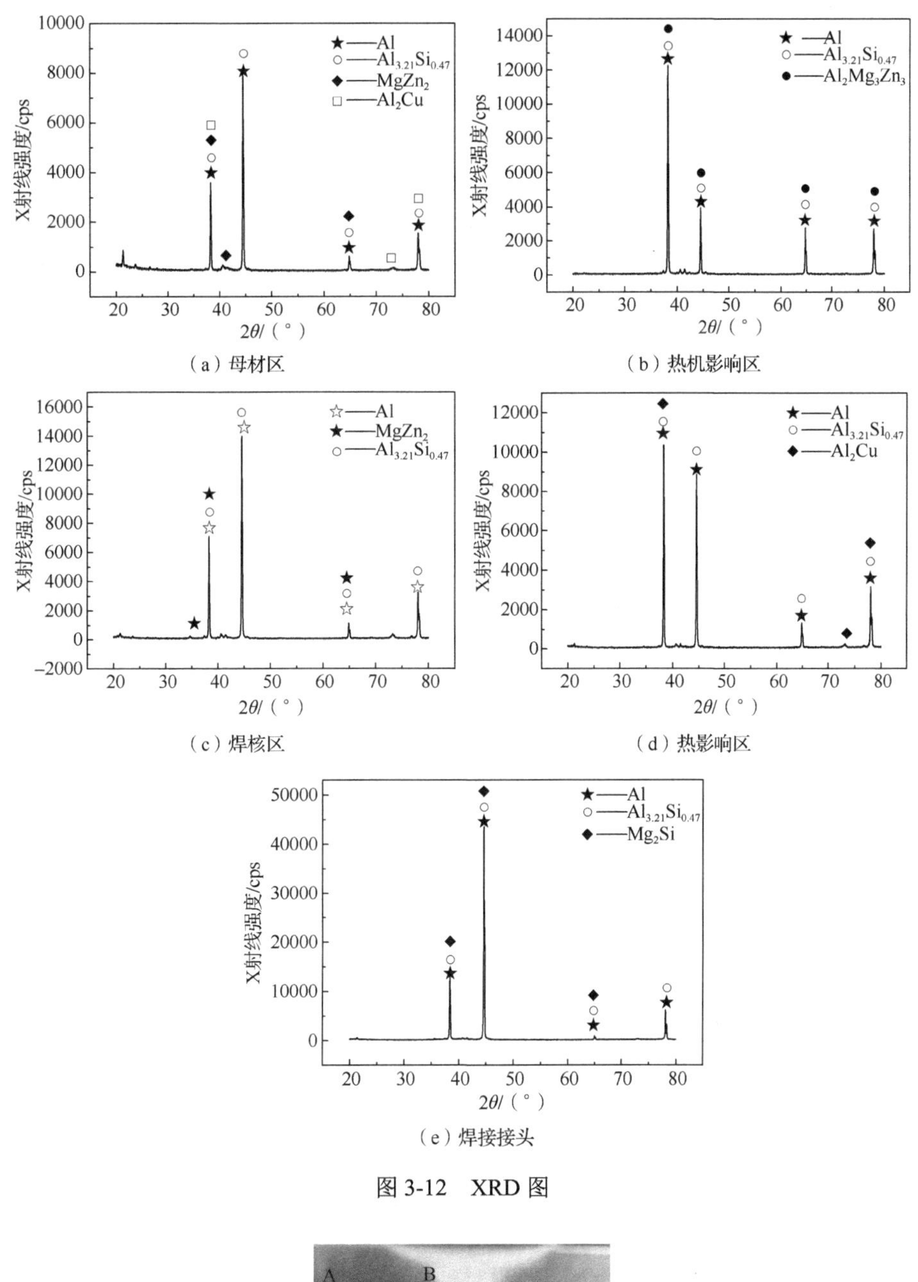

（a）母材区

（b）热机影响区

（c）焊核区

（d）热影响区

（e）焊接接头

图 3-12　XRD 图

图 3-13　试样的 4 个分区

3.5　搅拌头旋转速度对 7050-T7451 铝合金 FSW 焊接组织和硬度的影响

本节试验主要探索搅拌头旋转速度对 7050 铝合金 FSW 焊接接头组织和硬度的影

响。表 3-3 所示为焊接试验中所使用到的 FSW 焊接参数。

表 3-3　FSW 焊接参数

试验组序	1	2	3	4	5
搅拌头旋转速度/（r/min）	400	600	800	1000	1200
搅拌头进给速度/（mm/min）	60	60	60	60	60

3.5.1　焊接接头的宏观形貌

图 3-14 所示为 7050-T7451 铝合金在搅拌头旋转速度为 400r/min、焊接速度为 60mm/min 时的 FSW 焊接接头的宏观形貌。从图 3-14 中可以看出，焊接接头宏观上呈 V 形，焊缝区的颜色较母材区白亮，特别是在焊核区，这是因为焊缝的耐腐蚀能力比母材的低；并且整个焊缝的横截面的各区域的组织存在明显的差异。因而可将焊缝部分分成 A、B、C、D 共 4 个区域（图 3-14）。A 区是母材区（BM），此区未受到热影响，也未出现热变形；B 区是热影响区（HAZ），由于此区域的材料受到了热循环的影响，所以其显微组织与力学性能都出现了变化，但未出现塑性变形；C 区是热机影响区（TMAZ），此区的材料出现了显著的塑性变形；D 区是焊核区，此区是最靠近搅拌针的区域，其宽度比搅拌针直径略大，且组织结构变化较大。

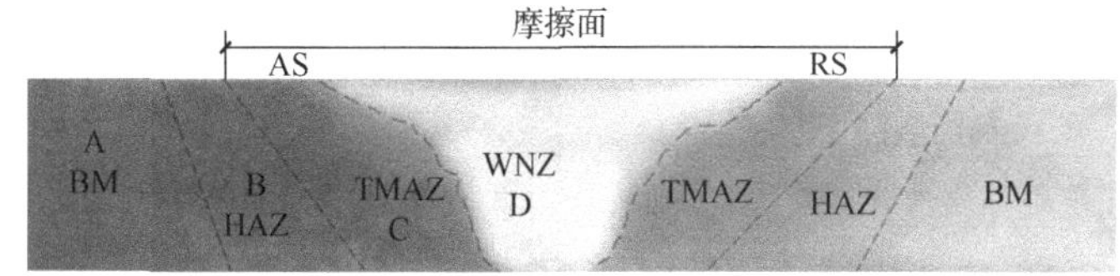

图 3-14　7050-T7451 铝合金的 FSW 焊接接头宏观形貌的组织分区

前进侧（advancing side，AS）是指搅拌头旋转方向的切方向和焊接方向相一致的一侧，而后退侧（retreating side，RS）是指搅拌头旋转方向的切方向与焊接方向相反的一侧。从图 3-15 中可以看出，焊核与其两侧的热机影响区分界线有所不同，前进侧处的分界线比较明显，而后退侧处的分界线则较为模糊。分析认为，这种现象的出现与焊缝两侧金属塑性流动的差异密切相关。在 FSW 焊接过程中，搅拌头的高速旋转使搅拌区与近缝区的温度升高，当其温度升高到足以使焊缝金属材料达到塑性状态时，此时的塑性金属随着搅拌头的旋转而流动。前进侧处的母材受到搅拌头的剪切作用，它的塑性变形方向将与焊接方向相同，而后退侧处母材的塑性变形方向却与焊接方向截然相反。在搅拌头边旋转边前进的过程中，在其后方会出现一个空腔。当其前进时，会对前方的母材产生挤压作用。此时，产生的塑性金属流在搅拌头的挤压作用下将向其后方的空腔流动，于是使前进侧焊缝塑性金属的流动方向与其周围的母材塑性金属的流动方向相反，从而使母材金属与焊缝金属之间出现显著的相对变形差；然而，后退侧的焊缝塑性金属的流动方向却与其周围母材塑性金属的流动方向一致（塑性金属的流动方向如图 3-16 所示），加上母材会与焊缝金属同时发生变形，最终使焊核与前进侧热机影响区的分界线较为明显。

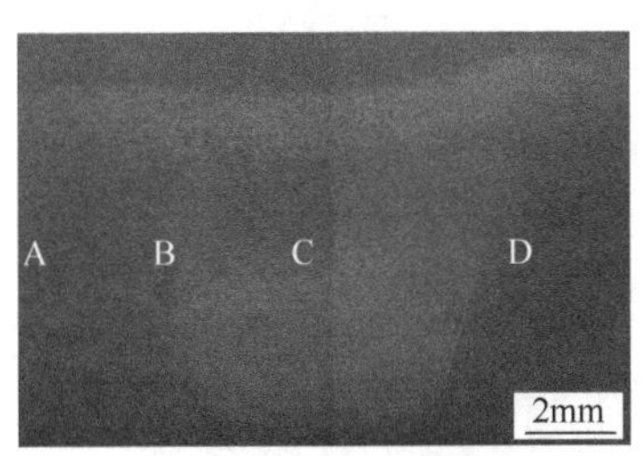

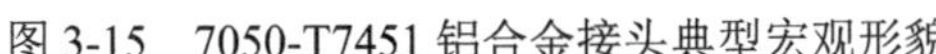

图 3-15 7050-T7451 铝合金接头典型宏观形貌

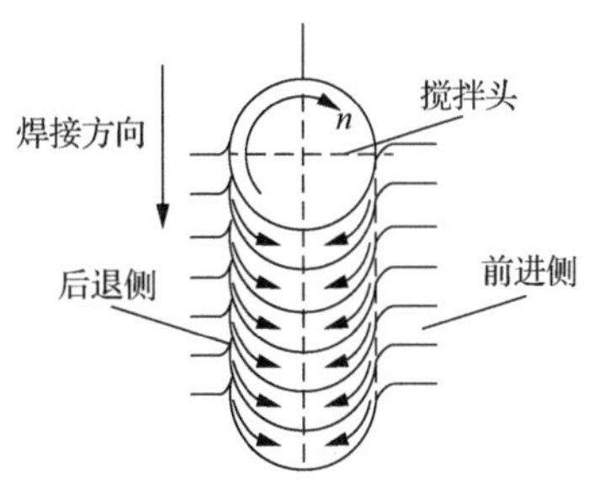

图 3-16 塑性金属流动示意图

此外，图 3-17 显示了 FSW 焊接接头横截面的焊核区呈明显“洋葱环”的形貌，它是由一组自内向外扩大的椭圆环构成的，可以看出随着与焊缝中心距离的增加，“洋葱环”的环间距会逐渐地减小。图 3-18 给出了热机械影响区的塑性流线变形结构。Krishnan[2]研究认为，“洋葱环”是因焊缝两侧的材料受到搅拌头旋转与搅拌头移动过程的共同作用，而搅拌头回转侧的金属材料受到轴肩的挤压不断被挤出而形成的。热机影响区的结构特征呈现出了较高的塑性变形流线层，它的形成主要是因为焊核区周围的纤维状母材组织因受到搅拌头的搅拌作用而产生了显著的塑性变形。

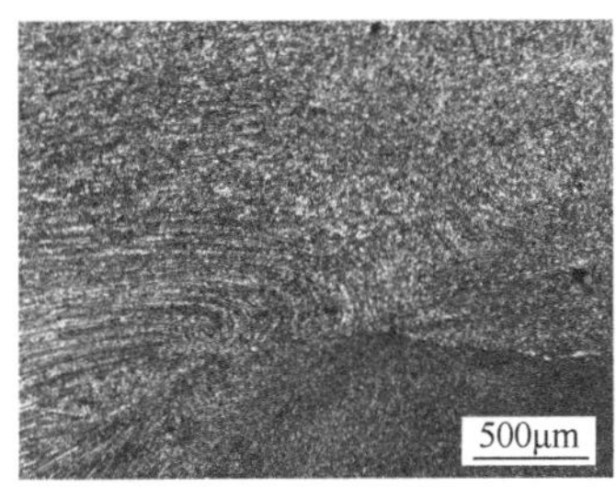

图 3-17 “洋葱环”形貌

图 3-18 热机影响区的塑性流线变形结构

3.5.2 焊接接头的显微组织

7050 铝合金 FSW 焊接接头的显微组织如图 3-19 所示。

1）从图 3-19（a）中可以明显地看出，母材的显微组织由沿轧制方向被拉长的纤维状晶粒与部分再结晶晶粒组成。经前面的物相分析可知，母材中还留有部分杂质相，主要为 Al_2Cu 化合物，这些杂质相和基体的相界面会形成裂纹源，从而大大降低材料的断裂韧性。此外，母材的基体上还弥散地分布着黑色第二相——T 相（$Al_2Mg_3Zn_3$）。

2）从图 3-19（b）中可以看出，焊缝的焊核区为细小的等轴晶，组织均匀化且无明显的方向性。另外，图 3-19（b）中零星分布的小黑点很可能是再结晶形核核心，原因是在 FSW 焊接过程中，该区受到了搅拌针的搅拌与摩擦作用，焊缝处的金属经受了强烈的热力作用，使焊核温度高于沉淀强化相的溶解温度，但又比其熔化温度低，在高温、大变形的条件下，变形晶粒中的位错密度剧烈增大，从而形成了能作为再结晶核心的亚胞状结构，进而在这些再结晶晶核上直接形核，最终获得细小的等轴晶。焊核区晶粒细小的原因如下：焊核区受到了搅拌头的激烈搅拌，与其他区相比，该区温度比较高，且

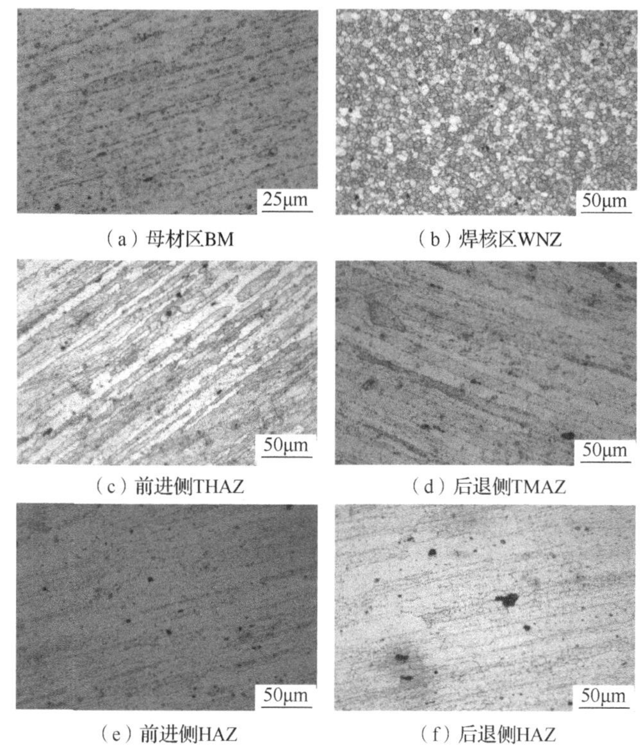

（a）母材区BM　（b）焊核区WNZ
（c）前进侧THAZ　（d）后退侧TMAZ
（e）前进侧HAZ　（f）后退侧HAZ

图 3-19　7050 铝合金 FSW 焊接接头的显微组织

应变速率比较大，使焊核区的金属不断地形成再结晶晶核，却不能无限长大；同时，焊接期间，搅拌头会对晶粒进行一定的破碎。由于被焊件的热导率大，温度下降极快，再加上温度梯度，从而发生不完全再结晶。细化晶粒不但能提高金属的屈服强度，还能提高金属的塑性与韧性。这是 FSW 焊接接头性能高于传统熔化焊焊接接头性能的原因之一。

3）由图 3-19（c）和（d）可以看出，不论是前进侧热机影响区的组织还是后退侧热机影响区的组织，其中间位置的显微组织均较焊核区的组织粗大。这是因为热机影响区在焊接热循环与机械搅拌的双重作用下，该区的金属材料发生了明显的塑性变形，从而使原有的纤维状组织出现了较大的弯曲与变形；并且在热循环的作用下出现回复反应，从而形成回复晶粒组织。尽管此区也经受了热力作用，但因变形应变的不足，最终未出现动态再结晶。所以，热机影响区呈现出明显的塑性变形流线。

4）从图 3-19（e）和（f）能够看出，热影响区的晶粒较母材的粗大，且各个区域的晶粒粗化程度不尽相同，但仍保留了母材纤维状的组织特点，原因在于热影响区并未受到热力作用，只受到热循环影响，显微组织与力学性能都发生了变化，但未出现塑性变形。与熔化焊相比，FSW 焊接接头的热影响区范围较窄。这是因为在 FSW 焊接过程中，摩擦所生成的热源都集中对焊核区进行加热，而搅拌头摩擦的生成热又相对比较小，加上铝合金热导率较大，所以焊核区外围的温度会急速下降，从而导致热机影响区与热影响区的分界特别模糊，而且该区相对较窄，最后很快就过渡到母材区。此外，热影响区各部位所经历的焊接热循环，就像是独自发生着特殊的热处理过程。因此这种焊接热循环所形成的特殊热处理，造成了组织的不均匀变化，最后给接头性能带来不良影响。

在进行铝合金 FSW 焊接时，焊接区存在上高下低、上宽下窄的温度分布及散热条件的差异，且中部的较高热量不能及时散失，导致焊核内部的部分等轴晶粒长大，从而使焊核中的组织也呈现不均匀性。图 3-20 所示为焊核区底部、中部、顶部 3 个位置的显微组织。与焊核中部和顶部的晶粒相比，其底部的晶粒比较细小，原因是与焊核的中部和顶部相比，在 FSW 焊接过程中，焊核顶部的金属受搅拌头的强烈搅拌及轴肩的摩擦、挤压作用，生成热量较多，而使基体中的晶粒长大很快；而接头中部仅受到搅拌作用，其热输入明显比顶部的热输入要小，且顶部与空气接触，而底部与垫板接触，从而使中部的热输出最小，有效热输入在中部反而较大，也使中部晶粒较底部的长大时间长；底部与垫板直接接触，热量散失得较快，这样底部的晶粒生长的时间较短，最终使底部的晶粒较前两者细小，即金属的热导率大于其上方空气的热导率导致了焊核厚度方向的组织不均匀。

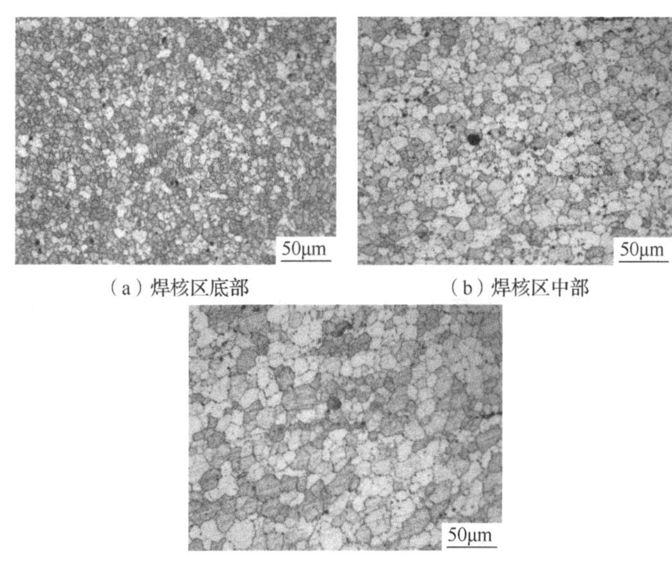

（a）焊核区底部　（b）焊核区中部

（c）焊核区顶部

图 3-20　焊核区显微组织

3.5.3　焊接接头的显微硬度分布

图 3-21 所示为 7050 铝合金 FSW 焊接接头沿焊缝方向的显微硬度分布。由图 3-21 可知，焊接接头的显微硬度的分布呈现出 W 形变化，且焊核顶部、中部、底部 3 个部分的硬度总体上都呈现出“高—低—高—低—高”的分布趋势，即两侧的母材硬度值最高，硬度值在热影响区与热机影响区之间降低，在焊缝几何中心的焊核处，硬度再次升高，其中焊核处的硬度值几乎接近于母材的硬度。

焊核区的显微硬度值变化不大，从热机影响区处开始快速降低，硬度的最小值基本出现于后退侧热机影响区和热影响区的交界处；并且前进侧热影响区的范围较后退侧热影响区的窄，但前进侧热影响区的显微硬度最小值较后退侧的高，原因是焊接过程中的后退侧热影响区受到焊接热循环的作用而发生了软化，引起了沉淀相长大与偏聚，从而使此处的显微硬度降低。

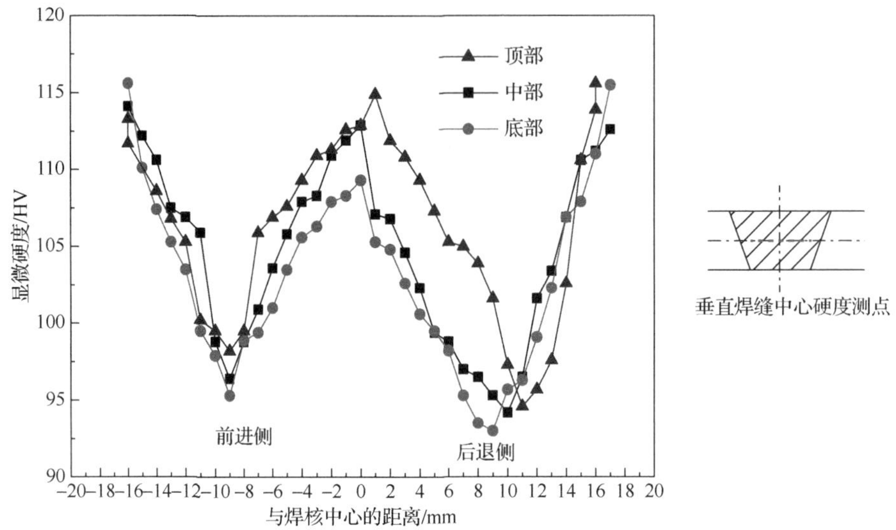

图 3-21　7050 铝合金 FSW 焊接接头沿焊缝方向的显微硬度分布

接头显微硬度的变化趋势与其所含有的显微组织和沉淀强化相的分布及大小密切相关。在焊接热循环的影响下，接头各部分的析出相会发生较大的变化。热影响区及热机影响区的部分细小强化相发生溶解，但其余的强化相发展成了粗大的 η 相，即发生了过时效，从而使此区的硬度显著降低；而焊核区的强化相基本上完全溶解，在焊缝冷却过程中，较细小的析出相又从基体中析出，从而使焊核区的硬度升高，另外，焊核区细小的等轴晶粒还具有一定的细晶强化作用。因此，与热机影响区和热影响区相比，焊核区的强度会有所提高，而热影响区则会因为晶粒粗大，析出相的粗大进而成为接头软化最显著的部位。

除此之外，从图 3-21 中还可以看到，接头处顶部、中部、底部 3 个部位的显微硬度也不完全相同，还有，在焊缝的相同横坐标处，接头顶部的显微硬度值最大，中部的值其次，底部的值最小，一直到母材区三者的显微硬度值才大致相同。经分析，在接头厚度方向上的显微硬度呈现出差异的原因如下。焊缝的 3 个部位所经历的焊接热循环不尽相同：和中部与底部相比，其顶部在 FSW 焊接过程中受到了搅拌头的强烈搅拌和轴肩的摩擦挤压作用，形成了较大的热输入，加上顶锻力使顶部的金属材料得以充分流动，其中的强化相得以溶解，焊接完成后，较细的强化相从顶部析出，从而使其显微硬度增大；接头中部仅受到搅拌作用，这部分的热输入较小，但因中部的热输出很小，因而中部的有效热输入反而比较大；底部与垫板接触，热输出更大，从而导致底部的热输入也比较小，使中部与底部的强化相很难全部溶解，在热力作用下，它们会形成稳定的 η 相，从而使这两层的显微硬度有所下降。

图 3-22 所示为 7050 铝合金 FSW 焊接接头垂直焊缝方向的显微硬度分布。在图 3-22 中，原点的右侧是顶部热机影响区的硬度曲线，其左侧是底部热机影响区的硬度曲线，不难发现两边的硬度值均比焊核中间位置的显微硬度高，这主要是因为顶部与底部热机影响区的组织都比焊核中间的均匀细小。虽然焊核中部的热输入比顶部的小，比底部的

大，但是焊核中部热传导比顶部的差，从而使焊核中部的晶粒尺寸较顶部和底部的偏大。

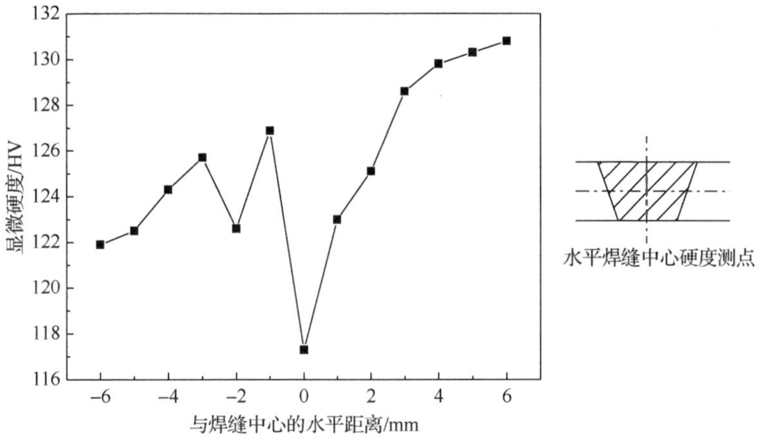

图 3-22　7050 铝合金 FSW 焊接接头垂直焊缝方向的显微硬度分布

3.5.4　搅拌头旋转速度对焊接接头显微组织结构的影响

图 3-23 所示为不同旋转速度下的 7050 铝合金 FSW 焊接接头的宏观形貌。从图 3-23 中可以看出，焊核区的面积随着搅拌头旋转速度的增大而增大。当旋转速度为 1200r/min 时，焊接接头的焊核区面积最大，焊接热输入的大小会直接决定焊核区面积的大小，原因是随着搅拌头旋转速度的增大，热输入量增加，即旋转速度为 1200r/min 时的焊缝单位长度上的热输入量就会相对最大，进而使焊接接头处的塑性变形程度达到最大，所以其焊核区的面积也会达到最大。

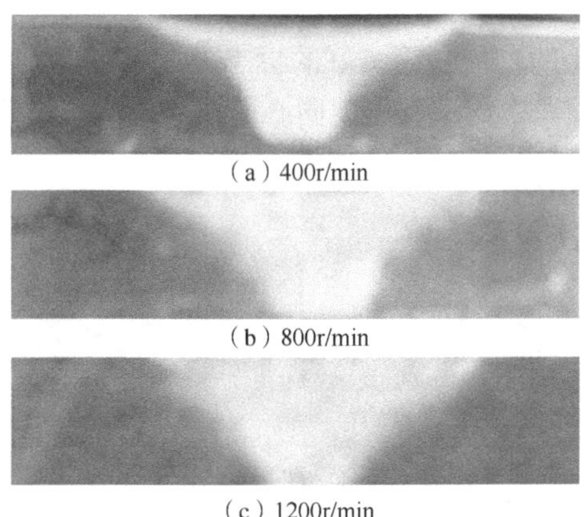

（a）400r/min

（b）800r/min

（c）1200r/min

图 3-23　不同旋转速度下的 7050 铝合金 FSW 焊接接头的宏观形貌

图 3-24 所示为 5 种不同的搅拌头旋转速度下焊接接头焊核区的显微组织。从图 3-24 可以看出，当旋转速度为 400r/min 时，焊核区的晶粒尺寸较其他参数下的细小。当旋转速度为 1000r/min 时，焊核区的晶粒最为粗大，但是当旋转速度增大至 1200r/min 时，焊核区的晶粒尺寸又有所减小。

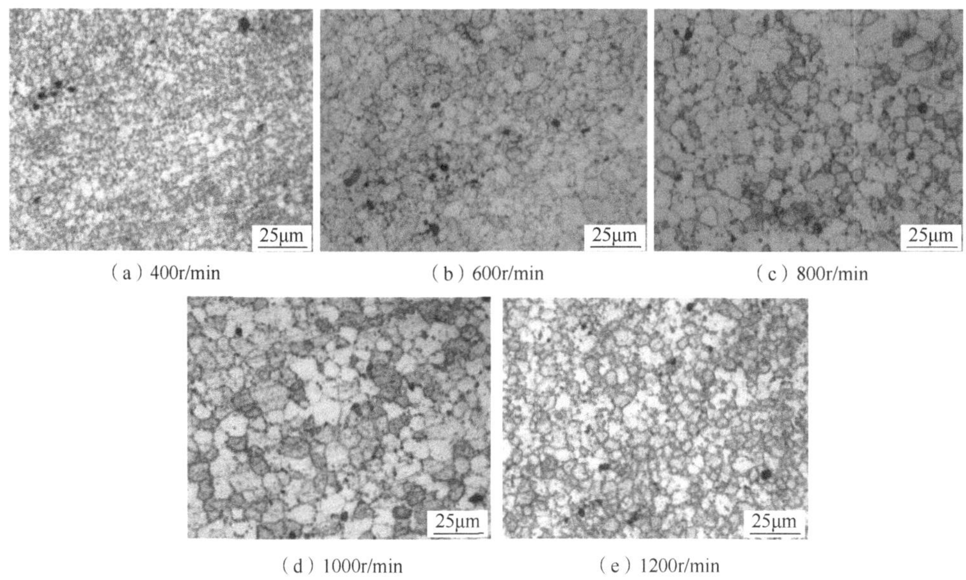

（a）400r/min　（b）600r/min　（c）800r/min　（d）1000r/min　（e）1200r/min

图 3-24　不同旋转速度下焊接接头焊核区的显微组织

出现这种现象的原因如下：搅拌头的旋转速度首先会直接影响焊接热输入的大小，旋转速度的增大会使图 3-24（b）～（d）所对应的接头热输入增大，所以这三者的焊核显微组织较旋转速度在 400r/min 时的组织粗大；但搅拌头的旋转不仅会提供焊接热源动力，还会对焊核区的晶粒起到搅拌破碎作用，所以会出现当旋转速度增至 1200r/min 时，焊核区组织不继续粗大反而变得细小的情况。

图 3-23 所示为不同旋转速度下的焊缝中部显微组织，在图 3-25（a）与图 3-25（e）中可以看到焊缝区存在流线型变化，并且图 3-25（e）的焊缝中心存在明显的“洋葱环”结构。这是判定焊接接头的性能是否良好的标志[4]。此时，焊接接头的性能能达到较佳值，而图 3-25（b）～（d）中均没有出现同心圆环，说明其焊接接头的性能没有达到最佳值。

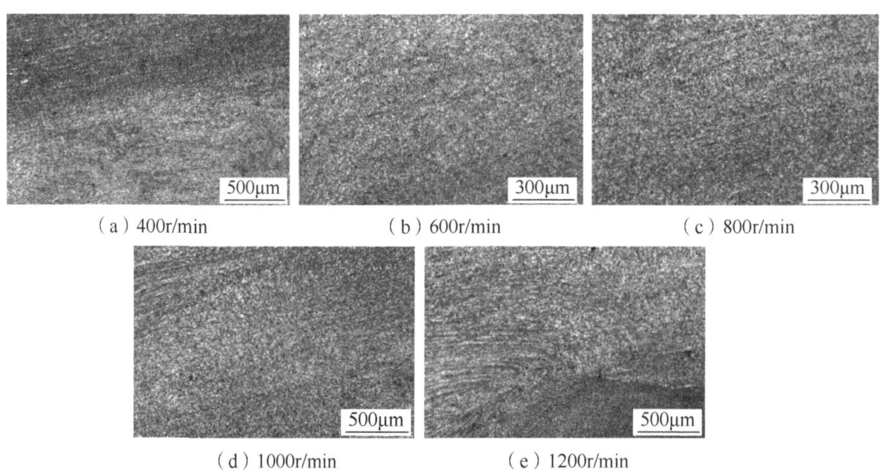

（a）400r/min　（b）600r/min　（c）800r/min　（d）1000r/min　（e）1200r/min

图 3-25　不同旋转速度下的焊缝中部显微组织

3.5.5　搅拌头旋转速度对焊接接头显微硬度的影响

金属材料的硬度是材料性能的一个综合指标，是指金属材料抗摩擦阻力、浸蚀、磨损或变形的能力，虽然它是衡量金属材料抵抗压入变形或刻画开裂能力的物理量，但绝不是一个确定值，其数值大小与测量方法相关。因硬度试验所用设备简单、操作方便，所以进行硬度试验一般很迅速，且硬度还能间接地反映出金属材料所含化学成分与组织结构的变化。因而，硬度试验在生产与科学研究中得以广泛应用。压痕法硬度值可以表征金属材料的塑性变形抗力及应变硬化的能力，本次试验将采用该法测量接头处的维氏硬度。

图 3-26 所示为不同旋转速度下焊缝的平均显微硬度。由图 3-26 可以看出，焊缝的平均显微硬度值随着搅拌头旋转速度的增大而增大，原因是随着搅拌头旋转速度的增大，焊接热输入在增大，当旋转速度增大到可产生足够的热量时，母材中原有的沉淀相完全溶解，而后的成形过程中这些强化相又会重新析出，即较大的旋转速度为强化相的重新形核与长大提供热源动力；再加上搅拌头很高的旋转速度能不停地破碎长大的新晶粒以防止重新形核的晶粒过度长大，即较大的旋转速度为晶粒的细化提供了机械动力[5-7]。综上就会出现焊缝的平均显微硬度随搅拌头旋转速度的增大而增大的现象。

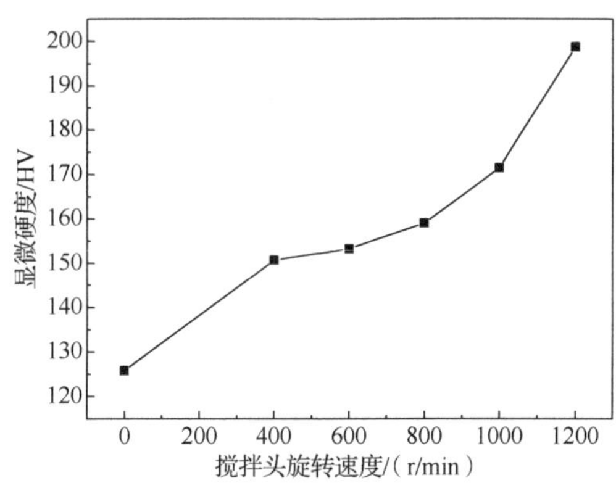

图 3-26　不同旋转速度下焊缝的平均显微硬度

3.6　FSW 焊接对 7 系铝合金拉伸性能的影响

3.6.1　不同焊接速度下焊接接头拉伸试验

对不同焊接速度下的 7A52 铝合金 FSW 焊接接头做拉伸试验。表 3-4 所示为拉伸试验结果，在焊接速度为 150mm/min 时，7A52 铝合金 FSW 焊接接头平均抗拉强度能达到 452MPa，达到了母材抗拉强度的 89%；最低抗拉强度则在焊接速度为 250mm/min 时。在 3 种焊接速度下焊接接头的平均抗拉强度均在 410MPa 以上，由此可知在搅拌头的旋转速度等其他条件一定时，在适当的焊接速度范围内均有利于焊接接头获得良好的抗拉强度；且焊接接头的塑性较好，平均断后伸长率均在 9%以上，最大断后伸长率则达到了 14.3%。

表 3-4　7A52 铝合金 FSW 焊接接头的拉伸试验结果

焊接速度/（mm/min）	试样编号	抗拉强度 R_m/MPa	平均抗拉强度 $\overline{R}_m$/MPa	断后伸长率 A/%	平均断后伸长率/%
250	1	395	414	8.2	9.4
	2	429		10.5	
	3	418		9.6	
200	1	412	426	9.3	10.9
	2	431		11.5	
	3	436		11.9	
150	1	462	452	14.3	13.4
	2	440		12.7	

利用细晶强化及位错理论可以对 7A52 铝合金 FSW 焊接接头在焊接速度为 150mm/min 时强度达到最高进行解释，具体原因如下：由于多晶体中晶界的变形抗力较大，且每个晶粒的变形都要受到周围晶粒的牵制，多晶体的室温强度总是随着晶粒的细化（即晶界总面积的增加）而提高。从式（3-2）中霍尔佩奇公式中可以看到晶体本身的强度与其晶粒直径平方根的倒数呈线性关系，即

$$\sigma_y = \sigma_0 + Kd^{-1/2} \tag{3-2}$$

式中，σ_y 为晶体的屈服强度；σ_0 为移动单个位错时产生的晶格摩擦阻力；K 为与晶体类型有关的常数，它与材料的种类性质及晶粒尺寸有关；d 为晶体中晶粒的平均直径。通过公式可得，当组织的面积一定时，其所含的晶粒越小，晶界就会相应的增加，当材料发生变形时，多晶体发生滑移且晶界较多，在滑移的过程中出现了大量的位错缠结，从而使多晶体位错运动所需要克服的临界分切应力增大，进而使材料的强度得到提升。因为焊接速度为 150mm/min 时焊接接头的晶粒尺寸最为细小，所以在这个焊接速度下接头的抗拉强度最高。

7A52 铝合金 FSW 焊接接头拉伸试样的断裂位置如图 3-27 所示，从图 3-27 中可以明显地看到，拉伸试样的断裂位置大部分位于焊接接头热影响区和热机影响区的过渡区，且出现了较为明显的缩颈现象，显然对于焊缝区基本无缺陷的 FSW 而言，过渡区仍然是焊接接头力学性能最薄弱的区域。

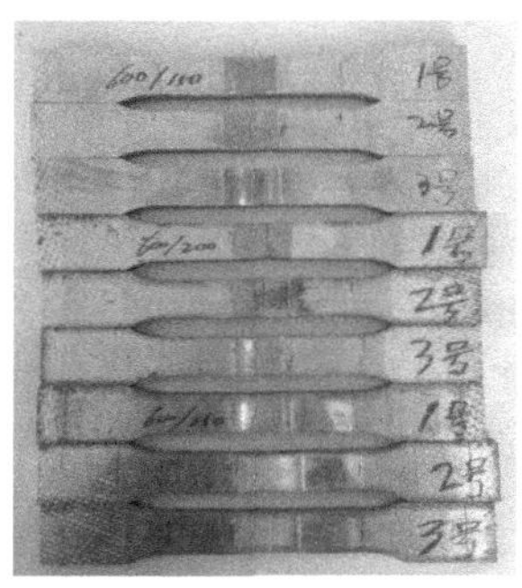

图 3-27　7A52 铝合金 FSW 焊接接头拉伸试样的断裂位置

3.6.2　拉伸断口形貌分析

不同焊接速度下焊接接头拉伸断口扫描形貌 SEM 照片如图 3-28 所示。从图 3-28 中可以看到，无论在哪种焊接速度下，断口形貌都有一定数量的韧窝存在。其中图 3-28（a）为焊接速度为 250mm/min 的断口形貌 SEM 照片，从图中可以看到除了少量的韧窝存在外，还出现了一定数量的孔洞，这些孔洞正是裂纹扩展最先开始的区域，从而导致了接头力学性能的下降，产生这些孔洞的主要原因是焊接热输入较小，焊接接头因得不到足够的摩擦热而难使金属产生塑化，使焊接接头一些部位产生未焊满等孔洞，进而严重影响焊接接头的力学性能；从图 3-28（a）中还能看到一些撕裂棱和解理台阶的存在，因此该接头的断裂模式为韧性+脆性的混合断裂。图 3-28（b）为焊接速度为 200mm/min 时的断口形貌 SEM 照片，从图中可以看出该参数下的断口几乎没有孔洞等缺陷，断口形貌由一定数量的韧窝和少量的撕裂棱组成，且可以看到在边缘处有少量的冰糖状形貌存在，因此该接头的断裂模式为韧性+沿晶脆性断裂。图 3-28（c）为焊接速度为 150mm/min 时接头的断口形貌 SEM 照片，从图中可以清晰地发现和前两个参数接头形貌不同，在这个参数下，焊接接头的断口形貌由大量的韧窝组成，且在大韧窝里面还包含着一定数量的细小等轴韧窝，这些韧窝小而深，正是这样的断口形貌保证了接头良好的断裂强度和延展性，因此该接头的断裂形式为典型的韧性断裂。

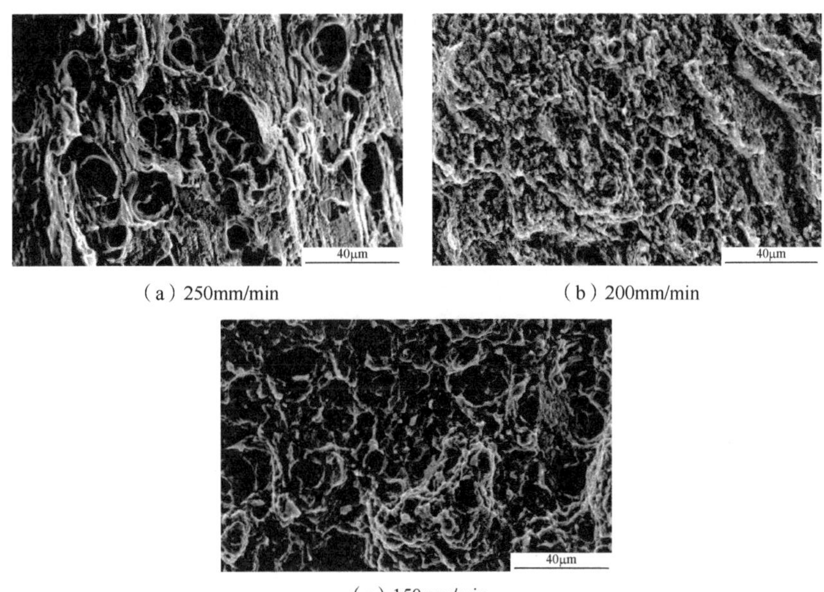

（a）250mm/min　（b）200mm/min　（c）150mm/min

图 3-28　不同焊接速度下焊接接头拉伸断口扫描形貌 SEM 照片

3.6.3　搅拌头旋转速度对焊接接头抗拉强度的影响

对 7050 铝合金 FSW 焊接接头进行拉伸试验的结果如表 3-5 所示。由表 3-5 可以看出，7050 铝合金 FSW 焊接接头的平均抗拉强度能达到 435.4MPa，达到了母材抗拉强度的 89%；最低抗拉强度为 374.9MPa，均低于母材的抗拉强度。FSW 焊接的最大断后伸长率为 10.1%。

表 3-5　7050 铝合金 FSW 焊接接头的拉伸试验结果

性能指标		抗拉强度 R_m/MPa				断后伸长率 A/%
		试样 1	试样 2	试样 3	平均值	
原始试样		470.1	425.1	411.0	435.4	10.1
旋转角速度	400rad	427.7	383.2	360.2	390.4	6.0
	600rad	415.6	427.9	419.9	421.1	9.4
	800rad	386.0	395.5	419.7	400.4	7.1
	1000rad	427.1	422.1	275.7	374.9	8.1
	1200rad	485.2	484.9	490.4	486.8	15.1

结合细晶强化理论，对 7050 铝合金 FSW 焊接接头拉伸试验结果进行分析，可知如下内容：由霍尔佩奇公式（3-2）可知，晶体的屈服强度与晶粒直径平方根的倒数（$d^{-1/2}$）呈线性关系。一般而言，当组织的体积或面积一定时，其所含晶粒越细小，晶界就会越多，且多晶体中的位错运动除需要克服临界切应力外还需要克服界面阻力。晶界两侧的晶粒取向并不相同，其中某一晶粒发生滑移但不能直接进入其临近的晶粒中，此时便会引起晶界附近的位错塞积，产生应力集中，进而激发临近晶粒中的位错源开动，从而造成宏观的塑性应变。由此可知，FSW 焊接使接头中的晶粒细化，导致多晶体中的位错运动困难，引发的塑性变形抗力比较大，所以采用 FSW 焊接所得接头的抗拉强度较高。

图 3-29 所示为拉伸试样的断裂位置及形式。由图 3-29 可以看出，试样拉伸断裂位置大部分位于热机影响区与热影响区的过渡区，有的部分却位于焊核区。对于不存在缺陷的 FSW 焊接焊缝而言，因为合金成分未发生改变，所以其抗拉强度特性及断裂位置与显微硬度分布基本一致，即过渡区是焊接接头的最薄弱之处，且有 3 种断口形式。在图 3-29 中，1 号和 2 号试样焊接接头处呈 45° 剪切断裂，3 号和 4 号试样焊接接头处呈 S 形断裂，5 号和 6 号试样焊接接头处呈阶梯断裂。

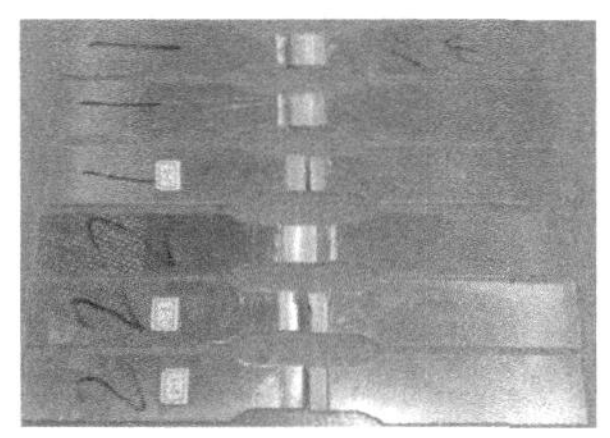
（a）45°剪切断裂

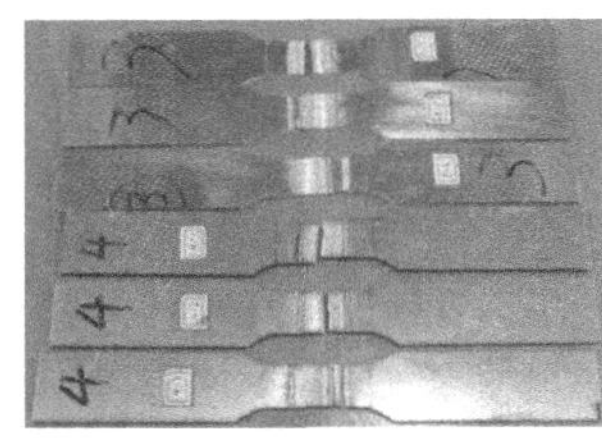
（b）S 形断裂

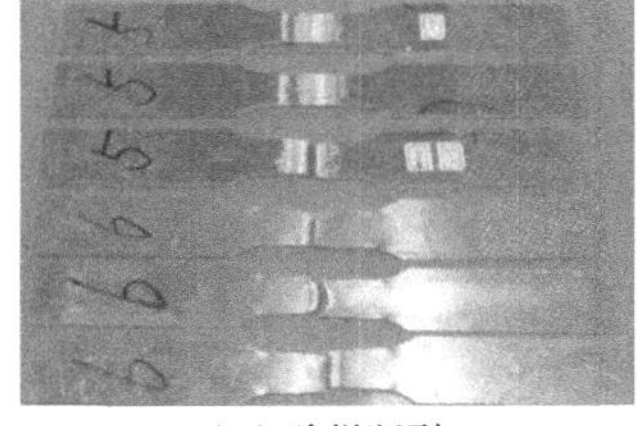
（c）阶梯断裂

图 3-29　拉伸试样的断裂位置及形式

图 3-30 表明，当旋转速度为 800r/min 时，接头的抗拉强度最高，达到了母材的 89%。在其他焊接参数不变的情况下，接头的抗拉强度会随着搅拌头旋转速度的增大而下降；据式（3-3）[8]描述的分布热源施加于工件的上表面，并以工具相同的速度沿焊接线移动。可知当焊接速度一定时，增大搅拌头旋转速度会使单位长度焊缝上的热输入量逐渐增大，导致热影响区与焊核区的晶粒粗大及析出相的长大或局部溶解，这些组织及析出相的变化将会直接影响接头的抗拉强度。接头抗拉强度较高的拉伸试样大多在过渡区处呈 45° 剪切断裂，如图 3-29 的 1 号和 2 号试样；接头抗拉强度较低的拉伸试样大多在焊核

和热机影响区的交界处呈 S 形断裂，如图 3-29 的 3 号和 4 号试样；表明过渡区及焊核与热机影响区的交界处均为接头的薄弱地带。这主要是因为采用 FSW 时，其过渡区等出现了较大软化。此外，各焊接件的伸长率均比母材的低，这主要是由热影响区及热机影响区中部分晶粒的粗化引起的，则有

$$E=\frac{\pi\omega\mu p(r_0^2+r_0r_1+r_1^2)}{45(r_0+r_1)v} \tag{3-3}$$

式中，E 为输入工件中总的热功率（W）；r_0、r_1 分别为搅拌头的轴肩半径和焊针半径（mm）；p 为压力（MPa）；ω 为搅拌头的旋转速度（r/min）；μ 为摩擦系数；v 为焊接速度（m/min）。

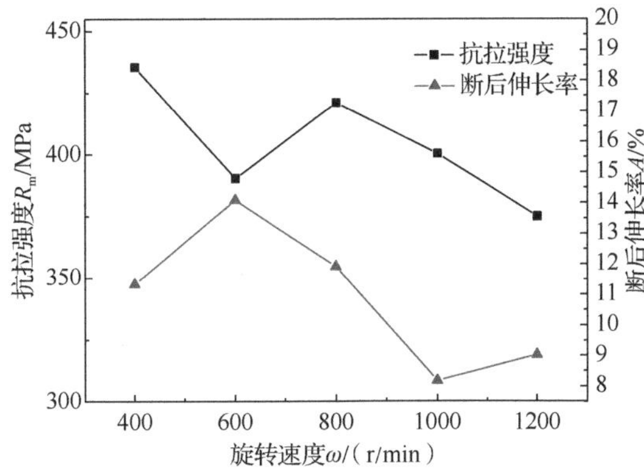

图 3-30　旋转速度对焊接接头拉伸性能的影响

3.6.4　不同搅拌头旋转速度的拉伸断口形貌的对比分析

图 3-31 所示为拉伸试验中出现的 3 种拉伸断口宏观形貌示意图。由图 3-31 可见，可将试样的断裂位置分成两类：一类是在过渡区断裂，如图 3-31（a）所示；另一类则是沿焊核的边界断裂，如图 3-31（b）和（c）所示。

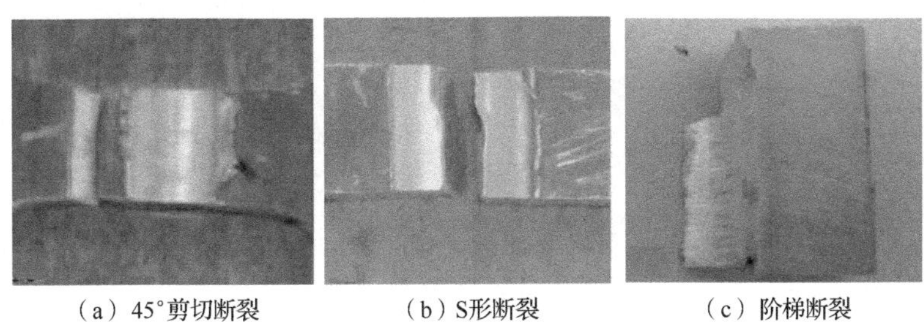

（a）45°剪切断裂　（b）S形断裂　（c）阶梯断裂

图 3-31　拉伸断口宏观形貌示意图

图 3-31（a）中接头的断裂位置均发生于过渡区，且出现了较为明显的缩颈现象，由此可知接头在拉伸断裂之前经历了充足的塑性变形，表明材料具有一定的宏观韧性断裂特点。这类断裂形式在其断口上存在 3 个区：纤维区、放射区与剪切唇。通常剪切的表面较为光滑，它与拉伸应力成 45° 角；FSW 焊接接头的断面与拉伸轴基本成 45° 角，这是 FSW 焊接接头的组织特点所致的，因为接头过渡区的晶粒取向与拉伸轴大约成 45°

角，即最软的部位成 45°倾斜，因而断裂沿该方向发生。图 3-31（b）所示的 S 形断口稍有缩颈现象，但不明显。其宏观断口较为平坦细密，且断面与最大主应力方向垂直，宏观上属于脆性断裂，但微观断口图中也出现了少量韧窝，这与接头的拉伸试样宏观断口出现轻微的缩颈现象相吻合。图 3-31（c）所示的阶梯断裂面上分布着细小的锯齿，但未发生明显的缩颈现象，宏观上也属于脆性断裂。

图 3-32 所示为 7050 铝合金 FSW 焊接接头呈 45°剪切断裂的显微组织，由图 3-32 可以发现，过渡区晶粒因受到热机复合作用而被拉长，也有少部分晶粒粗化。7050 铝合金作为一种时效强化型铝合金，其焊接过程中存在热作用，而使过渡区的固溶强化粒子析出及强化相发生偏聚，致使沉淀强化作用减弱，从而引发强度降低，最终在此区发生 45°剪切断裂。

图 3-33 所示为 7050 铝合金 FSW 焊接接头呈 S 形断裂的显微组织。分析认为，当焊接热输入较大时，搅拌针周围的金属材料的黏度降低，塑性金属的流动不充足，使焊核与紊流区之间出现弱连接，因而在紊流区与焊核的分界处产生了 S 形断裂。

图 3-34 所示为 7050 铝合金 FSW 焊接接头呈阶梯断裂的显微组织。由图 3-34 可以看出，断口处的组织较为均匀、细小，这是由于在焊接过程中，焊缝区的金属发生了动态再结晶，形成了比母材细小的等轴晶。由图 3-34 可以看出，其断口处出现了组织缺失，分析认为在焊接过程中，搅拌头周围的塑性材料在轴肩、垫板及附近母材的约束所围成的封闭空间中流动，而且 FSW 焊接焊缝是由 4 个区流动的塑性金属材料形成的，焊缝处可分为 4 个特征区域，即水平流动区、紊流区、焊核区和刚塑性迁移区。对于带左螺纹的搅拌针焊接的焊缝而言，水平流动区处于焊缝上层，受轴肩断面的摩擦与挤压，焊核区在焊缝的下层；刚塑性迁移区在焊核区的两侧；紊流区处于焊缝的中上层，它是水平流动区、焊核区及其两侧的刚塑性迁移区中的塑性金属的归集地。如果金属的流动不足，则会在紊流区出现疏松甚至隧道型缺陷。在外加载荷的作用下，出现组织疏松的地方就会成为开裂部位。

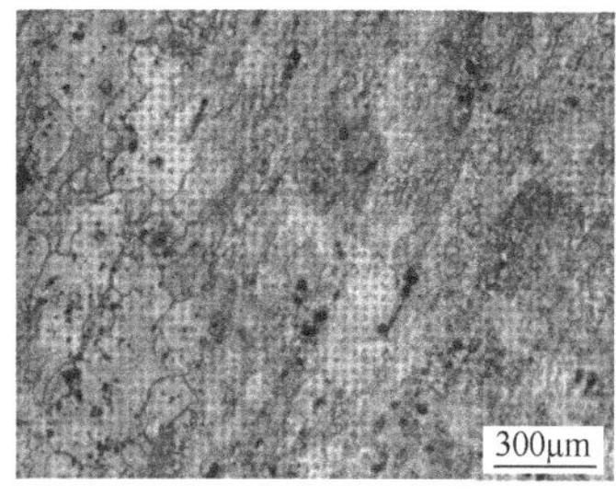
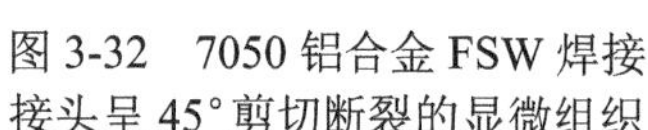

图 3-32　7050 铝合金 FSW 焊接接头呈 45°剪切断裂的显微组织

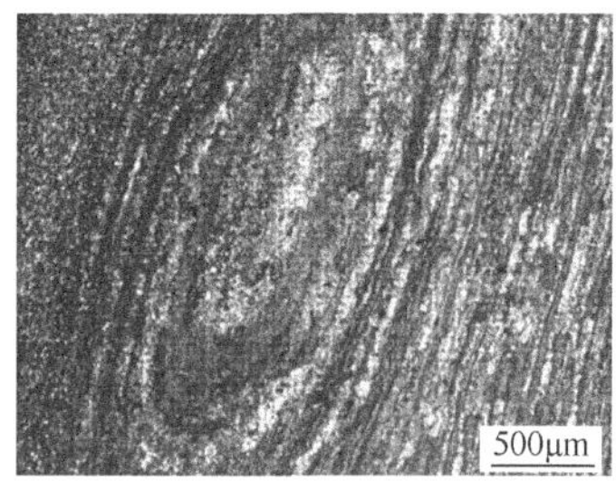
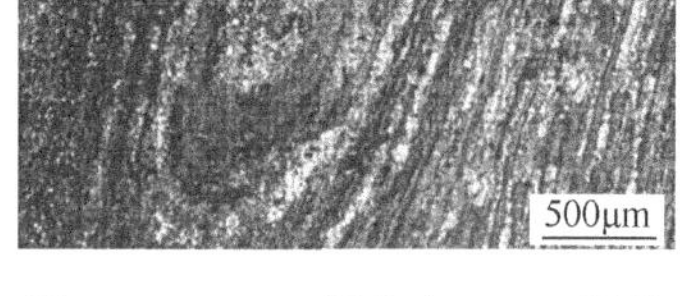

图 3-33　7050 铝合金 FSW 焊接接头呈 S 形断裂的显微组织

图 3-34　7050 铝合金 FSW 焊接接头呈阶梯断裂的显微组织

7050 铝合金 FSW 焊接接头拉伸断口形貌 SEM 照片如图 3-35 所示，试样在焊接热影响区及热机影响区的过渡区发生断裂。从图 3-35（a）中可看到少量的小韧窝与撕裂棱，这些小韧窝是细小的第二相粒子被剥落后形成的，说明焊接接头具有一定的塑性特征，且还能看到一些解理台阶，所以该接头的断裂模式为韧性+脆性的混合断裂。从图 3-35（b）中可以看到断口形貌中含有少量的小韧窝，每个晶粒所呈现出的多面体形貌类似于石块或冰糖块，颜色较为黯淡，因此该接头断裂模式为沿晶断裂。从图 3-35（c）

中可以看到断口形貌上所含的细小的第二相粒子被剥落后形成了细小的光滑韧窝。这些断口组织含有强化相的韧窝组织特点，该形貌是因为沉淀相和夹杂物与金属界面分离而出现的，并且这些韧窝比较浅小，分布较为均匀；韧窝的底部含有沉淀相，韧窝的大小和第二相粒子或杂质相关。沉淀相因受到搅拌头的热机作用而破碎，从而形成细小颗粒状的沉淀相，而这些细小的沉淀相脱离基体后就形成很细小的光滑韧窝，即为沿晶断裂；另外，在大韧窝里面出现了粗大的第二相粒子断裂后形成的明亮断面，即为穿晶断裂，因此该接头的整体断裂模式为沿晶+穿晶的混合断裂。

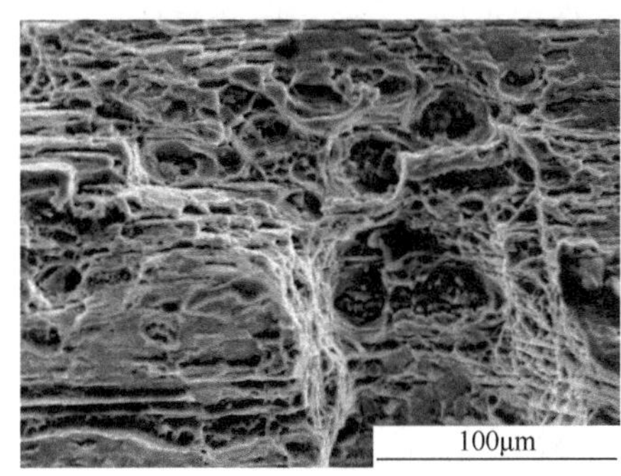

（a）1号试样拉伸断口形貌

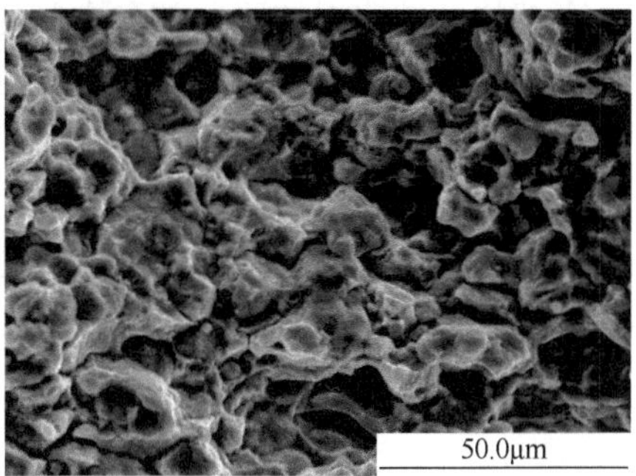

（b）5号试样拉伸断口形貌

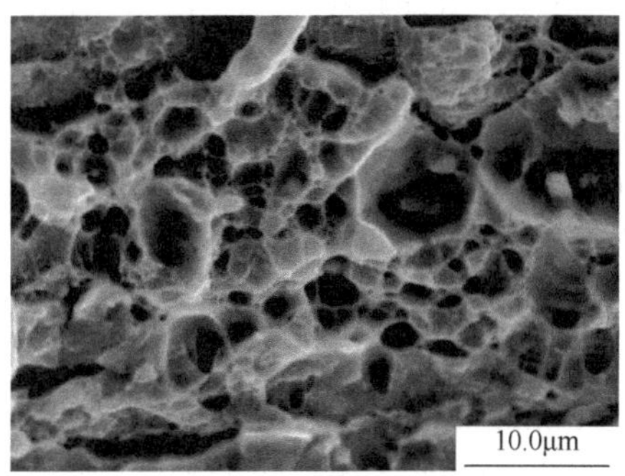

（c）3号试样拉伸断口形貌

图 3-35　7050 铝合金 FSW 焊接接头拉伸断口形貌 SEM 照片

由拉伸断口的形貌可知，7050 铝合金 FSW 焊接接头的断裂形式为韧性+脆性的混合断裂形式。这是因为大部分拉伸断口的 SEM 照片中有一些大韧窝或者小韧窝存在，且有的照片中能看到解理台阶、撕裂棱存在，还有呈冰糖块状堆集的沿晶断裂的形貌及呈现明亮断面的穿晶断裂形貌。

3.7　本 章 小 结

本章通过对 7A52 铝合金和 7050 铝合金进行 FSW 焊接试验，观察了焊接接头的显微组织，测定了其力学性能，研究了在搅拌头的旋转速度等其他外界条件一定时，焊接速度对 7A52 铝合金 FSW 焊接接头组织和力学性能的影响，且研究了在焊接速度等其他外界条件一定时，搅拌头的旋转速度对 7050 铝合金 FSW 焊接接头组织和力学性能的影响。经分析，得出以下结论。

1）使用伪热指数 χ 可以作为表征焊接热输入的一种参数，通过比较伪热指数的大小就可以解释“热”或“冷”的焊接参数范围对 FSW 焊接接头的影响，经过分析得到：当焊接速度为 150～300mm/min 范围时，FSW 焊接接头缺陷较少，可以得到良好的成形形貌。

2）7A52 铝合金 FSW 焊接接头宏观上呈 V 形，根据焊缝各区显微组织的不同，焊接接头可以分为焊核区、热力影响区、热影响区及母材区。焊核区组织是细小的等轴晶，且焊核区底部的晶粒比焊核区顶部和中部的晶粒更为细小，热力影响区的晶粒发生了弯曲且具有方向性，热影响区的组织与母材相似，只是由于受到热循环的作用，晶粒变得粗大，但仍呈纤维状。7A52 铝合金 FSW 焊接接头横截面的焊核区呈明显“洋葱环”的形貌。焊接接头显微硬度的分布呈现出 W 形变化，即满足“高—低—高—低—高”的分布规律，两侧母材的显微硬度值最高，在热影响区和热力影响区处显微硬度值开始降低，等到达焊核区，显微硬度值再次升高，且在焊缝区的顶部、中部和底部都满足此规律。

3）在搅拌头旋转速度一定时，观察发现 7A52 铝合金 FSW 焊接接头焊核区的面积随着焊接速度的增大而增大。当焊接速度为 250mm/min 时，焊接接头的焊核区面积最大，且无论在哪种焊接速度下焊核区晶粒都是细小的等轴晶，显微硬度的分布也都呈现出 W 形变化趋势。

4）通过对比在不同焊接速度下 7A52 铝合金 FSW 焊接接头的显微组织和力学性能，得出：在焊接速度为 150mm/min 时，焊接接头焊核区显微组织最为细小，焊接接头的平均抗拉强度能达到 452MPa，达到了母材抗拉强度的 89%，且接头塑性较好，最大断后伸长率为 14.3%，焊接接头的断裂形式为典型的韧性断裂。

5）焊接参数通过影响接头显微组织来影响焊接接头的力学性能，当搅拌头旋转速度为 400r/min、焊接速度为 60mm/min 时，7050 铝合金 FSW 焊接接头的抗拉强度最高，数值为 435.39MPa，达到了母材的 89%，但接头的塑性一般，最大断后伸长率为 10.1%；在其他焊接参数不变的情况下，接头的抗拉强度会随着搅拌头旋转速度的增大而下降；热机影响区与热影响区的过渡区是接头最薄弱之处，且拉伸试样出现了 45° 剪切断裂、S 形断裂、阶梯断裂共 3 种断口形式。

6）通过 SEM 观察发现，7050 铝合金 FSW 焊接接头断口中出现了少量的小韧窝、撕裂棱、解理台阶，还有穿晶与沿晶断裂的形貌，所以其焊接接头的断裂模式为韧性+脆性的混合断裂模式。

参 考 文 献

[1] ARBEGAST W J. A flow-partitioned deformation zone model for defct formation during friction stir welding [J]. Scripta materialia, 2008, 58(5): 372-376.

[2] KRISHNAN K N. On the formation of onion rings in friction stir welds[J]. Materials Science and Engineering A, 2002, 327: 246-251.

[3] 张平，李奇，赵军军，等．7A52 铝合金搅拌摩擦焊接头第二相的形貌及相组成[J]．沈阳工业大学学报，2011，33（3）：246-253.

[4] 周鹏展. 铝合金摩擦搅拌焊接机理及工艺实验研究[D]. 长沙：中南大学，2000.

[5] 宋扬. 7075 铝合金搅拌摩擦加工工艺参数对组织性能的影响[D]. 重庆：重庆大学，2016.

[6] 董鹏. 6005A-T6 铝合金搅拌摩擦焊接头的组织与性能研究[D]. 长春：吉林大学，2014.

[7] 毛育青. 铝合金厚板搅拌摩擦焊缝金属流动行为研究[D]. 西安：西北工业大学，2017.

[8] 汪建华，姚舜，魏良武，等. 搅拌摩擦焊的传热和力学计算模型[J]. 焊接学报，2002，21（4）：61-64.

第 4 章　7 系铝合金电子束焊

4.1 引　　言

电子束焊（electron beam welding，EBW）是高能量密度的焊接方法，它利用空间定向高速运动的电子束，撞击工件表面后，将部分动能转化为热能，使被焊金属熔化，冷却结晶后形成焊缝。国内外研究者一直致力于材料的电子束焊焊接性方面的研究，并对电子束焊焊接中影响接头性能的各种缺陷（气孔、裂纹、钉尖、冷隔等）进行了深入分析[1-4]，取得了很大进展，为电子束焊的广泛应用奠定了基础。在焊接大型铝合金零件时，电子束焊具有优势。7020、2219、1420 等铝合金应用其他焊接方法往往得不到良好的力学性能接头。西欧采用电子束焊代替氩弧焊焊接了直径为 2m、长度为 3m、厚度为 65mm 的铝合金筒体，提高生产效率的同时得到了良好的焊接接头质量。熔深是影响电子束焊焊接接头性能的关键因素，对电子束焊焊接参数的研究表明，电子束焊熔深与加速电压 U、电子束流 I_b 成正比，与束斑直径（受聚焦电流 I_f 影响）、工作距离 l、焊接速度 v 成反比。上述规律表明的只是在保持其他参数不变的情况下，单一参数与熔深的关系，而在焊接过程中，这些参数彼此之间相互影响，因此焊接参数的确定变得较为困难。

近年来，研究者们通过建立各种模型对焊接参数进行优化，以达到确定最佳焊接参数的目的。Zazi 等[5]利用模糊逻辑控制系统 EBFLATSY 实现了焊接过程中工艺参数的优化，使焊接过程中工艺参数的确定变得简捷，提高了生产效率。邦达列夫和张克华[6]将铝合金电子束焊焊接缺陷系统归纳为 3 个方面，即冶金因素产生的缺陷、焊缝成形时的缺陷和特种缺陷，并对这 3 个方面的缺陷的产生原因和预防或排除措施进行了详细论述。刘春飞[7]对运载贮箱用 2219 类铝合金的电子束焊进行的研究结果表明，电子束焊的大多数缺陷可通过重熔来消除，重复熔化对接头性能影响很小。陶守林和周广德[8]指出，优化焊接规范参数（如降低焊接速度），焊前严格清理母材，可以预防焊接裂纹的产生，提高焊接质量。Armstrong 等[9]指出，钉尖是电子束匙孔模式焊接的固有产物，不可能通过调整焊接参数来消除，并且钉尖是输入功率及功率密度的函数，减少钉尖会导致熔深变浅；另外，还发现焦点位置对钉尖及熔深都有着很大的影响。为了减少钉尖的出现，研究人员采用过双枪束焊、反馈法控制束流等方法，但这两种方法过于复杂，因而未被推广应用。依据冷隔的形成机理，选择适宜的束流能量密度、焊缝热输入量和焊缝温度曲线是消除冷隔的关键[10]。

焊缝成形好坏是评定焊接质量的重要指标之一。美国波音公司为改善电子束焊焊缝成形，对 2219 铝合金电子束焊进行了大量试验。研究结果表明，采用低加速电压、大束流、过剩热输入和低焊接速度的软焊接参数就可在 2219 铝合金焊接中得到良好的焊缝成形和合理的焊根余高。近年来，研究人员一般采取偏摆束焊、发散束焊等措施来改善焊缝成形。

综上所述，电子束焊焊缝中易出现的缺陷主要为焊缝成形不良、钉尖、冷隔、空洞、气孔及裂纹等，消除或预防这些缺陷的措施主要包括焊前准备好（如清理母材、优良装配等）、选择适宜的焊接规范、采用偏摆束焊和散焦焊及焊后重熔等。

电子束焊焊接技术有如下优点。

1）电子束斑点直径小，能量密度大，穿透能力强，获得的焊缝深宽比大。目前，电子束焊焊缝的深宽比可达到 60∶1。焊接厚板时可以不开坡口即可实现单道焊，比电弧焊可以节省辅助材料和能源的消耗。

2）焊缝热输入量小。焊缝和热影响区宽度不到气体保护焊的 1/15。对于可热处理强化铝合金来讲，减少热输入可以改善焊缝的力学性能。

3）焊接变形小。一般，电子束焊焊接时的接头收缩率和角变形要比 TIG 焊（非熔化极惰性气体保护焊）小一个数量级。对 5mm 板厚的铝板进行电子束焊焊接，500mm 长度上角变形量仅为 0.02mm。

4）焊接参数易于调节，工艺适应性强，重复性和再现性好[11-12]。

5）真空电子束焊焊接不仅可以防止熔化金属受到含有 O、N 等有害气体的污染，而且有利于焊缝金属的除气和净化，因而特别适于活泼金属的焊接。

6）电子束在真空中可以传到较远的位置上进行焊接，因而也可以焊接难以接近部位的接缝。

7）通过控制电子束的偏移，可以实现复杂接缝的自动焊接。可以通过电子束扫描熔池来消除缺陷，提高接头质量。

因此相对于传统熔化焊接方法，电子束焊焊接方法更适合高强铝合金厚板的焊接，其优势明显。

同时，电子束焊焊接技术有如下缺点。

1）设备比较复杂、费用比较高。

2）焊接前对接头加工、装配要求严格，以保证接头位置准确、间隙小而且均匀。

3）采用真空电子束焊焊接时，被焊工件的尺寸和形状常常受到工作室的限制。

4）电子束易受杂散电磁场的干扰，影响焊接质量。

5）电子束焊焊接产生的 X 射线需要严加防护，以保证操作人员的健康和安全。

既然电子束焊焊接具有上述优点，结合 7A52 铝合金在焊接时暴露出的问题，设想将其应用到 7A52 铝合金中，应该会得到比使用其他焊接方法性能更加优异的焊接接头。具体分析如下。

1）对 7A52 铝合金实施电子束焊焊接，由于能量密度高可大大减小热影响区，提高焊接接头强度，避免热裂纹等缺陷的产生。

2）由于能量密度高，穿透能力强可对 20mm 厚的 7A52 铝合金板材进行焊接。

3）电子束焊焊接要求在真空条件下完成，真空是最好的保护手段，在这种条件下可以得到纯净的焊缝金属，避免了空气或保护气体的污染。

4）电子束焊焊接 7A52 铝合金在真空重熔的过程中，焊缝中杂质含量微乎其微，焊缝气体含量将会大幅度降低，从而焊缝塑性、韧性将会大大提高。

5）电子束可控性好，可以方便地进行扫描、偏转、跟踪等，易于焊接过程的自动化，并且通过电子束扫描熔池可以消除缺陷，从而使接头质量提高。

然而，到目前为止，有关研究 7A52 铝合金电子束焊焊接接头组织、性能的文献还未见报道。为此，本章研究的目的是深入、系统地研究 7A52 铝合金电子束焊焊接接头的组织和力学性能，为实际生产中焊接工艺的选择提供理论依据。

4.2　电子束焊焊接工艺优化

焊接设备选用北京航空制造研究所型号为 ЭПУ–К1 的中压电子束焊机。其最大加速电压为 60kV，最大电流为 250mA，最大功率为 15kW，真空室的容积为 4m×2m×2m，电子枪移动范围为 x 向 250mm、y 向 1200mm、z 向 800mm。电子束焊焊接的主要焊接参数包括加速电压 U_a、电子束流 I_b、聚焦电流 I_f、焊接速度 v 和工作距离。在实际生产中，选择焊接设备后，一般情况下加速电压就额定不变。试验材料规格为 175mm×100mm×20mm 的 7A52 铝合金板材，其化学成分及力学性能如表 4-1 和表 4-2 所示。

表 4-1　7A52 铝合金的化学成分（质量分数）　（单位：%）

化学成分	Zn	Mg	Cu	Mn	Cr	Ti	Zr	Fe	Si
质量分数	4.0	2.0～2.8	0.05～0.20	0.20～0.50	0.15～0.25	0.05～0.18	0.05～0.15	≤0.30	≤0.25

表 4-2　7A52 铝合金的力学性能

断裂强度 R_m/MPa	屈服强度 R_{eL}/MPa	伸长率 A/%
≥410	≥345	≥7

4.2.1　聚焦电流不变、电子束流连续变化的焊接

试验的加速电压额定为 60kV，真空度为 4×10^{-4}mbar（1bar=10^5Pa）。1 号、2 号试样焊接参数中，聚焦电流 I_f=760mA，焊接速度 v=800mm/min，采用频率为 1100Hz 的圆形扫描。其中，1 号试样电子束流从 80mA 连续变化到 110mA，2 号试样电子束流从 100mA 连续变化到 120mA。1 号和 2 号试样的电子束焊焊接参数如表 4-3 所示。

表 4-3　1 号和 2 号试样的电子束焊焊接参数

试样编号	聚焦电流 I_f/mA	电子束流 I_b/mA	焊接速度 v/（mm/min）	扫描类型
1	760	80～110	800	圆形，频率为 1100Hz
2	760	100～120	800	

1 号试样以电子束流 I_b=80mA 起焊，未焊透。随着电子束流的增加，当 I_b=106mA 时，焊透，试样背面飞溅出火花；继续增加至 I_b=110mA 时，结束。在焊接过程中，未焊透时试样正面呈现周期性变化，焊缝余高和宽度都相应变化；开始焊透时背面焊缝连续，宽度为 2.0mm，余高为 1.5mm；焊透后焊缝变得连续、均匀，焊接接近结束时，焊

缝连续性较好，余高的起伏变化较小，而且均匀，焊缝背面宽度为 2.2～2.3mm，焊缝中心交于基体。焊缝外观如图 4-1（a）和（b）所示。

1 号试样在电子束流 I_b=106mA 时，焊透，为了再次验证焊透时电子束流 I_b 值；2 号试样采用 I_b≤106mA 的起点施焊，以电子束流 I_b=100mA 起焊，未焊透。随着焊接电子束电流增加，在 I_b=106mA 左右时，焊透。继续增加电子束流，I_b=120mA 时结束。在 I_b 为 105～109mA 范围内时，焊缝正面余高仍有起伏，背面同样也有断续未焊透之处；在 I_b 为 110～120mA 范围内时，焊缝正面较均匀，焊缝中心交于基体。开始焊透时，背面连续，焊缝宽度约为 2.0mm，余高约为 1.5mm。随着电子束流的增加，焊缝宽度增加，余高的变化较小，在 I_b=120mA 时背面焊缝均匀、连续性好，余高的起伏变化小，中途无突变。焊缝外观如图 4-1（c）和（d）所示。

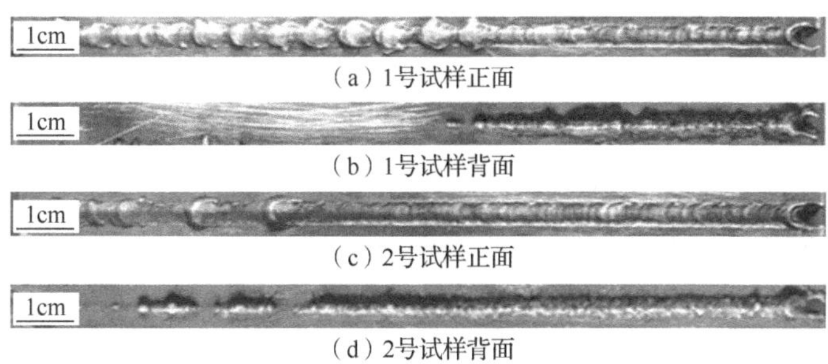

图 4-1　焊缝外观

由焊接过程中的表现可以得出，7A52 铝合金采用电子束焊时，对电子束流十分敏感，如果电子束流偏小，易产生未焊透的现象；如果电子束流偏大，则会产生焊缝正面凹陷和下塌的现象。本试验中，在 I_b=120mA 焊接结束后，在余料上继续加大电子束流值，焊缝出现了严重的塌陷和咬边现象。

焊后在 1 号和 2 号试样上，依据电子束流增量的步长 ΔI_b=5mA 计算出不同电子束流值所对应的焊缝截面位置，做标记，实施线切割，截取 8 个焊缝截面，对截面进行预磨、粗抛、精抛和腐蚀，得到不同电子束流值对应的焊缝截面形貌，如图 4-2 所示。

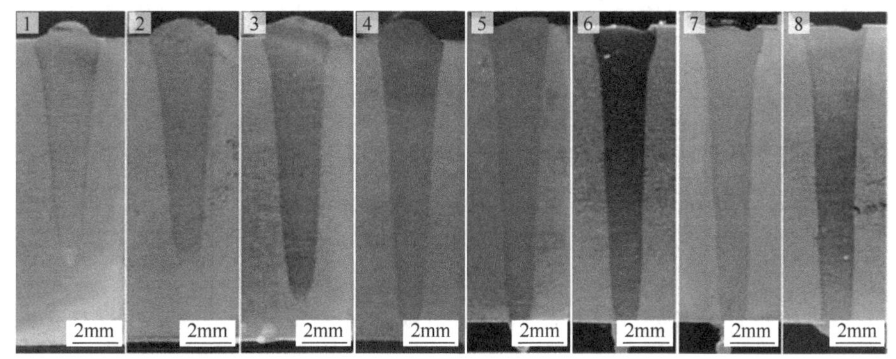

1—电子束流 85mA；2—电子束流 90mA；3—电子束流 100mA；4—电子束流 105mA；5—电子束流 107mA；6—电子束流 110mA；7—电子束流 115mA；8—电子束流 120mA。

图 4-2　不同电子束流值的焊缝截面形貌

对比图 4-1 可知，焊缝形状均表现为典型的钉状，从顶部到底部均匀渐窄，底部呈钉尖状，焊缝以焊接接头中心线对称分布。这是因为电子束为非线性点热源与线热源的叠加，沿试样厚度方向形成了上高下低的温度场分布，焊缝特征表现为从上至下逐渐变窄。经测量深宽比可达 7∶1 以上。不同电子束流的焊缝形状参数如表 4-4 所示。试验所测熔深为实际深度，其中含焊透后钉状焊缝在试样外的余量。电子束流对焊缝形状参数的影响如图 4-3 所示。

表 4-4　不同电子束流的焊缝形状参数

编号	电子束流 I_b/mA	熔深 H/mm	熔宽 B/mm	焊缝宽度 W/mm	深宽比 H/B	是否焊透	正面质量	背面质量
1	85	14.72	2.70	4.20	5.45	否	差	
2	90	16.12	3.62	4.44	4.45	否	差	
3	100	17.12	3.48	4.92	4.92	否	差	
4	105	18.74	3.36	4.22	5.58	否	差	
5	107	21.60	3.61	4.68	5.98	是	中	差
6	110	21.82	3.08	4.22	7.08	是	中	中
7	115	22.14	3.16	4.14	7.01	是	良	良
8	120	24.20	3.14	4.10	7.71	是	优	良

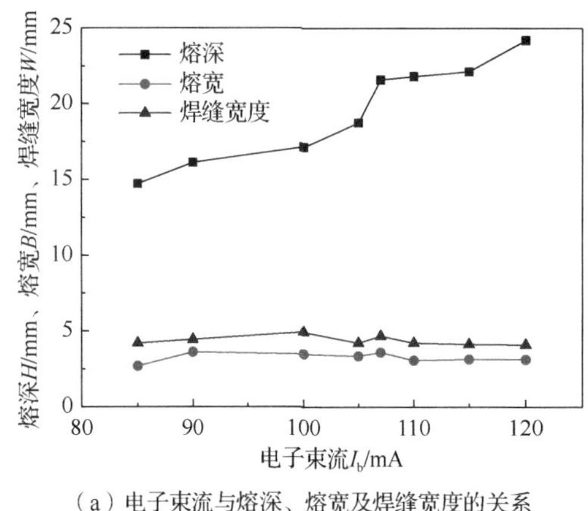

（a）电子束流与熔深、熔宽及焊缝宽度的关系

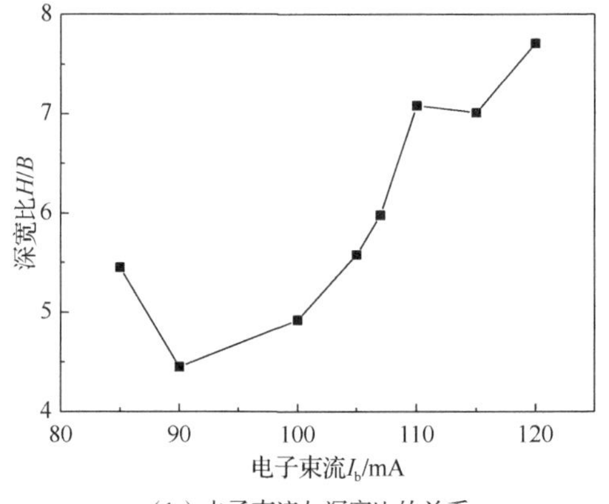

（b）电子束流与深宽比的关系

图 4-3　电子束流对焊缝形状参数的影响

由图 4-3 可知，随着电子束流的增大，熔宽和焊缝宽度都呈规律性变化，在焊透前，熔宽和焊缝宽度都呈增加趋势；在焊透后，熔宽和焊缝宽度都呈下降趋势，但数值变化不大。而焊缝的实际熔深随着电子束流的增大呈明显的上升趋势，熔深增加显著，而熔宽略有变化，使深宽比随着增加，基本成正比关系。从焊缝外观来看，在保证焊透的前提下，随着电子束流的增大，焊缝正面和背面的质量改善明显。

从电子束焊焊接的热输入计算公式也可以解释以上的影响规律，计算公式如下：

$$q = 60U_b I_b / v \tag{4-1}$$

式中，q 为热输入量（J/mm）；U_b 为加速电压（kV）；I_b 为电子束流（mA）；v 为焊接速度（mm/min）。

由式（4-1）可知，在加速电压和焊接速度不变的情况下，焊接时所需要的不同热输入是通过调节电子束流来实现的，二者成正比，电子束流增大，则热输入增大，相应的熔深也将增大。

通过试验和对焊缝形状参数的比较，对于中厚度的 7A52 铝合金，在中等加速电压和中等焊接速度下，电子束流值可在 107～120mA 范围内进行选择。

4.2.2 电子束流不变、聚焦电流连续变化的焊接

聚焦电流是电子束焊焊接的重要参数，聚焦电流的取值和焦点的位置对焊缝形状影响很大。在实际工程应用中，当焊件厚度大于 10mm 时，一般采用下焦点焊，本节试验即采用下焦点焊，焦点位于熔深的 30%处。本节试验着重对聚焦电流取值范围进行测试。试验的加速电压额定为 60kV，真空度为 4×10^{-4}mbar，工作距离为 250mm。3 号、4 号试样电子束流 I_b=120mA，焊接速度 v=800mm/min，频率为 1100Hz 的圆形扫描。3 号试样聚焦电流从 754mA 连续变化到 760mA，4 号试样聚焦电流从 760mA 连续变化到 766mA。3 号和 4 号试样的电子束焊焊接参数如表 4-5 所示。

表 4-5 3 号和 4 号试样的电子束焊焊接参数

试样编号	聚焦电流 I_f/mA	电子束流 I_b/mA	焊接速度 v/（mm/min）	其他
3	754～760	120	800	频率为 1100Hz 的圆形扫描
4	760～766	120	800	

3 号试样以 I_f=754mA 起焊，已焊透，正面焊缝连续、较均匀，但咬边严重，焊缝低于基体深度 0.7mm，背面焊缝连续但余高波动较大。随着聚焦电流的增加，咬边量减小，当 I_f=760mA 时，焊缝略高于基面，且连续、均匀。4 号试样以 I_f=760mA 起焊，I_f 在 760～763mA 范围内，正面焊缝较均匀，焊缝中心交于基体，无突变。I_f≥764mA 时，焊缝呈现周期性脉动，正面和背面的余高和宽度也呈周期性变化，焊缝产生类似放电性的小坑。

焊后在 3 号和 4 号试样上，依据聚焦电流增量的步长 ΔI_f=3mA 计算出不同聚焦电流值所对应的焊缝截面位置，做标记，实施线切割，截取 5 个焊缝截面，对截面进行预磨、粗抛、精抛和侵蚀，得到不同聚焦电流对应的焊缝截面形貌，如图 4-4 所示。

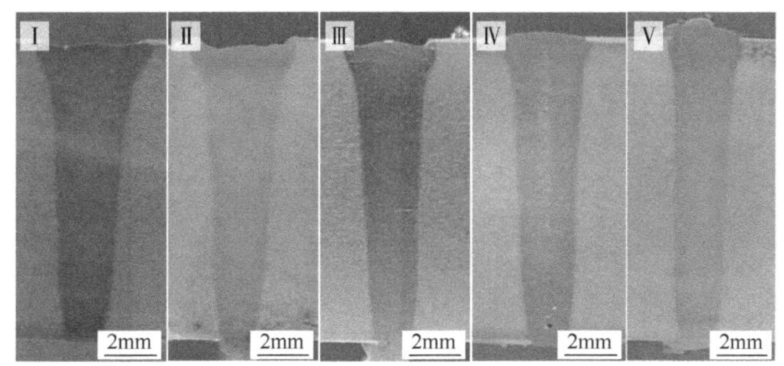

Ⅰ—聚焦电流 754mA；Ⅱ—聚焦电流 757mA；Ⅲ—聚焦电流 760mA；Ⅳ—聚焦电流 763mA；Ⅴ—聚焦电流 764mA。

图 4-4 不同聚焦电流的焊缝截面形貌

由Ⅰ～Ⅴ号 5 个焊缝截面形状来看，从中部渐窄典型的钉状逐渐成为柱状，表明随

着聚焦电流的增大，熔深有了较大幅度的增加，V 号焊缝截面应该形成细而长的钉状焊缝，在实际板厚的范围内只显示出钉状的上半部分，表现为柱状。总体来看，这 5 条焊缝的形状都很窄且较均匀，整个焊缝以焊接接头中心线对称分布。其对应的焊缝形状参数如表 4-6 所示。聚焦电流对焊缝形状参数的影响如图 4-5 所示。

表 4-6　不同聚焦电流的焊缝形状参数

截面编号	聚焦电流 I_f/mA	实际熔深 H/mm	熔宽 B/mm	焊缝宽度 W/mm	深宽比 H/B	正面质量	背面质量
I	754	22.24	3.52	4.32	6.32	中	差
II	757	22.21	3.68	4.52	6.04	中	差
III	760	22.18	3.18	4.12	6.97	良	良
IV	763	22.36	3.08	4.08	7.26	优	良
V	764	22.38	3.14	3.58	7.12	差	差

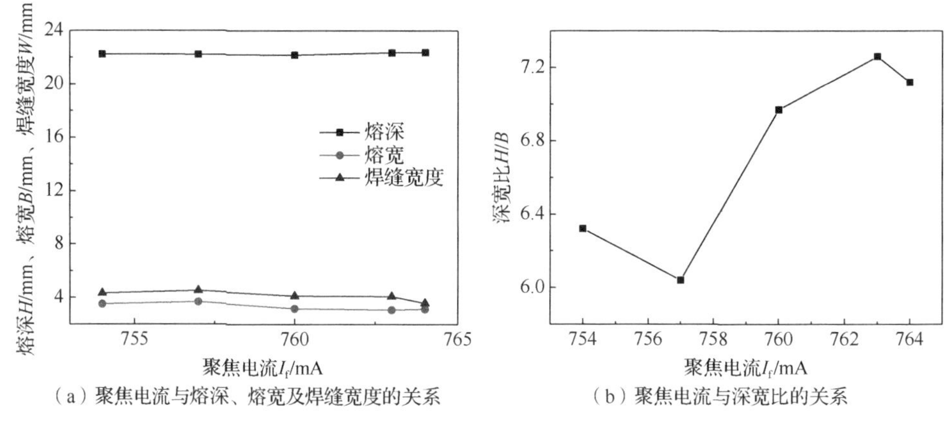

（a）聚焦电流与熔深、熔宽及焊缝宽度的关系　（b）聚焦电流与深宽比的关系

图 4-5　聚焦电流对焊缝形状参数的影响

由图 4-5 可知，随着聚焦电流的变化，深宽比变化显著。聚焦电流增加，深宽比先增大后减小。聚焦电流对焊缝形状的影响作用很大，聚焦电流数值的可调范围较小，微小的数值变化可使焊缝形状产生突变。通过焊缝形状参数的比较，对于中厚度的 7A52 铝合金，在中等加速电压和中等焊接速度下，聚焦电流值可在 760mA 左右进行选择。

4.2.3　其他焊接参数的选择

1. 加速电压

在电子束焊分类中，按电子束加速电压的高低分为 3 类，即高压电子束、中压电子束和低压电子束。工业领域常用的高压真空电子束焊机的加速电压为 150kV，一般情况下功率小于 40kW；中压电子束焊机的加速电压为 60kV，功率通常小于 40kW。焊接厚度是功率选择的主要考虑因素。高功率密度仅是获得深穿透的必要条件，其充分条件是要有足够大的功率。以相同功率焊接不同合金系列的铝合金，穿透深度不同，穿透效应与合金元素的饱和蒸气压也有着密切的关系。提高加速电压可以增加焊缝的熔深，因此在焊接大厚件时或者电子枪与焊件距离较大时，可以提高加速电压。

在多数电子束焊焊接中，在加速电压参数值确定后，电子束焊机在额定的电压下工作，通过调节其他参数来实现焊接参数的调整。本节试验材料曾采用 ZD150-15A 高压电子束焊机进行试验，加速电压在 90～150kV 范围内选择后，虽然对电子束流和聚焦电流数进行多组调试，但始终是试样被击穿，无法完成焊接。之后改用中压电子束焊机，加速电压 U_a=60kV，效果良好。试验表明，中等厚度的高强铝合金板材适于采用中压电子束焊机。

2. 焊接速度

通过本章电子束焊焊接的热输入计算式（4-1）可知，焊接速度与电子束功率共同决定着焊缝的熔深、宽度和母材熔池的形状，焊接速度与热输入成反比，随着焊接速度的增加，热输入减小，相应的熔深减小、焊缝变窄，同时由于冷却和凝固速度加快，也易形成封口效应，在焊缝内易产生气孔、裂纹等缺陷，焊接速度不能过大。本章试验材料属于中等厚度板材，为此，采用 v=800mm/min 的中等焊接速度，以保证焊缝质量，减少缺陷。同时，试验中电子束以圆形对熔池进行扫描，在熔池中发生搅拌，促使焊接中产生的氢气泡易于从熔池中逸出，有利于消除焊缝气孔。试验所得焊缝形状结果表明，该焊接速度适中。焊缝的 X 射线探伤结果表明，气孔等缺陷极少。

4.3　电子束焊对 7 系铝合金组织的影响

焊接接头的显微组织与焊接接头的性能密切相关，通过对显微组织的分析，可以对焊接接头力学性能的变化及其他性能的变化原因和机理进行分析和解释，因此，对焊接接头显微组织的分析很有必要。

如图 4-6 所示，7A52 铝合金母材显微组织是典型的轧制组织，经淬火与人工时效处理后，由再结晶组织和变形的带状组织组成轧制组织，按照轧制方向排列，晶粒的长度达数百微米。7A52 铝合金的主要强化机制是析出强化，其强度主要由机体析出相的大小、数量和弥散度决定，7A52 铝合金中的主要强化相是均匀弥散在机体中的亚稳相[13-15]。

如图 4-7 所示，7A52 铝合金电子束焊焊缝边缘的显微组织分为母材（A）、熔合线（B）、细晶区（C）和羽毛状晶区（D）4 个部分。

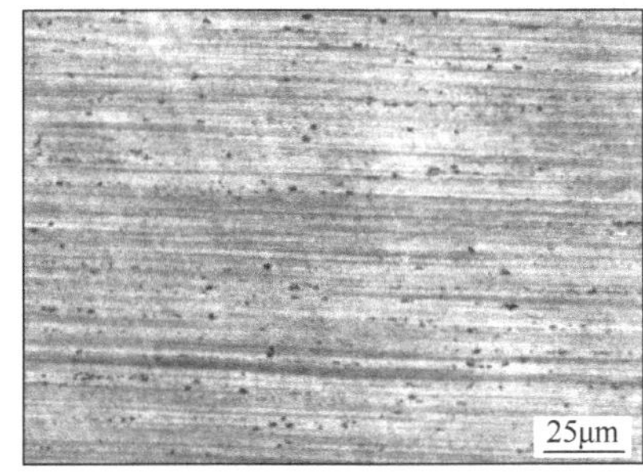

图 4-6　7A52 铝合金母材显微组织

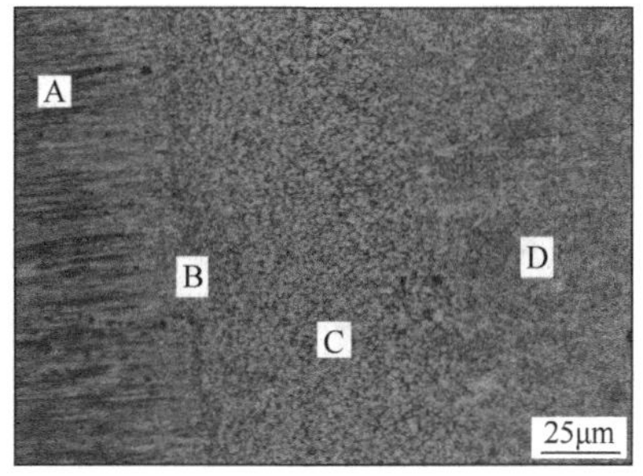

图 4-7　电子束焊焊缝边缘显微组织

电子束焊焊缝母材区呈现出典型的由再结晶组织与变形带状组织组成的轧制组织，而焊缝每个区的晶粒都细小均匀。这与铝合金的受热状态和自身的物理特性密切相关，电子束焊焊接能量密度高，焊接速度快，铝合金热导率大，冷却速度快，促进了焊缝区金属的细化，因此焊缝区中得到细小的晶粒。

采用 SEM 对电子束焊焊缝的不同区域扫描，得到如图 4-8 所示的显微组织形貌 SEM 照片。电子束焊熔合线显微组织形貌如图 4-8（a）所示，大部分为细小的等轴晶粒，晶粒大小为 5～18μm。焊缝细晶区的晶粒大小为 5～12μm，显微组织形貌如图 4-8（b）所示。图 4-8（a）和（b）显示出，电子束焊熔合线处与焊缝细晶区的晶粒大小不均匀，熔合线处晶粒不均程度更为严重。晶粒不均匀是焊缝断裂强度低于母材的主要原因，因此拉伸断裂常常发生在这两个位置。电子束焊焊缝显微组织的晶粒尺寸为 5～18μm。电子束焊焊缝中的等轴晶粒远小于母材的晶粒，原因是电子束能量非常集中，冷却速度很快，而且铝合金的热导率高，熔池的温度梯度小、成分过冷大，因此使晶粒得到显著细化，在焊缝中形成大量细小等轴晶粒。

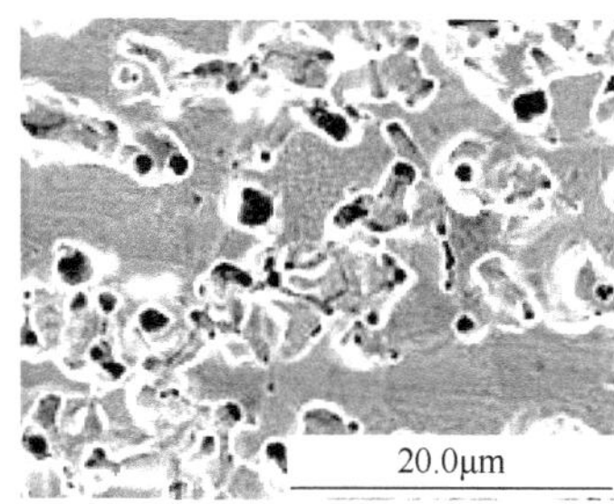

（a）电子束焊熔合线

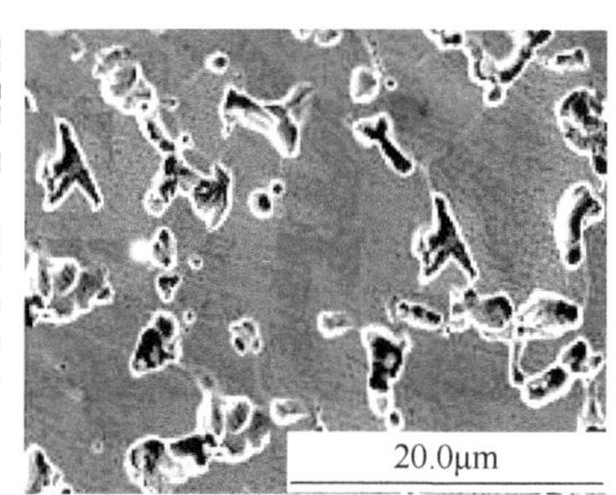

（b）电子束焊焊缝细晶区貌

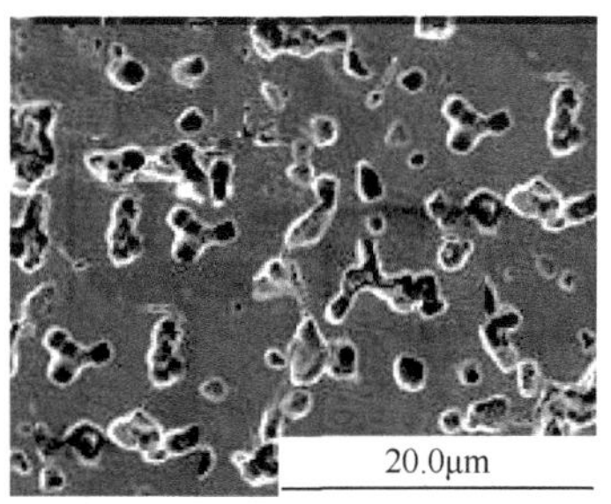

（c）电子束焊焊缝羽毛状晶区

图 4-8　焊缝显微组织形貌 SEM 照片

采用 SEM 对焊缝进行扫描，得到焊缝中主要合金元素的质量分数，依据 Al-Zn-Mg 系铝合金平衡图（图 4-9）[16]可以查找出焊缝组织的组成相。母材中 Mg 含量为 2.0%～2.8%，Zn 含量为 4.0%～4.8%，对照 Al-Zn-Mg 系铝合金平衡图，可查知母材组织的组成相为 $\alpha(Al)+T(Mg_3Zn_3Al_2)$。对电子束焊焊缝顶部、中心、底部及焊缝边缘分别面扫，得到显微组织和组成成分，如图 4-10～图 4-13 所示，焊缝中 Mg 含量 1.98%～2.18%，Zn 含量为 4.16%～4.50%，可查知焊缝组织由 $\alpha(Al)+T(Mg_3Zn_3Al_2)$相组成。这是由于电子束焊焊接过程中不使用焊丝和辅助材料，焊接过程中元素烧损较少，焊缝与母材中 Mg、Zn 元素质量分数相近，电子束焊焊接接头中焊缝和母材的组成相相同。电子束焊焊缝顶部和底部 Mg、Zn 的质量分数比焊缝中部的低，是由于 Zn 和 Mg 的沸点较低，分别为 906℃、1107℃，焊接中上表面的 Mg、Zn 蒸发较快[10]。

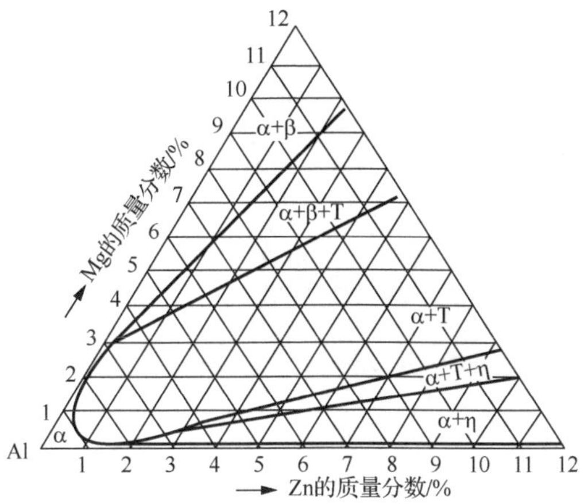

图 4-9　Al-Zn-Mg 系铝合金平衡图

元素	质量分数/%	元素比例/%
Mg	1.98	2.26
Al	92.89	95.62
Mn	0.44	0.22
Zn	4.16	1.77
Ag	0.54	0.14

图 4-10　电子束焊焊缝顶部显微组织及其主要成分

元素	质量分数/%	元素比例/%
Mg	2.18	2.48
Al	93.31	95.61
Zn	4.50	1.90

图 4-11　电子束焊焊缝中部显微组织及其主要成分

元素	质量分数/%	元素比例/%
Mg	2.00	2.27
Al	93.82	95.96
Zn	4.18	1.77

图 4-12　电子束焊焊缝底部显微组织及主要成分

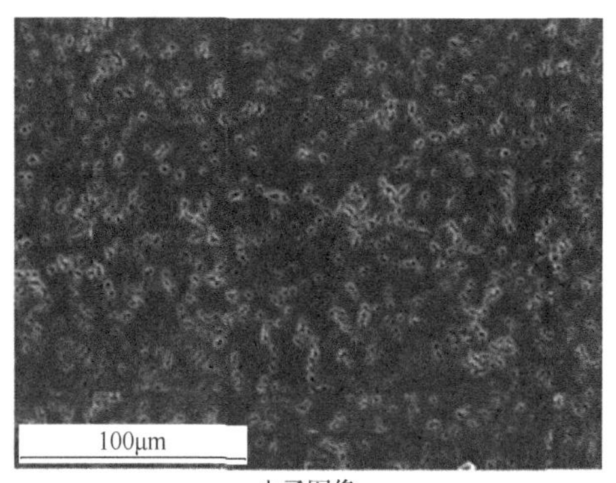

元素	质量分数/%	元素比例/%
Mg	1.98	2.25
Al	93.36	95.74
Cr	0.32	0.17
Zn	4.34	1.84

图 4-13　电子束焊焊缝边缘显微组织及主要成分

4.4　电子束焊对 7 系铝合金力学性能的影响

4.4.1　拉伸试验

通过拉伸试验测得母材的断裂强度为 523.5MPa。分别对电子束焊焊接接头取 3 个试样进行拉伸试验，表 4-7 所示为 7A52 铝合金拉伸试验数据，电子束焊焊接接头拉伸断裂强度最高为 454.8MPa，最低为 431.8MPa，平均断裂强度为 442.8MPa，断裂强度系数为 84.6%。

表 4-7　7A52 铝合金拉伸试验数据

接头类型	试样编号	断裂强度 R_m/MPa	平均断裂强度 $\bar{R}_m$/MPa
电子束焊焊接接头	1	441.7	442.8
	2	431.8	
	3	454.8	

由图 4-14 所示的拉伸力与位移关系曲线可知，这属于典型的有色金属特有的力-位移曲线，不存在明显的屈服阶段。如图 4-14 所示，电子束焊焊接接头的断裂发生在 9～9.5mm 范围内，受力达到 39000N，焊接接头从 3.5mm 时开始发生塑性变形，一直延续到 9.25mm，具有良好的塑韧性。

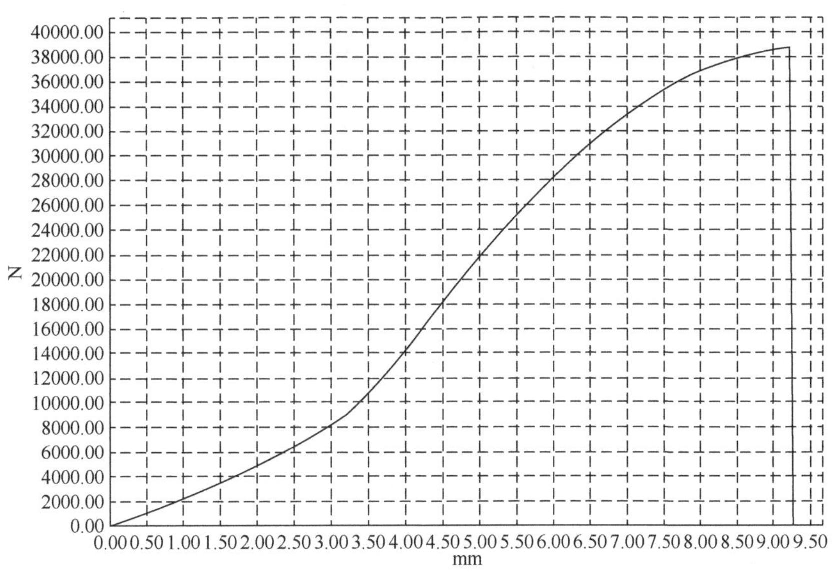

图 4-14　拉伸力与位移关系曲线

7A52 铝合金拉伸断裂位置及断口形貌 SEM 照片如图 4-15 所示。图 4-15（a）为电子束焊焊接接头拉伸断裂位置 SEM 照片，结合图 4-8 所示的电子束焊焊缝显微组织照片可见，其断裂位置位于熔合线附近细晶区。图 4-15（b）为母材拉伸断口 SEM 照片，显示了母材轧制带状组织被拉延后的微观形态，断口上有大小不等的韧窝，表明在断口产生了塑性流动，母材为塑性断裂[15]。

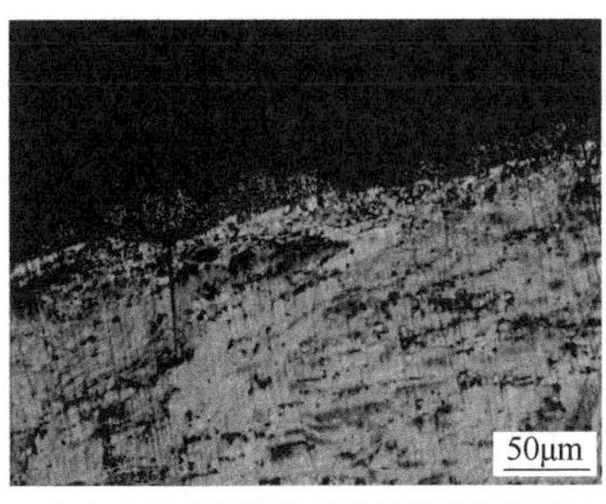

（a）电子束焊焊接接头拉伸断裂位置

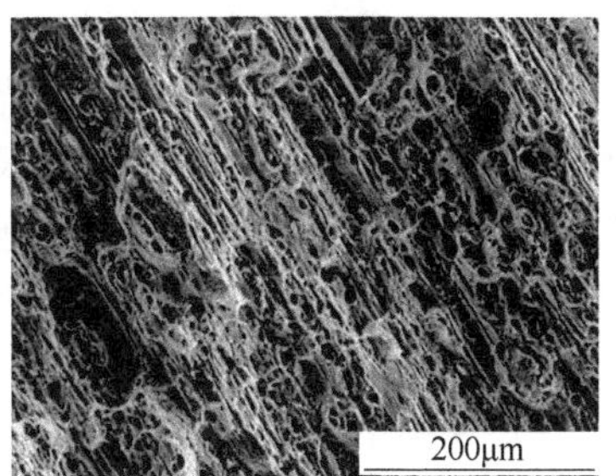

（b）母材拉伸断口形貌

图 4-15　拉伸断裂位置及断口形貌 SEM 照片

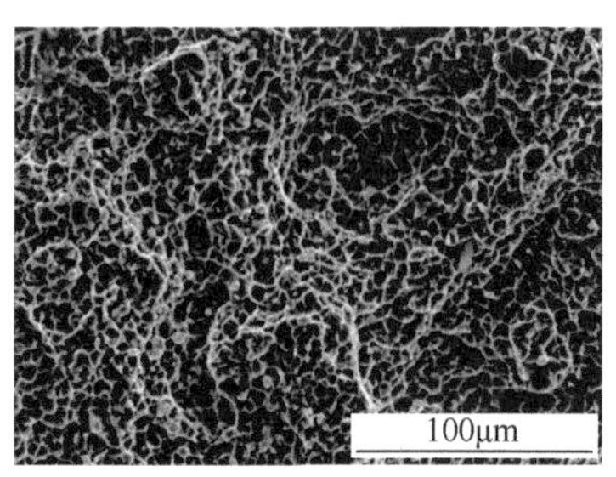

（c）电子束焊焊接接头拉伸断口形貌

图 4-15（续）

4.4.2　冲击试验

通过冲击试验测得母材冲击试验的平均冲击韧性值为 27.5J/cm^2。表 4-8 所示为 7A52 铝合金电子束焊焊接接头的冲击试验数据。电子束焊焊缝的平均冲击韧性值为 25.8J/cm^2，为母材平均冲击韧性值的 93.8%。电子束焊焊接接头热影响区的平均冲击韧性值为 14.8J/cm^2，仅为母材平均冲击韧性值的 53.8%。

表 4-8　7A52 铝合金电子束焊焊接接头的冲击试验数据

焊接方法	焊缝区域	试样序号	冲击韧性/（J/cm^2）		平均冲击韧性/（J/cm^2）
电子束焊	焊缝	1	20.5	25.6	25.8
		2	23.3	29.0	
		3	18.3	22.9	
	热影响区	1	11.1	13.9	14.8
		2	12.4	15.6	
		3	12.0	15.0	

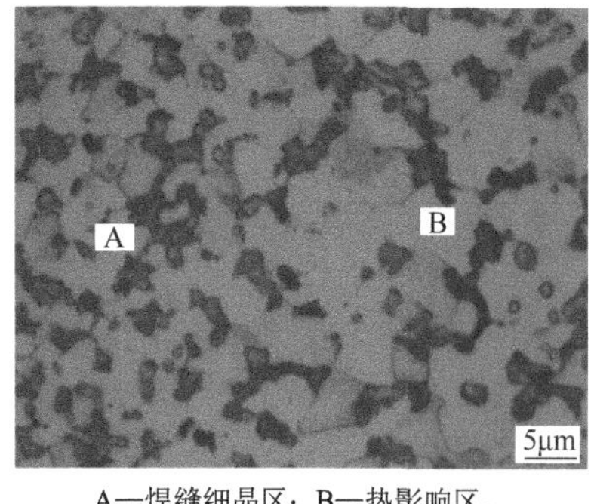

A—焊缝细晶区；B—热影响区。

图 4-16　电子束焊熔合区显微组织

由于铝合金焊缝是铸态组织，电子束焊焊缝与母材的组织，均由 α(Al)+T($Mg_3Zn_3Al_2$)相组成，在这样的条件下，强度可能差别不大，但焊缝韧性一般不如母材，这正是电子束焊缝冲击韧性都低于母材的原因。如图 4-16 所示，电子束焊热影响区位于细晶区（A）与热影响（B）的交界处，细晶区（A）中的晶粒尺寸约为 4μm，热影响区（B）中的晶粒尺寸为 5～15μm，此处晶粒尺寸突变，受力时易造成应力集中，这是电子束焊热影响区冲击韧性下降的主要原因。

4.4.3　硬度试验

在焊缝截面的顶部、中部和底部，以焊缝中心为原点，向左侧为负值，向右为正值，记录了焊接接头各点的维氏硬度值。其中，在焊缝和热影响区之处，测点间距为 0.5mm，而母材之处为 1.5mm，载荷为 2.5kg，加载时间为 15s。电子束焊焊接接头硬度检测结果如表 4-9 所示。

表 4-9　电子束焊焊接接头硬度检测结果

焊缝顶部	L/mm	−17	−15.5	−14	−12.5	−11	−9.5	−8	−7	−6	−5
	硬度/HV	159.4	159.1	158.6	157.5	146.0	143.3	135.7	135.2	134.5	137.2
	L/mm	−4	−3	−2	−1	0	1	2	3	4	5
	硬度/HV	138.0	138.3	122.5	105.2	104.1	109.8	120.8	134.8	136.0	134
	L/mm	6	7	8	9.5	11	12.5	14	15.5	17	—
	硬度/HV	134.9	134.1	136.0	133.4	142.2	138.9	143.5	148.2	151.1	—
焊缝中部	L/mm	−17	−15.5	−14	−12.5	−11	−9.5	−8	−7	−6	−5
	硬度/HV	167.9	162.0	161.5	161.3	154.3	142.9	136.4	135.3	133.2	137.4
	L/mm	−4	−3	−2	−1	0	1	2	3	4	5
	硬度/HV	134.3	135.8	134.8	113.7	112.5	114.8	135.0	135.8	136.9	138.2
	L/mm	6	7	8	9.5	11	12.5	14	15.5	17	—
	硬度/HV	134.0	135.9	133.8	143.7	155.1	160.8	157.9	150.5	158.2	—
焊缝底部	L/mm	−17	−15.5	−14	−12.5	−11	−9.5	−8	−7	−6	−5
	硬度/HV	162.6	163.7	164.8	165.2	160.1	150.5	140.5	137.7	136.8	135.0
	L/mm	−4	−3	−2	−1	0	1	2	3	4	5
	硬度/HV	135.6	134.7	133.9	113.4	105.1	117.7	138.2	139.2	140.0	136.8
	L/mm	6	7	8	9.5	11	12.5	14	15.5	17	—
	硬度/HV	137.5	135.1	137.2	138.7	150.2	153.6	160.0	163.7	169.1	—

依据表 4-9 得到电子束焊焊接接头硬度曲线，如图 4-17 所示。图 4-17 中显示出，焊缝顶部、中部和底部沿焊缝横截面的硬度分布都呈现出“高—中—低—中—高”的台阶式趋势，即两侧母材硬度最高，热影响区次之，焊缝中心最低。焊缝中部的硬度比焊缝顶部和底部的高，原因是在焊接过程中是一次焊单面成形，焊缝顶部和底部合金元素 Mg、Zn 的蒸发比焊缝中部容易，导致焊缝顶部和底部元素烧损情况较焊缝中部严重，相应的硬度也有所下降。

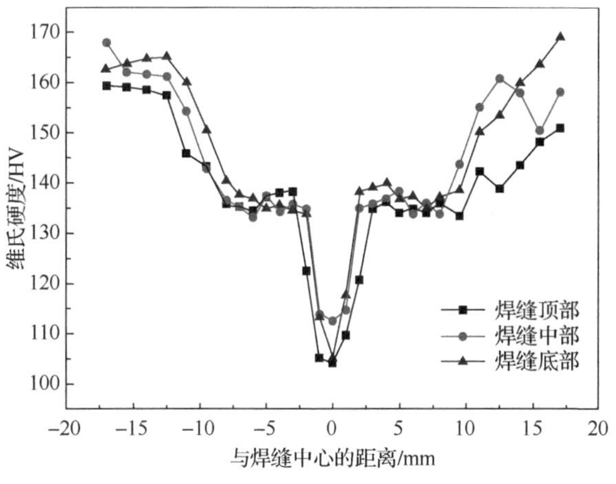

图 4-17　电子束焊焊接接头硬度曲线

焊缝处硬度值的这种分布变化，与焊缝组织中的沉淀强化相析出的情况有关，在热影响区由于温度的作用，弥散分布的细小强化相可能发生了丛聚，材料出现了过时效，使强度下降，硬度有所降低。在焊缝中心部位，电子束焊焊接接头焊缝中心的维氏硬度值最低为 104.1HV，这与电子束焊焊接时焊缝中心温度最高，再结晶为羽毛状晶区有关，会导致焊缝中心晶粒尺寸较大，晶粒约为 20μm，使强度和硬度骤降。从图 4-17 中还可以看出，焊缝底部的低硬度区间比焊缝顶部窄，是由于会聚的高速电子流轰击工件时产生的热能自上而下传入，随着焊缝深度的增加，金属熔化吸热，能量逐渐减小，从而形成“钉”帽形状的焊缝，焊缝底部低硬度区间也会相应变窄。

电子束焊在熔合线附近硬度值变化较大，如图 4-18 所示熔合线内侧 A 点硬度值约为 110HV，熔合线上 B 点为 120HV，熔合线外侧 C 点为 135HV。结合图 4-18 可以明确地看到 C 点位于热影响区。硬度与强度的关系表现为，强度高对应的硬度也高。焊接热影响区最高硬度也反映了焊接热影响区的强度，而焊接热影响区的强度超高，会导致其塑性降低，从而易形成裂纹或裂纹易于扩展。如图 4-17 所示，中间台阶部分为电子束焊热影响区的硬度值范围，高于焊缝中心，低于母材，表明电子束焊热影响区最高硬度值并不属于超高值，其对应的强度也就不很高，则不会导致塑性大幅度降低，韧性、塑性表现为适中。因此，实际结构中，其焊接热影响区最高硬度能够满足评价指标。

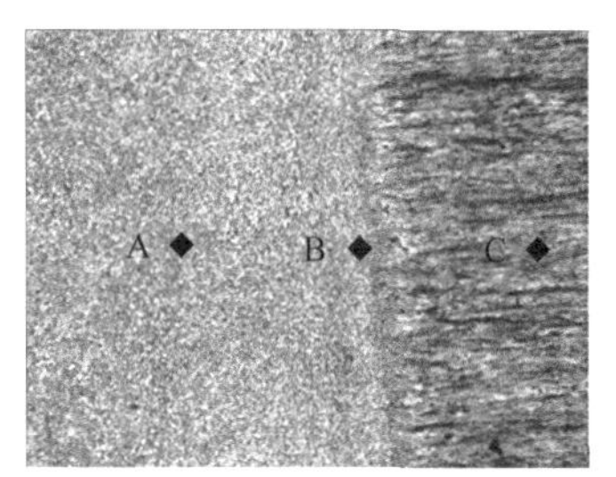

A—熔合线内侧；B—熔合线；C—熔合线外侧。

图 4-18　焊接接头熔合区维氏硬度测试点

4.4.4　耐磨性试验

材料耐磨性是指某种材料在一定条件下抵抗磨损的能力。材料的磨损性能并不是材料的固有特性，而是与磨损过程中的工作条件、材料本身性能及相互作用等因素有关的系统特性。材料的耐磨性，迄今还没有一个明确的统一指标，通常用磨损量表示。磨损量越小，耐磨性越高。磨损量的测量有称重法和尺寸法两种。称重法是用精密分析天平称量试样试验前后的质量变化确定磨损量。而尺寸法是根据表面法向尺寸在试验前后的变化确定磨损量。

在电子束焊焊接及母材耐磨性试验中，载荷为 30N，速度为 50r/min，循环 4 次，每次磨损时间为 5min，磨损时间共计 20min。加工的耐磨性试样摩擦表面大小一致，有适当倒角。为保证质量测量的准确性，试样称量前经过酒精和丙酮清洗，烘干后进行。母材与焊接接头的耐磨性试验结果如表 4-10 所示。磨损率公式如式（4-2）所示。

表 4-10　母材与焊接接头的耐磨性试验结果

参数材料	循环次数/次	原始质量/g	磨后质量/g	磨损量/g	磨损量均值/g
母材	1	50.0142	50.0043	0.0099	0.0072
	2	50.0043	49.9972	0.0071	
	3	49.9972	49.9916	0.0056	
	4	49.9916	49.9854	0.0062	
电子束焊焊接接头	1	50.7265	50.7171	0.0094	0.0076
	2	50.7171	50.7092	0.0079	
	3	50.7092	50.7021	0.0071	
	4	50.7021	50.6962	0.0059	

$$磨损率 = \frac{一次循环平均磨损量}{一次循环时间} \tag{4-2}$$

母材的磨损率为 0.00144g/min，电子束焊焊接接头的磨损率为 0.00152g/min。磨损量与磨损时间的关系曲线如图 4-19 所示。在磨损试验的前 5min 内，电子束焊焊接接头、母材的磨损量几乎相当，呈幅度较大的线性上升关系，这说明这期间两者脱落的材料应为表面形成的氧化膜等物质，在相同的载荷和速率下，同种氧化膜损失量几近相等。5min 后，电子束焊焊接接头和母材在单位时间内的磨损量呈明显下降趋势，在磨损掉表面氧化膜等物质后，电子束焊焊接接头单位时间内的磨损量高于母材。

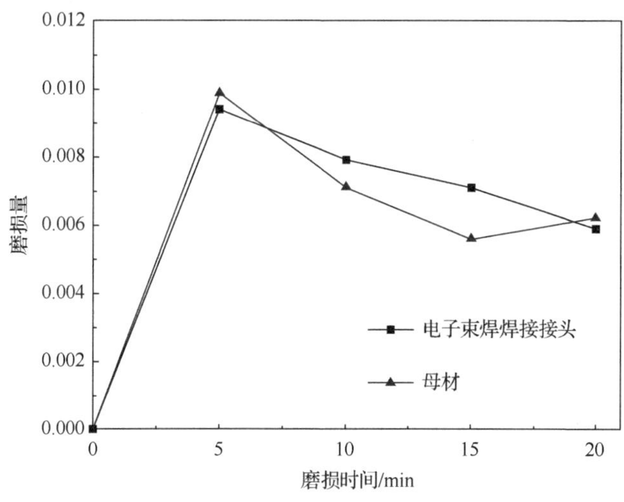

图 4-19　磨损量与磨损时间的关系曲线

4.5　本 章 小 结

本章针对战车用材 7A52 铝合金进行电子束焊焊接参数试制，研究了焊接参数变化对力学性能的影响规律、焊接接头组织特点及接头抗应力腐蚀性能。

1）电子束焊焊接参数试制试验表明，中等厚度的 7A52 铝合金板材适合于采用中压电子束焊设备；电子束流有效调节范围较宽，聚焦电流有效调节范围较窄，聚焦电流的微小改变可引起焊缝形状显著变化；以中等焊接速度并且进行电子束圆形扫描，形成的焊缝美观、缺陷少。在试制的焊接参数范围内选择参数组施焊，所得焊缝均无裂纹、焊瘤和未焊透等严重缺陷，焊缝质量高。

2）探明了电子束流、聚焦电流对焊缝熔深、熔宽、深宽比和焊接接头力学性能的影响规律。随着电子束流增大，焊缝熔深、深宽比呈线性正比关系；随着聚焦电流增加，焊缝熔深增大，深宽比先增大后减小。

3）对电子束焊焊接接头的焊缝质量和力学性能的研究表明，不同焊接参数的电子束焊焊接从焊接起始端至终端，各位置接头的抗拉强度都很高。焊接接头的热影响区和焊缝区具有良好的冲击韧性，但是在焊接热影响区晶粒尺寸突变，受力时易造成应力集中，这是电子束焊热影响区冲击韧性下降的主要原因。接头的硬度较高，硬度最小值分布在焊缝中心线上。在相同的载荷和速率下，同种氧化膜损失量几近相等。进行磨损试验 5min 后，电子束焊焊接接头和母材在单位时间内的磨损量呈明显下降趋势，在磨损掉表面氧化膜等物质后，电子束焊焊接接头单位时间内的磨损量高于母材。

参考文献

[1] SRIVATSAN T S. Microstructure, tensile properties and fracture behaviour of aluminium alloy 7150[J]. Journal of materials science, 1992, 27(17): 4772-4781.

[2] WUY E, WANG Y T. Enhanced SCC resistance of AA7005 welds with appropriate filler metal and post-welding heat treatment[J]. Theoretical and applied fracture mechanics, 2010, 54: 19-26.

[3] THOMAS W M, NICHOLAS E D. Friction stirwelding for the transportation industries[J]. Materials and design, 1997, 18(6): 269-273.

[4] DAWES C J, THOMAS W M. Friction stir processwelds aluminumalloys[J]. Welding journal, 1996, 75 (3): 41-45.

[5] ZAZI N, IFIRES M, MEHALA S, et al. Corrosion behavior on the different zones of AA2014 welded aluminum alloy by AA5554 filler aluminum alloy with TIG process: before and after solution heat treatments followed by ageing[J]. Russian journal of non-ferrous metals, 2017, 58(5): 516-524.

[6] 邦达列夫，张克华．铝合金电子束焊接缺陷的预防和排除[J]．航天工艺，1999（4）：52-57.

[7] 刘春飞．运载贮箱用 2219 类铝合金的电子束焊接[J]．航天制造技术，2002（4）：3-9.

[8] 陶守林，周广德．电子束焊接在运输机械传动部件中的应用[J]．现代制造工程，2002（12）：60-61.

[9] ARMSTRONG S, GLORIA A, KUUSI T. Bounded correctors in almost periodic homogenization[J]. Archive for rational mechanics and analysis, 2016, 222(1): 393-426.

[10] 高家诚，崔先友，杨荣东．7A52 合金铸锭粗大化合物研究[J]．金属热处理，2009，34（3）：47-50.

[11] 高家诚，崔先友，杨荣东，等．7A52 合金铸锭漏斗底结物形成原因[J]．有色金属（冶炼部分），2007（4）：51-53.

[12] 黄继武，尹志民，聂波，等．7A52 铝合金原位加热过程中的物相转变与热膨胀系数测量[J]．兵器材料科学与工程，2007，30（4）：24-29.

[13] 周万盛，姚君山．铝及铝合金的焊接[M]．北京：机械工业出版社，2006.

[14] HUANG L P, CHEN K H, LI S, et al. Effect of high-temperature pre-precipitation on microstructure, mechanical property and stress corrosion cracking of Al-Zn-Mg aluminum alloy[J]. The Chinese journal of nonferrous metals, 2005, 15(5): 727-733.

[15] CHEN K H, HUANG L P. Strengthe-ning-toughening of 7××× series high strength aluminum alloys by heat treatment[J]. Transactions of nonferrous metals society of China, 2003, 13(3): 484-494.

[16] 翟熙伟，陈芙蓉，毕良艳，等．7A52 铝合金电子束焊接参数及性能分析[J]．焊接学报，2012，33（8）：73-76.

第 5 章　7 系铝合金光纤激光焊

5.1 引　　言

目前，7 系铝合金常用的焊接方法主要有 TIG 焊、MIG 焊、搅拌摩擦焊和电子束焊。与传统熔化焊（TIG 焊、MIG 焊）相比，采用搅拌摩擦焊和电子束焊焊接 7 系铝合金时，能够获得综合性能更好的焊接接头，但是搅拌摩擦焊的焊接过程中工作面形式单一，电子束焊的焊接过程易受真空室大小的限制，不宜焊接大型构件、焊接环境要求高等缺点，严重限制了这两种焊接方法在实际工程中的应用推广，所以 7 系铝合金在实际工程应用中仍以 TIG 焊、MIG 焊为主。

作为可焊铝合金，7A52 高强铝合金是军工产品的常用材料，特别是其适用于轻型战车的装甲板上，本书第 2 章结合实际工况对 7A52 铝合金进行了单、双丝 MIG 焊研究。对比分析了单、双丝 MIG 焊的优缺点，发现双丝 MIG 焊焊接接头变形小；双丝 MIG 焊焊缝与单丝 MIG 焊焊缝相比，组织更为细小致密，热影响区较窄；焊缝区硬度高于单丝 MIG 焊焊缝；焊缝抗拉强度与单丝 MIG 焊焊缝相比有所提高，因此目前在实际工程应用中以双丝 MIG 焊为主要焊接方法，但在焊接时其也逐渐暴露出热裂纹倾向大、气孔严重和焊缝强度低（仅为母材的 60%左右）等问题，很大程度上限制了该合金焊接构件的进一步推广使用。

激光焊接是利用高能量密度的激光束作为热源的一种高效精密焊接方法[1]。由于铝及铝合金的热导率高，且对激光的反射极大，在 20 世纪 80 年代初，曾被人们认为铝合金使用激光焊接是不可能实现的。随着激光技术的不断发展，铝合金激光焊接由原来的不可能变为了可能，并在实验室研究中获得了良好成效。在铝合金激光焊接过程中发现，激光焊具有焊接效率高、焊缝成形系数小、热影响区窄、焊缝强度高、焊接变形小等优点。目前，常用于焊接的激光器主要包括 YAG 激光器、CO_2 激光器、光纤激光器三大类。其中，YAG 激光器的平均输出功率较低，不适合厚板与高速焊接，但是输出波长短（1.06μm），有利于激光的聚焦和光纤传输，也有利于金属表面吸收；CO_2 激光器目前广泛应用于工业生产中，功率输出大且多为大功率激光器，不足主要体现在其波长相对较长（10.6μm），在铝合金焊接中表面反射较为严重，激光利用率很低；光纤激光器作为一种新型激光器，其集合了 YAG 激光器波长短、CO_2 激光器功率大的特点，解决了原来激光焊接功率小或反射严重不足的问题，与其他两种激光器相比，其焊接过程更加稳定、焊接效率更高、焊接质量更好。

本章利用光纤激光焊接设备对 7A52 铝合金及 7075 铝合金进行光纤激光自熔焊试验，通过正交试验来确定较为良好的光纤激光焊接参数，并且对焊接好的工件进行显微组织观察和力学性能分析，为 7 系铝合金的光纤激光焊接的研究奠定基础。

5.2　7A52 铝合金光纤激光焊

5.2.1　试验材料与方法

在铝合金焊接过程中，焊前处理是非常重要的一个环节。其目的主要是清除母材表面氧化膜，提高焊接接头质量。焊前处理的好坏将直接影响焊接质量。目前，铝合金常用的焊前氧化膜处理方法主要包括化学清理和机械清理，其中化学清理适用于清理尺寸不大、批量生产的工件（如焊丝等），但不适合用于清理母材等较大试样，因此一般采用机械清理方法对 7A52 铝合金母材进行焊前处理。

试验材料采用轧制的 7A52 铝合金板材，其规格为 100mm×80mm×6mm，光纤激光加工设备采用 IPG 公司生产的 YLS-6000 型光纤激光器，激光器尺寸范围为 865mm×806mm×1822mm，其输出波长为 1025～1080nm，最大平均功率为 6kW，峰值功率为 200kW，最大操作电流为 43A，启动电流为 63A，聚光直径为 0.3mm。7A52 铝合金光纤激光焊焊接示意图如图 5-1 所示。

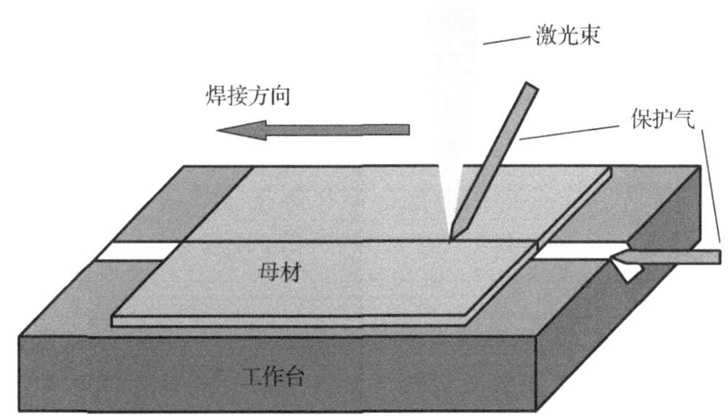

图 5-1　7A52 铝合金光纤激光焊焊接示意图

5.2.2　7A52 铝合金光纤激光自熔焊试验

采用自熔焊方法来确定厚度为 6mm 的 7A52 铝合金光纤激光焊焊透时的临界热输入，并通过对焊接热输入的进一步分析，确定 7A52 铝合金光纤激光焊对接时的正交试验焊接参数范围。正交试验中采用三水平三因素对 7A52 铝合金光纤激光焊焊接参数进行优化，其中主要焊接参数包括焊接功率 P、焊接速度 v 和离焦量 Δf，焊接保护气体为纯度大于 99.99%的工业纯氩气，7A52 铝合金激光自熔焊焊接参数如表 5-1 所示。

表 5-1　7A52 铝合金激光自熔焊焊接参数

试样编号	焊接功率 P/kW	焊接速度 v/（mm/s）	离焦量 Δf/mm	同轴保护气体流量/（L/min）	背保护气体流量/（L/min）	热输入 Q/（J/mm）
1	2.0	50	0	15	25	40
2	2.5	50	0	15	25	50

续表

试样编号	焊接功率 P/kW	焊接速度 v/（mm/s）	离焦量 Δf/mm	同轴保护气体流量/（L/min）	背保护气体流量/（L/min）	热输入 Q/（J/mm）
3	2.5	45	0	15	25	56
4	3.0	50	0	15	25	60
5	3.5	50	0	15	25	70

从图 5-2 中可以发现，7A52 铝合金光纤激光自熔焊焊缝截面的整体形貌近似“钉子”形，以焊缝中心为轴，焊缝两端对称。试样 1、4、5 焊缝的中部、肩部存在一些较大“冶金”形气孔，主要是因为激光焊的焊接熔池深而窄，气泡随熔池的运动在上浮过程中被“搁浅”，因此这类气孔随机存在于焊缝内各个位置。结合表 5-1 和图 5-2 可以明显看出，1 号焊缝、2 号焊缝和 3 号焊缝虽然未能焊透，但焊缝的熔深随着热输入的增加而逐渐变深，其中 1 号焊缝、2 号焊缝和 3 号焊缝的熔深分别约为 3.05mm、3.79mm 和 4.78mm；当热输入继续增加为 60J/mm 时（即 4 号焊缝），其熔深约为 5.13mm。此时可以发现，当热输入为 60J/mm 时，还差 0.87mm 就可以完全焊透，由此可以推断该焊接热输入若继续增加可以焊透厚度为 6mm 的 7A52 铝合金；当热输入增加到 70J/mm 时（即 5 号焊缝），可以焊透厚度为 6mm 的 7A52 铝合金。不同热输入条件下的 7A52 铝合金光纤激光焊焊接接头形貌参数如表 5-2 所示。

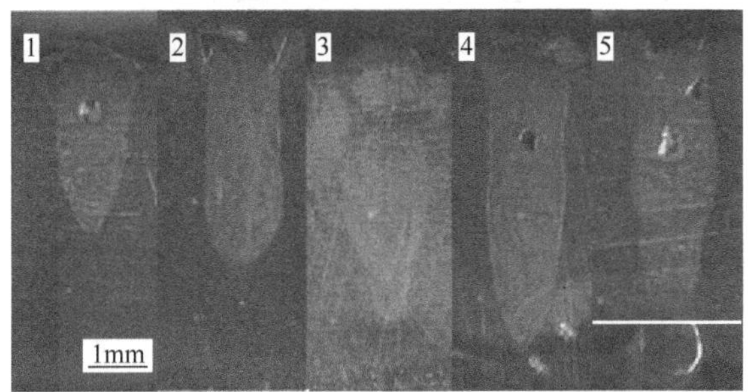

1—熔深为 3.05mm；2—熔深为 3.79mm；3—熔深为 4.78mm；4—熔深为 5.13mm；5—熔深为 6.00mm。

图 5-2　不同热输入下的焊缝截面形貌

表 5-2　不同热输入条件下的 7A52 铝合金光纤激光焊焊接接头形貌参数

试样编号	熔宽 A/mm	熔深 B/mm	焊缝成形系数 B/A
1	1.86	3.05	1.64
2	1.52	3.79	2.49
3	1.86	4.78	2.57
4	1.73	5.13	2.97
5	1.18	6.00	5.08

从表 5-2 中可以看出，在自熔焊过程中，随着焊接热输入的增加，焊缝熔深逐渐加深且变化明显，焊缝熔宽则呈不规则变化。经计算发现，随着焊接热输入的增加，7A52 铝合金光纤激光焊的焊缝成形系数（B/A）明显增大。由此可知，对 7A52 铝合金进行光纤激光自熔焊时，焊缝熔深、焊缝成形系数均受热输入的影响，且呈现出一定的规律性

变化，但熔宽受热输入变化的影响规律不明显。

通过上述自熔焊试验可以确定厚度为6mm的7A52铝合金光纤激光焊焊透时的热输入范围应为 60～70J/mm。因为在自熔焊的焊缝截面上发现有气孔的存在，所以焊接气孔成为影响 7A52 铝合金光纤激光焊焊接接头性能的主要因素之一。

5.2.3　正交试验因素的选择及范围确定

通过自熔焊试验可知，厚度为 6mm 的 7A52 铝合金母材在进行光纤激光自熔焊时，其焊透的热输入范围为 60～70J/mm。为尽量保证正交试验编排后，在不同参数组合下进行焊接时的 7A52 铝合金光纤激光焊焊接接头均能焊透成形，所以将正交试验热输入范围设定为 105～180J/mm，然后通过不同的焊接功率 P 和焊接速度 v 对其进行表征。文献[2]指出，在相同热输入情况下，高功率、高焊接速度的接头抗拉强度得到一定的提高，因此在保证激光器安全使用的前提下，应尽可能选择较大的焊接功率。由此设定正交试验焊接参数，具体如下：①焊接功率 P 的范围为 4.3～5.2kW；②焊接速度 v 的范围为 30～40mm/s；③离焦量 Δf 分别设定为-1mm、0mm 和 1mm。正交试验的焊接参数采用三水平三因素 L_9（3^3），如表 5-3 所示。

表 5-3　正交试验的因素水平

序号	焊接功率 P/kW	焊接速度 v/（mm/s）	离焦量 Δf/mm
1	5.2（a_1）	40（b_1）	-1（c_1）
2	4.8（a_2）	35（b_2）	0（c_2）
3	4.3（a_3）	30（b_3）	1（c_3）

5.2.4　焊接参数正交试验编排

将表 5-3 中焊接功率、焊接速度和离焦量的各因素水平按正交试验编排好的 9 组焊接参数进行焊接，焊后以各组焊接接头的平均抗拉强度作为正交试验焊接参数优化的评价指标，具体如表 5-4 所示。

表 5-4　正交试验焊接参数及接头抗拉强度

序号	焊接功率 P/kW	焊接速度 v/（mm/s）	离焦量 Δf/mm	接头抗拉强度 R_m/MPa		
				1	2	均值
1	5.2	40	-1	320.74	326.51	323.63
2	5.2	35	0	323.05	318.43	320.74
3	5.2	30	1	295.67	259.86	277.77
4	4.8	40	0	281.37	303.14	292.26
5	4.8	35	1	277.05	307.44	292.25
6	4.8	30	-1	291.85	278.70	285.28
7	4.3	40	1	297.29	289.00	293.15
8	4.3	35	-1	284.33	287.69	286.01
9	4.3	30	0	329.99	325.02	327.51
母材				489.50	487.00	488.25

5.2.5　正交试验结果分析

1. 直接对比法分析

由表 5-4 的拉伸试验数据可知，7A52 铝合金光纤激光焊接接头抗拉强度随焊接参数的变化而变化，如图 5-3 所示。从图 5-3 中可以发现，当焊接参数组合为 $a_3+b_3+c_2$ 时，焊接接头的抗拉强度最大，此时 7A52 铝合金光纤激光焊焊接接头的平均抗拉强度为 327.51MPa，7A52 铝合金母材的平均抗拉强度为 488.25MPa，7A52 铝合金光纤激光焊焊接接头的抗拉强度约为母材强度的 67.1%，即 $a_3+b_3+c_2$ 组合是这 9 组参数组合中的最佳焊接参数。对图 5-3 进一步观察还可以发现，接头抗拉强度大小随焊接速度 v 的变化并不明显，从此可以说明在此参数范围内焊接速度对 7A52 铝合金光纤激光焊焊接接头抗拉强度的影响波动不大，而接头抗拉强度的大小则随焊接功率 P 和离焦量 Δf 发生较为明显的波动变化。

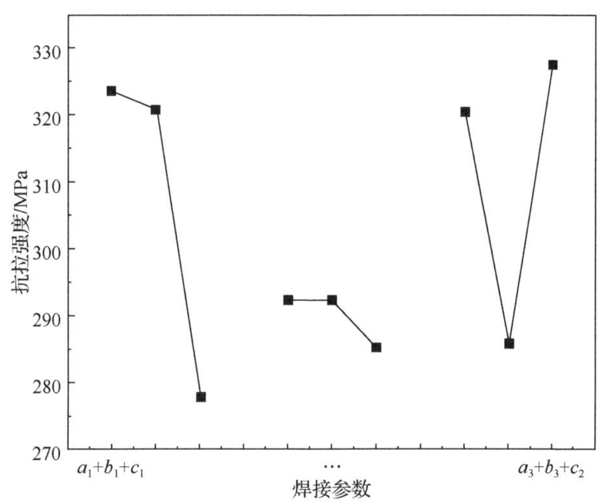

图 5-3　7A52 铝合金光纤激光焊焊接接头抗拉强度随焊接参数的变化

2. 极差分析

从表 5-4 中可知，7A52 铝合金光纤激光焊焊接接头抗拉强度指标是通过取两个平均值得到的。本节将采用极差分析方法，分析焊接功率 P、焊接速度 v 和离焦量Δf 3 个焊接参数对 7A52 铝合金光纤激光焊焊接接头抗拉强度的影响程度，进而优化出较优焊接参数组合。首先对焊接功率 P 进行分析（即 a 因素），a 因素一共包括 3 个水平，即 a_1、a_2、a_3，涉及第 i 个水平的试验值总和 T_i^a （i=1,2,3)为

$$T_1^a = 323.63 + 320.74 + 277.77 = 922.14$$

$$T_2^a = 292.26 + 292.25 + 285.28 = 869.79$$

$$T_3^a = 293.15 + 286.01 + 327.51 = 906.67$$

在每一个 a 因素水平上试验的平均值 t_1^a （i=1,2,3）为

$$t_1^a = \frac{1}{3}T_1^a = 307.38$$

$$t_2^a = \frac{1}{3}T_2^a = 289.93$$

$$t_3^a = \frac{1}{3}T_3^a \approx 302.22$$

同理，对因素 b（焊接速度）、c（离焦量）进行分析得出以下结果数据，即

$$T_1^b = 323.63 + 292.26 + 293.15 = 909.04\text{，}\quad t_1^b = \frac{1}{3}T_1^b \approx 303.01$$

$$T_2^b = 320.74 + 292.25 + 286.01 = 899.00\text{，}\quad t_2^b = \frac{1}{3}T_2^b \approx 299.67$$

$$T_3^b = 277.77 + 285.28 + 327.51 = 890.56\text{，}\quad t_3^b = \frac{1}{3}T_3^b \approx 296.85$$

$$T_1^c = 323.63 + 285.28 + 286.01 = 894.92\text{，}\quad t_1^c = \frac{1}{3}T_1^c \approx 298.31$$

$$T_2^c = 320.74 + 292.26 + 327.51 = 940.51\text{，}\quad t_2^c = \frac{1}{3}T_2^c \approx 313.50$$

$$T_3^c = 277.77 + 292.25 + 293.15 = 863.17\text{，}\quad t_3^c = \frac{1}{3}T_3^c \approx 287.72$$

对上述 9 组焊接接头进行拉伸试验，均断裂于焊缝处。以焊接接头抗拉强度为试验分析指标，具体试验结果及分析如表 5-5 所示。

表 5-5　正交试验焊接接头抗拉强度结果及分析　　（单位：MPa）

序号	焊接接头抗拉强度 R_m		
	1	2	均值
1	320.74	326.51	323.63
2	323.05	318.43	320.74
3	295.67	259.86	277.77
4	281.37	303.14	292.26
5	277.05	307.44	292.25
6	291.85	278.70	285.28
7	297.29	289.00	293.15
8	284.33	287.69	286.01
9	329.99	325.02	327.51
K_1	307.38	303.013	298.307
K_2	289.93	299.667	313.503
K_3	302.22	296.853	287.723
极差	R_a=17.450	R_b=6.160	R_c=25.780

由表 5-5 可知，当以接头抗拉强度为评价指标时，离焦量 Δf 的极差值（R_c）最大、焊接功率 P 的极差值（R_a）次之、焊接速度 v 的极差值（R_b）最小，由此通过极差大小可以确定出各焊接参数对 7A52 铝合金光纤激光焊焊接接头抗拉强度的影响程度顺序为 $R_c>R_a>R_b$。

由表 5-5 还可以得到抗拉强度对应的各水平因素的分析结果 K_n。通过极差分析可知较优焊接参数组合为 $a_1+b_1+c_2$。与直接对比分析的 $a_3+b_3+c_2$ 结果存在差异，这主要是因为正交试验是由试验因素的全部水平组合中挑选出部分具有代表性的水平组合进行试验的，通过对部分试验结果的分析了解全面试验的情况，从而找出较优的水平组合。对于本次试验而言，三水平三因素组合，即表示在全部试验组合（27 组）中选出了 9 组，直接对比法的分析结果仅局限在选出的这 9 组试验；而通过极差分析数据时，将会涉及全部的试验组合，所以两种分析方法的结果可能存在一定差异。

综上可知，当使用极差分析水平组合时，试验结果更加全面、具体且更加可靠。因此，当以焊接接头抗拉强度为指标进行分析时，应以极差分析结果为准，所以 7A52 铝合金光纤激光焊的较优焊接参数组合理论上应为 $a_1+b_1+c_2$，即焊接功率为 5.2kW、焊接速度为 40mm/s、离焦量为 0mm。现以该焊接参数组合进行试验，并对接头抗拉强度进行测试。该焊接参数组合下焊后的焊缝宏观形貌如图 5-4 所示，由图 5-4 可以发现焊缝正面呈水波状起伏，焊缝表面无气孔、裂纹等缺陷；背面整体起伏较为均匀，但存在飞溅现象。

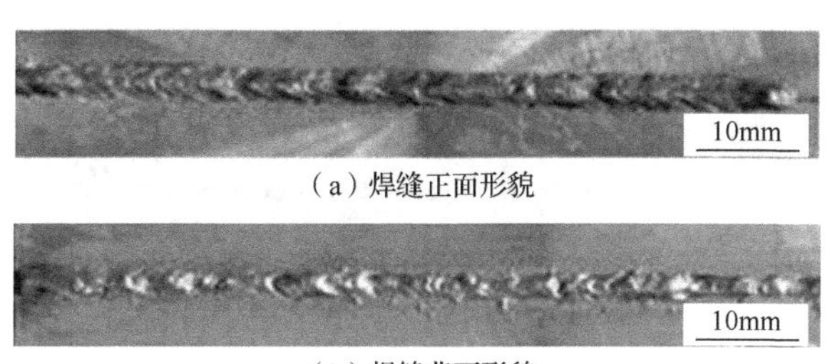

（a）焊缝正面形貌

（b）焊缝背面形貌

图 5-4　焊缝宏观形貌

在该焊接参数组合下的焊接接头平均抗拉强度为 336MPa，占母材强度的 69.7%，最终优化得出厚度为 6mm 的 7A52 铝合金光纤激光焊较优焊接参数组合如下：焊接功率为 5.2kW、焊接速度为 40mm/s 和离焦量为 0mm。7A52 铝合金光纤激光焊焊接接头拉伸断口形貌如图 5-5 所示，从图 5-5 中可以发现接头断口表面分布着深浅不一的韧窝，且存在较为明显的撕裂棱，在一些较大、较深的韧窝中还可以观察到第二相粒子或杂质的存在，断裂类型为韧脆混合断裂。

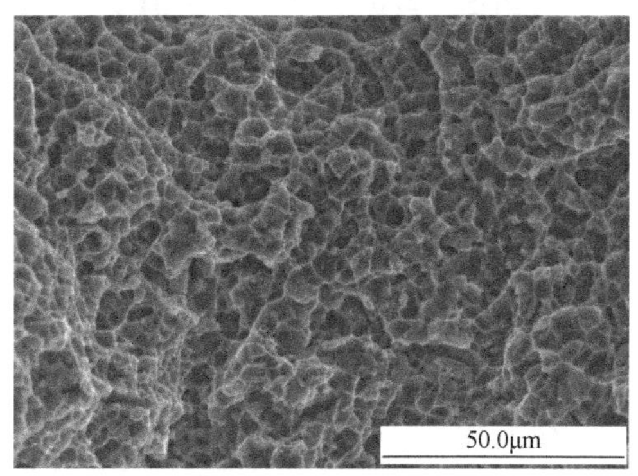

图 5-5　7A52 铝合金光纤激光焊焊接接头拉伸断口形貌

5.2.6 常见焊接接头气孔的形成机理

在对自熔焊试验和正交试验的接头拉伸时，发现焊接接头的截面存在明显的焊接缺陷——气孔。焊接气孔的存在严重影响了 7A52 铝合金光纤激光焊焊接接头的使用性能及寿命，因此对于研究焊接气孔的产生机理显得尤为重要。以下将对 7A52 铝合金光纤激光焊焊接过程中的常见焊接接头气孔的形成机理进行分析。

选取焊接功率为 4.8kW、焊接速度为 35mm/s 和离焦量为 1mm 的 7A52 铝合金光纤激光焊焊接接头，利用线切割沿焊缝中心纵向切开，观察焊缝截面气孔的形状及分布情况，并利用体式显微镜对其进行观察，焊缝截面气孔形状及分布如图 5-6 所示。观察图 5-6 可以发现焊缝截面分布着大小不一、形状各异的焊接气孔，经分析发现单从气孔形貌来看主要分为两类，即孔壁不规则的工艺型气孔及孔壁圆滑规则的氢气孔。

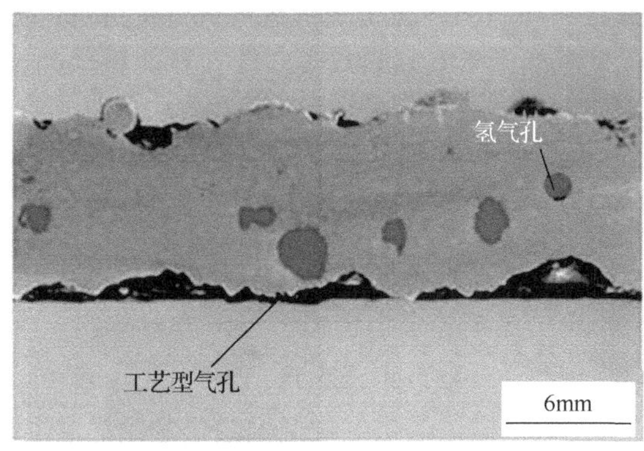

图 5-6　焊缝截面气孔形状及分布

5.2.7 氢气孔形成机理分析

7A52 铝合金光纤激光焊接中氢气孔的产生主要是由于铝合金表面氧化膜不致密，在一定条件下与环境中的水结合转变成含水氧化膜或水化氧化膜。在光纤激光高能量焊接过程中，母材表面含水氧化膜将发生如下分解：

$$Al_2O_3 \cdot H_2O \longrightarrow Al_2O_3 + H_2O \tag{5-1}$$

$$3H_2O + 2Al \longrightarrow Al_2O_3 + 6[H] \tag{5-2}$$

母材表面析出的氢原子将进入铝合金激光焊缝中，氢在铝中的溶解度 S 随焊缝熔池温度的变化将会发生明显改变，如图 5-7 所示。由图 5-7 可知，首先，当焊接熔池温度达到铝的熔点时，氢在铝中的溶解度将从 0.036mL/100g 提高到 0.69mL/100g；然后，随着熔池温度 T 的进一步上升，其溶解度将会显著增加。7A52 铝合金光纤激光焊的焊接过程可以简述为 3 个阶段：母材熔化—熔池形成—熔池凝固，母材熔化到凝固这一过程中温度首先会急剧上升形成熔池，之后熔池逐渐冷却凝固温度降低；在温度上升过程中氢在 7A52 铝合金熔池中的溶解度急剧上升，大量的氢原子溶解到熔池中，但是随着焊接过程的继续，熔池逐渐冷却温度降低，致使氢在焊缝中的溶解度显著下降从而使氢过饱和析出形成气泡，又因为铝合金热导率大、散热速度快，所以熔池温度急速下降，短时间内致使熔池凝固，使部分氢气泡未能及时逸出焊缝，从而形成了氢气孔。

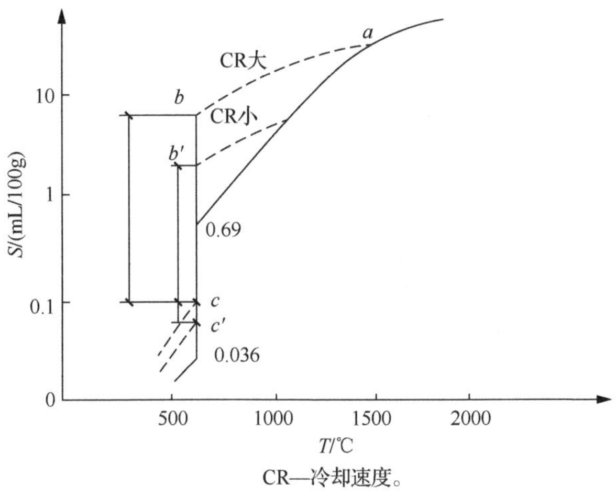

CR—冷却速度。

图 5-7　氢在铝中的溶解度

5.2.8　工艺型气孔形成机理分析

在激光焊接过程中，铝合金在激光的照射作用下迅速加热，表面温度在极短的时间内升至沸点，使铝合金熔化、汽化。铝合金在汽化的作用下形成匙孔，匙孔是呈不稳定状态，在长度增长的同时也在剧烈的膨胀和收缩。文献[3]研究表明激光深熔焊接过程中的匙孔不稳定性是铝合金激光焊工艺气孔产生的根本原因。图 5-8 所示为铝合金激光焊匙孔形貌，从图 5-8 中可以发现匙孔前壁有一凸台，当激光束入射时，凸台处铝合金受热强烈蒸发形成反冲金属蒸气，金属蒸气作用到匙孔后壁，匙孔后壁受金属蒸气冲击形成凹陷。焊接过程中匙孔内会存在保护气体，当匙孔凹陷处不稳定坍塌后保护气会卷入其中，被卷入的保护气体不能及时逸出时则会形成形状及其不规则的工艺型气孔。

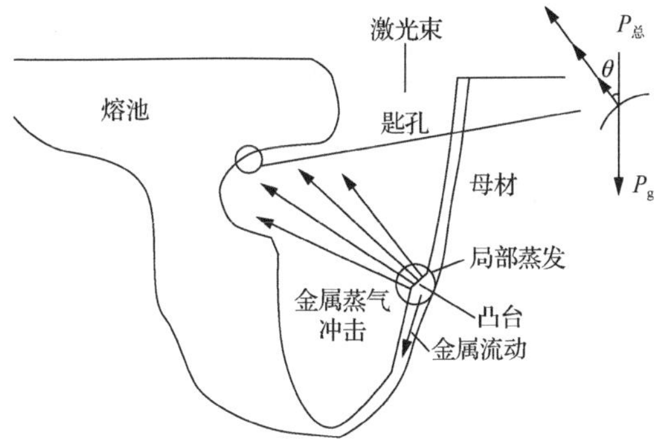

图 5-8　铝合金激光焊匙孔形貌及受力分析

工艺型气孔的形成与匙孔后壁的坍塌有直接关系，即匙孔的稳定性对工艺型气孔的产生起决定性作用。对匙孔后壁进行受力分析，如图 5-8 所示，竖直方向平衡公式为

$$P_{总}\cos\theta=P_g \tag{5-3}$$

$$P_{总}=P_p+P_s+P_{rp} \tag{5-4}$$

式中，P_g 为液态金属重压力（Pa）；P_p 为匙孔内金属蒸气压力（Pa）；P_s 为液态金属表面内压力（Pa）；P_{rp} 为金属蒸气反冲压力（Pa）。

在 7A52 铝合金光纤激光焊焊接过程中，当匙孔后壁竖直方向受力不均匀时将会造成匙孔不稳定坍塌，使孔内的气体形成气泡，部分气泡在上浮过程中受液态金属黏性等因素的影响使气泡逸出速率小于金属凝固速率，气泡来不及逸出进而形成工艺型气孔。

5.2.9 显微组织和力学性能

7A52 铝合金光纤激光焊焊接接头显微组织形貌 SEM 照片如图 5-9 所示。从图 5-9（a）中可以明显发现，7A52 铝合金光纤激光焊焊接接头主要由焊缝、熔合区、热影响区和母材区组成。按晶粒大小及形状对焊缝进一步划分，焊缝可以分为 2 个区域，分别为 A 区域的粗大等轴晶区、B 区域沿散热方向生长的柱状晶区，熔合区为细小的等轴晶带（C 区域）、焊接热影响区由 D 表示。分别对各个区域进行放大拍照，如图 5-9（b）～（d）所示。从图 5-9（b）～（d）中可以发现，A 区分布着 60μm 左右的等轴晶，B 区分布着横向 40μm、纵向 20μm 左右的柱状晶，C 区则沿熔合线分布着 30μm 宽、纵向 10μm 左右的细小等轴晶，D 区的晶粒虽然发生了长大，但并不明显，且范围较小。

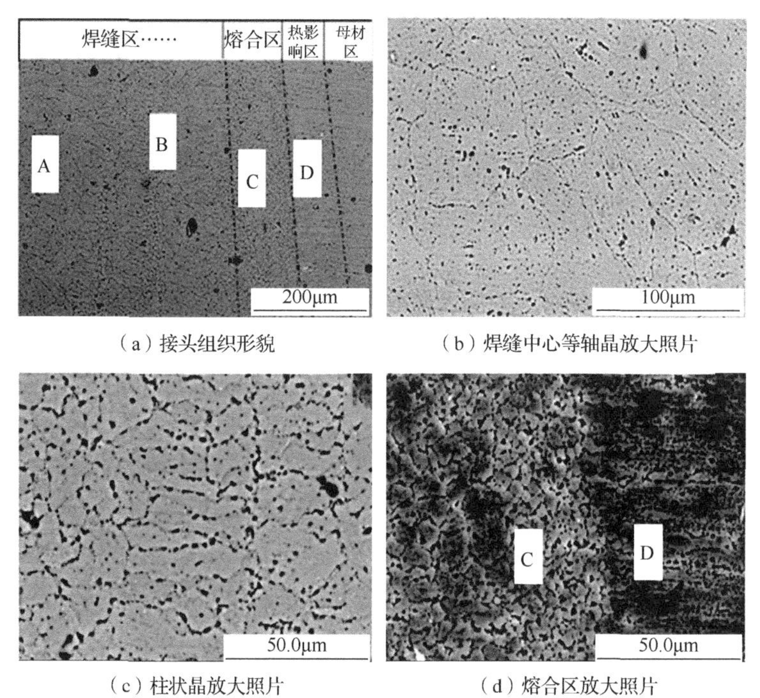

（a）接头组织形貌　（b）焊缝中心等轴晶放大照片

（c）柱状晶放大照片　（d）熔合区放大照片

图 5-9　7A52 铝合金光纤激光焊焊接接头的显微组织形貌 SEM 照片

通过对晶粒尺寸形貌的观察，可以发现 7A52 铝合金激光焊焊接接头沿焊缝中心向两侧依次分布着粗大的等轴晶—柱状晶—细小的等轴晶带—热影响区—母材区。相关研究表明，铝合金激光焊焊接接头晶粒尺寸形貌之所以呈现出如此分布，其主要原因是铝合金具有热导率大、散热速度快的物理特性，致使铝合金焊缝熔池冷却速度很快，仅焊缝中心的晶粒能够获得充足的能量发生长大，沿散热方向的温度梯度逐渐变大，晶粒长大能力逐渐降低。

通过对 7A52 铝合金光纤激光焊焊接接头组织形貌进行观察还可以发现，7A52 铝合金激光焊焊接接头不同区域的晶粒尺寸相差较大，由霍尔佩奇公式可知晶粒尺寸的大小将会严重影响材料的硬度值，由此可以推断出 7A52 铝合金激光焊焊接接头的硬度最低点应该出现在焊缝中心处，并随着晶粒尺寸的减小硬度逐渐增大。为了精确反映出 7A52 铝合金激光焊焊接接头各区域的硬度变化趋势，对 7A52 铝合金光纤激光焊焊接接头进行硬度测量，硬度的变化趋势如图 5-10 所示。从图 5-10 中可以发现，接头硬度最低点出现在焊缝中心约为 90HV；沿焊缝中心向两侧的硬度值逐渐增加，其中柱状晶与细小等轴晶带交界处的硬度值增大速度极为显著，这是因为柱状晶晶粒尺寸（40μm×20μm）与细小等轴晶晶粒尺寸（5μm）之间的差异较大而引起的；接头硬度最高点出现在熔合线附近的细小等轴晶带处，约为 117HV，从硬度曲线上发现焊接热影响区并未发生明显的软化现象。综上所述，可以发现 7A52 铝合金光纤激光焊焊接接头的显微硬度随晶粒尺寸的变化发生变化，且热影响区软化效果不明显。

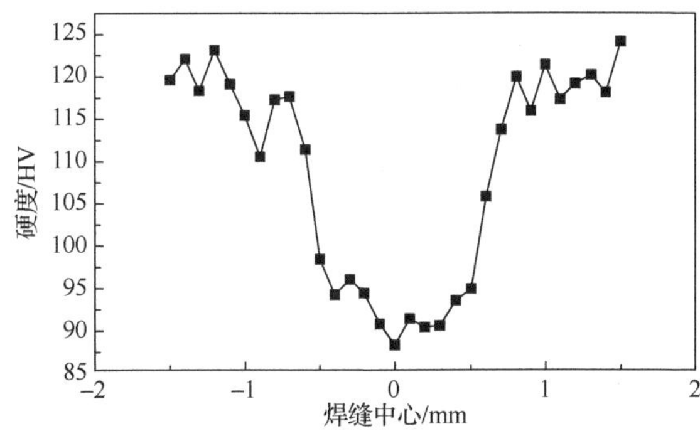

图 5-10　7A52 铝合金光纤激光焊焊接接头显微硬度

5.3　7075 铝合金光纤激光焊

5.3.1　试验材料与方法

试验材料采用轧制态 T6 处理后的 7075 铝合金板材，板材的规格为 200mm×10mm×3mm，该合金元素含量及复验结果如表 5-6 所示。合金的力学性能和复验结果如表 5-7 所示。

表 5-6　7075 铝合金的元素含量及复验结果　　（单位：%）

元素	Zn	Mg	Cu	Mn	Cr	Ti	Fe	Si
标准含量	5.10～6.10	2.10～2.90	1.20～2.00	≤0.30	0.15～0.28	≤0.20	≤0.50	≤0.40
复验含量	5.52	2.72	1.5	0.08	0.22	0.02	0.23	0.07

表 5-7　7075 铝合金的力学性能及复验结果

性能指标	抗拉强度 R_m/MPa	屈服强度 R_{eL}/MPa	前后伸长率 A/%
标准	≥540	≥470	≥8
复验	575	535	11.5

激光设备是由 IPG Potonics 公司生产的 IPG YLS-10000 型光纤激光器，最大焊接功率为 10kW，输出波长为 1025～1080nm，激光焊接示意图如图 5-11 所示。

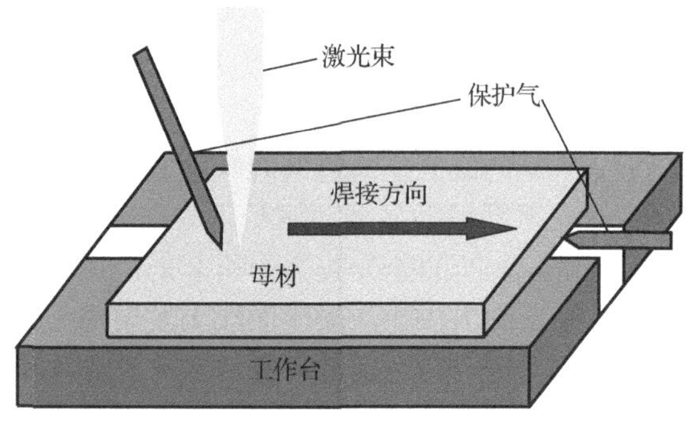

图 5-11　激光焊接示意图

5.3.2　7075 铝合金光纤激光焊自熔焊试验

在铝合金焊接过程中，有多种因素会影响焊接接头的成形质量，使焊接难度提高。本节主要考虑激光功率、焊接速度、离焦量和保护气体流量这 4 个参数。根据焊接热输入公式，有

$$Q=P/v \tag{5-5}$$

式中，Q 为焊接热输入（J/mm）；P 为激光功率（kW）；v 为焊接速度（mm/s）。

由式（5-5）可知，一方面，焊接热输入与激光功率呈正相关，当焊接速度一定时，焊接热输入随激光功率的增加而增加；另一方面，焊接热输入与焊接速度呈负相关，当激光功率一定时，随着焊接速度的减小，焊接热输入随之增加。焊接热输入是衡量焊接接头能否焊透的主要影响因素，该参数的确定可以为其他焊接参数范围的选择提供一定的参考。

在离焦量和保护气体流量不变的条件下，通过改变激光功率和焊接速度来确定焊透 3mm 厚的 7075 铝合金板材所需的焊接热输入范围，通过调整其他焊接参数范围来获得对接焊时正交试验参数范围。7075 铝合金激光自熔焊焊接参数如表 5-8 所示。

表 5-8　7075 铝合金激光自熔焊焊接参数

试样编号	激光功率 P/kW	焊接速度 v/(mm/s)	离焦量 Δf/mm	同轴保护气体流量/(L/min)	背保护气体流量/(L/min)	焊接热输入/(J/mm)
a	2.7	33	0	15	5	81
b	2.5	30				83
c	3.5	40				88
d	2.7	30				90
e	3.7	38				97
f	3.5	35				100

利用体式显微镜观察自熔焊焊缝截面的宏观形貌，宏观形貌如图 5-12 所示。由图 5-12 可知，图 5-12（a）和图 5-12（b）焊缝都未能焊透，随着焊接热输入的增加，焊缝熔深

逐渐变深，图 5-12（a）焊缝的熔深约为 23.32mm，图 5-12（b）焊缝的熔深约为 24.97mm；当焊接热输入增大为 88J/mm 时，可以发现此时母材已经完全焊透，而且焊接接头成形良好，如图 5-12（c）所示；由图 5-12（d）～（f）可知，随着焊接热输入的继续增大，母材均已焊透，且随着焊接热输入的增加，焊缝出现不同程度的烧损，图 5-12（d）和（e）所示焊缝出现轻微烧损，图 5-12（f）所示焊缝烧损则变得严重，且出现炭化现象。

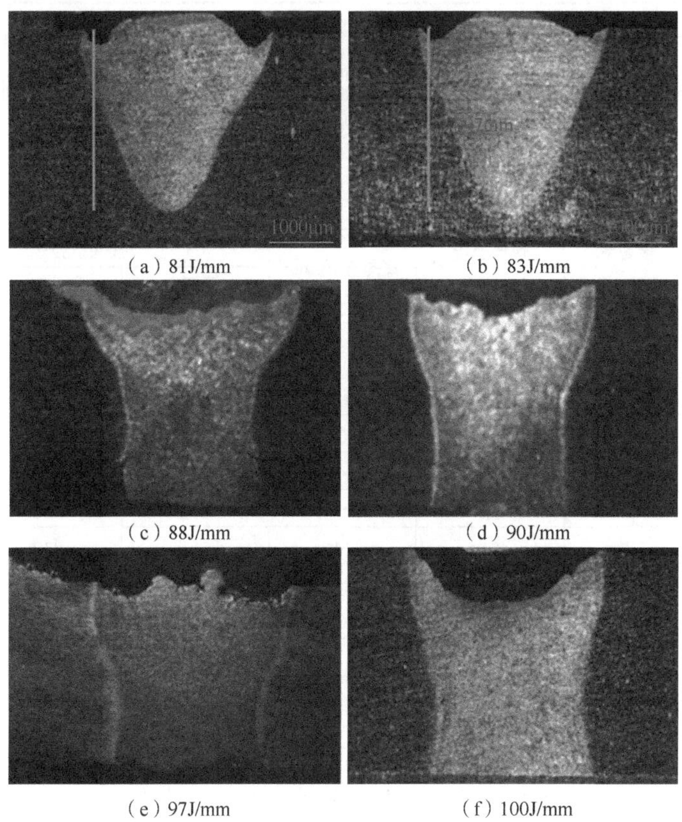

（a）81J/mm　（b）83J/mm

（c）88J/mm　（d）90J/mm

（e）97J/mm　（f）100J/mm

图 5-12　不同焊接参数下的焊缝截面形貌

5.3.3　正交试验

通过自熔焊试验结果，选择对接焊正交试验参数范围。对接焊正交试验主要改变激光功率、焊接速度和离焦量 3 个参数，保护气体流量等其他参数与自熔焊试验一样，并对正交试验参数进行编排。

通过自熔焊试验可知，3mm 厚的 7075 铝合金母材焊接热输入在大于 88J/mm 时均能焊透，但是为了获得成形美观、质量合格的焊接接头，正交试验焊接热输入范围选定为 88～97J/mm，通过改变激光功率和焊接速度来保证焊接热输入在选定范围内。通过多组自熔焊焊接接头成形结果来优化选择正交试验焊接参数范围。最终激光功率选择范围为 3.2～3.7kW；焊接速度选择范围为 33～40mm/s；离焦量选择为-1mm、0mm 和 1mm。正交试验的焊接参数如表 5-9 所示，并将焊接参数进行组合。采用三水平三因素对表 5-9 内的焊接参数进行正交试验编排，并且按照所编排的方案进行不同焊接参数的焊接。

表 5-9 正交试验的焊接参数范围

序号	激光功率 P/kW	焊接速度 v/（mm/s）	离焦量 Δf/mm
1	3.2（A_1）	33（B_1）	−1（C_1）
2	3.5（A_2）	40（B_2）	0（C_2）
3	3.7（A_3）	38（B_3）	+1（C_3）

按表 5-9 中焊接功率、焊接速度和离焦量的各因素水平及正交试验编排好的 9 组焊接参数进行焊接试验，焊后以各组焊接接头的平均抗拉强度作为正交试验焊接参数优化的评价指标，焊接参数组合及拉伸试验结果如表 5-10 所示。

表 5-10 正交试验结果

序号 因素	焊接功率 P/kW	焊接速度 v/（mm/s）	离焦量 Δf/mm	接头抗拉强度/MPa		
				1 号	2 号	3 号
1	3.2	33	−1	327	341	334
2	3.2	40	0	323	318	321
3	3.2	38	+1	358	300	329
4	3.5	33	0	340	337	339
5	3.5	40	+1	329	312	321
6	3.5	38	−1	350	330	340
7	3.7	33	+1	311	339	325
8	3.7	40	−1	342	328	335
9	3.7	38	0	320	312	316
母材				375	535	555

以极差分析方法计算结果为最终试验结果，极差分析方法是分析所有可能存在的焊接参数组合对 7075 铝合金光纤激光焊焊接接头抗拉强度的影响程度，并优选出焊接参数组合，最终获得满意的焊接接头。首先对激光功率进行分析，即 A 因素，A 因素水平一共有 3 个，即 A_1、A_2、A_3，第 i 个水平的试验值总和 T_i^A（i=1,2,3）为

$$T_1^A = 334 + 321 + 329 = 984$$

$$T_2^A = 339 + 321 + 340 = 1000$$

$$T_3^A = 335 + 325 + 316 = 976$$

在每一个 A 因素水平上试验的平均值 t_i^A（i=1,2,3）为

$$t_1^A = \frac{1}{3} T_1^A = 328$$

$$t_2^A = \frac{1}{3} T_2^A \approx 333$$

$$t_3^A = \frac{1}{3} T_3^A \approx 325$$

同理，对因素 B 焊接速度 v、C 离焦量 Δf 进行分析结果如下：

$$T_1^B = 334 + 339 + 325 = 998$$

$$T_2^B = 321 + 321 + 335 = 977$$

$$T_3^B = 329 + 340 + 316 = 985$$

$$t_1^B = \frac{1}{3} T_1^B \approx 332$$

$$t_2^B = \frac{1}{3} T_2^B \approx 326$$

$$t_3^B = \frac{1}{3} T_3^B \approx 328$$

$$T_1^C = 334 + 340 + 335 = 1009$$

$$T_2^C = 321 + 339 + 316 = 976$$

$$T_3^C = 329 + 321 + 325 = 975$$

$$t_1^C = \frac{1}{3} T_1^C \approx 336$$

$$t_2^C = \frac{1}{3} T_2^C \approx 325$$

$$t_3^C = \frac{1}{3} T_3^C = 325$$

即可获得焊接接头最优焊接参数组合为 A_1+B_3+C_1，也即激光功率 3.2kW+焊接速度 38mm/s+离焦量为-1mm 的组合。利用此焊接参数组合进行焊接，在此焊接参数下的焊缝宏观形貌如图 5-13 所示。从图 5-13 中可以发现，焊缝中心正面成形良好，表面有轻微塌陷，但无明显气孔存在、焊接热裂纹等缺陷；背面成形整体稍微凹凸不平，有轻微飞溅现象，基本达到使用要求。

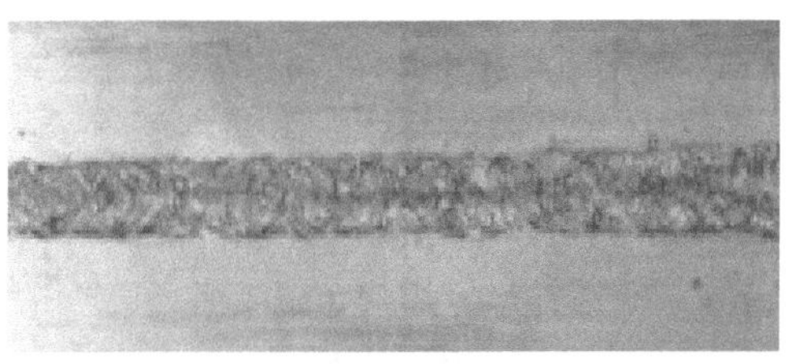

（a）焊缝正面形貌

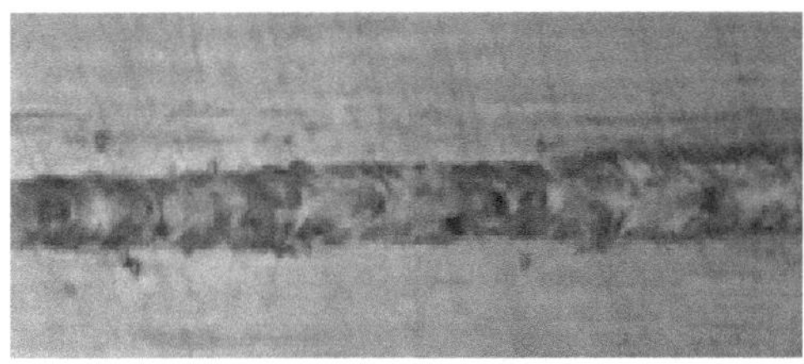

（b）焊缝背面形貌

图 5-13　最优焊接参数下焊缝的宏观形貌

在此焊接参数组合下，焊接接头的平均抗拉强度可达 336MPa，接头强度系数达到 60.54%。在此焊接参数组合下的焊接接头拉伸断口形貌如图 5-14 所示。从图 5-14 中可以观察到断口表面存在大量、尺寸大小不一的韧窝，且深浅各不相同，存在较为明显的撕裂棱，接头断裂形式属于韧脆混合断裂。

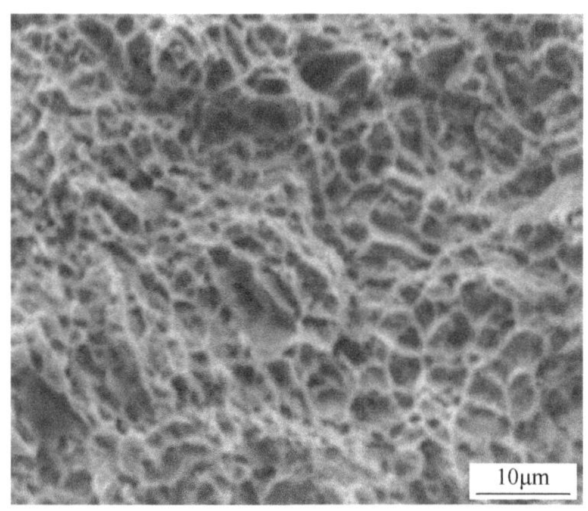

图 5-14　最优焊接参数接头拉伸断口形貌

5.3.4　焊接接头的组织和性能

7075 铝合金母材显微组织形貌如图 5-15 所示，主要由带状组织组成，该组织沿轧制方向分布。7075 铝合金的主要强化机制是析出相强化，其强化主要由基体析出相的大小、数量和弥散度决定。

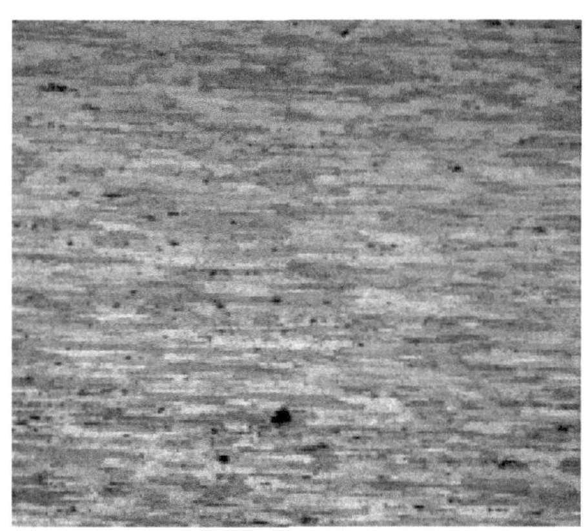

图 5-15　7075 铝合金母材显微组织形貌

图 5-16 所示为 7075 铝合金光纤激光焊焊接接头显微组织形貌。从图 5-16（a）可以看出激光焊焊接接头主要由焊缝区、热影响区和母材组成。从图 5-16（b）和（c）可知，焊缝区由两部分组成：一部分由大量等轴晶组成，尺寸为 20～50μm；另一部分是沿散热方向靠近熔合线至热影响区附近生长的柱状晶区。热影响区出现不完全再结晶，但轧制方向依旧清晰可见。由此可知，7075 铝合金光纤激光焊焊接接头主要存在细小的等轴晶、沿散热方生长的柱状晶、热影响区和母材等几个区域。而这几种不同的组织的出现，主要与铝合金自身具有的物理特性及焊接热输入有关。铝合金热导率大、冷却速度快，晶粒来不及长大，在焊缝中心形成了大量的等轴晶；沿散热方向在熔合线至热影响区附近狭长区域形成柱状晶，由于焊接热输入的循环作用，热影响区产生不完全再结晶。

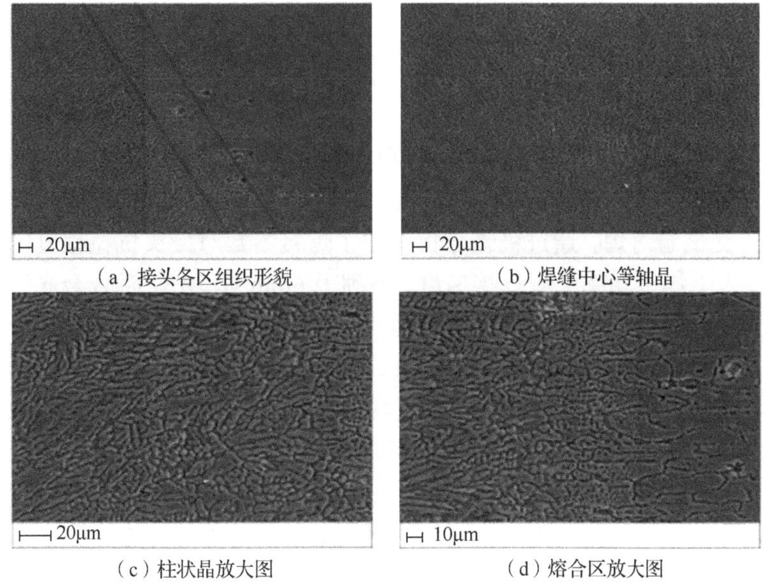

（a）接头各区组织形貌　（b）焊缝中心等轴晶
（c）柱状晶放大图　（d）熔合区放大图

图 5-16　光纤激光焊焊接接头 SEM 形貌

图 5-17 为 7075 铝合金光纤激光焊焊接接头的显微硬度分布。由图 5-17 可以看出，焊接接头显微硬度从焊缝中心到热影响区呈现上升趋势，热影响区到母材显微硬度先呈现下降趋势，之后开始上升，最后趋于平缓，显微硬度分布近似成 W 形；焊缝中心显微硬度最低，为 95.3HV；母材显微硬度最高，为 135HV；焊缝中心显微硬度是母材显微硬度的 71%。

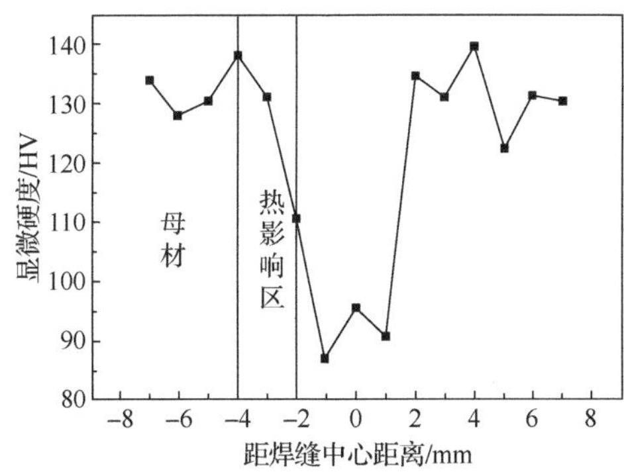

图 5-17　光纤激光焊焊接接头显微硬度

产生这种硬度分布有两方面原因：一方面，铝合金激光焊接时激光功率很大，对基体中合金元素有不同程度的烧损情况，尤其对具有强化效果的低熔点的 Zn 和 Mg 元素烧损严重，造成焊缝中的强化相减少，焊缝区显微硬度降低；另一方面，母材为 T6 处理的轧制态，而焊缝区是铸态并未经过任何处理，所以焊缝区显微硬度出现降低；热影响区平行散热方向，受到焊接热循环作用发生再结晶，弥散分布的部分强化相重新溶于基体，使显微硬度降低[4]。

5.4 本章小结

在 6mm 厚的 7A52 铝合金板材上进行自熔焊试验，确定该铝合金光纤激光焊时所需的焊接热输入范围为 60～70J/mm，并以 7A52 铝合金光纤激光焊焊接接头抗拉强度为评价指标进行正交试验对焊，通过极差分析确定了焊接参数对接头抗拉强度的影响程度顺序，即离焦量大于焊接功率大于焊接速度，得到了 6mm 厚 7A52 铝合金光纤激光焊较优参数组合：焊接功率为 5.2kW、焊接速度为 40mm/s、离焦量为 0，该参数组合下的焊接接头抗拉强度为 336MPa，焊接接头强度系数为 69.7%，断裂类型属于韧脆混合断裂。

7A52 铝合金光纤激光焊焊接接头气孔类型主要有氢气孔和工艺型气孔，其中焊接氢气孔的产生主要是由于氢在铝合金的溶解度受温度的影响较大，当温度降低时氢气泡来不及析出从而形成气孔；工艺型气孔则是当匙孔不稳定坍塌使孔内的气体形成气泡时，部分气泡在上浮过程中受液态金属黏性等因素的影响使气泡逸出速率小于金属凝固速率，气泡来不及逸出进而形成工艺型气孔。

通过自熔焊试验，根据不同焊接参数下的焊缝成形情况，确定了 3mm 7075 铝合金板材光纤激光焊时所需要的焊接热输入范围为 88～97J/mm。对焊时以焊接接头抗拉强度为衡量依据，通过正交试验确定了较优的焊接参数组合，即激光功率为 3.2kW、焊接速度为 38mm/s、离焦量为-1mm。通过极差分析方法最终确定的焊接参数对接头抗拉强度的影响程度从大到小依次为离焦量大于焊接功率大于焊接速度，此焊接参数组合下接头抗拉强度为 336MPa，接头强度系数达到 60.5%，接头断裂形式为韧脆混合断裂。

参考文献

[1] 周万盛，姚君山．铝及铝合金的焊接[M]．北京：机械工业出版社，2006.

[2] 陈超，陈芙蓉，张慧婧．热输入对 7A52 铝合金光纤激光焊接头组织及性能的影响[J]．焊接，2017（1）：35-38.

[3] MATSUNAWA A, KIM J D, SETO N, et al. Dynamics of keyhole and molten pool in laser welding[J]. Journal of laser applications, 1998, 10(6): 247-254.

[4] 钱丽红，周琦，陈俐，等．7A52 铝合金光纤激光焊接头组织性能分析[J]．焊接，2014（9）：49-52，75-76.

第 6 章 7 系铝合金变极性等离子弧焊

6.1 引 言

7075 铝合金作为一种典型的 Al-Zn-Mg-Cu 系强化型铝合金，具有相对密度小、强度高、加工性能好等特点，被广泛应用于航空航天等领域[1]。该合金在实际应用中常以焊接件的形式存在。因为铝合金的熔点低、热导率大、热膨胀率高，所以在常规熔化焊时容易出现焊缝裂纹倾向大、气孔、焊接结构残余应力和残余变形较大等缺陷。而 7075 铝合金由于所含合金元素种类多，缺口敏感性大，耐蚀性差，焊接难度更大[2]。采用 TIG 焊、激光电弧复合焊及激光-MIG 复合焊焊接该合金时，焊缝中容易出现分散的气孔、疏松组织和焊接接头软化等缺陷，降低了焊缝的抗拉强度[3-6]。采用 MIG 焊时需要开坡口[7]，采用搅拌摩擦焊时需施加一定的附加力来固定板材[8]，工艺相对复杂。在 7075 铝合金的焊接过程中，焊接接头的软化是目前制约 7075 铝合金应用的瓶颈问题，严重影响该合金的应用。

与其他熔焊工艺相比，变极性等离子弧焊（variable polarity plasma arc welding，VPPAW）技术具有能量集中、焊后变形小等优点。焊件不需开坡口、焊道窄，且单面焊双面成形，立焊时有利于排除焊缝中的气体和夹杂，可获得无缺陷焊缝，在国外被称为“零缺陷”的焊接方法，在铝合金的焊接中具有很好的应用前景[9-11]。Nunes 等[12]研究发现，对 15.9mm 以下的铝合金使用等离子弧焊一次即可焊透，而 15.9～25mm 的铝合金则需制备较为复杂的接头，采用小孔等离子弧打底焊及熔入法填丝焊才能实现焊接。Knoch[13]研究发现，相比于 TIG 焊，使用反极性小孔型等离子弧焊接铝合金后气孔的数量及大小都有明显减少。等离子弧加热集中，熔化区域小，小孔焊对工件加热区域对称，降低了翘曲变形倾向[14]。VPPAW 在焊接铝合金时具有一定优势，但接头软化问题依然存在，主要是目前焊接 7 系铝合金时常采用 5 系铝合金焊丝，焊丝的抗拉强度远远低于母材，且焊丝中 Zn、Cu 等强化元素含量非常少，最终导致焊接接头的抗拉强度明显下降。

本章采用 VPPAW 对 10mm 厚的 7075 铝合金板材进行焊接，以焊缝形貌为标准，优化堆焊焊接参数，然后以较优参数为基础优化对焊参数。为改善焊接接头的软化现象，在 VPPAW 的焊接电流中植入脉冲，研究采用脉冲变极性等离子焊（pluse variable polarity plasma arc welding，PVPPAW）时不同焊接参数对焊缝成形的影响规律，为 7075 铝合金板材的焊接提供一定的理论基础和试验依据。

6.2 VPPAW 焊接工艺优化

VPPAW 的焊接参数主要包括焊接电流、离子气流量、焊接速度、送丝速度等参数，在焊接过程中各参数之间相互耦合。本节采用单一因素法研究了以上 4 个焊接参数对焊缝成形的影响规律。试验所用其他参数：保护气流量为 15L/min，钨极内缩量为 3mm，正反极性时间比为 21∶4。

6.2.1 焊接电流对焊缝成形的影响

焊接电流是电弧热和电弧力的主要来源，也是影响焊缝成形的主要因素。铝合金采用 VPPAW 时，正极性电弧的主要作用是形成集中且合适的电弧力，其是实现穿孔获得深而窄的穿孔熔池的关键。反极性电弧的加热面积大于正极性电弧，作用于熔池前沿固态母材金属表面，加热母材并清除氧化膜。反极性等离子电弧功率大，为液态金属的良好流动创造了条件，也为正极性电弧的到来储备了热量[15]。焊接电流的选择如表 6-1 所示，焊缝形貌如图 6-1 所示。

表 6-1　焊接电流的选择

组别	正/反极性电流（I_N/A）/（I_P/A）	离子气流量 q/（L/min）	送丝速度 v_f/（m/min）	焊接速度 v/（m/min）
A1	220/280	2.4	2.2	0.12
A2	230/290	2.4	2.2	0.12
A3	240/300	2.4	2.2	0.12
A4	250/300	2.4	2.2	0.12
A5	260/300	2.4	2.2	0.12

由图 6-1 可知，当焊接电流为 220A/280A 时，可以形成穿孔，但由于热量不足，部分金属未能充分过渡导致焊缝背面有咬边现象，如图 6-1（a）所示。当电流为 230A/290A 时，焊缝背面成形有明显改善，如图 6-1（b）所示。当电流增大到 240A/300A 时，能够保证液态熔池上面及液态熔池与固态金属间形成合理的温度梯度，液态金属能够流畅过渡到焊缝背面，焊缝的正面、背面成形良好，如图 6-1（c）所示。当正极性电流增大到 250A/300A，反极性电流不变时，焊缝正面出现咬边缺陷，焊缝背面局部产生凹陷。正极性电流为 260A/300A 时，焊缝正面出现咬边且焊缝背面的凹陷明显加剧，如图 6-1（d）和（e）所示。焊接电流对焊缝形状参数的影响如表 6-2 及图 6-2 所示。

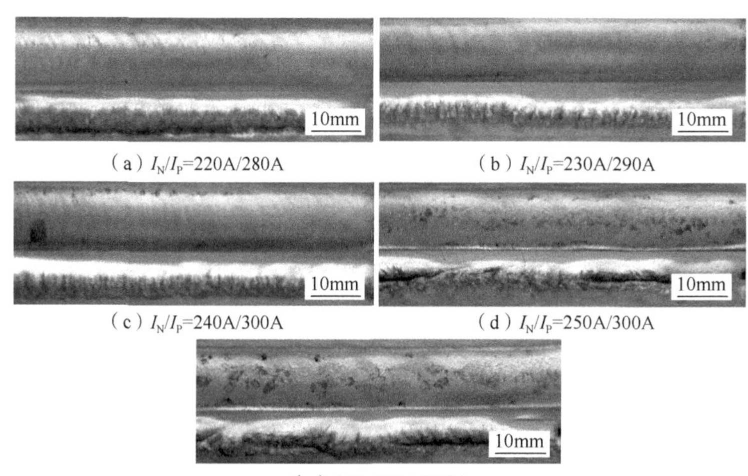

（a）I_N/I_P=220A/280A　（b）I_N/I_P=230A/290A　（c）I_N/I_P=240A/300A　（d）I_N/I_P=250A/300A　（e）I_N/I_P=260A/300A

图 6-1　不同焊接电流的焊缝形貌

表 6-2 不同焊接电流的焊缝形状参数

组别	实际熔深 H/mm	正面熔宽 W_z/mm	焊缝成形系数 $\psi=W_z/H$	是否焊透	正面质量	背面质量
A1	10	11.5	1.15	是	良好	差
A2	10	11.8	1.18	是	良好	较好
A3	10	12.2	1.22	是	良好	良好
A4	10	12.8	1.28	是	差	差
A5	10	13.0	1.3	是	差	差

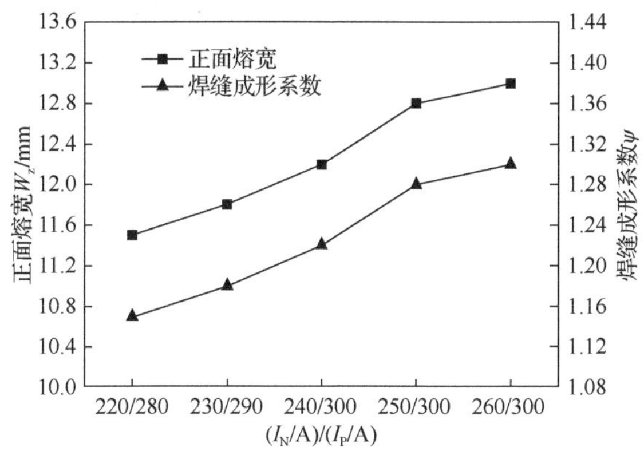

图 6-2 焊接电流对焊缝形状参数的影响

由图 6-2 可以看出，随着焊接电流增大，电弧热功率及电弧吹力均增大，因而造成熔宽及熔池体积增大，正面熔宽由 11.5mm 增加到 13mm，当焊接电流为 220A/280A 时能够完成穿孔效应，熔深为 10mm，电流继续增大。随着焊接电流的增加，焊缝成形系数由 1.15 增加到 1.3。结合焊缝形貌和正面、背面的熔宽得到 5 组参数中最优的焊接电流为 240A/300A。

6.2.2 离子气流量对焊缝成形的影响

离子气流量与焊接电流同样是穿孔起弧过程中电弧热和电弧力的主要来源，它通过改变等离子电弧形态来改变等离子电弧特性，是影响等离子电弧和焊缝成形的主要因素。在较佳的焊接电流条件下来优化离子气流量。离子气流量的选择如表 6-3 所示，焊缝形貌如图 6-3 所示。

表 6-3 离子气流量的选择

组别	离子气流量 q/（L/min）	正/反极性电流（I_N/A）/（I_P/A）	送丝速度 v_f/（m/min）	焊接速度 v/（m/min）
A6	1.6	240/300	2.2	0.12
A7	2.0	240/300	2.2	0.12
A8	2.4	240/300	2.2	0.12
A9	2.8	240/300	2.2	0.12

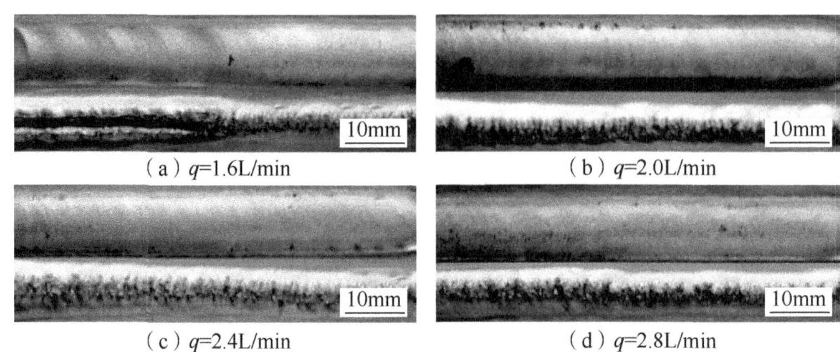

（a）q=1.6L/min　（b）q=2.0L/min　（c）q=2.4L/min　（d）q=2.8L/min

图 6-3　不同离子气流量的焊缝形貌

由图 6-3（a）可知，当离子气流量为 1.6L/min 时，焊缝正面、背面成形较差，在焊缝起始端背面未熔合。这是由于离子气流量过小，电弧压缩程度不够，起始穿孔未能顺利进行。当离子气流量增大为 2.0L/min 时，建立了稳定的穿孔熔池，焊缝成形良好，如图 6-3（b）所示。随着离子气流量进一步增大，等离子弧在正面熔池的尺寸变小，液态金属向焊件背面流动的趋势增大，焊缝背面余高和熔宽增大，正面余高和熔宽减小，如图 6-3（c）和（d）所示。在实际焊接过程中，随着离子气流量的增加，等离子射流压力上升，压缩孔对等离子弧的压缩作用也进一步提高，电弧弧柱逐渐变细，气流对电弧的压缩程度增大，等离子弧的穿孔能力逐步增强。离子气流量对焊缝形状参数的影响如表 6-4 及图 6-4 所示。

表 6-4　不同离子气流量的焊缝形状参数

组别	实际熔深 H/mm	正面熔宽 W_z/mm	焊缝成形系数 $\psi=W_z/H$	是否焊透	正面质量	背面质量
A6	10	12.6	1.26	是	良好	差
A7	10	12.3	1.23	是	良好	良好
A8	10	12.2	1.22	是	良好	较好
A9	10	11.8	1.18	是	良好	较好

由图 6-4 可以看出，随着离子气流量的增加，焊缝背面熔宽及熔池体积增大，正面熔宽由 12.6mm 减小到 11.8mm，离子气流量为 1.6L/min 时即可实现穿孔效应。焊缝成形系数也随着离子气流量的增大由 1.26 减小到 1.18。综合焊缝形貌和正面、背面的熔宽得出 4 组参数中最佳的离子气流量为 2.0L/min。

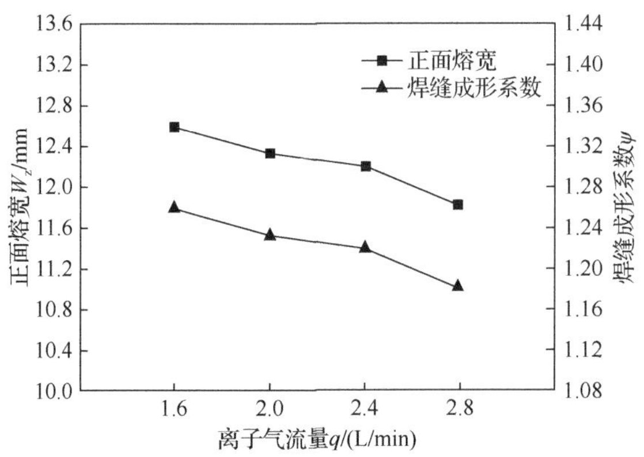

图 6-4　离子气流量对焊缝形状参数的影响

6.2.3　送丝速度对焊缝成形的影响

送丝速度对穿孔成形的影响主要为临界穿透阶段的穿孔背面成形。在较佳的焊接电流和离子气流量的基础上优化送丝速度，送丝速度的选择如表 6-5 所示，焊缝形貌如图 6-5 所示。

表 6-5　送丝速度的选择

组别	送丝速度 v_f/（m/min）	正/反极性电流（I_N/A）/（I_P/A）	离子气流量 q/（L/min）	焊接速度 v/（m/min）
A10	1.8	240/300	2.0	0.12
A11	2.0	240/300	2.0	0.12
A12	2.2	240/300	2.0	0.12
A13	2.4	240/300	2.0	0.12
A14	2.6	240/300	2.0	0.12

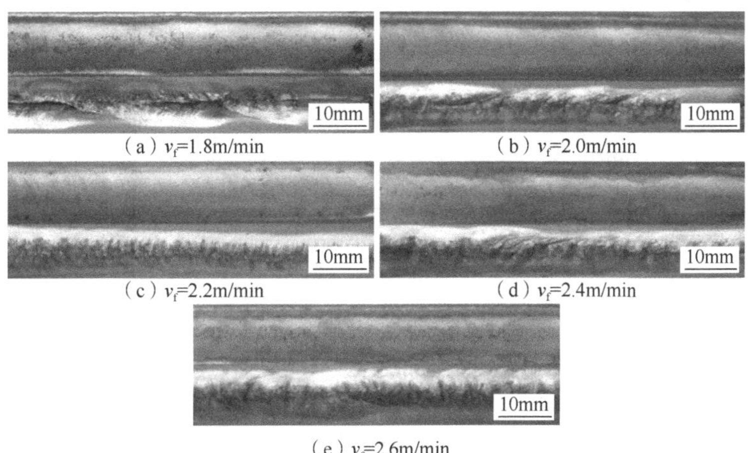

（a）v_f=1.8m/min　（b）v_f=2.0m/min　（c）v_f=2.2m/min　（d）v_f=2.4m/min　（e）v_f=2.6m/min

图 6-5　不同送丝速度的焊缝形貌

如图 6-5 所示，当送丝速度为 1.8m/min 时，焊缝正面出现咬边，背面成形不均匀，有凹陷产生，原因是送丝速度较小，熔池液态金属不足，液态金属熔池的表面张力较大，液态金属向焊缝背面流动不均匀，金属凝固时又存在收缩作用，造成焊缝背面出现凹陷，如图 6-5（a）所示。当送丝速度为 2.0m/min 时，焊缝背面成形较差，仍有凹陷存在，原因是送丝量不足，熔池金属不够，液态金属向背面流动量不足，导致焊缝背面余高较小，如图 6-5（b）所示。当送丝速度为 2.2m/min 时，焊缝正面成形良好，背面凹陷消失，成形美观。送丝速度的增加导致熔池上部的液态金属量增加，小孔直径减小，熔池正背面余高都增加，送丝速度进一步增加，焊缝正面成形平整，余高较小，焊缝背面余高过大，熔宽变宽，且成形不均匀，如图 6-5（c）和（d）所示。送丝速度过大，熔池液态金属量较多，液态金属向背面流动量过大，导致焊缝背面余高增大，焊丝熔化需要的热量增大，形成稳定穿孔熔池的热量减少，导致焊缝背面成形不均匀，如图 6-5（e）所示。送丝速度对焊缝形状参数的影响如表 6-6 和图 6-6 所示。

表 6-6　不同送丝速度的焊缝形状参数

组别	实际熔深 H/mm	正面熔宽 W_z/mm	焊缝成形系数 $\psi=W_z/H$	是否焊透	正面质量	背面质量
A10	10	12.2	1.22	是	差	差
A11	10	12.3	1.23	是	较好	差
A12	10	12.2	1.22	是	良好	良好
A13	10	12.1	1.21	是	良好	较好
A14	10	11.9	1.19	是	良好	差

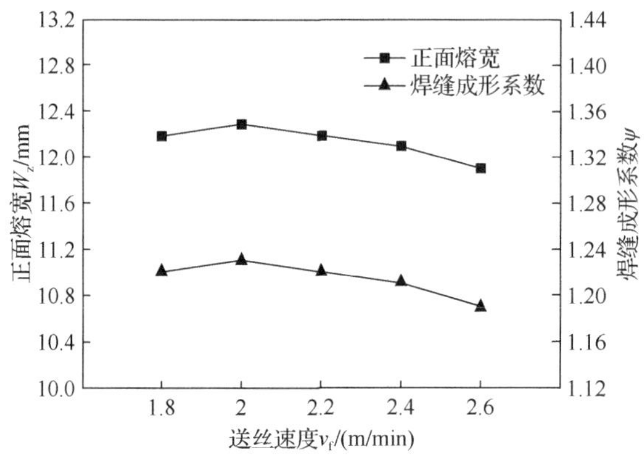

图 6-6　送丝速度对焊缝形状参数的影响

由图 6-6 可知，随着送丝速度的增加，焊缝正面熔宽先增大后减小，但整体变化不大。当送丝速度为 1.8m/min 时，正面熔宽为 12.2mm，此时即可穿孔；当送丝速度为 2.0m/min 时，正面熔宽为 12.3mm；当送丝速度为 2.6m/min 时，正面熔宽减小为 11.9mm。随着送丝速度的变化，焊缝成形系数的变化规律与其相同，呈现先增加后减小的趋势。综合焊缝形貌和焊缝正面、背面的熔宽得出 5 组参数中最佳的送丝速度为 2.2m/min。

6.2.4　焊接速度对焊缝成形的影响

焊接过程中焊接速度变化会对热输入产生较大影响，主要体现于焊缝正面、背面的成形。试验在较佳的焊接电流、离子气流量及送丝速度的基础上对焊接速度进行优化，试验参数如表 6-7 所示，焊缝形貌如图 6-7 所示。

表 6-7　焊接速度的选择

组别	焊接速度 v/（m/min）	正/反极性电流（I_N/A）/（I_P/A）	离子气流量 q/（L/min）	送丝速度 v_f/（m/min）
A15	0.12	240/300	2.0	2.2
A16	0.15	240/300	2.0	2.2
A17	0.18	240/300	2.0	2.2

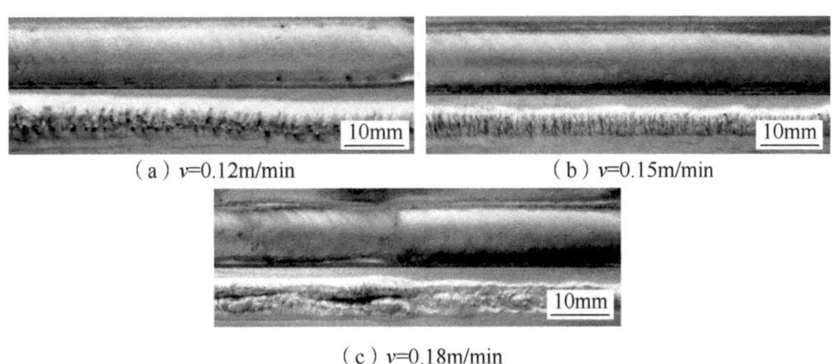

（a）v=0.12m/min　　（b）v=0.15m/min

（c）v=0.18m/min

图 6-7　不同焊接速度的焊缝形貌

由图 6-7 可知，随着焊接速度的增加，焊缝正面余高增大，正面熔宽、背面熔宽和余高减小，当焊接速度为 0.18m/min 时，未焊透。焊接速度增加时，等离子流对熔池上部表面的压力增大，对下部的表面压力减小，由焊件正、背面指向小孔的射流压力梯度增大，重力对熔池上部液态金属流动的作用增强，对熔池下部液态金属流动的作用减弱，表面张力梯度增大。熔池液态金属向焊件正面的流动速度增大，向背面的流动速度减小。焊接速度对焊缝形状参数的影响如表 6-8 和图 6-8 所示。

表 6-8　不同焊接速度的焊缝形状参数

组别	实际熔深 H/mm	正面熔宽 W_z/mm	焊缝成形系数 $\psi=W_z/H$	是否焊透	正面质量	背面质量
A15	10	12.2	1.22	是	良好	较好
A16	10	11.8	1.18	是	良好	良好
A17	10	11.3	1.13	是	良好	差

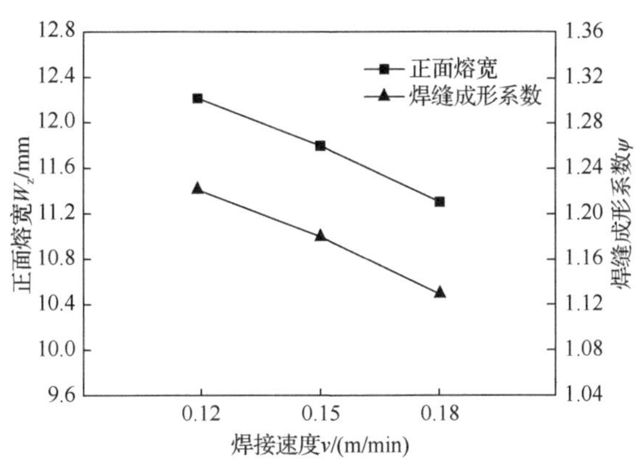

图 6-8　焊接速度对焊缝形状参数的影响

由图 6-8 可知，随着焊接速度的增加，焊缝正面熔宽逐渐减小，当焊接速度为 0.12m/min 时，正面熔宽为 12.2mm；当焊接速度为 0.15m/min 时，正面熔宽减小为 11.8mm；当焊接速度为 0.18m/min 时，正面熔宽减小为 11.3mm。3 种焊接速度下均能穿孔。随着焊接速度的增大，焊缝成形系数逐渐减小，其变化趋势与正面熔宽变化趋势一致。综合焊缝形貌和正面、背面的熔宽得出 3 组参数中最佳的焊接速度为 0.15m/min。

通过对 7075 铝合金 VPPAW 的焊接电流、离子气流量、送丝速度及焊接速度 4 种焊接参数的优化，得出堆焊最优参数：正/反极性电流为 240A/300A，离子气流量为 2.0L/min，送丝速度为 2.2m/min，焊接速度为 0.15m/min。

6.2.5 VPPAW 对焊参数的优化

在 7075 铝合金 VPPAW 较优堆焊参数基础上，对该合金 VPPAW 对焊工艺进行优化。因为对焊板材的面积比堆焊大，散热快，对焊所需热量要大于堆焊，所以试验中增大焊接电流以获得更多的热量，同时也对离子气流量和送丝速度进行调整，对比参数的变化对焊缝成形的影响。

1. 焊接电流的优化

选择焊接电流为 250A/300A、260A/300A 和 270A/300A，与堆焊较佳电流 240A/300A 进行对比。试验参数如表 6-9 所示，焊缝形貌如图 6-9 所示。

表 6-9　对焊焊接电流的选择

组别	正/反极性电流（I_N/A）/（I_P/A）	离子气流量 q/（L/min）	送丝速度 v_F/（m/min）	焊接速度 v/（m/min）
B1	240/300	2.0	2.2	0.15
B2	250/300	2.0	2.2	0.15
B3	260/300	2.0	2.2	0.15
B4	270/300	2.0	2.2	0.15

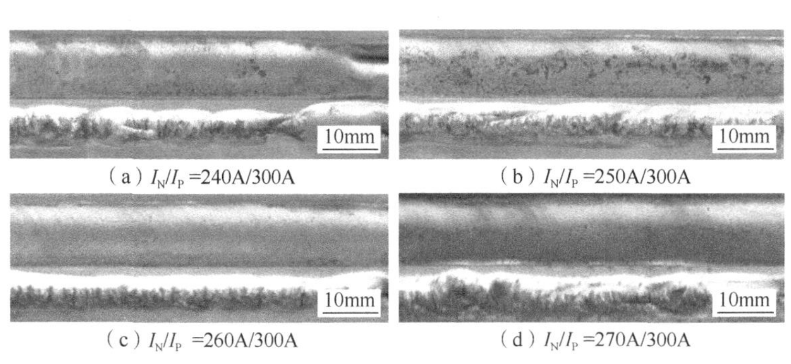

（a）I_N/I_P =240A/300A　（b）I_N/I_P =250A/300A
（c）I_N/I_P =260A/300A　（d）I_N/I_P =270A/300A

图 6-9　不同焊接电流的焊缝形貌

由图 6-9 可知，当对焊焊接电流为 240A/300A 时，板材面积增大造成热输入不足，电弧能量和电弧力均达不到稳定穿孔焊接的数值造成液态熔池上热和力的不平衡，电弧能量和轴向电弧力不足，液态熔池金属不能均匀流畅地过渡到焊缝背面，焊件正面、背面成形皆不均匀，不平滑。当焊接电流增大到 260A/300A 时，电弧热输入增加，同时电弧的挺度、温度增加，焊接电弧能量也增加，液态金属向焊件背面的流动趋势增大，焊缝背面成形变好，如图 6-9（c）所示。焊接电流增大到 270A/300A 时，液态金属过渡到背面过多，背面成形变差。焊接电流对焊缝形状参数的影响如表 6-10 和图 6-10 所示。

表 6-10　不同焊接电流的焊缝形状参数

组别	实际熔深 H/mm	正面熔宽 W_z/mm	焊缝成形系数 $\psi=W_z/H$	是否焊透	正面质量	背面质量
B1	10	11.3	1.13	是	差	差
B2	10	11.9	1.19	是	差	差
B3	10	12.7	1.27	是	良好	良好
B4	10	13.2	1.32	是	较好	差

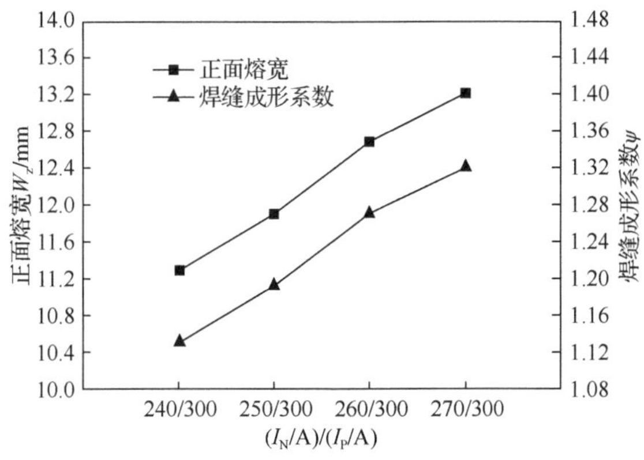

图 6-10　焊接电流对焊缝形状参数的影响

由图 6-10 可知，随着焊接电流的增大，正面熔宽由 11.3mm 增加到 13.2mm，当焊接电流为 240A/300A 时即能实现穿孔，熔深为 10mm，电流继续增大，均能穿孔。焊接电流由 240A/300A 增加至 260A/300A 时，焊缝成形系数由 1.13 增加到 1.27，焊缝正面和背面成形质量都有所提高。电流继续增大，正面熔宽和焊缝成形系数增大，但背面成形变差。结合焊缝形貌和正面、背面的熔宽得出较优的焊接电流为 260A/300A。

2. 离子气流量和送丝速度的优化

在较优焊接电流 260A/300A 的基础上，对离子气流量和送丝速度进行优化。试验参数如表 6-11 所示。焊缝形貌如图 6-11 所示。

表 6-11　离子气流量和送丝速度的选择

组别	正/反极性电流（I_N/A）/（I_P/A）	离子气流量 q/（L/min）	送丝速度 v_f/（m/min）	焊接速度 v/（m/min）
B3	260/300	2.0	2.2	0.15
B5	260/300	2.0	2.0	0.15
B6	260/300	2.2	2.2	0.15

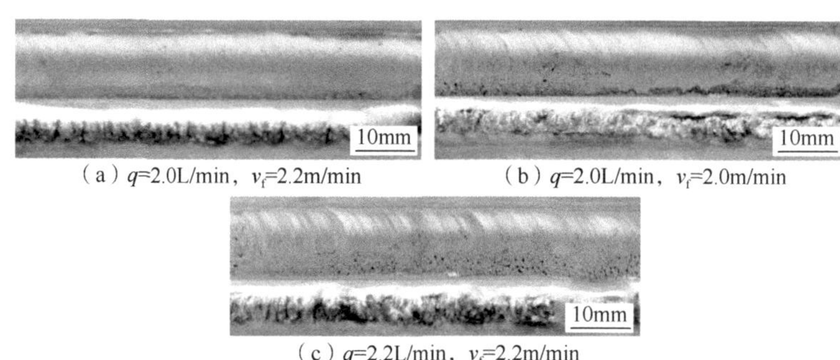

（a）q=2.0L/min，v_f=2.2m/min　（b）q=2.0L/min，v_f=2.0m/min
（c）q=2.2L/min，v_f=2.2m/min

图 6-11　不同离子气流量和送丝速度的焊缝形貌

如图 6-11（a）所示，当焊接电流为 260A/300A，离子气流量为 2.0L/min，送丝速度为 2.2m/min 时，焊缝正面成形均匀平整，背面成形良好。当焊接电流和离子气流量不变，送丝速度为 2.0m/min 时，焊缝正面、背面成形都变差，如图 6-11（b）所示。而离子气流量增大到 2.2L/min，其他参数不变时，焊缝背面不光滑，成形较差，如图 6-11（c）所示。离子气流量和送丝速度的变化对焊缝形状参数的影响如表 6-12 和图 6-12 所示。

表 6-12　不同离子气流量和送丝速度的焊缝形状参数

组别	实际熔深 H/mm	正面熔宽 W_z/mm	焊缝成形系数 $\psi=W_z/H$	是否焊透	正面质量	背面质量
B3	10	12.7	1.27	是	良好	良好
B5	10	12.8	1.28	是	较好	差
B6	10	12.5	1.25	是	较好	差

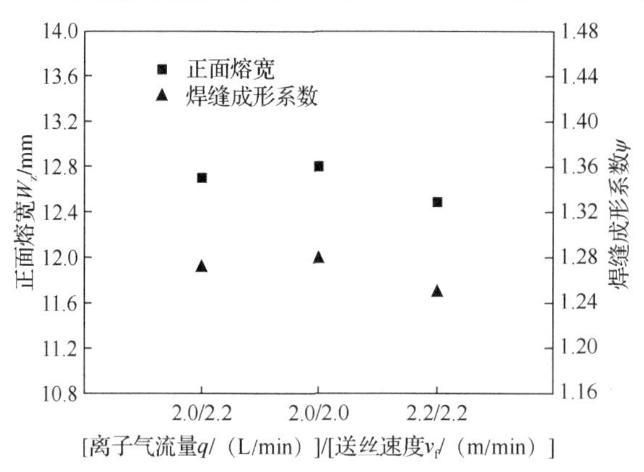

图 6-12　离子气流量和送丝速度对焊缝形状参数的影响

由图 6-12 可知，随着送丝速度的减小，焊缝正面熔宽由 12.7mm 增加到 12.8mm，变化不大。当离子气流量增大时，电弧吹力增大，正面熔宽由 12.7mm 减小为 12.5mm。焊缝成形系数随着送丝速度的减小由 1.27 增大到 1.28，随着离子气流量的增加由 1.27 减小为 1.25。

通过优化对焊的焊接电流、等离子气流量和送丝速度等参数，得出焊接电流为 260A/300A、离子气流量为 2.0L/min、送丝速度为 2.2m/min 时焊缝成形最好。

6.2.6　PVPPAW 参数对焊缝成形的影响

在铝合金的焊接过程中，国旭明和牛鹏亮[16]研究发现，与单脉冲 MIG 焊相比，LD10CS 高强铝合金双脉冲 MIG 焊焊接接头的焊缝表面呈现清晰的鱼鳞纹状、焊接变形减小，焊缝组织细化，接头的力学性能有所提高。陈树君等[17]研究发现，采用双脉冲变极性电流在保证铝合金清理效果、降低钨极烧损及提高电弧稳定性的前提下，能够减少气孔、控制焊缝成形、提高焊缝的抗拉强度和伸长率。从保强等[18]利用超快变换中高频变极性方波 TIG 焊接 2219-T87 铝合金，在提高电流极性变换频率后能明显细化晶粒，改善焊缝中心的显微硬度和接头的拉伸性能。孔祥玉[19]采用双脉冲 MIG 焊接铝合金薄板，焊缝枝晶组织细小，成分偏析程度较小，气孔率低，焊缝成形良好，力学性能好。由此可知，在焊接电流中植入脉冲能够起到提高焊接接头的力学性能及细化晶粒的作用。

本节试验过程中在 VPPAW 的电流中植入脉冲，研究脉冲焊接电流和离子气流量的变化对焊缝成形的影响规律。将焊件在距离起弧端 50mm 处切割，测量焊缝的熔宽和熔深，并观察焊缝正面、背面成形及焊缝剖面的形状。试验采用 MSP430 开发软件编程，对焊接电流进行高频和低频同时调制，以达到改善 VPPAW 电弧稳定性和焊缝性能的目的。高低频双脉冲 VPPAW 电流波形示意图如图 6-13 所示。试验所选高频频率为 500Hz，低频频率为 1Hz。

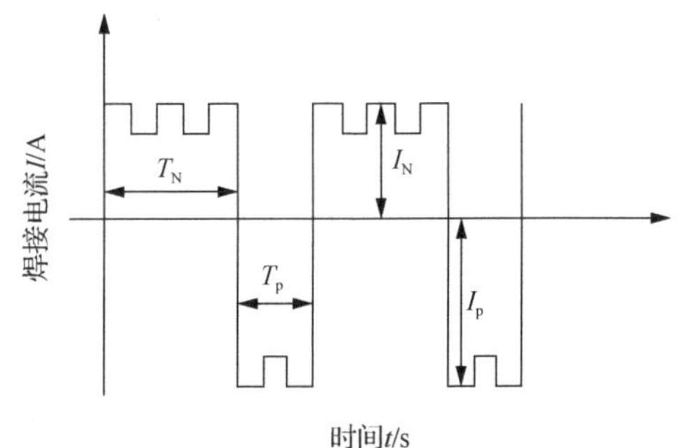

T_N—正半波导通时间；T_p—负半波导通时间；I_N—正半波电流最大值；I_p—负半波电流最大值。

图 6-13　高低频双脉冲 VPPAW 电流波形示意图

1. 脉冲焊接电流对焊缝成形的影响

在 VPPAW 过程中，焊接电流的增大使等离子弧穿透能力增加。焊接电流需根据板厚或熔透要求来选择，电流过小，不能形成小孔，电流过大，又会因小孔直径过大而使熔池金属坠落。试验过程中先堆焊，以焊缝正面、背面成形及正面熔宽和熔深作为评定标准，采用单一因素法研究不同离子气流量条件下焊接电流的变化对焊缝成形规律的影响。每种离子气流量下选择五组焊接电流，送丝速度为 2.0m/min，焊接速度为 0.15m/min，保护气流量为 15L/min，钨极内缩量为 3mm，正反极性时间比为 21∶4。

离子气流量为 1.6L/min 时焊接电流的选择如表 6-13 所示，焊缝正面及剖面形貌如图 6-14 所示（图中小图为焊缝截面图）。

表 6-13　焊接电流的选择

组别	正/反极性电流（I_N/A）/（I_P/A）	离子气流量 q/（L/min）	送丝速度 v_f/（m/min）	焊接速度 v/（m/min）
C1	160/200	1.6	2.0	0.15
C2	180/220	1.6	2.0	0.15
C3	200/240	1.6	2.0	0.15
C4	220/260	1.6	2.0	0.15
C5	240/280	1.6	2.0	0.15

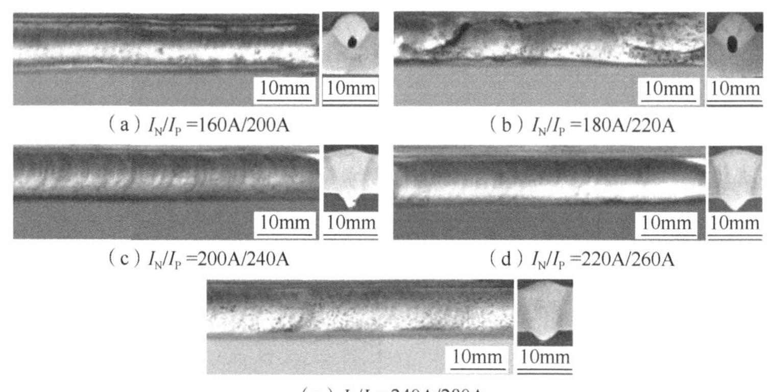

（a）I_N/I_P =160A/200A　（b）I_N/I_P =180A/220A　（c）I_N/I_P =200A/240A　（d）I_N/I_P =220A/260A　（e）I_N/I_P =240A/280A

图 6-14　离子气流量为 1.6L/min 时不同焊接电流的焊缝形貌

由图 6-14 可知，当离子气流量为 1.6L/min 时，随着焊接电流的增加焊缝逐渐由未穿孔向穿孔转变。当焊接电流为 160A/200A 时，由于热量不足未能实现穿孔，如图 6-14（a）所示。当电流增大到 200A/240A 时可以实现穿孔，但由于热量较小，焊缝背面出现咬边，如图 6-14（c）所示。当焊接电流增大为 220A/260A 时，焊缝背面成形有明显改善，如图 6-14（d）所示。焊接电流继续增大，能够使液态熔池上面及液态熔池与固态金属间形成合理的温度梯度，液态金属能够流畅过渡到焊缝背面，焊缝的正面、背面成形良好，如图 6-14（e）所示。焊接电流对焊缝形状参数的影响如表 6-14 和图 6-15 所示。

表 6-14　离子气流量为 1.6L/min 时不同焊接电流的焊缝形状参数

组别	实际熔深 H/mm	正面熔宽 W_z/mm	焊缝成形系数 $\psi=W_z/H$	是否焊透	正面质量	背面质量
C1	4.4	9.1	2.07	否	差	
C2	5.6	9.7	1.73	否	差	
C3	10	11.2	1.12	是	良好	差
C4	10	12.0	1.2	是	良好	较好
C5	10	12.6	1.26	是	良好	良好

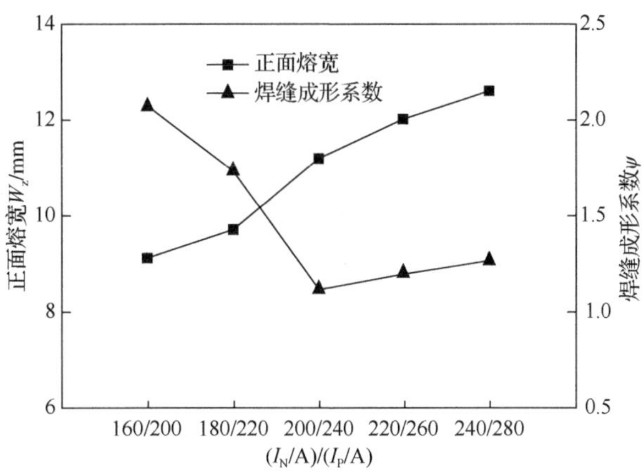

图 6-15　离子气流量为 1.6L/min 时焊接电流对焊缝形状参数的影响

由图 6-15 可知，随着焊接电流增大，焊缝正面熔宽由 9.1mm 增加到 12.6mm，当焊接电流为 160A/200A 时，未能穿孔，焊缝成形系数为 2.07；当焊接电流为 200A/240A 时，能够穿孔，焊缝成形系数减小为 1.12；当焊接电流继续增大，焊缝成形系数又逐渐增大；当焊接电流为 240A/280A 时，焊缝成形系数为 1.26，焊缝正面和背面成形质量都有所提高。

当离子气流量为 1.8L/min 时，焊接电流的选择如表 6-15 所示，焊缝正面和剖面形貌如图 6-16 所示。

表 6-15　焊接电流的选择

组别	正/反极性电流（I_N/A）/（I_P/A）	离子气流量 q/（L/min）	送丝速度 v_f/（m/min）	焊接速度 v/（m/min）
C6	160/200	1.8	2.0	0.15
C7	180/220	1.8	2.0	0.15
C8	200/240	1.8	2.0	0.15
C9	220/260	1.8	2.0	0.15
C10	240/280	1.8	2.0	0.15

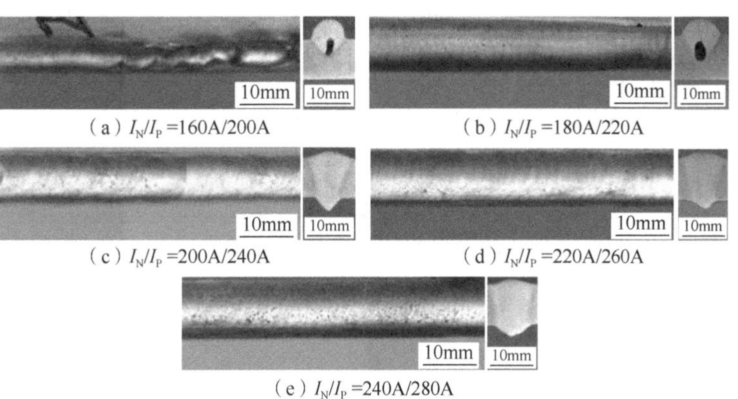

（a）I_N/I_P =160A/200A　（b）I_N/I_P =180A/220A

（c）I_N/I_P =200A/240A　（d）I_N/I_P =220A/260A

（e）I_N/I_P =240A/280A

图 6-16　离子气流量为 1.8L/min 时不同焊接电流的焊缝形貌

由图 6-16 可知，当离子气流量为 1.8L/min 时，焊缝成形的变化规律与离子气流量为 1.6L/min 时一致。由图 6-16（a）、（b）可知，当焊接电流为 160A/200A、180A/220A 时未能穿孔。由图 6-16（c）可知，当电流增大到 200A/240A 时可以实现穿孔，焊缝正面成形较好，但背面金属的流动性差，造成背面的剖面形状为三角形。由图 6-16（d）可知，当焊接电流为 220A/260A 时，焊缝正面成形良好，背面成形由三角形过渡为圆弧形；当焊接电流为 240A/280A 时，焊缝的正面、背面成形良好，但背面熔宽变宽，如图 6-16（e）所示。焊接电流对焊缝形状参数的影响如表 6-16 和图 6-17 所示。

表 6-16　离子气流量为 1.8L/min 时不同焊接电流的焊缝形状参数

组别	实际熔深 H/mm	正面熔宽 W_z/mm	焊缝成形系数 $\psi=W_z/H$	是否焊透	正面质量	背面质量
C6	4.6	9.3	2.02	否	差	
C7	6.2	9.7	1.56	否	差	
C8	10	11.1	1.11	是	良好	较好
C9	10	11.9	1.19	是	良好	良好
C10	10	12.5	1.25	是	良好	较好

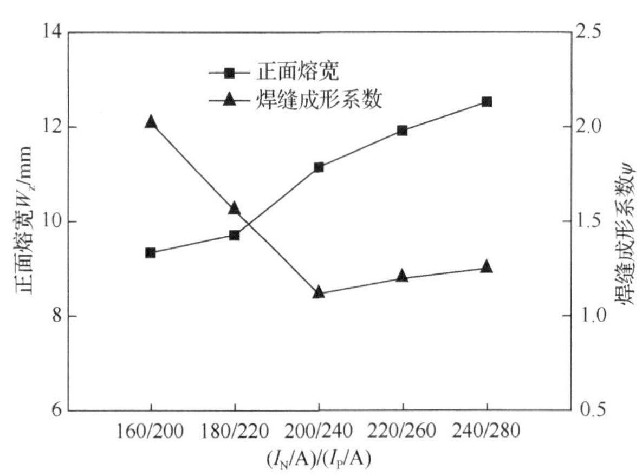

图 6-17　离子气流量为 1.8L/min 时焊接电流对焊缝形状参数的影响

由图 6-17 可知，随着焊接电流的增大，焊缝正面熔宽由 9.3mm 增加到 12.5mm。当焊接电流为 160A/200A 时，未能穿孔，焊缝成形系数为 2.02；当焊接电流为 200A/240A 时，能够实现穿孔，焊缝成形系数为 1.11。焊接电流进一步增加，焊缝成形系数逐渐增大，当焊接电流增加到 220A/260A 时，焊缝成形系数为 1.19，焊缝成形较好；当电流继续增大时，焊缝成形系数增大为 1.25，但背面熔宽过宽。

当离子气流量为 2.0L/min 时焊接电流的选择如表 6-17 所示，焊缝正面和剖面形貌如图 6-18 所示。

表 6-17　焊接电流的选择

组别	正/反极性电流(I_N/A)/(I_P/A)	离子气流量 q/(L/min)	送丝速度 v_f/(m/min)	焊接速度 v/(m/min)
C11	160/200	2.0	2.0	0.15
C12	180/220	2.0	2.0	0.15
C13	200/240	2.0	2.0	0.15
C14	220/260	2.0	2.0	0.15
C15	240/280	2.0	2.0	0.15

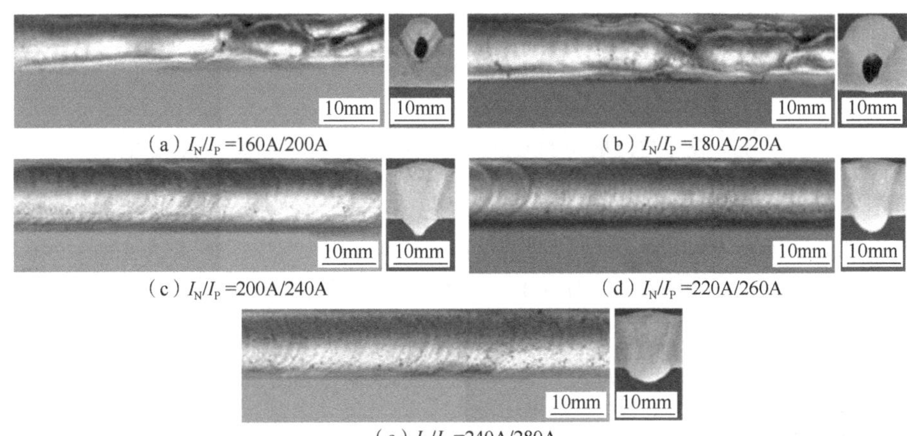

(a) I_N/I_P =160A/200A　(b) I_N/I_P =180A/220A　(c) I_N/I_P =200A/240A　(d) I_N/I_P =220A/260A　(e) I_N/I_P =240A/280A

图 6-18　离子气流量为 2.0L/min 时不同焊接电流的焊缝形貌

由图 6-18 可知，当离子气流量为 2.0L/min，焊接电流为 160A/200A、180A/220A 时仍未能穿孔，如图 6-18（a）、（b）所示。当焊接电流增大到 200A/240A 时可以实现穿孔，焊缝正面成形良好，背面成形为三角形，如图 6-18（c）所示。当电流增大到 220A/260A 时，焊缝正面成形良好，背面成形剖面由三角形向圆弧过渡，如图 6-18（d）所示。当焊接电流为 240A/280A 时，焊缝的正面、背面成形较好，但背面熔宽明显变宽，成形变差，如图 6-18（e）所示。焊接电流对焊缝形状参数的影响如表 6-18 和图 6-19 所示。

表 6-18　离子气流量为 2.0L/min 时不同焊接电流的焊缝形状参数

组别	实际熔深 H/mm	正面熔宽 W_z/mm	焊缝成形系数 $\psi=W_z/H$	是否焊透	正面质量	背面质量
C11	5.1	9.7	1.9	否	差	
C12	7.8	10.2	1.31	否	差	
C13	10	11.0	1.1	是	良好	较好
C14	10	11.7	1.17	是	良好	良好
C15	10	12.4	1.24	是	良好	较好

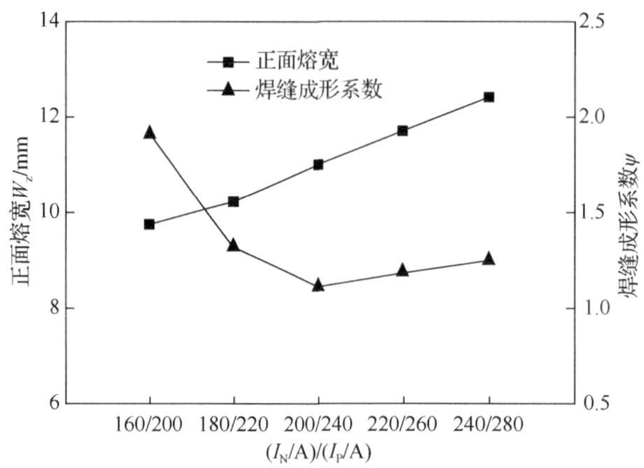

图 6-19　离子气流量为 2.0L/min 时焊接电流对焊缝形状参数的影响

由图 6-19 可知，随着焊接电流增大，焊缝正面熔宽由 9.7mm 增加到 12.4mm，当焊接电流为 160A/200A 时未能穿孔，焊缝成形系数为 1.9，当焊接电流为 200A/240A 时能够实现穿孔，焊缝成形系数减小为 1.1，电流进一步增加，焊缝成形系数又逐渐增大，当焊接电流增加到 240A/280A 时焊缝成形系数为 1.24，焊缝成形较好。离子气流量为 2.2L/min 时，焊接电流的选择如表 6-19 所示，焊缝正面和剖面形貌如图 6-20 所示。

表 6-19　焊接电流的选择

组别	正/反极性电流（I_N/A）/（I_P/A）	离子气流量 q/（L/min）	送丝速度 v_f/（m/min）	焊接速度 v/（m/min）
C16	160/200	2.2	2.0	0.15
C17	180/220	2.2	2.0	0.15
C18	200/240	2.2	2.0	0.15
C19	220/260	2.2	2.0	0.15
C20	240/280	2.2	2.0	0.15

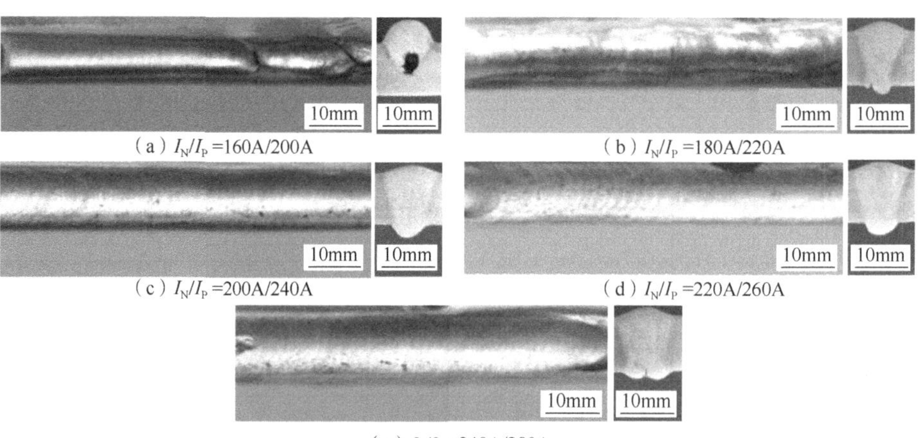

图 6-20　离子气流量为 2.2L/min 时不同焊接电流的焊缝形貌

由图 6-20 可知，当离子气流量为 2.2L/min，焊接电流为较小的 160A/200A 时仍未穿孔，如图 6-20（a）所示。当焊接电流增大到 180A/220A 时即可实现穿孔，但背面出现咬边，如图 6-20（b）所示。随着焊接电流的增大，焊缝背面成形由三角形向圆弧过渡，如图 6-20（c）、（d）所示。焊接电流增大到 240A/280A 时，焊缝的背面成形变差，熔宽明显变宽并出现回缩现象，如图 6-20（e）所示。焊接电流对焊缝形状参数的影响如表 6-20 和图 6-21 所示。

表 6-20　离子气流量为 2.2L/min 时不同焊接电流的焊缝形状参数

组别	实际熔深 H/mm	正面熔宽 W_z/mm	焊缝成形系数 $\psi=W_z/H$	是否焊透	正面质量	背面质量
C16	5.7	9.8	1.72	否	差	
C17	10	10.4	1.04	是	差	差
C18	10	10.9	1.09	是	良好	良好
C19	10	11.6	1.16	是	良好	良好
C20	10	12.2	1.22	是	良好	差

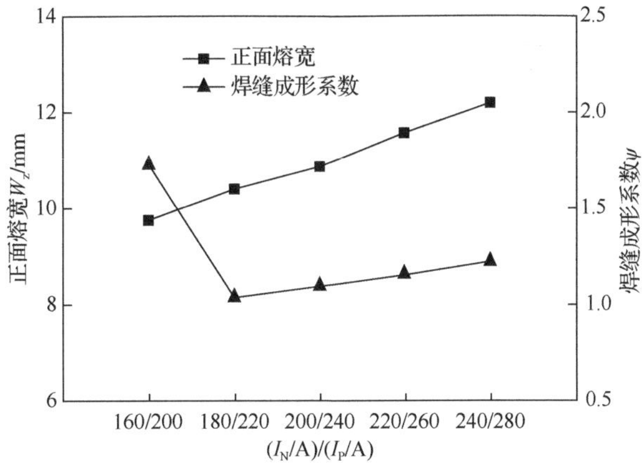

图 6-21　离子气流量为 2.2L/min 时焊接电流对焊缝形状参数的影响

由图 6-21 可知，随着焊接电流增大，焊缝正面熔宽由 9.8mm 增加到 12.2mm，当焊接电流为 160A/200A 时未能穿孔，焊缝成形系数为 1.72，当焊接电流为 180A/220A 时，能够穿孔，焊缝成形系数减小为 1.04；当焊接电流为 200A/240A 时，焊缝成形系数增大到 1.09，焊缝成形较佳，如图 6-20（c）所示。当焊接电流增加到 240A/280A 时，焊缝成形系数为 1.22，焊缝成形正面质量好，但背面出现回缩现象。

离子气流量为 2.4L/min 时焊接电流的选择如表 6-21 所示，焊缝正面和剖面形貌如图 6-22 所示。

表 6-21　焊接电流的选择

组别	正/反极性电流（I_N/A）/（I_P/A）	离子气流量 q/（L/min）	送丝速度 v_f/（m/min）	焊接速度 v/（m/min）
C21	160/200	2.4	2.0	0.15
C22	180/220	2.4	2.0	0.15
C23	200/240	2.4	2.0	0.15
C24	220/260	2.4	2.0	0.15
C25	240/280	2.4	2.0	0.15

由图 6-22 可知，当离子气流量为 2.4L/min，焊接电流为 160A/200A 时也未能穿孔，如图 6-22（a）所示。当焊接电流增大到 180A/220A 时可以实现穿孔，但热量不足且离子气流量过大造成切割现象，如图 6-22（b）所示。当焊接电流为 200A/240A、220A/260A 时，焊缝正面、背面成形良好，如图 6-22（c）、（d）所示。当焊接电流增大到 240A/280A 时，焊缝的背面成形变差，熔宽过大且出现回缩现象，如图 6-22（e）所示。焊接电流对焊缝形状参数的影响如表 6-22 和图 6-23 所示。

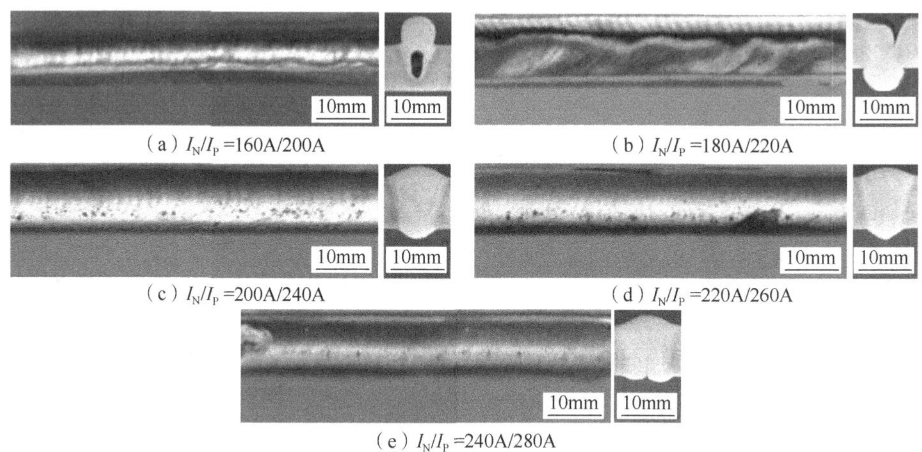

（a）I_N/I_P =160A/200A　（b）I_N/I_P =180A/220A
（c）I_N/I_P =200A/240A　（d）I_N/I_P =220A/260A
（e）I_N/I_P =240A/280A

图 6-22　离子气流量为 2.4L/min 时不同焊接电流的焊缝形貌

表 6-22　离子气流量为 2.4L/min 时不同焊接电流的焊缝形状参数

组别	实际熔深 H/mm	正面熔宽 W_z/mm	焊缝成形系数 $\psi=W_z/H$	是否焊透	正面质量	背面质量
C21	6.7	9.9	1.48	否	差	
C22	10	10.1	1.01	是	差	差
C23	10	10.7	1.07	是	良好	良好
C24	10	11.5	1.15	是	良好	良好
C25	10	12.2	1.22	是	良好	差

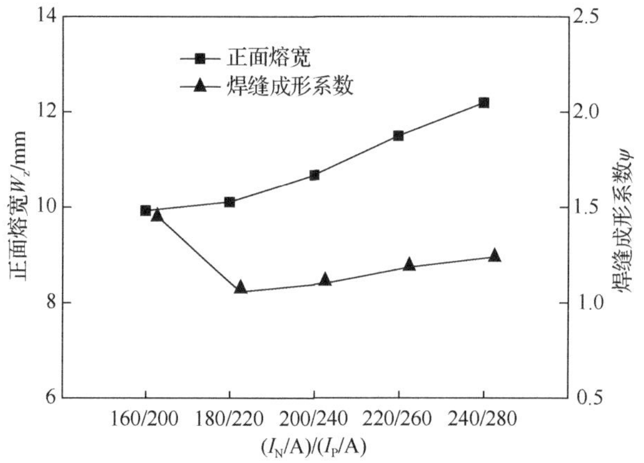

图 6-23　离子气流量为 2.4L/min 时焊接电流对焊缝形状参数的影响

由图 6-23 可以看出，随着焊接电流增大，焊缝正面熔宽由 9.9mm 增加到 12.2mm，当焊接电流为 160A/200A 时，未能穿孔，焊缝成形系数为 1.48；当焊接电流为 180A/220A 时，能够穿孔，焊缝成形系数为 1.01。电流进一步增加，焊缝成形系数增大，当焊接电流为 200A/240A 时，焊缝成形系数为 1.07，焊缝正面、背面成形良好，如图 6-22（c）所示。当焊接电流增加到 240A/280A 时，焊缝成形系数为 1.22，焊缝成形正面质量好，但背面出现回缩现象，如图 6-22（e）所示。

2. 焊接参数的优化

综合焊接电流及离子气流量的变化对 10mm 厚的 7075 铝合金 PVPPAW 焊缝成形的影响规律，优化出堆焊的较佳参数范围为正/反极性电流 220A/260A～240A/280A，离子气流量为 1.8～2.0L/min。在此工艺基础上优化出对焊的较佳参数为焊接电流 250A/290A，焊接速度为 0.15m/min，离子气流量为 2.0L/min，送丝速度为 2.0m/min。该参数下焊件的焊缝形貌如图 6-24 所示。焊接电流变化对焊缝成形参数的影响如表 6-23 和图 6-25 所示。

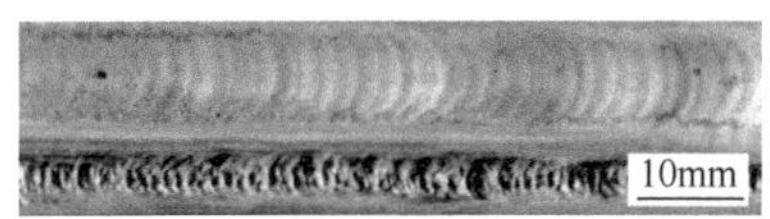

图 6-24　较佳工艺条件下的焊缝形貌

表 6-23　较佳工艺条件下的焊缝成形参数

正/反极性电流 $(I_N/A)/(I_P/A)$	离子气流量 $q/(L/min)$	正面熔宽 W_z/mm	背面熔宽 W_b/mm	实际熔深 H/mm	焊缝成形系数 $\psi=W_z/H$
250/290	2.0	12.5	9.2	10	1.25

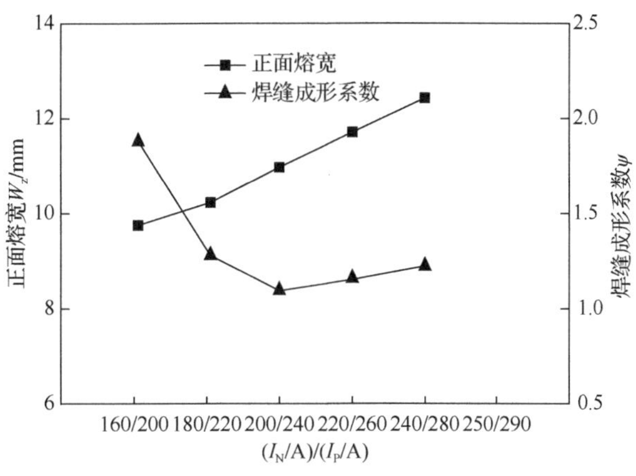

图 6-25　较佳工艺条件下焊接电流对焊缝成形参数的影响

由图 6-24 可知，焊缝表面成形良好，有均匀的鱼鳞纹，无明显的缺陷产生。由图 6-25 可知，当焊接电流为 250A/290A，离子气流量为 2.0L/min，焊接速度为 0.15m/min，送丝速度为 2.0m/min 进行对焊时，能够实现穿孔，熔深为 10mm，正面熔宽为 12.5mm，此参数下对焊时正面熔宽比堆焊焊接电流为 240A/280A 时，稍有增大，焊缝成形系数也由 1.24 增大为 1.25。

6.2.7　焊接电流和离子气流量对焊缝成形的影响规律

从 6.2.6 小节的试验结果中，可以归纳得出 7075 铝合金 PVPPAW 接头焊缝背面形状主要分为 3 类，即三角形、圆弧形和中间凹陷形，如图 6-26（a）～（c）所示。当焊接热输入不足仅能穿透焊件时，在离子气的作用下焊件背面的熔融金属流动性较差，形成三角形背面形状，如图 6-16（c）所示。当焊接热输入足够且离子气流量合适，熔融金属的流动性好，在重力作用下形成圆弧形背面形状，如图 6-18（d）所示。当焊接热输入已足够，但离子气流量过大则造成熔融金属的回缩作用，形成了中间凹陷的背面形状，如图 6-20（e）所示。综合以上 3 种背面形状，当焊接电流和离子气流量的匹配适宜时可形成 7075 铝合金 PVPPAW 焊缝理想的圆弧形背面形状。

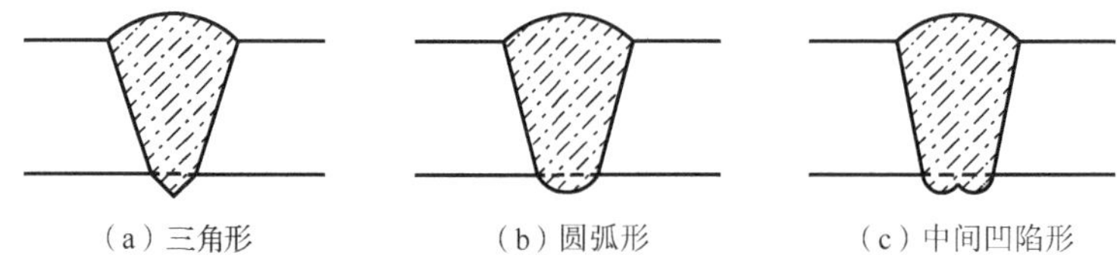

图 6-26　焊缝背面分类示意图

不同焊接电流及离子气流量对焊缝成形参数的影响如图 6-27 所示。由图 6-27 可以看出，当离子气流量一定时，随着焊接电流的增加，焊缝成形系数呈现先减小后增大的趋势，当离子气流量为 1.6L/min，焊接电流为 200A/240A 时，才能穿孔且正面成形较好、背面稍差，焊缝成形系数为 1.12。当焊接电流为 240A/280A 时，焊缝正面、背面成形较好，焊缝成形系数为 1.29。随着离子气流量增大到 1.8L/min 和 2.0L/min 时，焊接电流为 160A/200A 和 180A/220A 时，焊缝成形差；当焊接电流达到 200A/240A 时，才能成形，此时的焊缝成形系数为 1.11 和 1.1。电流继续增大后焊缝成形质量逐渐变好。当离子气流量为 2.2L/min 和 2.4L/min，焊接电流为 240A/280A 时，焊缝出现回缩现象，背面成形较差。当焊接电流一定时，随着离子气流量的增大，焊缝成形系数逐渐减小。当焊接电流为 160A/200A 时，热输入较小造成 5 种离子气流量条件下均未能穿孔，焊缝成形系数均较大，都大于 1.4。当电流增加到 200A/240A 时，5 种离子气流量条件下均能实现穿孔，但离子气流量为 1.6L/min 时焊缝背面成形较差，如图 6-14（c）所示。随着离子气流量增加，焊缝背面成形也由原来的三角形过渡为圆弧形。焊接电流继续增大，焊缝成形系数逐渐增大，当焊接电流为 240A/280A，离子气流量为 2.2L/min 时，焊缝背面出现回缩现象，背面成形变差。由此可知，在铝合金 PVPPAW 时，当热输入达到形成稳定穿孔熔池所需的热量值后，熔池上作用的各项力可达到平衡状态，穿孔熔池即能保持其稳定性，此时离子气流量可以在一定的范围内变化。相对离子气流量而言，焊接电流是影响焊缝成形最主要的因素。综合焊缝成形的外观及焊缝成形系数，可知 10mm 厚的 7075 铝合金 PVPPAW 较佳的焊缝成形系数区间为 1.1～1.3。

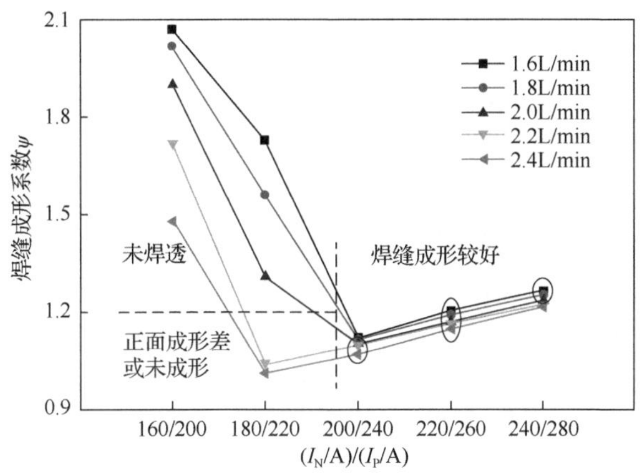

图 6-27　不同焊接电流和离子气流量的焊缝成形系数

不同焊接电流及离子气流量对焊缝熔深的影响如图 6-28 所示。由图 6-28 可知，当焊接电流一定时，随着离子气流量的增大，焊缝熔深逐渐增加。焊接电流为 160A/200A 时由于热输入较小未能实现穿孔，熔深较浅。当焊接电流为 180A/220A 时，离子气流量达到 2.2L/min 能实现穿孔，但正面及背面成形较差，如图 6-21（b）所示。当焊接电流继续增加到 200A/240A 时，离子气流量为 1.6L/min 时就能实现穿孔，但背面成形较差，随着离子气流量增加，焊缝背面成形也由原来的三角形转变为圆弧形。焊接电流继续增大到 220A/260A 时，五种离子气流量条件下均能穿孔。当离子气流量一定时，随着焊接电流的增加，焊缝熔深逐渐增加，离子气流量为 1.6L/min，电流较小时不能穿孔，如图 6-28 所示。当焊接电流为 200A/240A 时，才能穿孔。随着离子气流量增加到 2.2L/min 和 2.4L/min 时，焊接电流为 180A/220A 时即可实现穿孔，电流继续增大后都能穿孔。由此可知，与离子气流量相比，焊接电流是影响焊缝熔深的主要因素。

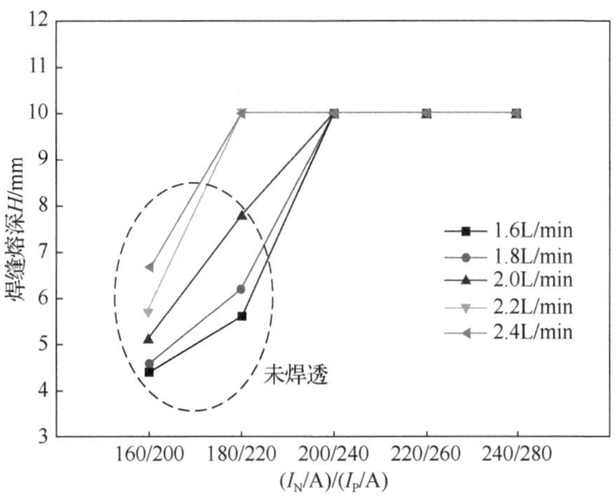

图 6-28　不同焊接电流和离子气流量的焊缝熔深

6.2.8 优化结果

通过对 VPPAW 和 PVPPAW 参数的优化，确定 10mm 厚的 7075 铝合金板材焊接工艺。研究了焊接电流和离子气流量的变化对 PVPPAW 焊缝成形参数的影响规律，归纳出 3 种焊缝背面形状模型，并得出了 7075 铝合金 PVPPAW 较佳的焊缝成形系数。

1）采用 VPPAW 和 PVPPAW 两种工艺均能实现 10mm 厚 7075 铝合金的焊接。VPPAW 较佳的焊接参数如下：正/反极性电流为 260A/300A，离子气流量为 2.0L/min，焊接速度为 0.15m/min，送丝速度为 2.2m/min。PVPPAW 较佳的焊接参数如下：正/反极性电流为 250A/290A，离子气流量为 2.0L/min，焊接速度为 0.15m/min，送丝速度为 2.0m/min。

2）对实际焊缝背面形状进行分析，归纳出了 3 种典型的 PVPPAW 焊缝背面形状模型，即三角形、圆弧形和中间凹陷形。结合焊缝成形的表面质量及焊缝成形系数的变化规律，得出 10mm 厚 7075 铝合金 PVPPAW 较佳的焊缝成形系数区间为 1.1～1.3。

6.3 VPPAW 对 7 系铝合金组织的影响

选用优化出的 VPPAW 及 PVPPAW 两种工艺的较佳参数对 7075 铝合金实施焊接，对两种焊接接头进行显微组织、拉伸性能、维氏硬度测试与分析，研究脉冲的植入对焊接接头组织和性能的影响。

6.3.1 焊接工艺

7075 铝合金 VPPAW 及 PVPPAW 较佳焊接参数如表 6-24 所示。以此焊接参数施焊所得接头作为研究对象。其他焊接参数如下：保护气流量为 15L/min，钨极内缩量为 3mm，正反极性时间比为 21∶4。

表 6-24 VPPAW 及 PVPPAW 焊接参数

焊接工艺	正/反极性电流（I_N/A）/（I_P/A）	焊接速度 v/（m/min）	送丝速度 v_f/（m/min）	离子气流量 q/（L/min）
VPPAW	260/300	0.15	2.2	2.0
PVPPAW	250/290	0.15	2.0	2.0

6.3.2 焊接接头质量分析

1. 表面形貌

7075 铝合金 VPPAW 和 PVPPAW 两种工艺较佳参数的焊接接头宏观形貌如图 6-29 所示。

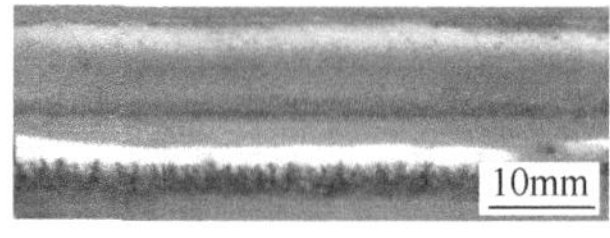

（a）VPPAW

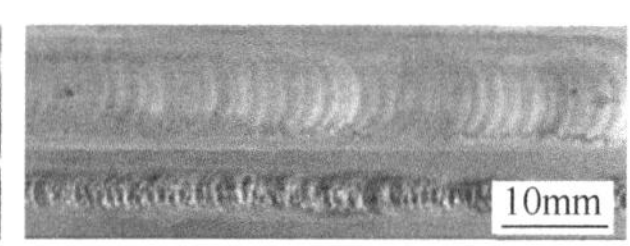

（b）PVPPAW

图 6-29 焊接接头宏观形貌

由图 6-29（a）可以看出，VPPAW 焊缝表面平整、无明显缺陷；由图 6-29（b）可以看出，PVPPAW 焊缝表面有均匀的鱼鳞纹，两种工艺的焊缝背面成形良好。VPPAW 接头焊缝正面宽度为 12.7mm，背面宽度为 10.2mm，PVPPAW 接头正面宽度为 12.5mm，背面熔宽 9.2mm，两种接头的正面熔宽差别不大，但 PVPPAW 接头的背面熔宽变窄。从图 6-29（b）可以看出，PVPPAW 时脉冲的搅拌作用使熔池发生变化，造成了焊缝表面出现了均匀的鱼鳞纹。

2. 显微组织

7075 铝合金母材显微组织如图 6-30 所示，母材的晶粒在热轧处理过程中沿轧制方向被拉长，呈带状分布，是典型的轧制组织。7075 铝合金的主要强化机制是析出强化，其强度主要由基体析出相的大小、数量和弥散度决定，主要强化相为均匀弥散在基体中的亚稳相[20-21]。

图 6-30　7075 铝合金母材显微组织

采用 VPPAW 和 PVPPAW 两种工艺的 7075 铝合金焊接接头显微组织如图 6-31 所示。由图 6-31 可知，两种工艺的焊接接头均由母材区（A）、热影响区（B）、焊缝区（C）组成。母材区为典型的轧制组织，热影响区为轧制组织和部分等轴晶，焊缝中心为较粗大的树枝晶。这与铝合金在焊接过程中的受热状态和自身的物理特性密切相关，等离子弧焊接能量密度高，焊接速度快，焊缝中部温度梯度小，且长时间处于热量输入的中心，高温时间较长，晶粒长大时间充裕，所以焊缝中心为粗大的树枝晶组织，而铝合金热导率大，冷却速度快，母材的方向是散热最快的方向，而由于散热的作用造成热影响区温度升高，达到合金的再结晶温度，轧制组织发生再结晶形成了部分等轴晶。母材由于未受到加热作用，其组织未发生明显变化。

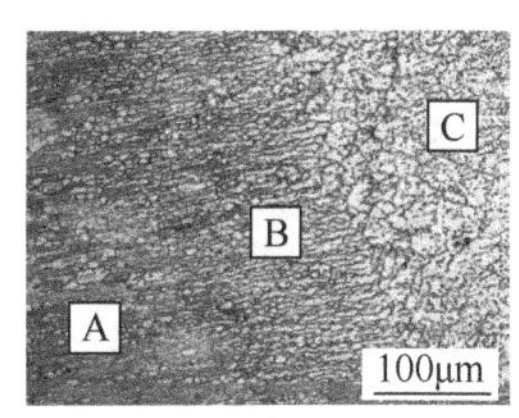

（a）VPPAW接头

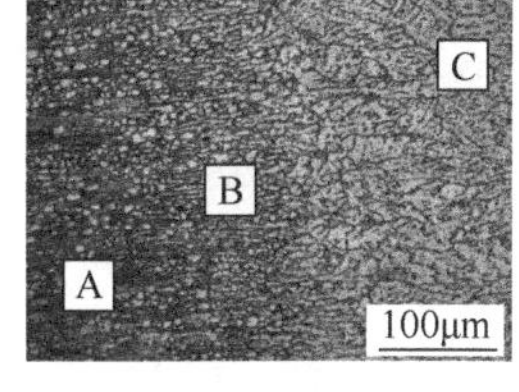

（b）PVPPAW接头

图 6-31　两种工艺焊接接头显微组织

两种工艺下的焊缝中心显微组织如图 6-32 所示。由图 6-32 可以看出，VPPAW 焊缝中心的组织为急冷铸造组织，为树枝状晶和少量的等轴晶。由于 VPPAW 时峰值电流不变，电弧压力变化很小，熔池表面液体振动的振幅也很小，熔池的搅拌作用很弱。而采用 PVPPAW 焊接时，高低频脉冲同时调制，峰值电流按照高低频脉冲的频率不断发生变化，造成电弧压力随之发生很大的变化。当峰值电流高时，电弧压力大，熔池表面的液体呈凹状；当峰值电流低时，电弧压力小，熔池表面的液体呈凸状，从而导致熔池表面液体的上、下振动，引起熔池液体的搅拌作用[22]。熔池液体的搅拌作用一方面增加了熔池内原有的对流，增大了液体流动，降低了温度梯度，减小了固液界面前沿的成分过冷区域，从而减缓了一次枝晶的生长速度；另一方面可使部分熔化的晶粒脱离熔池侧壁进入熔池，增加了形核核心，促进了 α(Al)的非均质形核[23-24]。因此，PVPPAW 焊缝组织柱状晶减少，产生部分等轴晶，晶粒有所细化。

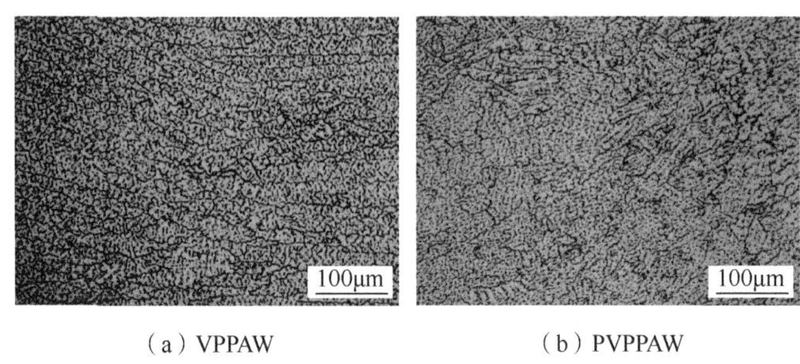

（a）VPPAW　　（b）PVPPAW

图 6-32　两种工艺的焊缝中心显微组织

3. 析出相的变化

两种工艺的焊缝在 SEM 背散射成像（back scattered electron，BSE）模式下观察到组织如图 6-33 所示。从图 6-33 可以看出两种工艺下的焊缝内晶粒粗大，晶粒内部和晶界处有白色颗粒状和条状组织，对该颗粒状和条状组织进行能谱（EDS）分析，如图 6-34 所示，该组织所含元素及含量如表 6-25 所示。由表 6-25 可知颗粒状组织中含有 Al、Zn、Mg、Cu 四种元素，通过 Al-Zn-Mg 系铝合金平衡图[25]（图 6-35）可知焊缝处的组织为 α（Al）和 T（$Mg_{32}(AlZn)_{49}$）相，经 XRD 对焊缝金属进行分析也可得出含有 T（$Mg_{32}(AlZn)_{49}$）相，如图 6-36 所示。

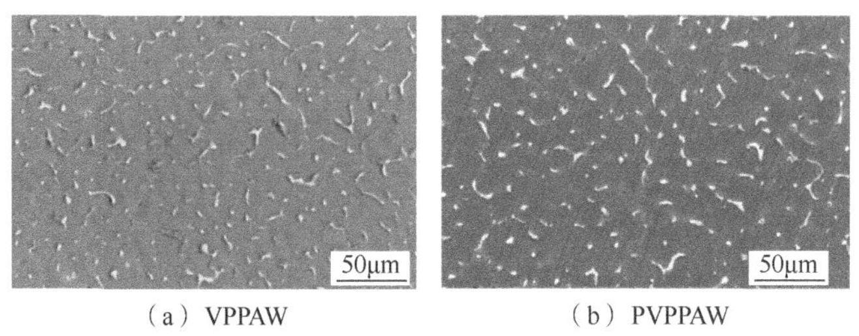

（a）VPPAW　　（b）PVPPAW

图 6-33　两种不同工艺焊接接头 BSE 图像

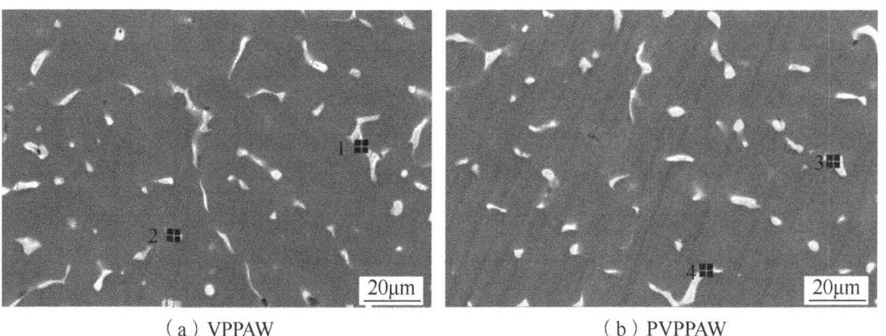

（a）VPPAW　　（b）PVPPAW

图 6-34　焊缝晶粒内部 EDS 分析

表 6-25　焊缝晶粒内部 EDS 分析结果　（单位：%）

焊接工艺	位置	质量分数			
		Mg	Zn	Cu	Al
VPPAW	1	5.28	8.18	3.49	83.04
	2	8.78	17.64	10.18	63.4
PVPPAW	3	11.98	21.12	8.04	58.86
	4	12.84	17.46	10.99	58.71

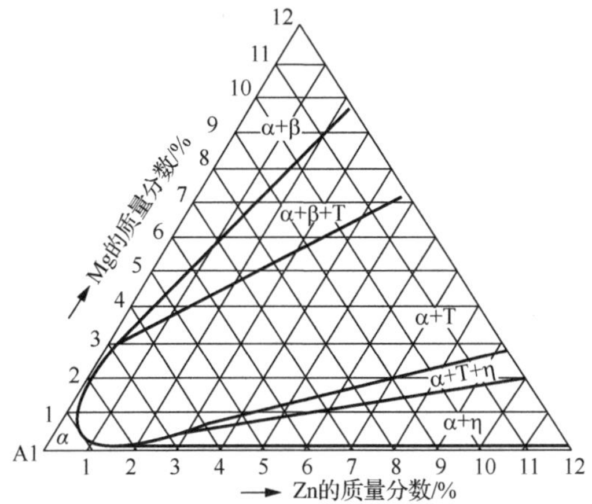

图 6-35　Al-Zn-Mg 系铝合金平衡图

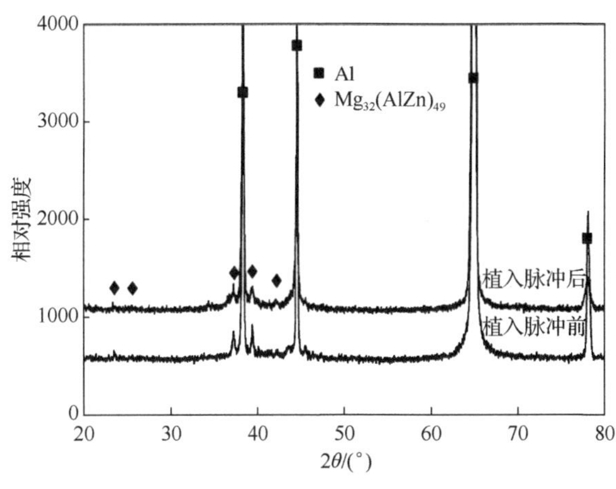

图 6-36　焊缝 XRD 图谱

由文献[26]可知，在 Al-Zn-Mg 三元合金中，形成的 T 相是 $Mg_{32}(AlZn)_{49}$，在 Al-Cu-Mg 三元合金中，形成的 T 相是 $Mg_{32}(AlCu)_{49}$。在 Al-Zn-Mg-Cu 四元合金中，这两种 T 相是相关联的，当 Al-Zn-Mg 合金中添加 Cu 时，Cu 可以固溶到 $Mg_{32}(AlZn)_{49}$ 形成成分范围较宽的四元 T 相。从图 6-33 可看出，采用 VPPAW 时，焊缝中心晶粒内部的 T 相呈白色，尺寸较长、厚度较薄的 T 相偏多，受力时更易断裂，对强度不利；采用 PVPPAW 时，颗粒状 T 相有所增加，长条状 T 相有所减少。两种工艺下的 T 相，不论是颗粒状还是条状，大部分分布于枝晶间，并且焊缝是由焊丝和部分熔化的母材凝固后形成的，焊接熔池的结晶是一个非平衡过程，存在严重的成分不均匀性和物理不均匀性，这也会导致焊缝力学性能的下降。同时，ER5183 焊丝自身的强度远远低于 7075 铝合金母材，且焊丝中只含有少量的 Ti，无法改变焊缝晶粒粗大、树枝晶组织发达这一状况，所以这种组织会使接头的强度、硬度降低，塑性下降。植入脉冲后形成强烈的冲刷，使刚结晶形成的晶粒组织破碎，在抑制晶粒长大的同时，破碎的晶粒成为新晶粒的形核核心，促进了焊缝晶粒组织的细化。同时脉冲对强化相 T 相细化有一定的作用，也有利于提高焊接接头的力学性能[27]。

两种不同工艺下的焊缝中心的取向成像图及反极图如图 6-37 所示。图 6-37（a）所示为采用 VPPAW 的焊缝中心的取向成像图及反极图，左侧图为焊缝中心的取向成像图，大部分为粗大的柱状晶，这是因为焊接时母材是散热最快的方向，焊缝处晶粒优先平行于母材生长成粗大的柱状晶，而其中少数的等轴晶是由于杂质或断开的树枝晶作为异质晶核而形核长大形成的。从图 6-37（a）右侧的反极图中可以看出，取向主要聚集在（111）。图 6-37（b）所示为采用 PVPPAW 的焊缝中心取向成像图及反极图，从图中可以看出，焊缝处粗大的柱状晶数量明显减少，取而代之的是大量大小不一的等轴晶。焊接过程中，植入脉冲，一方面依靠从外面输入的能量变化为形核提供能量起伏，增加形核率；另一方面使成长中的枝晶破碎，晶核数目增加，从而形成大量等轴晶并细化晶粒。反极图中取向分布较均匀。可以看出，采用 PVPPAW 时能为形核提供能量起伏，增加形核率，而且脉冲的加入能使成长中的枝晶破碎，破碎的枝晶又可以作为异质形核核心，从而使焊缝处柱状晶数量减少，提高焊缝处的性能。

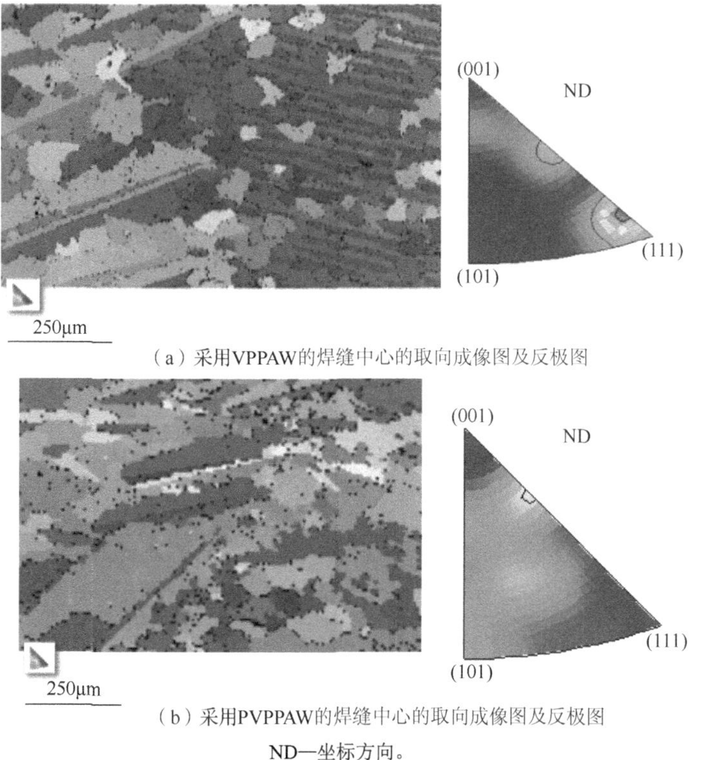

（a）采用VPPAW的焊缝中心的取向成像图及反极图

（b）采用PVPPAW的焊缝中心的取向成像图及反极图

ND—坐标方向。

图 6-37　两种不同工艺下焊缝中心取向成像图及反极图

6.4　VPPAW 对 7 系铝合金力学性能的影响

6.4.1　拉伸性能

对 7075-T651 铝合金母材进行室温拉伸试验，其结果如表 6-26 所示。母材的平均抗拉强度为 589.2MPa，平均屈服强度为 523.3MPa。对两种不同工艺下的 7075 铝合金焊接接头进行拉伸试验，其结果如表 6-27 所示。试验采用焊接接头系数来对比不同工艺条件下接头的力学性能。焊接接头系数是各接头试样的抗拉强度与母材的平均抗拉强度的比值，如式（6-1）所示。该系数反映由于焊接材料、焊接缺陷和焊接残余应力等因素使焊接接头强度被削弱的程度，即是焊接接头力学性能的综合反映。

$$焊接接头系数\phi(\%) = 焊接接头抗拉强度 R_m/母材平均抗拉强度 \bar{R}_m \tag{6-1}$$

表 6-26　母材拉伸试验结果

试样编号	抗拉强度 R_m/MPa	平均抗拉强度 $\bar{R}_m$/MPa	屈服强度 R_{eL}/MPa	平均屈服强度 $\bar{R}_{eL}$/MPa	断后伸长率 A/%	平均断后伸长率 A_v/%
D1	580.1	589.2	519.4	523.3	10.2	10
D2	598.1		527.5		10.3	
D3	589.4		523.1		9.5	

表 6-27　焊接接头拉伸试验结果

焊接工艺	试样编号	抗拉强度 R_m/MPa	平均抗拉强度 $\bar{R}_m$/MPa	焊接接头系数 ϕ/%	平均焊接接头系数 $\bar{\phi}_v$/%	断裂位置
VPPAW	E1	362.8	367.6	61.6	62.4	焊缝
	E2	375.5		63.7		焊缝
	E3	364.6		61.9		焊缝
PVPPAW	F1	388.9	397.9	66	67.5	焊缝
	F2	411.1		69.8		焊缝
	F3	393.7		66.8		焊缝

由表 6-27 可知：采用 VPPAW 的接头平均抗拉强度为 367.6MPa，平均焊接接头系数为 62.4%；而采用 PVPPAW 的接头抗拉强度有所提高，平均抗拉强度为 397.9MPa，平均焊接接头系数为 67.5%，平均抗拉强度比 VPPAW 时提高了 8.2%。采用 PVPPAW 时高频脉冲调制在保证电弧力的同时降低电弧能量密度，降低热影响区的软化程度，双脉冲混合调制可以控制和改变电弧形态、电弧作用力及对母材的热输入量，控制熔深及正面、背面成形、细化晶粒，减少气孔，能够提高焊接质量[28]。两种工艺下焊接接头的断裂位置均为焊缝中心，这说明焊缝中心的拉伸性能最差，为焊接接头的最薄弱区域。由

霍尔佩奇公式可知晶粒越细小，强度越高。采用 VPPAW 时焊缝组织晶粒粗大，柱状晶较多，因此接头性能稍差。

7075 铝合金母材及两种工艺下焊接接头的拉伸断口形貌 SEM 照片如图 6-38 所示。图 6-38（a）所示为母材拉伸断口形貌 SEM 照片，可知母材的轧制组织被拉延后断口上有大小不等的韧窝，表明在断口处产生了塑性流动，母材为塑性断裂。图 6-38（b）所示为采用 VPPAW 接头的拉伸断口形貌 SEM 照片，图 6-38（c）所示为采用 PVPPAW 接头的拉伸断口形貌 SEM 照片，两种工艺条件下的断裂位置皆为焊缝中心。因为焊缝组织为急冷铸态组织，所以图 6-38（b）和（c）明显不同于图 6-38（a），轧制态的带状组织消失，加工硬化消失，强度有所下降。采用两种工艺下的焊接接头拉伸断口的宏观形貌都显示韧窝浅且少，分布不均匀，说明断口未发生明显的塑性流动，韧性较差。但对比发现，PVPPAW 接头拉伸断口中的韧窝要比 VPPAW 的数量多。

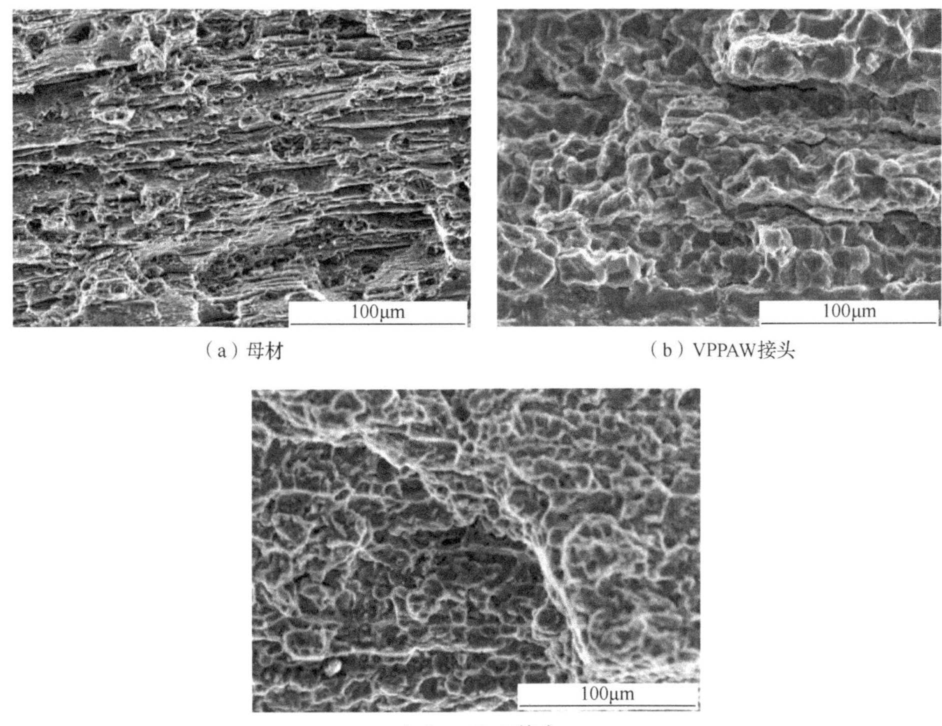

（a）母材　（b）VPPAW接头

（c）PVPPAW接头

图 6-38　7075 铝合金母材及两种工艺下焊接接头的拉伸断口形貌 SEM 照片

6.4.2　显微硬度

两种工艺下焊接接头的显微硬度分布如图 6-39 所示。

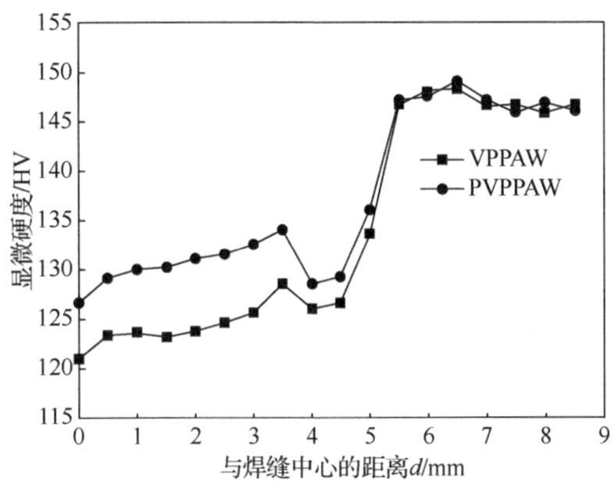

图 6-39　焊接接头显微硬度分布

由图 6-39 可知，两种工艺的显微硬度变化趋势基本一致，采用 VPPAW 的接头焊缝中心位置的硬度较低，硬度为 120.9HV，远离焊缝中心硬度值逐渐增加，但在热影响区内硬度再次降低为 125.9HV。采用 PVPPAW 接头焊缝中心位置的硬度也较低，硬度为 126.6HV，但比 VPPAW 时提高了 5.7HV，同样在热影响区内硬度再次降低为 128.5HV。此后，两种工艺下焊接接头的硬度均逐渐增加，与焊缝中心的距离约 8mm 处达到了母材的硬度。采用 PVPPAW 时脉冲的熔池搅拌作用起到了细化晶粒的效果，对提高硬度有一定的作用。

依据焊接平均电流公式[29]，对两种工艺的焊接电流进行计算（式中 T_n：T_p=21：4），如下所示：

$$I_v = \sqrt{\frac{I_+^2 T_n + I_-^2 T_p}{T_n + T_p}} \tag{6-2}$$

式中，I_v 表示平均电流（A）；I_+ 表示正极电流（A）；I_- 表示负极电流（A）；T_n 表示正极性的时间（min）；T_p 表示反极性的时间（min）。计算得出 VPPAW 和 PVPPAW 两种工艺的焊接平均电流分别为 266.8A 和 258.8A，当采用 PVPPAW 时，焊接电流减小，则热输入减小，从而减小了热影响区晶粒长大的趋势，使热影响区的显微硬度稍有提高，热输入的减小也减少了焊接过程中沸点较低的强化元素 Mg、Zn 的烧损，降低了焊缝中心的软化效果。两种工艺下的硬度都低于母材，原因是当熔池开始凝固时，溶质含量低的 α(Al)固溶体先结晶，大部分溶质原子，如 Zn、Cu、Mg 等被排挤到液固界面前沿的液相中，凝固结束后，富溶质的液相在晶界和枝晶间形成了共晶相，因此 α(Al)固溶体具有低的硬度。同时焊缝金属不完全的淬火降低了过饱和度，且焊丝中强化元素 Zn 含量远低于 7075 铝合金，造成熔池中 Zn 含量低于母材，减少了析出相硬化，故焊缝区的硬度低于母材。

6.5　本章小结

对 7075 铝合金 VPPAW 和 PVPPAW 两种工艺下的焊接接头进行了显微组织观察、拉伸性能和硬度测试并对比分析，得到以下结论。

1）采用 VPPAW 和 PVPPAW 两种工艺焊接 7075 铝合金中厚板时，两种工艺较佳参数的焊缝成形良好，焊缝正面、背面熔宽差别不大。采用 PVPPAW 的焊缝正面出现均匀的鱼鳞纹。采用两种工艺的焊缝组织组成相相同，均由 α(Al)+T($Mg_{32}(AlZn)_{49}$)相组成。

2）采用 PVPPAW 时高低频脉冲的搅拌作用细化了焊缝组织和强化相 T 相，接头平均抗拉强度为 397.9MPa，为母材抗拉强度的 67.5%，比采用 VPPAW 时提高了 8.2%，提高了焊缝的抗拉强度。

3）7075 铝合金 VPPAW 和 PVPPAW 两种工艺焊接接头的拉伸断裂位置均为焊缝中心，为焊接接头最薄弱的环节。采用 PVPPAW 时显微硬度由 120.9HV 提高到了 126.6HV，焊缝中心的显微硬度有所提高。

参考文献

[1] 张允康，许晓静，罗勇，等．7075 铝合金强化固溶 T76 处理后的拉伸与剥落腐蚀性能[J]．稀有金属材料与工程，2012，41（S2）：612-615.

[2] 张瑞英．铝合金焊接研究现状[J]．中国新技术新产品，2013（19）：117.

[3] 廖传清，宿国友，高艳芳，等．7075/5A06 异种铝合金 TIG 焊接头的显微组织和力学性能[J]．中国有色金属学报，2015，25（1）：43-48.

[4] 余啸．激光-电弧复合焊 7075-T6 铝合金接头软化行为研究[D]．合肥：合肥工业大学，2010.

[5] 吴圣川，徐晓波，张卫华，等．激光-电弧复合焊接 7075-T6 铝合金疲劳断裂特性[J]．焊接学报，2012，33（10）：45-48.

[6] 李正．7075-T6 铝合金激光-MIG 复合焊研究[D]．合肥：合肥工业大学，2012.

[7] 刘长军．双脉冲 MIG 焊 7075 超硬铝合金焊接接头组织与性能的研究[D]．沈阳：沈阳工业大学，2017.

[8] 吴圣川，唐涛，李正．高强铝合金焊接的研究进展[J]．现代焊接，2011（2）：5-8.

[9] 李阳，董再胜，孙丽荣．穿孔型等离子弧焊接研究现状[J]．内燃机与动力装置，2010（6）：42-44.

[10] 薛根奇．VPPAW 在铝合金焊接中的应用[J]．电焊机，2006，36（2）：36-37.

[11] 韩永全，杜茂华，陈树君，等．铝合金变极性等离子弧穿孔焊过程控制[J]．焊接学报，2010，31（11）：93-96.

[12] NUNES A C, BAYLESS E O, JONES C S, et al. Variable polarity plasma arc welding on the space shuttle external tank[J]. Welding journal, 1984, 63(9): 27-35.

[13] KNOCH R. Electrode no sitive plasma arc welding schneiden translation[J]. Welding research abroad, 1985, 2: 63.

[14] TOMSIC M T, BARHORST S. Keyhole plasma arc welding of aluminum with variable polarity power[J]. Welding journal, 1984, 63(2): 25.

[15] 吴双虎，国旭明，韩善果，等．5083 铝合金填丝等离子弧焊接头组织及力学性能[J]．沈阳航空航天大学学报，2020，37（4）：54-60.

[16] 国旭明，牛鹏亮．LD10CS 高强铝合金脉冲 MIG 焊工艺研究[J]．电焊机，2015，45（6）：117-120.

[17] 陈树君，张宝良，殷树言，等．双脉冲变极性波形对铝合金 TIG 焊焊接质量的影响[J]．电焊机，2006，36（2）：7-9，14.

[18] 从保强，齐铂金，周兴国，等．2219 高强铝合金超快变换 VPTIG 焊缝组织和性能[J]．焊接学报，2010，31（4）：85-88.

[19] 孔祥玉．铝、镁合金双脉冲 MIG 焊接研究[D]．大连：大连理工大学，2011.

[20] HUANG L P, CHEN K H, LI S, et al. Effect of high-temperature pre-precipitation on microstructure, mechanical property and stress corrosion cracking of Al-Zn-Mg aluminum alloy[J]. The Chinese journal of nonferrous metals, 2005, 15(5): 727-733.

[21] CHEN K H, HUANG L P. Strengthening-toughening of 7××× series high strength aluminum alloys by heat treatment[J]. Transactions of nonferrous metals society of China, 2003, 13(3): 484-490.

[22] 国旭明，杨成刚，钱百年，等．高强 Al-Cu 合金脉冲 MIG 焊工艺[J]．焊接学报，2004，25（4）：5-9.

[23] MARTIKAINEN J. Conditions for achieving high-quality welds in the plasma-arc keyhole welding of structural steels[J].

Journal of materials processing technology, 1995, 52(1): 68-75.

[24] REDDY G M, GOKHALE A A, RAO K P. Weld microstructure refinement in a 1441 grade aluminum-lithium alloy[J]. Journal of materials science, 1997, 32(15): 4117-4126.

[25] 潘复生，张丁非，等．铝合金及应用[M]．北京：化学工业出版社，2006.

[26] LI Y X, LI P, ZHAO G, et al. The constituents in Al-10Zn-2.5Mg-2.5Cu aluminum alloy[J]. Materials science and engineering A, 2005, 397(1-2): 204-208.

[27] 李国伟，陈芙蓉，韩永全，等．高强铝合金脉冲变极性等离子弧焊接头组织与性能[J]．焊接学报，2016，37（11）：27-30.

[28] SRIVATSAN T S, SRIRAM S, VEERARAGHAVAN D, et al. Microstructure, tensile deformation and fracture behavior of aluminum alloy 7055[J]. Journal of materials science, 1997, 32(11): 2883-2894.

[29] 刘杰，姚君山，郭立杰．2219 铝合金变极性等离子弧穿孔立焊工艺研究[J]．航空制造技术，2008（8）：74-77.

第 7 章　7 系铝合金焊接接头的焊接应力场数值模拟

7.1　引　　言

焊接工艺作为制造业必不可少的一项技术，在材料加工领域一直有着重要的地位。焊接是一个涉及电磁学、热力学和冶金学等的复杂过程。焊接现象包括焊接时的电磁、传热、金属的熔化和凝固等。焊接过程中产生的焊接应力与变形主要是由焊接时不合理的热过程引起的。焊接过程中和焊后，高集中的瞬时热输入将产生相当大的残余应力（焊接残余应力）和变形（焊接残余变形、焊接收缩、焊接翘曲），而且焊接过程中产生的动态应力和焊后残余应力会导致构件变形和焊接缺陷，且在一定程度还影响构件结构的加工精度和尺寸的稳定性。因此，在设计和施工时必须充分考虑焊接应力与变形的特点。焊接应力与变形是影响焊接结构质量和生产率的主要问题之一，焊接变形的存在不仅影响焊接结构的制造过程，而且影响焊接结构的使用性能[1-2]。因此对焊接温度场和应力场的定量分析、预测、模拟具有重要意义。

铝合金因具有优良的力学性能和较高的比强度而广泛应用于火车、汽车、飞机、火箭、舰船和轻型装甲车辆等对结构质量敏感领域的结构件上。我国虽然是世界上主要的铝生产国，但对于高性能铝材还严重依赖进口，基于这一现状，我国政府已将“提高铝材质量基础研究”列入国家重大基础研究项目，对铝合金发展进行规划导引[3]。7A52 铝合金是由我国自行研制并开发的一种中强铝合金，由于它具有比强度高、比刚度大、耐热性强等优点，因此广泛应用在航空器材及装甲等军用设施的零部件上。但是由于它具有熔点低、热导率大、热膨胀率高等特点，采用熔焊方法焊接时，会产生相当大的焊接残余应力和变形，而残余应力的存在对金属构件的强度、使用寿命、结构的刚度、承载的稳定性等方面影响很大。

在实际的生产和实验过程中，研究人员发现单纯利用试验方法获得焊接过程中瞬态温度场、焊后应力场的分布规律和焊接接头焊后残余应力的变化规律非常困难，且耗时耗力、不够全面，而焊接热过程是影响焊接质量和生产率的主要因素之一。准确地计算焊接温度场是合理进行焊接冶金分析、残余应力与变形计算及焊接质量控制的前提。因此，研究人员在实验的基础上还应对焊接进行模拟，充分利用模拟结果对实验进行指导。

本章采用有限元分析软件 ANSYS 对 7A52 铝合金的双丝 MIG 焊和 VPPA-MIG 复合焊的焊接温度场、应力场及处理焊接试样后应力场的变化进行数值计算分析，从而为 7A52 铝合金焊接接头的试验研究提供理论指导。

7.2　7 系铝合金双丝 MIG 焊焊接应力场数值模拟

7.2.1　焊接应力场有限元计算的基本方法和步骤

1. 热应力分析的基本方法

用有限元方法进行热应力分析的方法主要有以下 3 种。

1）在结构应力分析中直接定义节点的温度，适用于所有节点温度已知的情况。

2）间接耦合法，即首先进行温度场分析，然后将求得的节点温度作为体载荷应用在结构应力分析中，适用于绝大多数问题的研究。

3）直接耦合法，即使用具有温度和位移自由度的耦合单元，同时得到温度场分析和结构应力分析的结果，适用于热与结构的耦合是双向的［热分析影响结构应力分析，同时结构变形又会影响热分析（如大变形、接触等）］情况。因为焊接属于大热输入产生小变形过程，所以忽略结构变形对热分析的影响不会使结果产生较大的偏差。

2. 热应力分析的基本步骤

在实际的应用中，间接耦合法适用于绝大多数问题的研究，本书采用的就是这种方法。下面对利用该方法进行热应力有限元分析的基本步骤做简要介绍。

（1）温度场分析

在利用间接耦合法进行热应力分析时，首先要进行温度场分析。利用有限元分析软件 ANSYS 进行温度场计算的主要步骤是：建立实体几何模型，划分网格，并设定热物性参数；施加边界条件和载荷，进行求解；进行后处理，显示结果和分析，并保存计算结果。

（2）重新进入前处理，转换单元类型

温度场求解完毕后，应重新进入前处理，将热单元转换为相应的结构单元。对于本章分析，即将热单元 SOLID70 和 SURF152 分别转换为相应的结构单元 SOLID45 和 SURF154。

（3）设置结构分析中的材料属性

当将热单元转换为结构单元后，应设置结构分析中的材料属性，如弹性模量、泊松比和线膨胀系数等。

（4）读入温度场分析的节点温度并将其作为体载荷

将温度场分析得到的节点温度作为体载荷施加到相应结构分析的有限元模型上。

（5）设置参考温度

计算热应力时，应指定参考温度，一般为环境温度。

（6）求解及后处理

对结构模型进行求解，并通过后处理查看计算结果，利用结果进行分析。

7.2.2　建立有限元热模型

焊接是一个通过加热熔化金属，金属冷却再凝固，从而实现熔化连接的工艺过程。

双丝 MIG 焊中，作为熔化极的焊丝具有两种作用：一是作为电极与焊件之间产生电弧；二是它本身被加热熔化作为填充金属过渡到熔池中去。焊丝熔化和熔滴过渡是熔化极电弧焊过程中的重要物理现象。

1. 等效热源模型

双丝 MIG 焊属熔化极氩弧焊，其电弧冲力效应较大，常采用双椭球热源模型[4]。

双椭球热源模型（double ellipsoid heat source model）建立在椭球热源模型的基础上，由 Goldak 提出，解决了以往模型中热源前方温度梯度变化平缓，而熔池后缘处温度梯度相对于实测值变化过于剧烈的问题[5]。双椭球热源模型为近似于焊接熔池形状和尺寸的半卵形状，用来模拟焊缝深熔表面的移动热源。以电弧中心位置为分界，将卵形热源分为前后两部分，对这两部分分别用两个 1/4 椭球进行描述。

在双椭球热源模型的卵形面内，其热流密度 q 按高斯函数正态分布，热流密度的最大值在中心处，从中心至边缘呈指数下降。模型中所选卵形尺寸应比实际熔池小 10%，总热功率应选择等于实际焊接过程的有效热功率。

2. 定义材料的热物理性能参数

由于焊接温度场的计算属于非线性瞬态传热问题，因此需给定材料随温度变化的热物理性能参数[6]。为简化问题，假设焊缝金属和母材的热物理性能参数相同。在该分析过程中，必须定义的热物理性能参数有：热导率 λ、比热容 c 和密度 ρ。此外，由于计算中考虑了相变对温度的影响，因此还需定义在不同温度下的焓值 H。假定所采用的材料是各向同性且均匀的，其热物理性能参数如表 7-1 所示，熔化温度范围[7]为 510～638℃，辐射率为 0.6。

表 7-1　7A52 铝合金的热物理性能参数

温度 T/℃	热导率 λ/[W/(m·℃)]	比热容 c/[J/(kg·℃)]	密度 ρ/(kg/m³)	焓 H/(J/m³)
20	153.9	913.68	2830	3.394×10^{7}
100	157.1	950		1.697×10^{8}
200	161.1	995.4		6.787×10^{8}
300	165.1	1040.8		1.018×10^{9}
500	173.1	1131.6		1.697×10^{9}

3. 网格划分

因为焊接是一个加热极不均匀的过程，所以划分单元时采取不均匀的划分方式。在焊缝处温度梯度变化很大，可采用细密的网格。而在远离焊缝的区域，能量传递缓慢，温度分布梯度变化相对较小，这时可以采用相对稀疏的网格，使远离焊缝处的单元按一定比例增大。考虑到以弹塑性分析为前提的焊接温度场分析的精度，焊缝处的单元大小最好控制在 2mm 以下，本节模型焊缝处的单元大小设置为 1mm。采用关键点建立线面，然后对线面进行映射网格划分，最后拉伸得到如图 7-1 所示的有限元热模型，共划分 26100 个单元、29070 个节点。

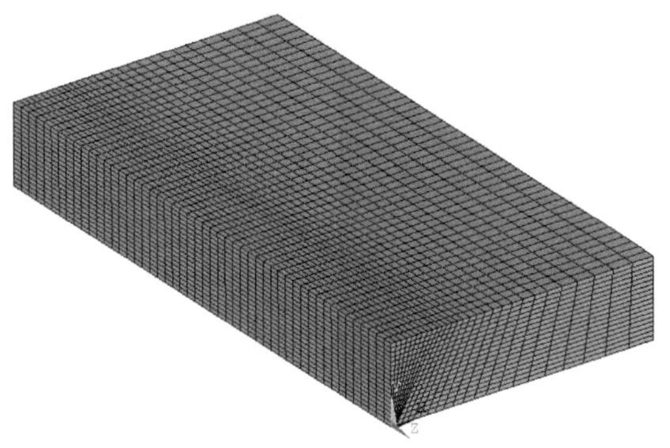

图 7-1　有限元热模型

7.2.3　焊接温度场的数学模型

1. 非线性瞬态热传导控制方程

焊接温度场分析是典型的非线性瞬态问题，在温度场求解域内任意一点的瞬态温度 $T(x, y, z, t)$应满足的微分方程[8]为

$$c\rho\frac{\partial T}{\partial t}=\lambda\left(\frac{\partial^2 T}{\partial x^2}+\frac{\partial^2 T}{\partial y^2}+\frac{\partial^2 T}{\partial z^2}\right)+Q \tag{7-1}$$

式中，Q 为求解域中的内热源强度（W）；λ 为热导率［W/（m·℃）］；c 为材料比热容［J/（kg·℃）］；ρ 为材料密度（kg/m^3）；T 为温度（℃）。

2. 边值条件

边值条件表示微分方程参数的限制和约束，从式（7-1）中可以看出，热传导微分方程包含时间坐标变量和空间坐标变量，要定解微分方程必须考虑此两类边值条件，即初始条件（又称时间边值条件）和边界条件（又称空间边值条件）。

（1）初始条件

初始条件是指焊接开始时试样在整个区域中所具有的温度为已知值。在本章中焊接工艺规定在焊前应对试样进行预热，以提高焊接质量，为了计算的简化，假设预热充分，则知温度场的初始条件。这里设置初始温度为 80℃，其数学表达式为

$$T\big|_{t=0}=80 \tag{7-2}$$

（2）边界条件

对流主要在试样表面进行，因此本模拟过程按对流边界条件处理，即第三类边界条件，与试样相接触的流体介质的温度和换热系数已知，用牛顿冷却方程描述为

$$q^*=h(T_S-T_B) \tag{7-3}$$

式中，q^*为热流密度（W/m^2）；h 为对流换热系数［W/（m^2·℃）］；T_S 为固体表面的温度（℃）；T_B 为周围流体的温度（℃）。在本节分析中，流体介质为周围空气，取 T_B =20℃，对流换热系数 h=110W/（m^2·℃）。

3. 焊接热源的选择与移动

（1）焊接热源的选择

焊接热源是通过假设焊缝单元具有内部热生成来模拟的。内部热生成以生热率来表示，等于电弧有效热功率除以所作用焊缝单元的体积，其数学表达式为

$$\ddot{q}=\frac{\eta UI}{V} \tag{7-4}$$

式中，$\ddot{q}$ 为生热率（W/m^3）；U 为电弧电压（V）；I 为焊接电流（A）；V 为焊缝单元的体积（m^3）；η 为焊接热效率。

（2）焊接热源的移动

在确定的焊接速度下，焊接热源的移动是通过焊缝单元逐步有热生成来模拟实现的。试验焊缝为双层焊，第一层焊缝焊完后，需冷却一段时间后再进行第二层的焊接，第二层焊完后再将整个焊接试样冷却到室温。为了更好地模拟实际焊接过程，实现多层焊中焊缝填充的动态过程，在模拟过程中采用 ANSYS 软件的“生死”单元技术。具体做法是：模拟开始前，将全部焊缝单元“杀死”，然后沿焊接方向将每层焊缝长度分为 10 段进行计算，每一段为一个载荷步，再加上冷却阶段的计算，本模拟过程共包括 22 个载荷步，加载时间由焊接速度进行确定。首先，“激活”第一层第一段焊缝单元，并对其施加热生成载荷；然后，进行计算。在进行下一段加载计算之前，须消除上一段所加的热生成载荷，并将上一段加载计算的温度值作为下一段加载的初始条件；在此基础上，“激活”下一段焊缝单元并对其施加热生成载荷；然后，进行计算。如此循环即可模拟焊接热源的移动，进而实现焊接瞬态温度场的计算。

7.2.4 时间域的划分和时间步长的设置

1. 时间域的划分

对焊接温度场数值模拟的全部工作是在有限元分析软件 ANSYS 上运行计算的。求解过程中将整个时间域划分为 4 个阶段。

1）第一层焊缝焊接阶段：焊接速度 v=500mm/min，计算所得焊接第一层需 12s。

2）第一层焊缝冷却阶段：层与层之间设置一个冷却时间，以控制层间温度。由已有试验结果可知，第一层焊完后大约经过 5min 即可达到层间温度的要求，故本节中两层之间的冷却时间设置为 5min。

3）第二层焊缝焊接阶段：焊接速度 v=350mm/min，计算所得焊接第二层需 17s。

4）整个焊接试样冷却阶段：焊后试样须冷却到室温。由试验结果可知，从焊接开始计时，1h 后试样即可冷却到室温，故本节将试样从焊接开始到最后冷却至室温所经历的总时间设置为 1h。

2. 时间步长的设置

考虑到在焊接开始时加热温度变化很快，随后温度变化相对缓慢的实际情况，在求解热平衡方程时采用变步长的时间积分法。在整个求解过程中，计算温度场的时间步长很小，目的是保证应力场计算的收敛性和计算结果的准确性。在焊接阶段计算时间步长

往往须控制在 0.1s 左右，当焊接试样冷却到一定温度后，才可考虑变步长的方法，逐步增大时间步长。在本次模拟中，焊接阶段的初始时间步长设置为 0.05s，第一层焊缝冷却阶段的初始时间步长设置为 10s，整个焊接试样冷却阶段的初始时间步长设置为 100s，然后打开自动时间步长功能，由有限元分析软件 ANSYS 自动调节时间步长。

7.2.5　焊接温度场分析

1. 焊接温度场瞬态温度场分布云图

经计算，得到 7A52 铝合金双丝 MIG 焊焊接及冷却过程的温度场分布，采集其中几个关键时间点的温度场分布云图，如图 7-2 所示。

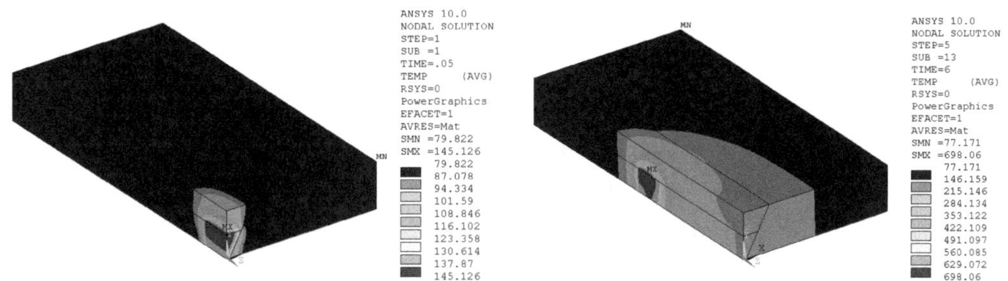

（a）焊接第一层刚起弧瞬间的温度场分布云图　（b）焊接第一层到中间位置时的瞬态温度场分布云图

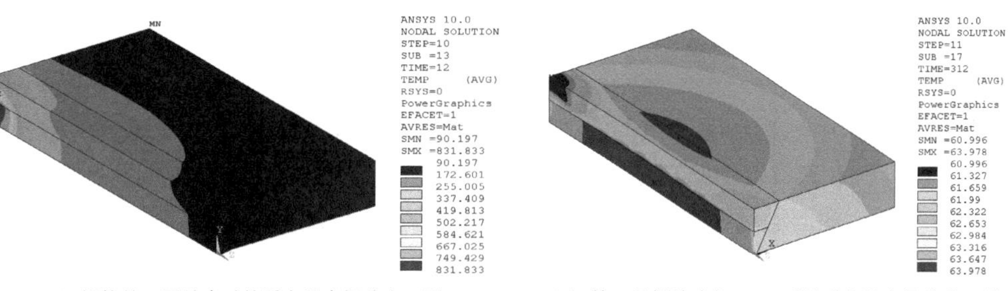

（c）焊接第一层结束时的瞬态温度场分布云图　（d）第一层焊缝冷却 5min 后的瞬态温度场分布云图

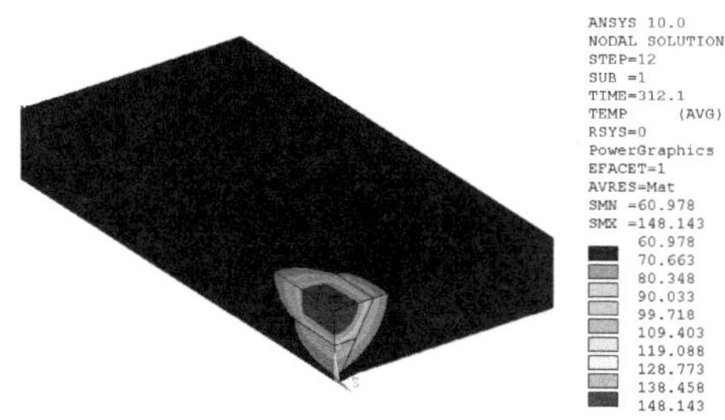

（e）焊接第二层刚起弧瞬间的温度场分布云图

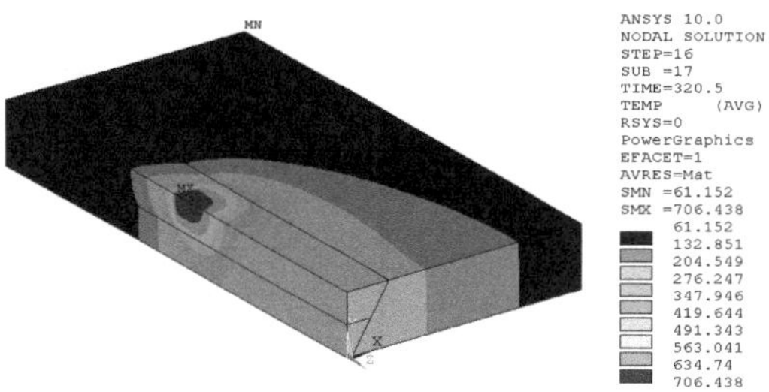

（f）焊接第二层到中间位置时的瞬态温度场分布云图

图 7-2　整个试样焊接及冷却过程瞬态温度场分布云图

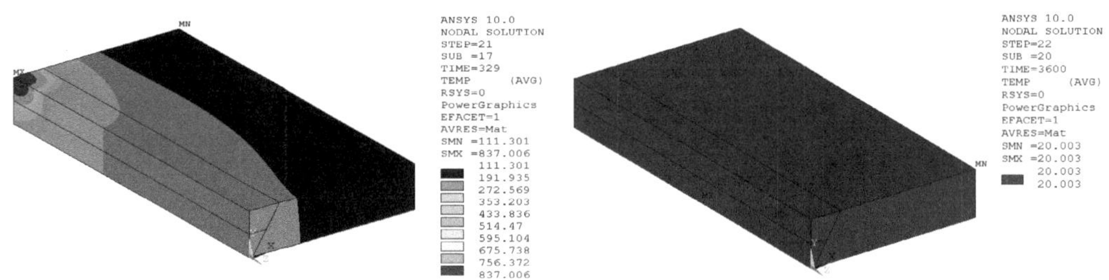

（g）焊接第二层结束时的瞬态温度场分布云图　　（h）整个试样冷却到室温时的瞬态温度场分布云图

图 7-2（续）

从图 7-2（a）可以看出，第一层起弧 0.05s 瞬间，焊缝区最高温度达到 145℃。从图 7-2（e）可以看出，第二层起弧 0.1s 瞬间，焊缝区最高温度达到 148℃。从而反映出焊接电弧起弧快的特征。从图 7-2（b）和（c）可以看出，第一层焊接焊缝区的最高温度为 831℃，而从图 7-2（f）和（g）则可以看出，第二层焊接焊缝区的最高温度可达到 837℃。这是因为第二层比第一层的焊接熔池体积大，所以第二层所需的电弧电压和焊接电流值就比第一层大些。电弧电压和焊接电流增大，电弧有效热功率随之就增大，从而温度就升高。从图 7-2（d）可以看出，第一层焊缝焊完后经 5min 空冷后，试样温度在 60～64℃范围内，完全符合层间温度的要求，这说明该模拟与真实试验过程基本吻合。从图 7-2（h）可以看出，从焊接开始计时，1h 后试样温度空冷到 20℃，达到室温要求。

2. 温度分布曲线和热循环曲线

沿图 7-3 中路径 1 绘制各个时刻下的温度分布曲线，如图 7-4 所示。其中路径 1 是在上表面以焊缝中心线的中点为起点，垂直于焊缝中心线的路径。有限元模型中节点 2、节点 15、节点 11 和节点 234 所处位置如图 7-3 所示。其中节点 2 为始焊端侧面上焊缝中心线的中点，垂直于焊缝中心线的方向向右依次为节点 15、节点 11 和节点 234。节点 15 距节点 2 为 2.22mm，位于焊缝区；节点 11 距节点 2 为 5mm，位于热影响区；节点 234 距节点 2 为 10.34mm，位于母材。这 4 个节点的热循环曲线如图 7-5 所示。

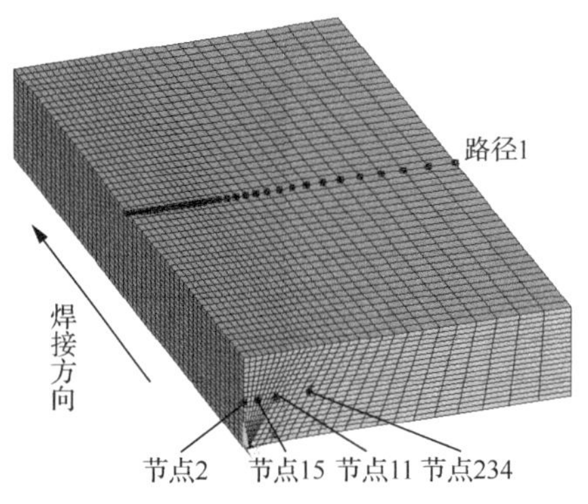

图 7-3　节点和路径分布位置图

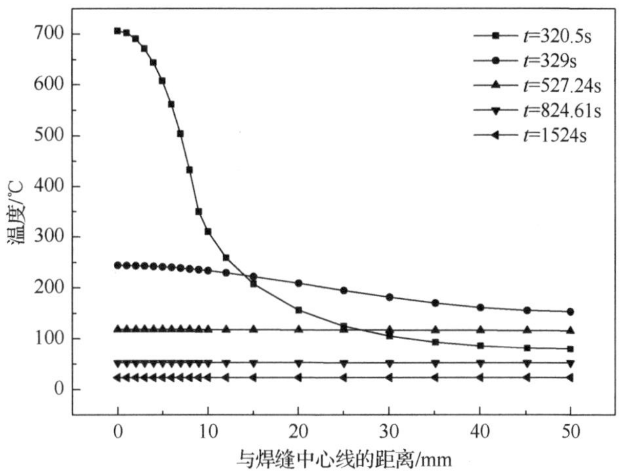

图 7-4　不同时刻下沿路径 1 的温度分布曲线

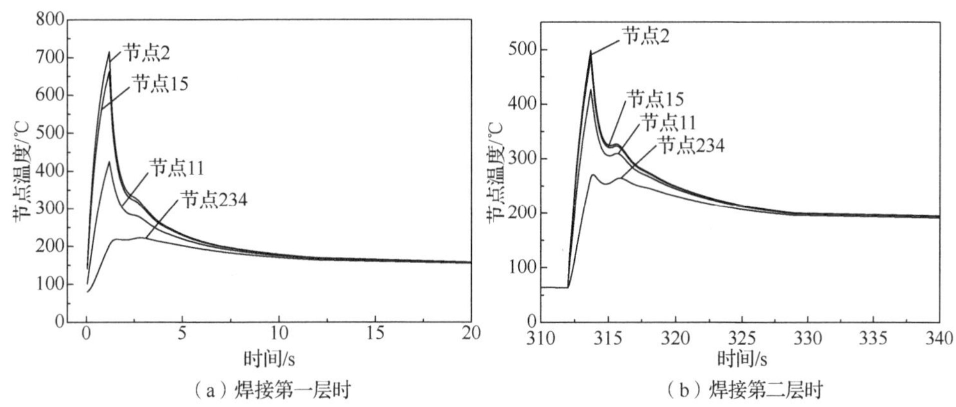

（a）焊接第一层时　　（b）焊接第二层时

图 7-5　不同节点处的热循环曲线

在图 7-4 中，t=320.5s 为焊接热源即将移动到路径 1 起点处的时刻，t=329s 为焊接热源移动到第二层焊缝终了端的时刻，其余 3 个时刻为整个试样空冷过程中的时间点。在图 7-4 中：①横向看，在焊接阶段，焊缝中心点上的温度最高，随着与焊缝中心线的距离逐渐增大，各点处的温度逐渐降低，而在随后的空冷阶段，各点处的温度随着距离的增加变化不大，曲线趋于平缓；②纵向看，随着时间的增加，焊缝区的各点温度逐渐降低，而远离焊缝区的各点温度先升高后逐渐降低，原因是在焊接过程中存在很大的温度梯度，热传导作用使远离焊缝区的低温部位温度先升了起来，然后在随后的空冷过程中与空气发生对流作用，使温度又逐渐降低。

从图 7-5 可以看出，在模拟过程中，焊接接头上 4 个节点处的加热速度快，加热的峰值温度高，而在某一温度的保温时间又非常短，这些正好是焊接热循环的重要特征，从而更加有力地验证了本次模拟过程的正确性。此外，还可以看出，不同节点处热循环曲线的峰值温度是不同的，焊缝中心线上的峰值温度最高，随着与焊缝中心线的距离逐渐增大，各节点处的峰值温度逐渐降低。

7.2.6 双丝 MIG 焊焊接应力场有限元分析

材料模型为热-弹塑性，属于材料非线性。材料的屈服遵循 von-Mises 屈服准则，塑性区内的行为服从流变法则并显示出各向同性硬化，本构关系为双线性随动硬化模式。

1. 建立有限元结构模型

在进行 7A52 铝合金双丝 MIG 焊应力场的有限元计算时，采用间接耦合法，即先进行温度场的有限元计算，然后建立 ANSYS 软件的应力场分析环境，通过转换单元类型和定义材料的力学性能参数，建立有限元结构模型，与热模型具有相同的网格划分。

（1）转换单元类型

在 ANSYS 命令输入窗口中输入以下命令，可将热单元 SOLID70 和 SURF152 分别转换为相应的结构单元 SOLID45 和 SURF154。

命令：

```
ETCHG,TTS
```

（2）定义材料的力学性能参数

由于焊接应力场的计算属于非线性瞬态分析，因此需给定材料的随温度变化的力学性能参数。为简化问题，假设焊缝金属和母材的力学性能参数相同。在本模拟过程中，进行焊接应力场分析必须定义的力学性能参数包括弹性模量E、泊松比μ、屈服强度$R_{p0.2}$、切变模量 G 和线膨胀系数 α。假定所采用的材料是各向同性且均匀的，其力学性能参数[9]如表 7-2 所示。

表 7-2　7A52 铝合金的力学性能参数

温度 T/℃	弹性模量 E/GPa	泊松比 μ	屈服强度 $R_{p0.2}$/MPa	切变模量 G/GPa	线膨胀系数 α/（10^{-6}℃$^{-1}$）
20	70	0.32	444	26	32.83543
100	65		410	22	28.11145
200	57		240	15	20.64761
300	49		110	10	22.03900
400	44		40	5	25.47722
510	40		10	2	27.89738

2. 计算过程

在温度场计算结束后，将不同时刻的瞬态温度结果按单元节点号写入温度史文件。在随后的热应力计算中，从该温度史文件中读取所存储的温度数据，并将各个时刻的节点温度作为体载荷对应地施加到结构应力分析中，从而实现热-弹塑性应力计算。应力场求解时间域的划分与温度场的相同，但时间步长的设置应比温度场的小。

7.2.7 双丝 MIG 焊应力场计算结果与分析

一般，焊接结构制造所用材料的厚度相对于长和宽很小，在板厚小于 20mm 的薄板和中厚板制造的焊接结构中，厚度方向上的焊接应力很小，残余应力基本上是双轴的，即为平面应力状态。只有在大型结构厚截面焊缝中，在厚度方向上才有较大的残余应力。

人们通常关心的是纵向应力和横向应力。在此，我们将沿焊缝方向上的残余应力称为纵向应力，以 σ_x 表示；将垂直于焊缝方向上的残余应力称为横向应力[10]，以 σ_y 表示。

经计算，得到焊接及冷却过程的应力场分布，提取其中几个关键时间点的应力场数据，沿图 7-6 中路径 1 和路径 2 分别绘制各个时刻下的纵向应力分布曲线和横向应力分布曲线，如图 7-7 和图 7-8 所示。其中 1 路径是在上表面以焊缝中心线的中点为起点，垂直于焊缝中心线的路径，即沿板宽方向；而 2 路径是在上表面以始焊端点为起点，沿着焊缝中心线的路径[11]。

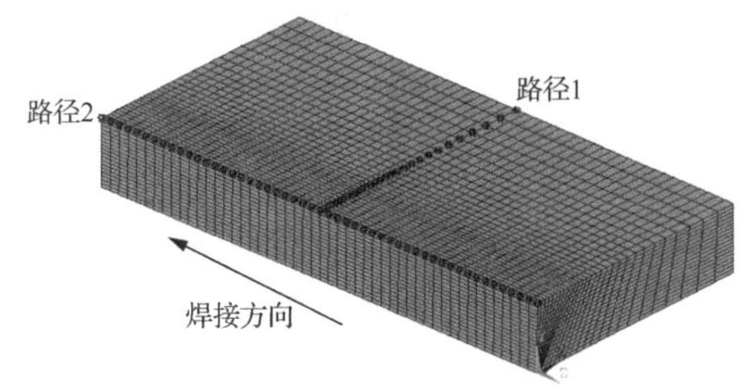

图 7-6　路径分布位置图

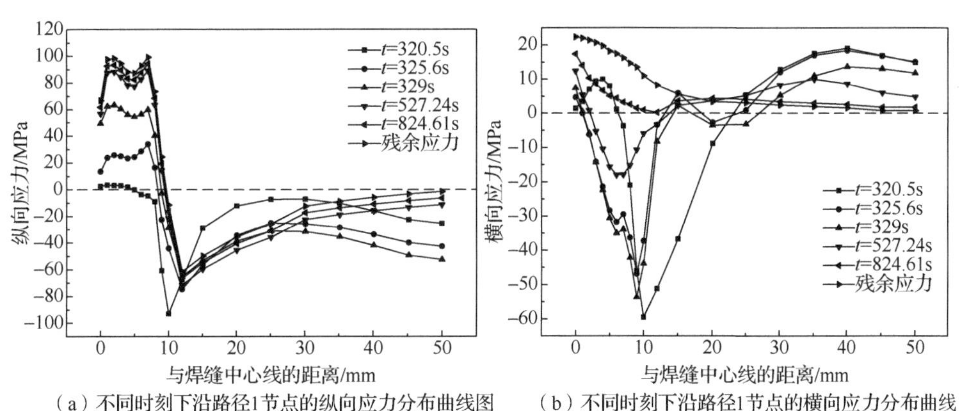

（a）不同时刻下沿路径1节点的纵向应力分布曲线图　（b）不同时刻下沿路径1节点的横向应力分布曲线

图 7-7　不同时刻下沿路径 1 节点的应力分布曲线

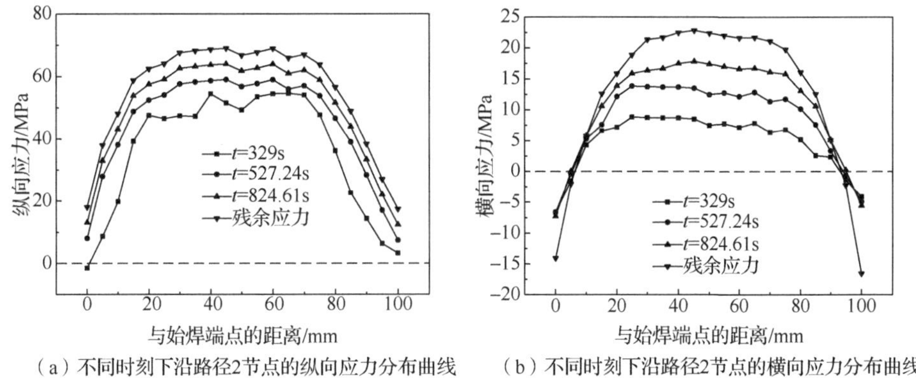

（a）不同时刻下沿路径2节点的纵向应力分布曲线　（b）不同时刻下沿路径2节点的横向应力分布曲线

图 7-8　不同时刻下沿路径 2 节点的应力分布曲线

从图 7-7（a）可以看出，当焊接热源即将移动到板中心（t=320.5s 时刻）时，该部位逐渐开始加热，材料处于弹性变形范围，在焊缝及近缝区，热膨胀使该区受到纵向压缩热应力的作用。随着进一步加热，当热应力超过材料的屈服极限时，材料进入塑性变形范围，产生压缩塑性变形。随热源移动通过该位置后，焊缝开始冷却，焊缝金属的强度渐渐恢复，焊缝及其附近区域出现拉应力。随着焊后冷却时间的逐渐增加，拉应力逐渐增大，直到冷却到室温，拉应力达到最大值。焊缝区的最终纵向残余拉应力数值在 24～99MPa 范围内，随着离开焊缝中心线距离的增加，拉应力逐渐降低并转化为压应力，最大压应力达到 61MPa，离焊缝距离越远，应力值越低，直到内应力趋近于平衡[12]。

从图 7-7（b）可以看出，随着焊接的进行，当焊接热源即将移动到板中心（t=320.5s 时刻）时，该部位逐渐开始加热，材料处于弹性变形范围，在焊缝及近缝区，热膨胀使该区受到横向压缩热应力的作用。随着进一步加热，当热应力超过材料的屈服极限，材料进入塑性变形范围，产生压缩塑性变形。热源移动通过该位置后，焊缝逐渐冷却，焊缝金属的强度渐渐恢复，该压缩塑性变形在冷却后难以恢复，使焊缝沿横向收缩。因此，在焊缝及其附近区域形成横向拉应力。随着焊后冷却时间的逐渐增加，最终形成一定的横向残余拉应力。焊缝区的最大横向残余拉应力为 22MPa，随着离开焊缝中心线距离的增加，拉应力逐渐降低，直到应力趋近于零。

从图 7-8（a）可以看出，随着冷却时间的增加，沿焊缝中心线方向上各点的纵向拉应力在逐渐增加，最后形成一定的纵向残余拉应力，原因是在冷却过程中材料发生收缩变形，从而产生拉应力，随着时间的增加，收缩使得各点处的应力值不断增大，最后达到一个稳定值，残留在焊缝上。纵向残余拉应力值在两端最小，在中间部位附近区域最大，并在距始焊端点 30～70mm 范围内形成一个稳定区，最大值为 68MPa。

从图 7-8（b）可以看出，沿焊缝中心线方向上各点的横向残余应力的分布情况如下：两端为压应力，最大值为 16MPa；中间部位附近区域为拉应力，最大值为 22MPa。

7.3　7 系铝合金 VPPA 复合焊接应力场数值模拟

7.3.1　等离子焊接模拟发展历程

实现高效、高质量焊接的一种途径就是采用复合焊接热源。在 20 世纪 70 年代，荷兰 PHIUPS 公司研究实验中心 Essers 和王小宝[13]提出同轴等离子-熔化极气体保护电弧焊（plasma-gas metal arc welding，plasma-GMAW）焊接工艺，GMAW 电弧及熔滴可以被等离子电弧包在内部。科研人员在不断研究中发现，plasma-GMAW 复合焊接具有焊丝熔化速度快、飞溅小或无飞溅、焊缝成形美观的优点。进一步的研究发现变极性等离子弧-熔化极气体保护焊（variable polarity plasma arc-gas metal arc welding，VPPA-GMAW）复合焊接可以降低 VPPA 电弧与 GMAW 电弧及熔滴之间的相互干扰作用，既可以减小 VPPA 的压缩喷嘴直径，更好地压缩电弧，使电弧能量更加集中，又具有超强的阴极清理作用，有利于高强铝合金深熔焊接的实现。

7.3.2 VPPA-GMAW 有限元模型的建立

研究表明，由于 VPPA 弧的加入[14]，熔滴在进入熔池时的速度增加，随之熔滴动量增加，熔池表面下凹增强，对产生熔深具有显著的效果。然而，由于 VPPA-GMAW 复合焊接参数较复杂，工艺优化起来更困难，仅通过试验方法来优化工艺参数很难揭示复合焊接的热过程，并且需要高昂的成本和大量的时间。因此，可以利用数值计算对 VPPA-GMAW 复合焊接过程进行热分析，实现焊接结果的预测和工艺参数的选择。

为了准确计算 VPPA-GMAW 复合焊接工艺的热过程，必须合理描述复合焊在工件上的热流作用模式，开发选用适合深熔焊 VPPA 焊及 GMAW 焊的三维体积热源模型。GMAW 焊热输入主要包括电弧热流、熔滴热焓等。

1. VPPA 热输入建模条件

VPPA 焊接电流由不同持续时间的 DCEN 和 DCEP 电流组成。图 7-9 所示为 VPPA 焊接电流波形的示意图。在图 7-9 中，I_0 为当前的初始值，I_{DCEN} 为 DCEN 当前值，I_{DCEP} 为 DCEP 当前值。由于焊接时间和焊接电流幅值不同，并且 DCEN 和 DCEP 热产生机理不同，因此焊接热输入也随之发生周期性变化。DCEP 的电流大于 DCEN，DCEN 的功率小于 DCEP[15]。

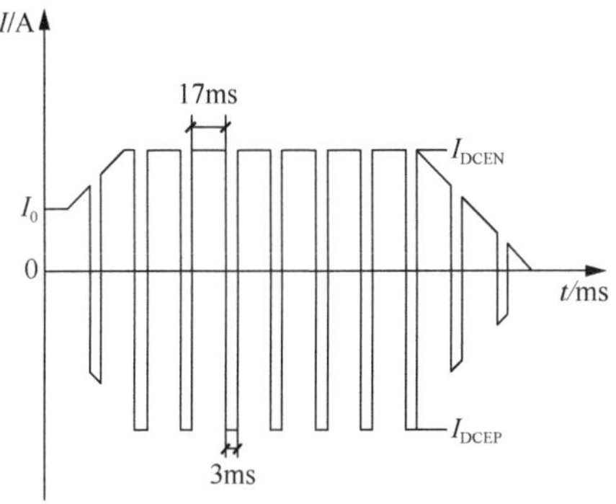

图 7-9　VPPA 焊接电流波形的示意图

图 7-10（a）和（b）分别为正极性阶段和反极性阶段的 VPPA-GMAW 复合焊接热源的电弧形态，图中左侧为 VPPA 电弧，右侧为 MIG 电弧，可以看出 VPPA 电弧比 GMAW 电弧的挺度大，能量密度集中度高。VPPA 电弧处于不同阶段时，复合电弧形态具有明显差异，VPPA 在 DCEN 阶段的加热比 DCEP 阶段更集中，形成了一个更窄、更深的加热区。因此，VPPA 电弧施加于工件上的有效热输入功率为

$$Q_1 = \eta_1 U_1 I_{DCEN} \tag{7-5}$$

$$Q_2 = \eta_2 U_2 I_{DCEP} \tag{7-6}$$

式中，Q_1 和 Q_2 分别为正、反极性阶段的热源功率（W）；η_1 和 η_2 分别为正、反极性阶段的热源热效率；U_1 和 U_2 分别为正极性电弧电压和反极性电弧电压（V）；I_{DCEN} 和 I_{DCEP} 分别为正极性焊接电流和反极性焊接电流（A）。

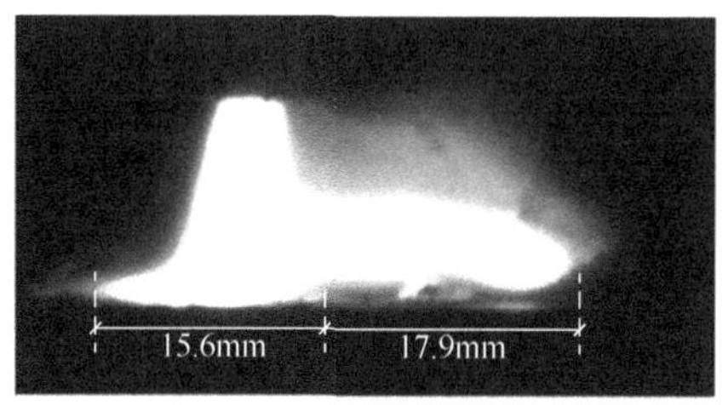

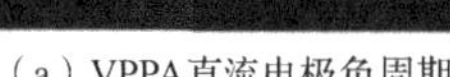
（a）VPPA直流电极负周期

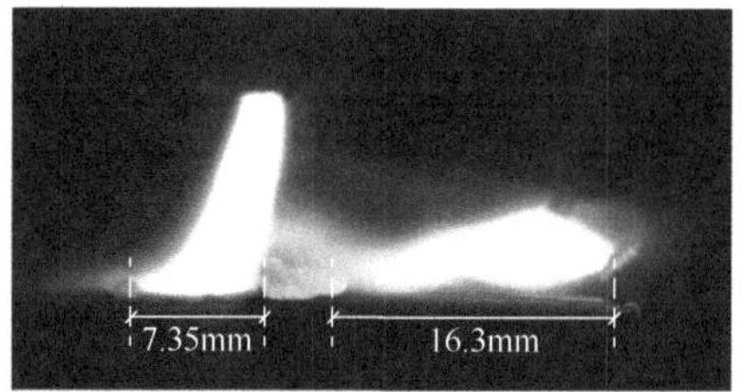

（b）VPPA直流电极正周期

图 7-10　VPPA-GMAW 电弧波形示意图

2. VPPA 热源模型

合理的热源模型是准确计算焊接热过程的基础，VPPA-GMAW 复合焊接数值分析过程的困难之一就是建立 VPPA 热源模型。VPPA 焊属于一种高能量密度热源，电弧能量高度集中作用于工件厚度方向上，必须考虑 VPPA 电弧对熔池的“挖掘”作用，以及 VPPA 热流沿工件厚度方向的体积分布。显然不能选择高斯、双椭圆等常用的面热源，应优先选择三维高能密度的体积热源模型。具体正、反极性热源模型的热流分布 q_{V1} 和 q_{V2} 如以下方程描述：

$$q_{V1/V2}(r,z)=\frac{3Q_{1/2}\mathrm{e}^3}{\pi(\mathrm{e}^3-1)A_{1/2}}\exp\left(-\frac{3r^2}{r_{01/02}^2}\right) \tag{7-7}$$

$$r=(x^2+y^2)^{1/2}=\left[(x-x_0)^2+(y-y_0-v_0t)\right] \tag{7-8}$$

$$\begin{aligned}A_{1/2}=&a^2\left[(H_{1/2}+z_{i1/i2})\ln^2(H_{1/2}+z_{i1/i2})-z_{i1/i2}\ln^2(z_{i1/i2})\right]\\&-2a(a-b)\left[(H_{1/2}+z_{i1/i2})\ln(H_{1/2}+z_{i1/i2})-z_{i1/i2}\ln(z_{i1/i2})-H_{1/2}\right]+b^2H_{1/2}\end{aligned} \tag{7-9}$$

$$a_{1/2}=\frac{r_{e1/e2}-r_{i1/i2}}{\ln(z_{e1/e2})-\ln(z_{i1/i2})} \tag{7-10}$$

$$b_{1/2}=\frac{r_i\ln(z_{e1/e2})-r_{e1/e2}\ln(z_{i1/i2})}{\ln(z_{e1/e2})-\ln(z_{i1/i2})} \tag{7-11}$$

$$r_{01/02}=\frac{(r_{e1/e2}-r)\ln(z)}{\ln(z_{e1/e2})-\ln(z_{i1/i2})}+\frac{r_{i1/i2}\ln(z_{e1/e2})-r_{e1/e2}\ln(z_{i1/i2})}{\ln(z_{e1/e2})-\ln(z_{i1/i2})} \tag{7-12}$$

式中，q_{V1} 和 q_{V2} 分别为正、反极性阶段的热流分布（$\mathrm{W/mm^2}$），下标 1 和 2 分别代表正极性阶段的参数值和反极性阶段的参数值；（H，r_{e1}，r_{i1}，z_{e1}，z_{i1}）和（H，r_{e2}，r_{i2}，z_{e2}，z_{i2}）分别为正极性阶段和反极性阶段改进的三维锥体热源的分布参数，其中 z_e、z_i 分别为热源在工件上、下表面的工轴坐标，r_e、r_i 分别为热源上、下表面热流分布半径（mm）；其余符号为分解公式中应用字母，无实际意义。

3. GMAW 热源模型

GMAW 焊接的主要热量来自于电弧热，电弧的热量一部分用来熔化焊丝形成过热的熔滴，另一部分作用于厚板铝合金工件上。对于厚板铝合金来说，通常采用较大的焊接电流进行焊接，GMAW 电弧将直接作用于工件厚度方向，并且 GMAW 电弧是位于

VPPA 电弧之后，铝合金工件首先经过 VPPA 电弧的预热及“挖掘”作用后，GMAW 电弧及过热熔滴二次对铝合金工件进行补焊成形，在工件厚度方向上，GMAW 电弧对熔池表面变形及熔深是具有一定影响的。因此，出于以上考虑，对 GMAW 电弧热流分布采用双椭球体热源进行描述，双椭球体热源前后非对称，更适合于高速复合焊接时熔池表面变形较大的情况。则双椭球体热源的热流密度可以表示[16]为

$$q_f(x,y,z)=\frac{6\sqrt{3}f_{\mathrm{f}}Q_3}{a_{\mathrm{f}}b_{\mathrm{h}}c_{\mathrm{h}}\pi\sqrt{\pi}}\exp\left(-\frac{3x^2}{a_f^2}-\frac{3y^2}{b^2}-\frac{3z^2}{c^2}\right)\quad (x\geqslant 0) \tag{7-13}$$

$$q_r(x,y,z)=\frac{6\sqrt{3}f_{\mathrm{r}}Q_3}{a_{\mathrm{r}}b_{\mathrm{h}}c_{\mathrm{h}}\pi\sqrt{\pi}}\exp\left(-\frac{3x^2}{a_r^2}-\frac{3y^2}{b^2}-\frac{3z^2}{c^2}\right)\quad (x<0) \tag{7-14}$$

$$Q_3=\eta_3U_3I_3-\frac{1}{4}\pi d_{\mathrm{w}}^2\rho_{\mathrm{w}}v_{\mathrm{w}}H_{\mathrm{d}} \tag{7-15}$$

式中，a_{r}、a_{f}、b_{h}、c_{h} 分别为双椭球体热源的特征参数；Q_3 为 GMAW 电弧作用于工件上的功率（W）；η_3 为 GMAW 电弧的能量效率；U_3 为 GMAW 的电弧电压（V）；I_3 为 GMAW 的焊接电流（A）；d_{w}、ρ_{w} 和 v_{w} 分别为焊丝的直径（mm）、焊丝密度（$\mathrm{g/cm^3}$）和送丝速度（mm/min）；H_{d} 为熔滴的平均焓（kJ/kg）。

4. *熔滴热源模型*

在模拟复合焊温度场和焊接熔池几何形状时有必要考虑熔滴热含量及动能。过热熔滴的热量和动能均分布在焊接熔池内的区域中。在该研究中，假定熔滴为球状，采用均匀的球体热源对熔滴进行描述，热含量方程为

$$Q_{\mathrm{d}}=\frac{1}{4}\pi d_{\mathrm{w}}^2\rho_{\mathrm{w}}v_{\mathrm{w}}(H_{\mathrm{d}}-H_{\mathrm{v}})+\frac{1}{2}m_{\mathrm{d}}v_{\mathrm{d}}^2 \tag{7-16}$$

$$q_{\mathrm{d}}(x,y,z)=\frac{3Q_{\mathrm{d}}}{2r_{\mathrm{d}}^3} \tag{7-17}$$

式中，Q_{d} 为熔滴热含量（J）；$q_{\mathrm{d}}(x,y,z)$为熔滴热含量的分布函数；H_{v} 为熔池的平均热焓（kJ/kg）；m_{d} 为熔滴的质量（g）；v_{d} 为熔滴进入熔池的速度（mm/min）；r_{d} 为均匀球体热源的半径（mm）。

结合以上 3 个热源模型形成 VPPA-GMAW 复合焊接热源模型，即来自 VPPA 电弧正极性阶段、反极性阶段的改进的三维锥体热源，GMAW 电弧的双椭球体热源，以及液滴热含量的均匀球体热源。总热流密度组合方程可以写为

$$q_v=\left[q_{v1}(r,z)+q_{v2}(r,z)\right]+\left[q_f(x,y,z)+q_r(x,y,z)\right]+q_{\mathrm{d}}(x,y,z) \tag{7-18}$$

为了简化计算过程并重视主要热场特征，只考虑有限元模型的瞬态状态下的热传导，忽略焊接熔池中的流体流动，可以在合理的限度内控制误差。对应热传导方程为

$$\rho c_p\left[\frac{\partial T}{\partial t}+(-v_0)\frac{\partial T}{\partial y}\right]=\frac{\partial}{\partial \chi}\left(\kappa\frac{\partial T}{\partial \chi}\right)+\frac{\partial}{\partial \chi}\left(\kappa\frac{\partial T}{\partial y}\right)+\frac{\partial}{\partial \chi}\left(\kappa\frac{\partial T}{\partial z}\right)+q_v \tag{7-19}$$

式中，ρ 为金属的密度（$\mathrm{g/cm^2}$）；c_p 为比热容［J/（kg·℃）］；T 为温度（℃）；t 为时间（min）；κ 为热导率［W/（m·k）］；q_v 为内热源（$\mathrm{W/m^3}$）；v_0 为焊接速度（mm/min）。式（7-19）的边界条件为

$$t = 0,\quad T(x, y, z, 0) = T_0 \tag{7-20}$$

工件上表面，则有

$$\kappa \frac{\partial T}{\partial z} = q_s - \alpha (T - T_0) \tag{7-21}$$

工件下表面，则有

$$-\kappa \frac{\partial T}{\partial z} = \alpha (T - T_0) \tag{7-22}$$

式中，q_s 为工件表面上的热流（J/s）；α 为综合散热系数；T_0 为环境温度（℃）。

5. 网格划分

在计算中，采用死激活单元技术实现充填过程。采用八节点六面体单元离散求解域（250mm×200mm×11mm），共划分 159600 网格。图 7-11 所示为一个非均匀有限元网格，其中在焊缝区域采用较精细的网格以保证足够的数值精度，在远离焊缝的区域使用粗网格以减少计算时间。时间步长为 0.525s，模拟时间为 45s。

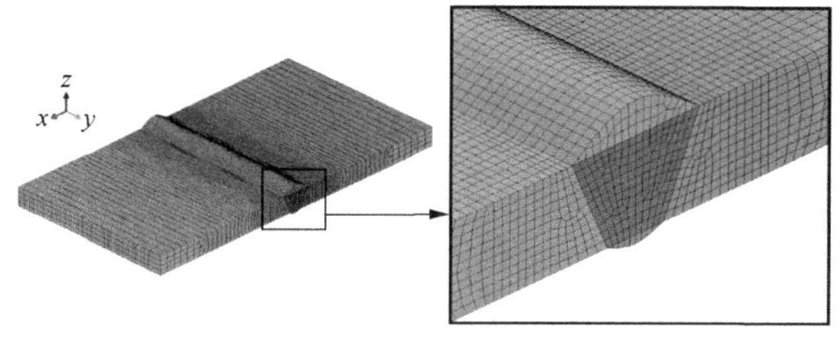

图 7-11　有限元网格

7.3.3 VPPA-GMAW 复合焊焊接温度场数值模拟

图 7-12 所示为计算出的焊道和热影响区剖面与测量值的比较，显示了良好的一致性。结果表明，新的热源模型适用于 VPPA-GMAW 过程的模拟。图 7-13（a）～（c）分别显示工件上表面、下表面和纵向截面的计算温度场。在图 7-13（a）中，熔池宽为 16.31mm，顶部长 35.25mm。该细长焊池有利于气泡流出，从而减少焊道中的孔隙度缺陷。此外，熔池前端比后方窄。高能量密度 VPPA 的加热面积比 GMAW 小，因此 GMAW 主要决定焊缝宽度。图 7-13（b）所示在工件厚度方向上有很好的熔透，熔深合适，沿着焊接方向工件下表面熔池前部的宽度小于后部的宽度，这是由于高能量密度的 VPPA 焊接热源位于前端，热源能量集中，对厚板铝合金的穿透作用强，位于后端的 GMAW 热源的电弧较发散，形成较宽的熔宽。图 7-13（c）所示为熔池纵截面的熔池状态，从图中可以看出复合热源主要利用前端 VPPA 热源的高能量密度、高度集中的电弧，在其前端对工件起“挖掘”作用，产生较大的熔深，同时对铝合金表面的氧化膜进行了清理。这样，VPPA-GMAW 结合了 VPPA 焊接和 GMAW 的优点。随后的 GMAW 热源对 VPPA 产生的熔深进行进一步的解释和说明。

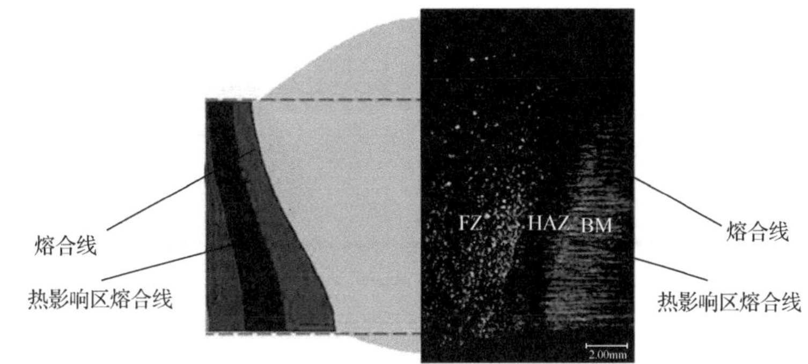

图 7-12　VPPA-GMAW 焊道的数值预测（左侧）和经验获得（右侧）横截面比较

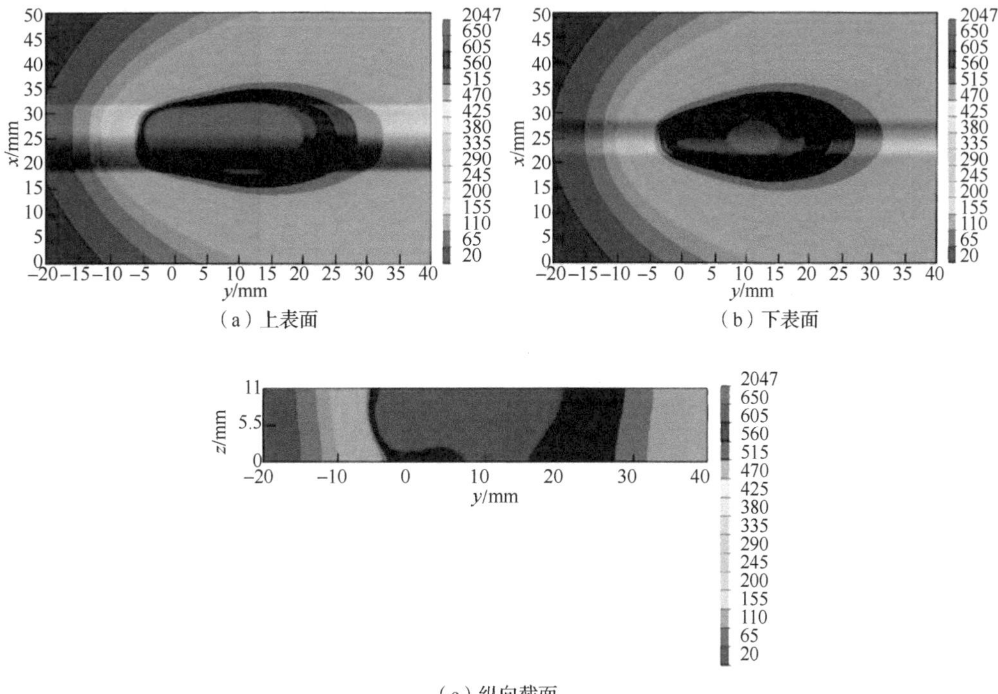

图 7-13　VPPA-GMAW 的计算温度场

图 7-14 所示为不同时间的计算温度场。图 7-14（a）所示为只有 VPPA 时加热工件在 2.538s 的温度图。在 2.538s 时，通过 VPPA 焊接，熔深达到工件厚度的 2/3 且熔池的深宽比较大。GMAW 在 3.265s 开始与 VPPA 一起加热工件，如图 7-14（b）所示。随着时间增加到 8.549s，如图 7-14（c）所示，温度场达到准稳态。图 7-14（d）和（e）分别为温度场达到稳态，在时间 20.093s 和 32.687s 时的状态。

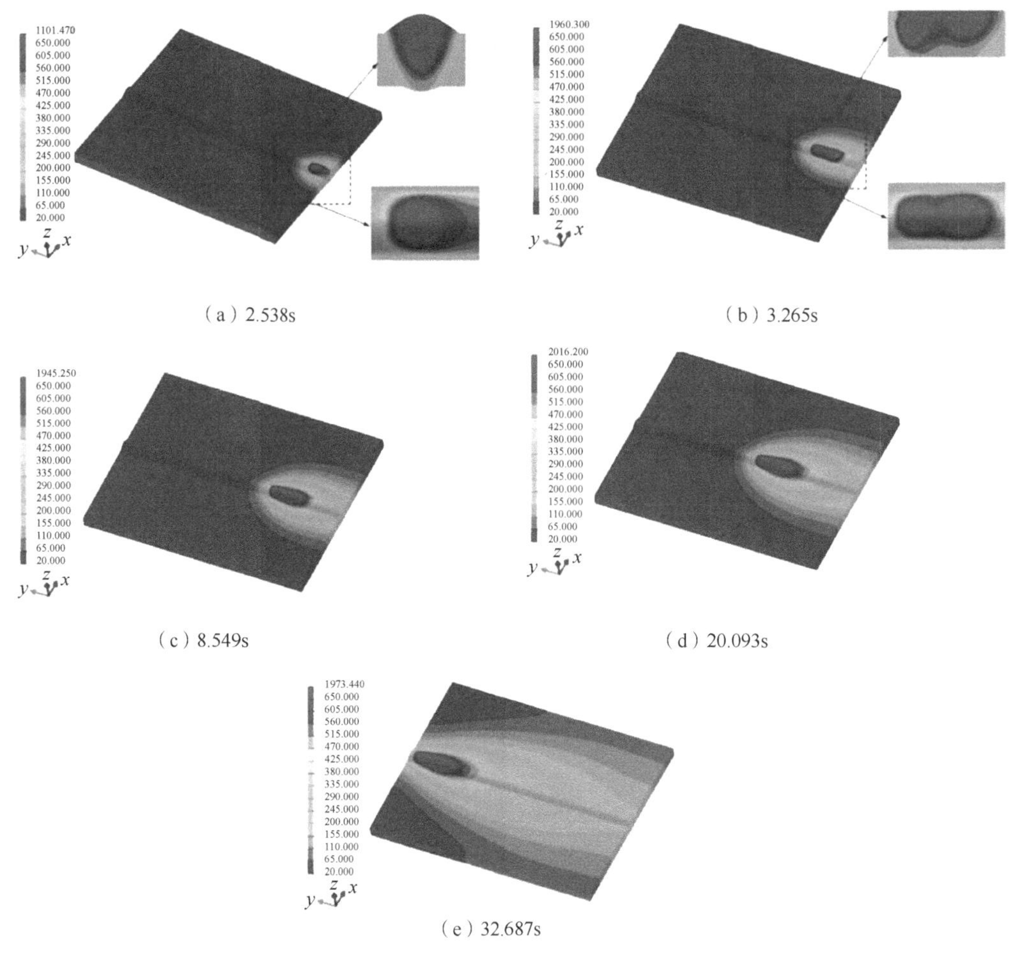

图 7-14　不同时间的 VPPA-GMAW 温度场

7.3.4　LB-VPPA 复合焊焊接应力场数值模拟预测

1. 复合热源模型的建立

LB-VPPA 属于双高能束复合热源[17]，通过激光与变极性等离子弧的耦合，形成一种超高能量密度的焊接热源，能有效提高铝合金对激光的吸收率。LB-VPPA 复合热源的 VPPA 焊接电流参数有正、负半波幅值及所占时间等，正、反极性时间比和电流幅值均不同，因而 LB-VPPA 复合热源正、反极性的产热机理不同，反极性功率大于正极性功率。图 7-15 所示为 LB-VPPA 复合焊正、反极性时电弧形态高速摄像照片，可以看出，激光等离子体被压缩于 VPPA 电弧内部且作用于电弧根部，电弧根部直径变大且明亮度高，降低了单一激光焊产生的等离子体因反射、折射等损失的激光能量，增加了激光能量的利用率，同时增强了 VPPA 的导向性，稳定了电弧。对比图 7-15（a）和（b）发现，VPPA 焊反极性的电弧弧柱直径明显大于正极性，反极性期间等离子电弧的加热斑点较发散，形成的熔池宽而浅，而正极性期间电弧加热斑点集中，熔池窄而深[18]。

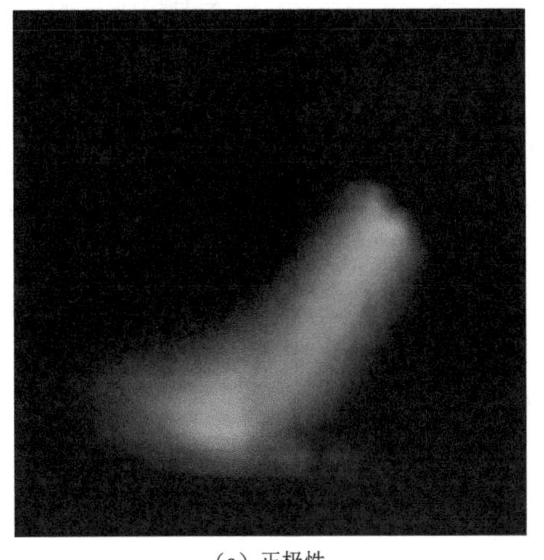

（a）正极性

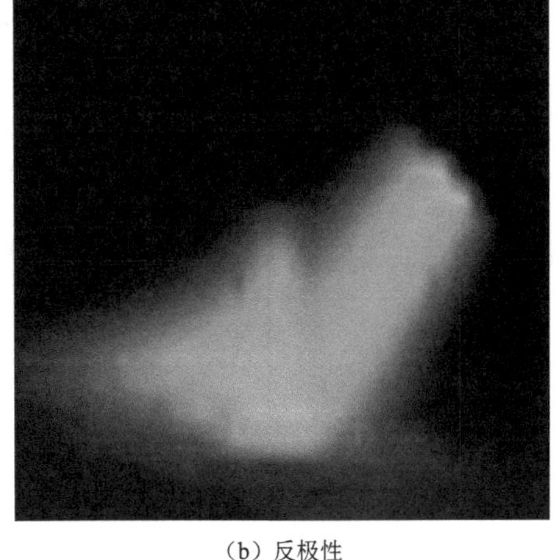

（b）反极性

图 7-15　LB-VPPA 焊接电弧形态

2. 有限元计算模型

焊接对象为 10mm 厚的 5A03 铝合金工件，尺寸为 250mm×100mm×10mm，图 7-16 所示为有限元网格一半的网格模型，焊接数值计算的坐标系如下：x 轴为垂直焊接方向，y 轴为热源移动方向，z 轴为板厚方向。边界拘束条件采用自由约束，拘束条件只是用来防止工件产生刚体位移的。

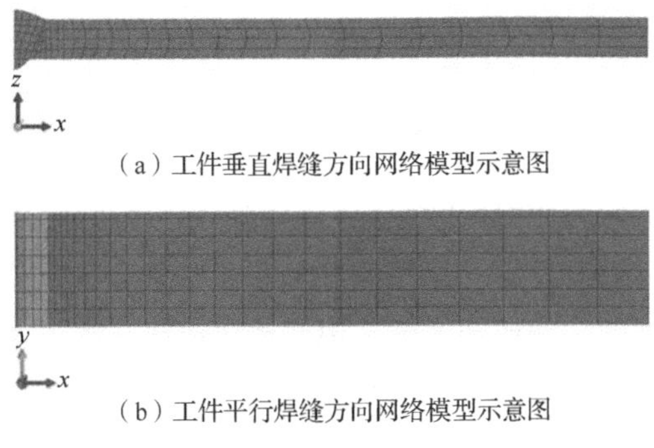

图 7-16　计算网格

图 7-17 所示为随温度变化的热物理性能参数。文中通过交替加载的变极性复合体积热源，间接考虑复合焊接热源对焊接熔池的作用及熔池中的流场[11]。假设材料各向同性，焊接熔池关于 z 轴对称。采用间接耦合法，基于以上有限元模型通过瞬时热传导方程准确计算温度场，以温度场为载荷计算残余应力场。

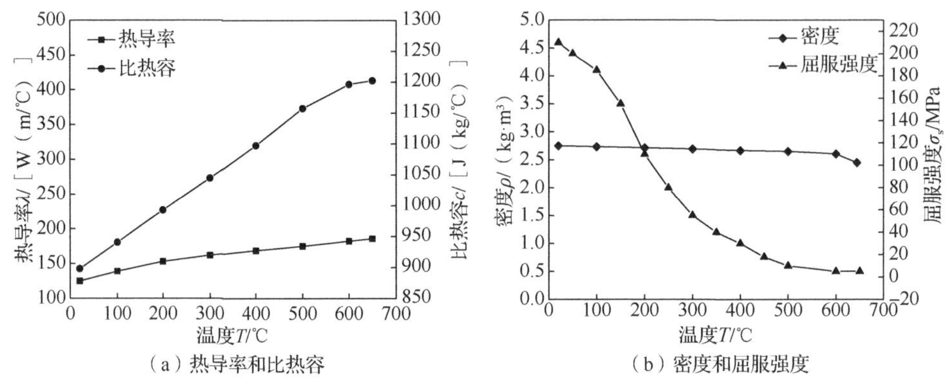

（a）热导率和比热容　　（b）密度和屈服强度

图 7-17　热物理性能参数

3. 温度场计算结果

准确的焊接温度场对后续计算应力场起着至关重要的作用。图 7-18 所示左侧为 VPPA 焊接试验的焊缝形状，右侧为 VPPA 焊缝形状尺寸的预测结果，可以看出熔深、熔宽及熔池轮廓线的走向和实际试验结果吻合。图 7-19 所示左侧为实际 LB-VPPA 复合焊的焊缝形状，右侧为 LB-VPPA 复合焊焊缝形状尺寸的预测结果，同样可以看出计算结果和实际试验的焊缝形状吻合，说明选择前述内容所建立的组合式热源模型可以准确地计算 LB-VPPA 复合焊接的温度场分布[19]。

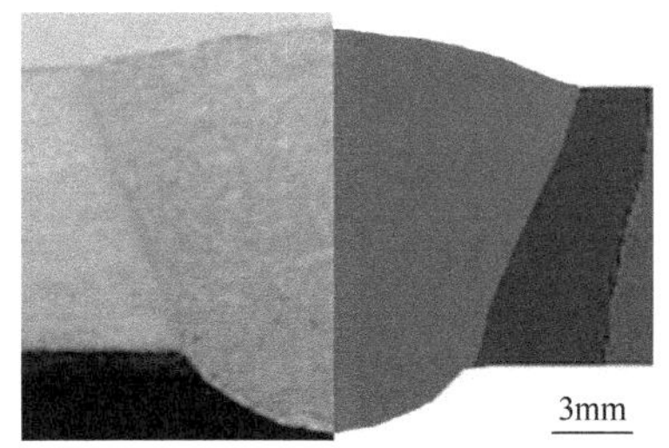

图 7-18　单热源试验结果与计算结果焊缝形状对比

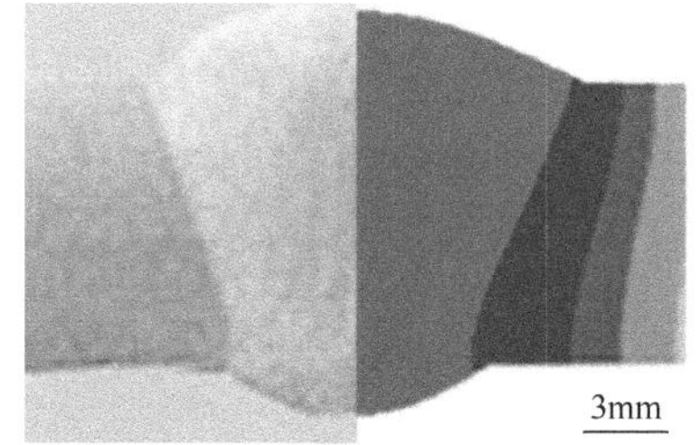

图 7-19　复合热源试验结果与计算结果焊缝形状对比

LB-VPPA 复合焊可进一步增加 VPPA 电弧能量密度，提高激光能量的利用率，减小热输入，降低铝合金焊接接头软化程度，提高焊接质量。图 7-20（a）和（b）分别为 10mm 厚 5A03 铝合金 VPPA 焊和 LB-VPPA 复合焊接焊缝截面。图 7-20（a）所示为 VPPA 焊接功率为 2810W 时的焊接熔池纵截面温度场。图 7-20（b）所示为 LB-VPPA 复合焊激光有效功率为 100W、VPPA 焊接功率为 2480W 时的复合焊接熔池纵截面温度场。可以看出，VPPA 焊和 LB-VPPA 复合焊接熔池的深度都达到工件厚度，说明两种焊接工艺都可以将 10mm 厚度的工件焊透，熔池熔化量合适，能够形成良好的熔池形状。对比相同厚度工件的两种不同焊接工艺，LB-VPPA 复合焊接总功率为 2580W，单 VPPA 焊接功率为 2810W，复合热源功率要比单热源功率少 230W，并且 LB-VPPA 复合焊比 VPPA 焊的熔宽更窄、熔深更深、熔化量更少，LB-VPPA 复合焊接热源在低热输入的情况下，能量更加集中、穿透力强，“挖掘”作用更明显。

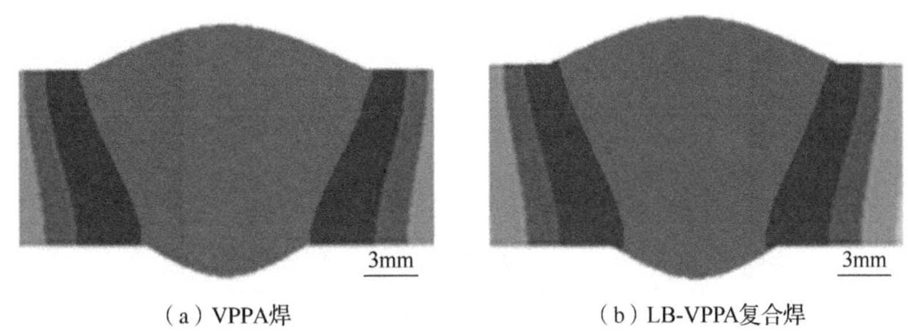

（a）VPPA焊　（b）LB-VPPA复合焊

图 7-20　不同焊接方法熔池温度场分布

10mm 厚的 LB-VPPA 复合焊数值计算结果表明，当在 VPPA 焊的基础上加入激光时，有利于电弧稳定，同时又增加了激光的利用率。因此 LB-VPPA 复合热源的能量更集中，电弧更稳定，在较低热输入时可以得到高质量的焊接接头。通过二者温度场的特征对比，进一步验证了 LB-VPPA 复合焊接温度场的准确性，可以确保应力场计算的准确性。

4. LB-VPPA 复合焊接应力场

在准确获得 LB-VPPA 复合焊接温度场的基础上，基于热弹塑性有限元分析，根据材料服从 von-Mises 屈服准则，可对相应节点应力的瞬时演变及焊后残余应力进行准确计算。图 7-21 所示为 LB-VPPA 复合焊平板对接时纵向残余应力场分布云图。从图 7-21（a）中可以看出 LB-VPPA 复合焊接三维纵向残余应力的分布情况，焊缝附近最大纵向残余拉应力值达到了 115.5MPa，最大纵向残余压应力值为 66.6MPa。图 7-21（b）所示为焊缝纵截面的纵向残余应力场分布，可以看出熔池边缘及周围热影响区的纵向残余应力最高，纵向残余拉应力沿垂直焊缝方向逐渐向两侧减小并由拉应力转变为压应力。图 7-22 所示为 LB-VPPA 复合焊接三维横向残余应力分布，从图 7-22 中可以看出横向残余拉应力最大值为 43MPa。横向残余拉应力明显小于纵向残余拉应力，横向和纵向均表现出在熔池两侧及热影响区处的残余应力大于熔池中心处残余应力，熔池边缘及其热影响区附近的焊接残余应力最高。

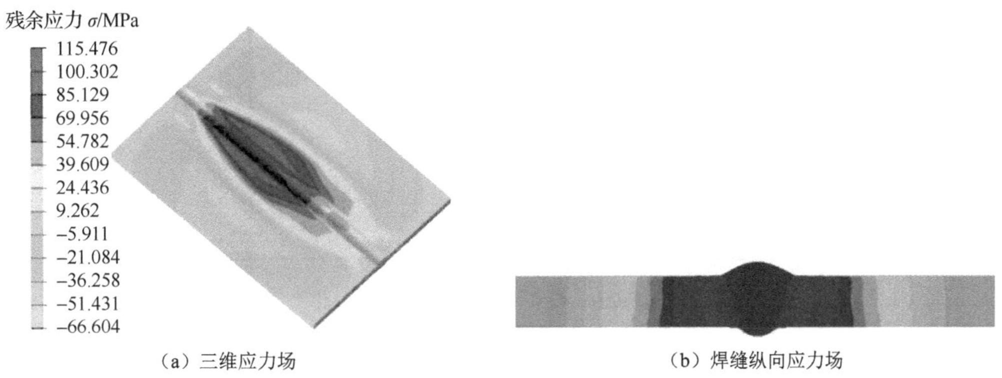

（a）三维应力场　（b）焊缝纵向应力场

图 7-21　复合焊接纵向残余应力分布

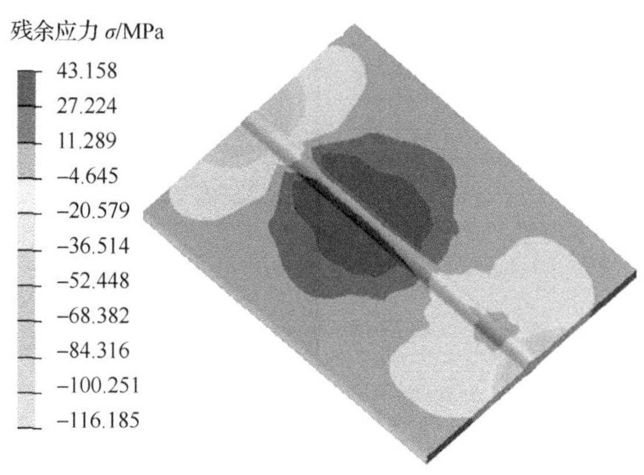

图 7-22　复合焊接横向残余应力分布

图 7-23 所示为复合焊残余应力测量的位置图，A～I 点是打孔位置。图 7-24 所示为焊后残余应力的实际测量结果与计算结果的对比，由图 7-24 可以看出，纵向残余应力的计算值与实验值基本吻合，且总体趋势相同，横向残余应力的计算值与实验值也相差不大，整体趋势一致，并且横、纵向残余应力都符合铝合金焊后残余应力的分布规律，这证明了应力场计算的准确性。但计算结果与实测结果还是有一定偏差，特别是焊缝中心位置处，原因可能是在利用小孔法进行残余应力测量时，需要对焊缝的余高进行打磨处理，影响到了残余应力的测量值。

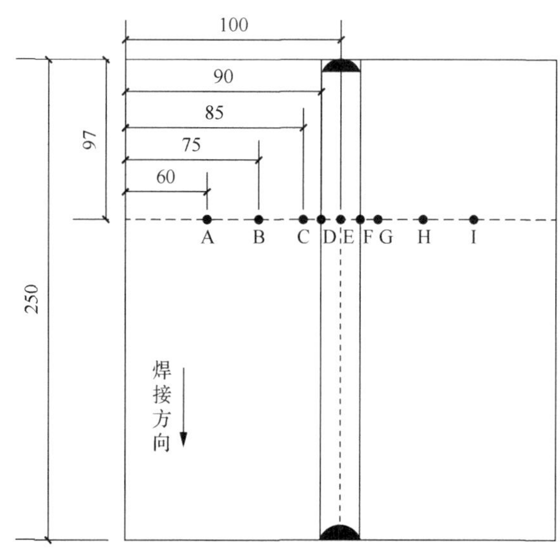

图 7-23　残余应力测量位置示意图

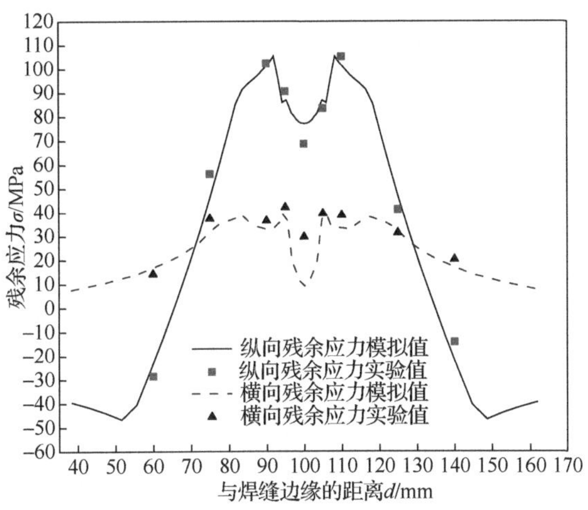

图 7-24　实测和模拟残余应力对比

5. LB-VPPA 复合焊接应力场对比

为对比研究单 VPPA 焊与 LB-VPPA 复合焊残余应力，在焊件残余应力最大的区域，沿垂直焊缝中心方向取节点上的横向残余应力和纵向残余应力。图 7-25 所示为 10mm 厚的 VPPA 焊和 LB-VPPA 复合焊平板对接时垂直焊缝方向上的横向残余应力和纵向残余应力。从图 7-25 中可以看出，两种焊接方法的残余应力分布趋势基本相同，沿垂直焊缝方向，纵向残余应力分布规律是焊缝及热影响区附近呈拉应力，远离焊缝区两侧呈压应力。两种焊接工艺的拉应力区域明显出现双峰现象。横向残余应力在整个区域拉应力值较小。最大纵向残余应力是最大横向残余应力 2 倍多。纵向残余应力占主导地位，对焊接接头影响较大，因此主要对纵向残余应力进行分析。

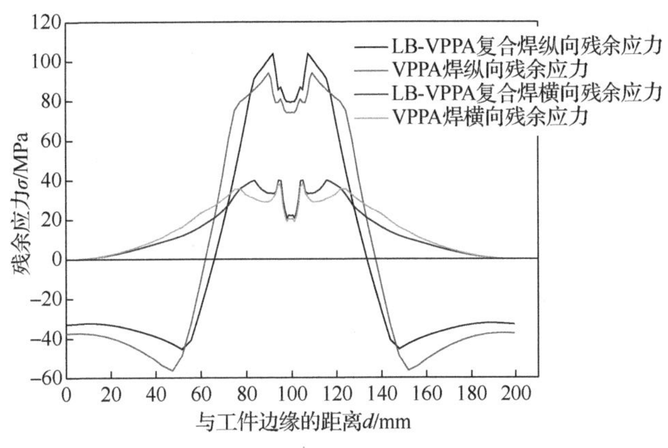

图 7-25　焊接残余应力对比

对比两种焊接工艺的残余应力发现，VPPA 焊的最大纵向残余应力值小于 LB-VPPA 复合焊的最大纵向残余应力值。VPPA 焊的纵向残余应力呈现拉应力的区域在距离工件边缘 62～138mm 处，呈拉应力的区域面积较大；而 LB-VPPA 复合焊纵向残余应力呈现拉应力的区域在 66～134mm 处，呈拉应力的区域面积较小。出现上述现象的原因是，激光与等离子弧的相互作用，增加了等离子弧的电离程度，压缩和稳定了电弧，使电弧能量更加集中，同时提高了激光能量的利用率。与单 VPPA 焊比较，LB-VPPA 复合焊接热源的能量更加集中，热源能量集中使其焊缝区域的温度梯度增加，造成局部加热不均匀性更加严重，最大残余应力值大。对于相同厚度的工件，LB-VPPA 复合焊接热输入小、热影响区小，由热引起的热应力区域也相对较小。

7.4 铝合金 VPPA-MIG 复合焊应力场计算模型

在现代工业与军事工业快速发展的背景下，铝合金焊接结构已经步入了大型化、精密化和复杂化的发展方向。随着铝合金焊接结构的不断发展与优化，铝合金焊接结构质量的要求越来越高，同时对其安全性和可靠性提出了更高的要求与标准。其中焊接应力是影响焊接结构承载能力、形成缺陷产生失效及尺寸稳定性的重要因素之一。在实际设计和生产时，必须充分考虑与掌握焊接应力的分布特点。数值计算焊接应力的方法相比传统破坏性和非破坏性的一些具有局限性的测量方法，是一种高效、绿色而又准确的研究方法。

通过数值计算方法对厚板铝合金 VPPA-MIG 复合焊接应力场进行定量分析与预测，具有重要的实际工程意义。对于铝合金焊接应力数值模拟的研究，提高数值计算精度是人们一直探索与研究的。在铝合金焊接过程中，由于焊接的高温作用和铝合金材料的特殊性，铝合金焊接接头软化行为是铝合金焊接时普遍存在的问题。Martukanitz 等[20]的研究表明，铝锂合金强化相的溶解是导致焊接热影响区强度下降的主要原因。Fu[21]、Ma 和 Ouden 等[22]对 7 系高强 Al-Zn-Mg 合金的电弧焊接接头性能进行了分析，结果表明，焊接接头中热影响区的软化较为严重，热影响区中包括溶解区和过时效区，软化原因主要是强化析出相的溶解及长大。Zhang 等[23]对 Al-Zn-Mg-Cu 合金的 TIG 焊接接头的软化行为进行了研究，研究表明，晶粒尺寸和析出物的变化是焊缝和热影响区软化的主要原因。吴圣川等[24]针对激光-电弧复合焊接 7075-T6 铝合金接头软化行为进行了分析，结果表明，强化元素（Zn 和 Mg）发生了烧损或逆偏析，以及再分布、晶粒尺寸、强化相大小和数量的变化导致了焊接接头软化。综上所述，焊接热作用导致晶粒内组织结构、合金元素及强化相的变化，从而导致焊接接头的力学性能（屈服强度和抗拉强度）下降。软化现象在一些高强铝合金中表现较为明显。需要注意的是，铝合金焊接接头的软化行为会直接影响焊接应力场和残余应力的分布[25-27]。

因此，在计算厚板 7A52 铝合金 VPPA-MIG 复合焊接应力场时，必须考虑铝合金复合焊接接头软化行为对焊接应力的影响，从而更加合理地计算与分析复合焊接应力场。本节重点通过试验研究 7A52 铝合金 VPPA-MIG 复合焊接接头的软化行为和 7A52 铝合金软化后的高温力学性能，并在此基础上，针对 7A52 铝合金 VPPA-MIG 复合焊接应力场的计算建立材料软化模型，为更合理地计算 VPPA-MIG 复合焊接残余应力和保证焊接接头的安全性奠定坚实基础。

7.4.1　焊接接头软化行为

1. 复合焊接接头力学性能分析

沿焊缝横向截取一段复合焊焊接接头，采用维氏硬度计，从焊缝中心位置到母材一侧沿直线测量了复合焊接接头截面各区域的显微硬度。硬度的测量结果如图 7-26 所示，从图 7-26 中可以看出，7A52 铝合金复合焊缝显微硬度小于母材的显微硬度，焊缝中心显微硬度最低，约为 84HV。这是因为填充材料选用的是低强度匹配的 5 系铝合金焊丝，力学性能低于母材。距离焊缝中心 4mm 处为焊缝熔合线位置，随着与焊缝中心的距离进一步增大，将进入热影响区，热影响区显微硬度具有上升趋势。热影响区（与焊缝中心的距离为 4～12.4mm）显微硬度整体小于母材显微硬度，母材显微硬度为 137.8HV 左右。从图 7-27 中可以看出，焊缝和热影响区均出现了不同程度的软化现象，其热影响区宽度约为 8.4mm。

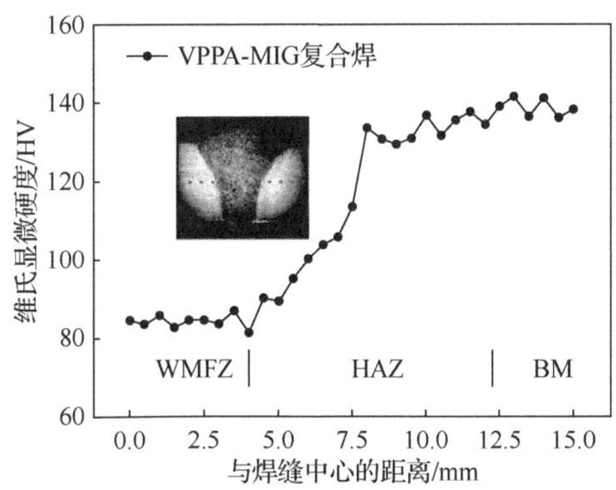

图 7-26　VPPA-MIG 复合焊接接头的显微硬度分布

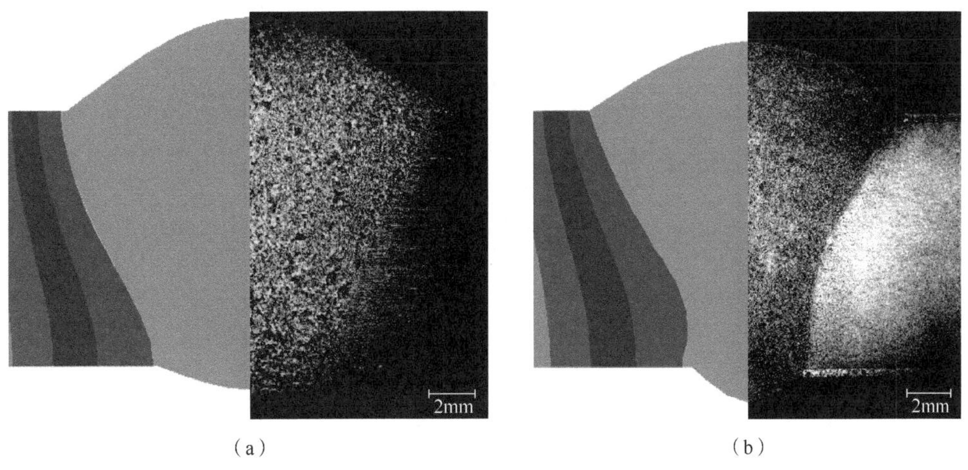

（a）　（b）

图 7-27　焊接试验获得的焊缝截面

图 7-28 所示通过拉伸试验确定的 7A52 铝合金母材及 VPPA-MIG 复合焊焊接接头的拉伸力学性能。7A52 铝合金母材的抗拉强度为 506.5MPa，复合焊焊接接头的抗拉强度

为 316.2MPa。焊接接头的强度比母材降低了 37.6%。由显微硬度和抗拉强度可知，在经历复合焊接的热作用后，7A52 铝合金复合焊接接头具有明显的软化行为。

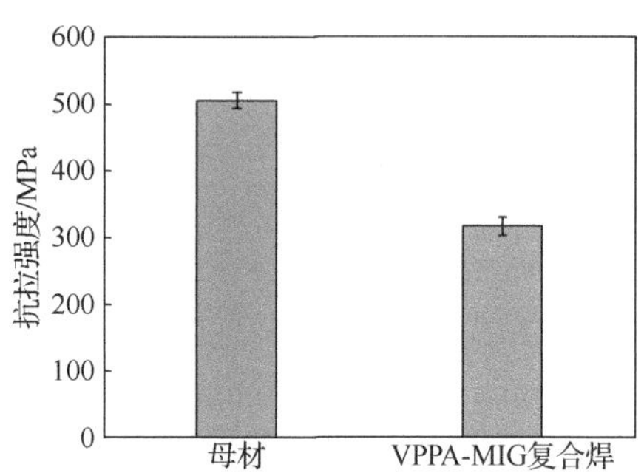

图 7-28　VPPA-MIG 复合焊接接头拉伸力学性能

2. 复合焊接接头显微组织分析

为了探索 VPPA-MIG 复合焊接接头软化的原因，采用 EBSD 技术对 VPPA-MIG 复合焊接接头不同区域的组织形貌进行观察。图 7-29 所示为复合焊接接头不同位置的电子背散射衍射（electron backscattered diffraction，EBSD）分析结果，观测位置为焊缝和临近焊缝的热影响区。

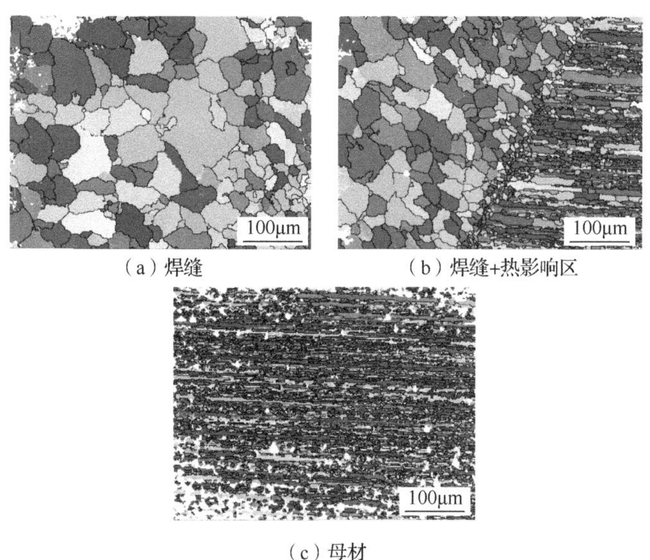

（a）焊缝　（b）焊缝+热影响区

（c）母材

图 7-29　VPPA-MIG 复合焊接接头横截面不同位置晶粒形貌

从图 7-29（a）中可以看出，焊缝中的晶粒为典型的铸态等轴晶，晶粒之间具有较大取向差，大多数为大角度晶界。熔合线附近主要为细小的等轴晶和柱状、树枝状组织。热影响区整体的晶粒形貌与母材相似，均为沿轧制方向的拉长纤维状组织。其中含有一些小角度晶界，与其母材相比，热影响区的小角度晶界数量少于母材的小角度晶界。母材的小角度晶界主要来源于板材热轧制过程中的动态回复。热影响区经历了热作用后晶粒发生了明显粗化且晶界数量明显减少，晶粒尺寸远大于母材。Hansen 提出了晶粒尺寸

与屈服强度符合 Hall-Petch 关系[28]，即

$$\Delta\sigma_{gb}=\sigma_0+k_i d^{-1/2} \tag{7-23}$$

式中，$\Delta\sigma_{gb}$ 为屈服强度变化量；σ_0 为点阵阻力；k_i 为与晶界结构相关的系数；d 为晶粒尺寸。通过式（7-23）可以看出，随着晶粒的粗化，晶粒尺寸的增大，屈服强度的增量减小。同时有研究表明，晶界数量的降低将会降低晶界强化的效果[29]。由此表明，晶粒粗化是导致热影响区力学性能下降并产生软化现象的原因之一。

7A52 可热处理铝合金主要强化机制是在时效过程中的沉淀强化，沉淀析出相数量及分布会影响其力学性能。7A52 铝合金主要的合金元素是 Zn 和 Mg，主要强化相为 η（$MgZn_2$）相。沉淀析出相在基体中产生的内应力和位错穿过粒子引起的位错阻碍运动相互作用实现强化效果。在焊接过程中，热影响区中许多细小的纳米级沉淀相由于受热作用会发生溶解。黄继武[30]通过透射电子显微镜（transmission electron microscope，TEM）进行观察研究，研究表明，7A52 铝合金焊接接头中热影响区析出的强化相粒子大部分发生了回溶，与母材相比沉淀强化相的数量急剧减少。焊接接头中强化相的分布示意图如图 7-30 所示，由于焊接的不均匀受热过程，靠近焊缝一侧的热影响区中强化相的数量最少，大量的强化相发生了溶解，逐渐向母材过渡时强化相溶解的趋势变小，强化相的数量逐渐增多直到转变为母材状态。这表明焊接接头中热影响区内强化相的溶解，是造成焊接接头力学性能下降的重要因素。

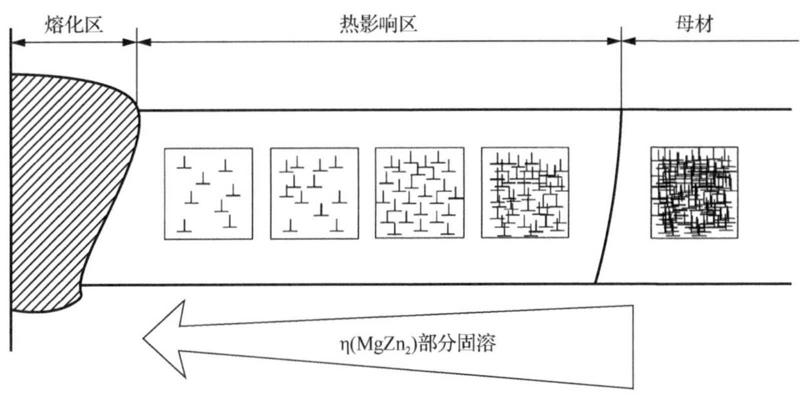

图 7-30　焊接接头中强化相的分布示意图

7A52 铝合金的另一种强化方式是固溶强化。焊接接头中合金元素含量的变化同样会影响其力学性能。图 7-31 所示为通过原位光谱分析仪测量的复合焊焊接接头中合金元素 Mg 和 Zn 的含量分布。从图 7-31（a）和（b）可以看出，焊缝中 Mg 含量高于焊缝两侧热影响区的 Mg 含量，焊缝中 Mg 的平均含量约为 3.08%。依据 VPPA-MIG 复合焊接的熔合比 θ=0.62，计算焊缝中 Mg 的平均含量应为 3.24%。焊缝中实际 Mg 含量低于理论计算值，焊缝中 Mg 蒸发烧损较严重，蒸发烧损量约为 0.16%。热影响区中 Mg 含量为 2.55%，与其母材中的 Mg 含量相当。从图 7-31（c）和（d）可以看出，焊缝中的 Zn 含量约为 2.70%，而理论值为 2.76%，焊缝中实际 Zn 含量低于理论计算值。同样，有少部分 Zn 被蒸发烧损。热影响区的 Zn 含量约为 4.22%，可以看出，热影响区中 Zn 分布不均匀，热影响区上端区域的 Zn 含量明显高于下端区域，部分区域 Zn 含量有所

下降。

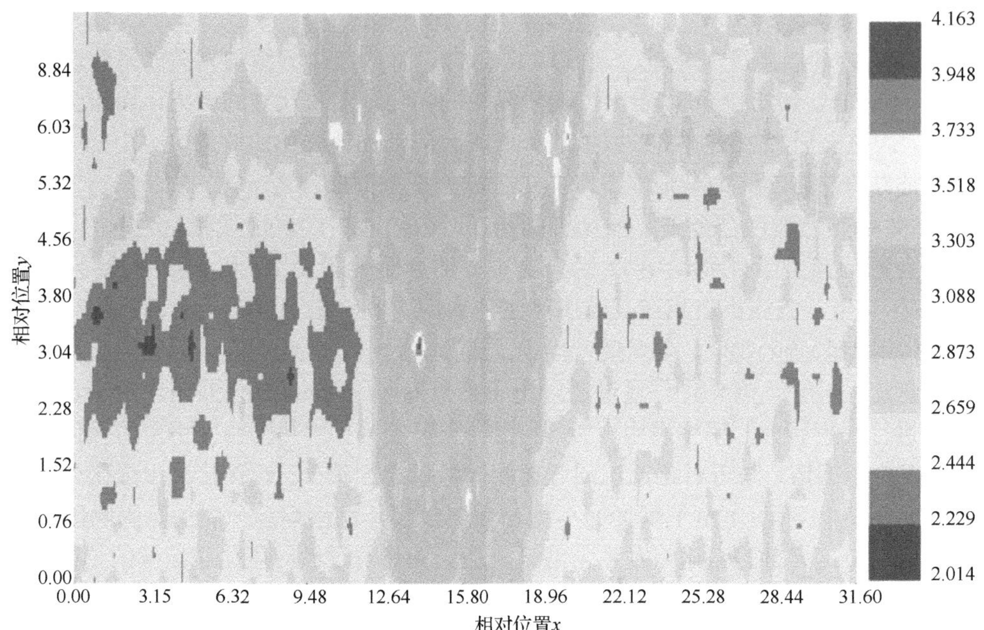

（a）Mg二维分布

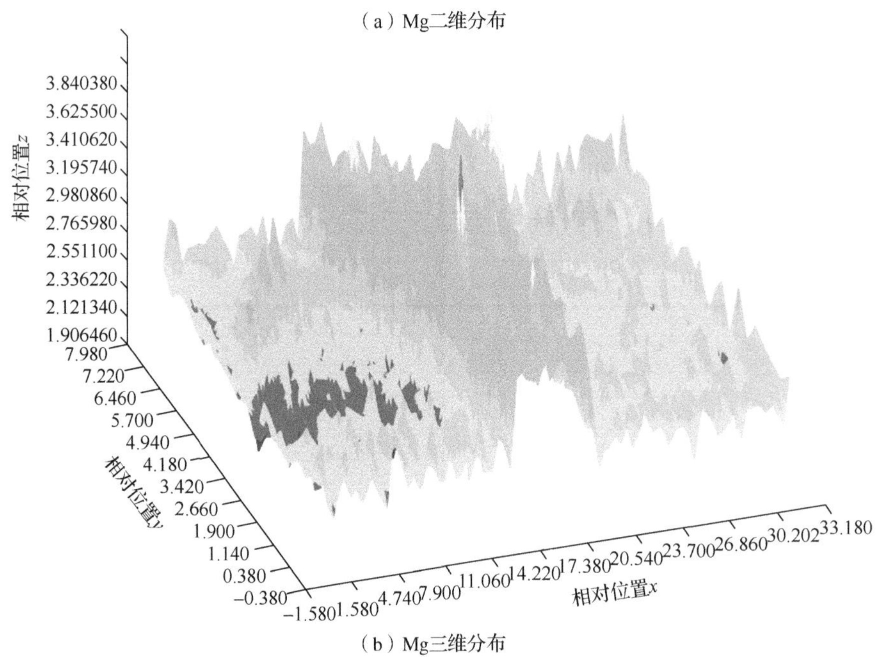

（b）Mg三维分布

图 7-31　VPPA-MIG 复合焊接接头中 Mg 和 Zn 的含量分布

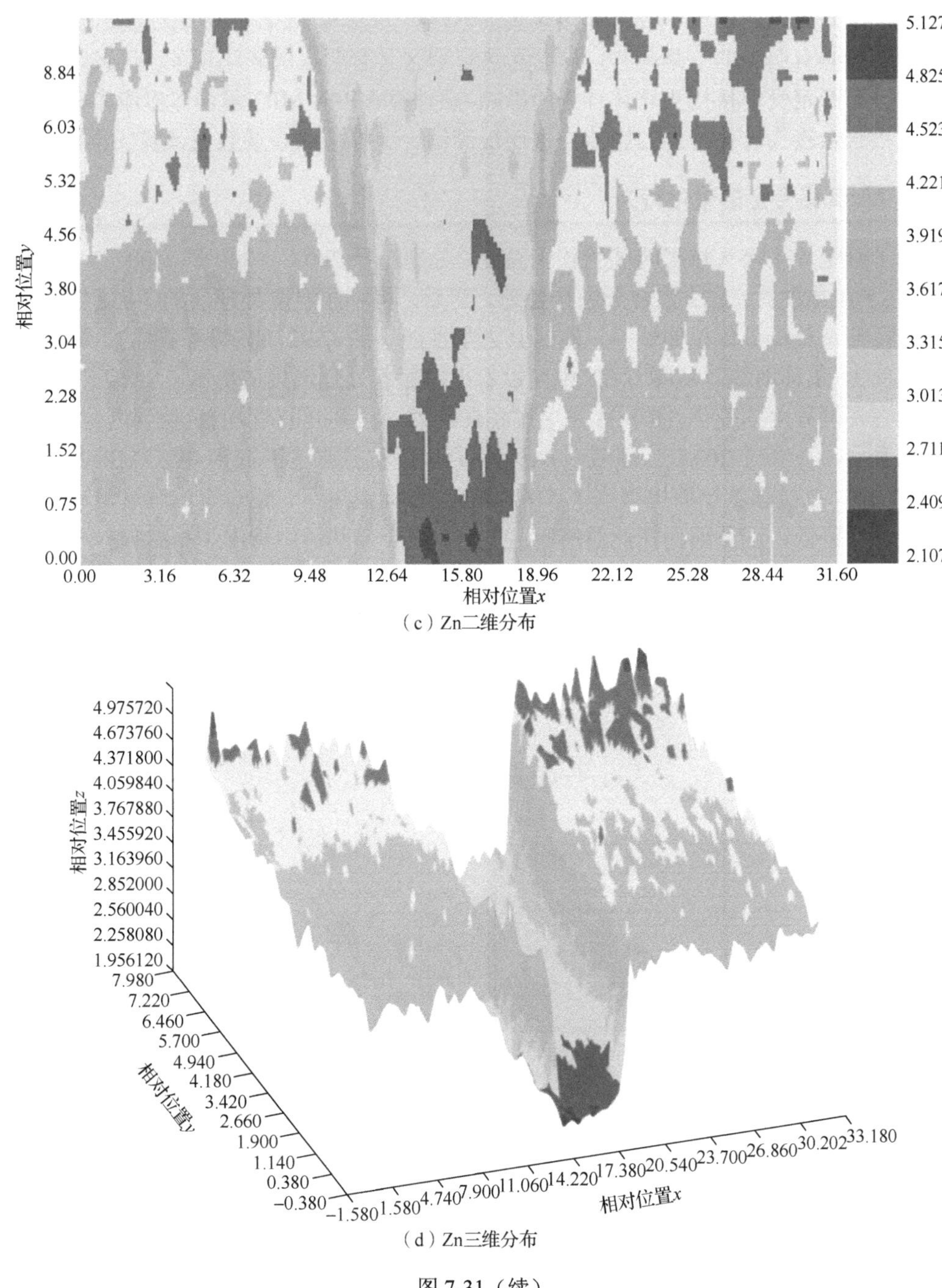

（c）Zn二维分布

（d）Zn三维分布

图 7-31（续）

由于 Mg 和 Zn 的沸点较低，在复合焊接过程中，电弧的高温作用导致熔池中部分 Mg 和 Zn 蒸发烧损。从以上试验结果可以看出，在焊缝中 Mg 蒸发烧损得较为严重。金属经历了完全熔化再凝固的过程，焊缝显微组织为铸态等轴晶组织，此区域主要依靠固溶强化实现材料强化的效果。因此，合金元素的烧损会降低焊缝的力学性能。同时，高温热作用导致了热影响区中 Zn 分布不均匀，部分区域的 Zn 含量下降，同样会导致热影响区力学性能的下降。

以上从几个方面研究了复合焊接接头的软化行为及其原因，研究表明复合焊接接头的力学性能具有明显的下降趋势，焊缝和热影响区具有明显的软化现象。因此，复合焊接应力分布必定受焊接接头软化行为所影响。在计算 VPPA-MIG 复合焊接应力分布时必须考虑铝合金接头软化行为的影响，进而提高铝合金焊接应力场数值计算的准确性。

7.4.2　7A52 铝合金的软化行为

为了确定焊接接头热影响区的软化温度，分别选择 200℃、300℃、400℃、500℃及 550℃共 5 组温度对 7A52 铝合金进行处理。随后，将不同温度处理后的 7A52 铝合金通过万能拉伸试验机进行拉伸试验，测量其力学性能。图 7-32 所示为测量的不同温度下的拉伸应力-位移曲线。从图 7-32 中可以看出，随着处理温度的提高，7A52 铝合金的强度具有不同程度的变化。图 7-33 是通过拉伸应力-位移曲线获得的抗拉强度。从图 7-33 中可以看出，在经过 200℃处理后，7A52 铝合金的抗拉强度降低为 492.3MPa。然而，在 300℃时，抗拉强度反而提高到了 516.6MPa，在此温度下，铝合金的强度没有随着温度的升高而降低，这是因为在此温度下从 7A52 铝合金基体中析出了第二相粒子导致其抗拉强度的升高。文献中指出，Al-Zn-Mg 高强合金在 200～300℃温度范围内将会形成η相（在 250℃左右出现）[31-33]。η相在铝合金中具有较高的溶解度，在铝合金基体中具有强烈的时效硬化作用。因此，在 300℃热处理的过程中，由于第二相粒子η相的析出，7A52 铝合金抗拉强度增大。

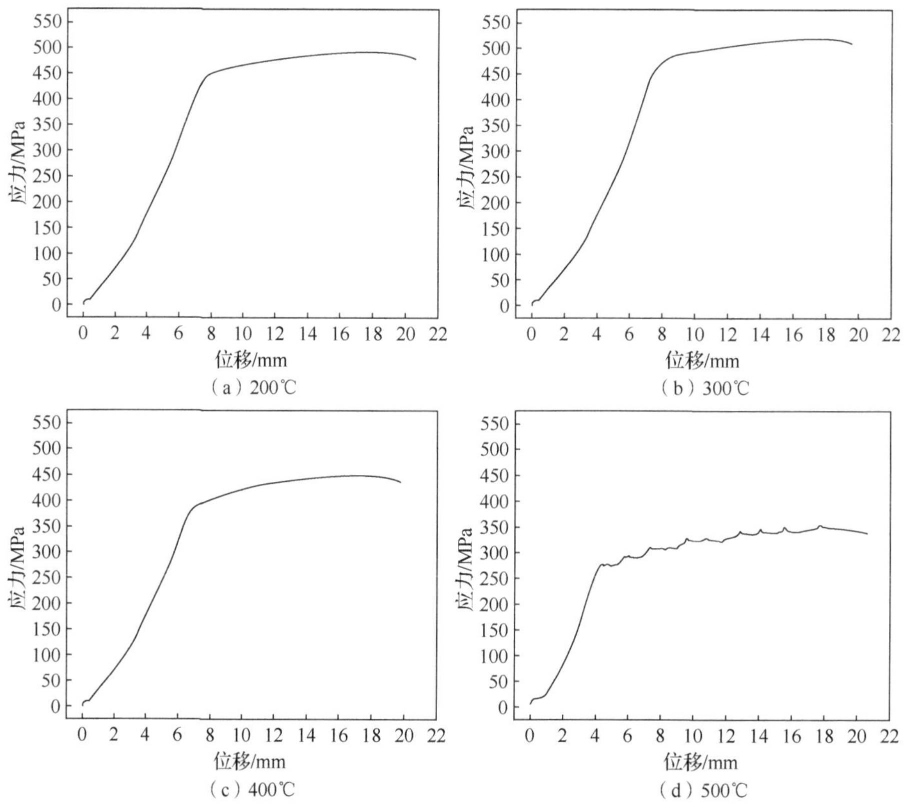

（a）200℃　（b）300℃　（c）400℃　（d）500℃

图 7-32　不同温度处理下 7A52 铝合金拉伸应力-位移曲线

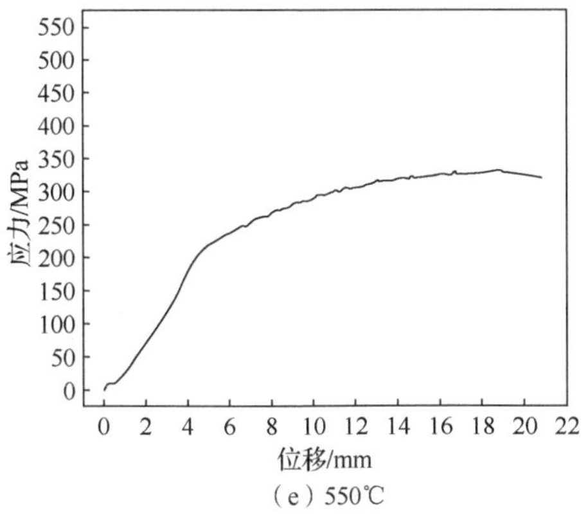

(e) 550℃

图 7-32（续）

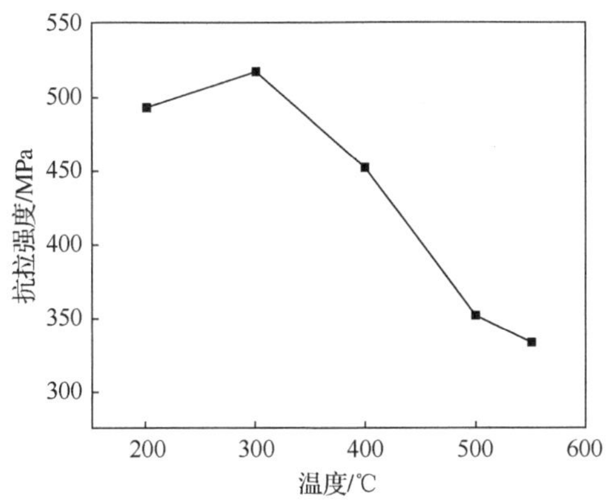

图 7-33　不同温度处理下 7A52 铝合金的抗拉强度

随着处理温度的继续升高，在 400℃时抗拉强度降低至 451.4MPa，到达 500℃时抗拉强度迅速降低至 351.7MPa。可以观察到，在温度升高的过程中，铝合金的强度急剧下降，降低了 100MPa 左右。这是因为，在此阶段发生了第二相粒子的溶解、部分沉淀相的粗化及晶粒粗化长大共同作用导致的强度急剧下降。Al-Zn-Mg 铝合金通常在 300～350℃温度区间内发生第二相溶解，当温度超过 400℃时所有的沉淀相将全部溶解。处理温度从 500℃增加到 550℃时，抗拉强度降低至 332.8MPa。500℃时的抗拉强度与 550℃时抗拉强度仅相差 18.9MPa，在 500～550℃温度范围内，7A52 铝合金的抗拉强度降低不明显。在此温度区间，强化相的溶解和显微组织的粗大已经到达了最大程度，致使 500℃与 550℃时 7A52 铝合金的软化程度相差不大。如果进一步增加温度，铝合金将进入固-液温度范围，因此该部分试验最高的处理温度被设置为 550℃。

以上试验结果表明，在 500～550℃温度范围内，7A52 高强铝合金的软化现象最为明显。为了充分考虑铝合金软化区域，将 500℃确定为 7A52 铝合金的软化温度。在软化温度下对该铝合金材料进行软化处理，然后分别在不同温度下对软化后 7A52 铝合金进行高温拉伸试验，确定其高温力学性能参数。

7.4.3 软化模型的建立

1. 原始态 7A52 铝合金的高温力学性能

为了建立材料力学性能参数数据库，首先需要确定在不同温度下 7A52 铝合金的高温力学性能。通过 7A52 铝合金的单向高温拉伸试验，获取其应力-应变曲线，进而测量不同温度下的屈服强度与抗拉强度。图 7-34 所示为不同温度下 7A52 铝合金的应力-应变曲线。从图 7-34 中可以看出，所有应力-应变曲线在不同温度下均为弹塑性特征。拉伸开始阶段为弹性阶段，应力随应变的增加以一定斜率呈线性增加趋势，到达某一值时进入屈服阶段，斜率快速减小，进入塑性变形阶段。随着载荷力继续增加，达到抗拉强度极限，变形逐渐增大发生缩颈直到断裂。然而，在不同温度下，铝合金的应力-应变曲线没有像合金钢一样具有明显的屈服阶段，通常将铝合金材料变形量 0.2%时的应力值定义为屈服强度。因此，通过不同温度下应力-应变曲线计算了 7A52 铝合金的屈服强度，计算结果如表 7-3 所示。从表 7-3 中可以看出，随着温度的升高，7A52 铝合金的屈服强度和抗拉强度呈现降低的趋势。基于测量结果，确定了原始态 7A52 铝合金材料的高温力学性能。

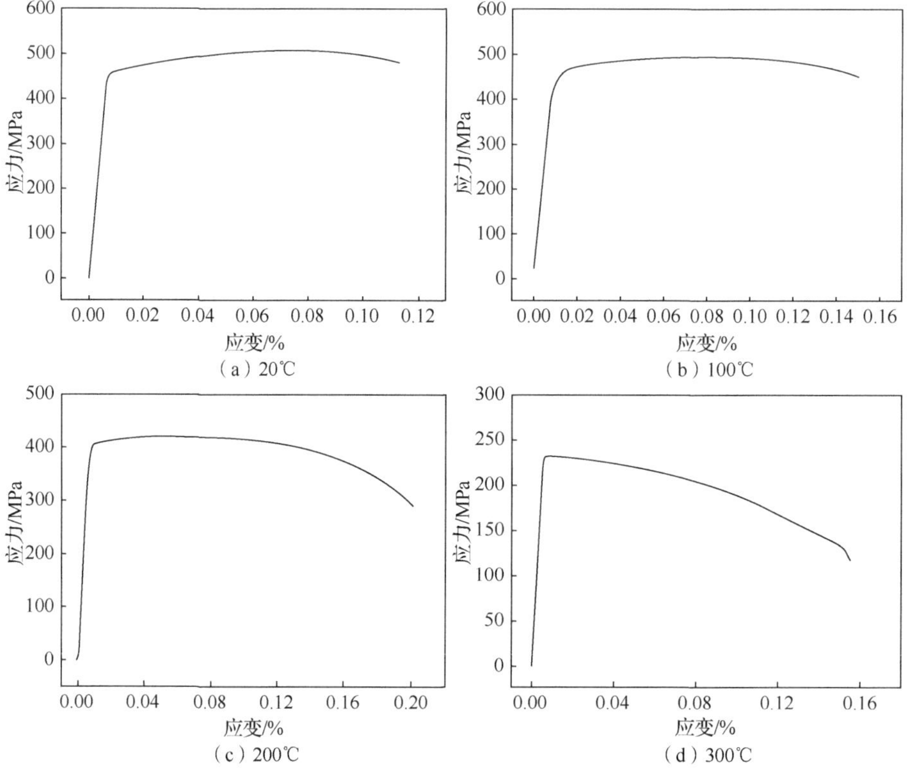

图 7-34 原始态 7A52 铝合金在不同温度下的应力-应变曲线

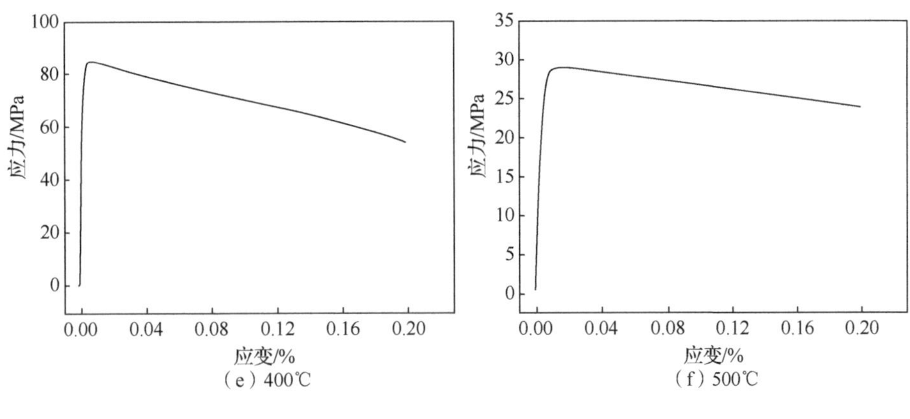

（e）400℃　（f）500℃

图 7-34（续）

表 7-3　原始态 7A52 铝合金在不同温度下的屈服强度和抗拉强度

温度 T/℃	20	100	200	300	400	500
屈服强度 $R_{p0.2}$/MPa	458.1	426.0	336.1	230.7	82.8	26.9
抗拉强度 R_m/MPa	506.5	492.5	421.9	231.5	84.9	28.8

2. 软化后 7A52 铝合金的高温力学性能

为了建立用于焊接应力场计算的材料软化模型，对软化后的 7A52 铝合金进行单向高温拉伸测试，获得的不同温度的应力-应变曲线如图 7-35 所示。从图 7-35 中可以看出，在不同温度下的应力-应变曲线与原始态 7A52 铝合金的应力-应变曲线整体趋势相同，均有应力随应变以一定斜率线性增加的弹性阶段以及斜率迅速减小的屈服阶段，达到最大应力值后发生断裂。根据应力-应变曲线计算得到不同温度下的屈服强度与抗拉强度，如表 7-4 所示，发现软化后 7A52 铝合金的屈服强度和抗拉强度同样随温度的升高而降低。与原始态 7A52 铝合金相比，在不同温度下软化后 7A52 铝合金均小于原始态 7A52 铝合金的屈服强度和抗拉强度。这表明，7A52 铝合金材料经历软化后，在不同温度下的力学性能均发生一定程度的下降。基于测量结果，确定了软化后 7A52 铝合金材料在不同温度下的高温力学性能。

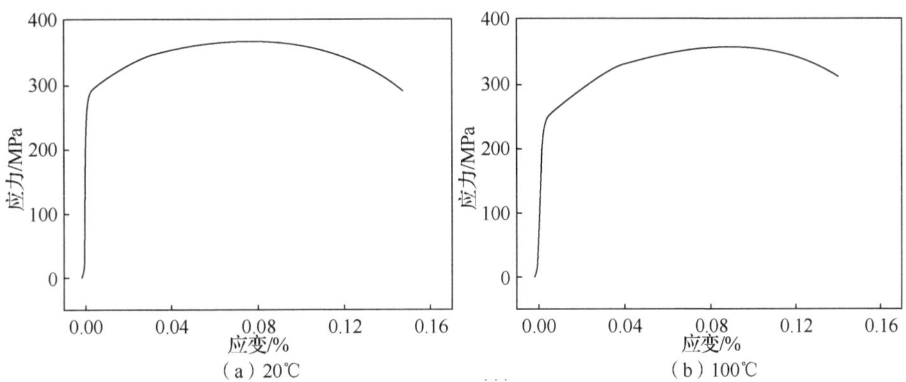

（a）20℃　（b）100℃

图 7-35　在不同温度下软化后 7A52 铝合金的应力-应变曲线

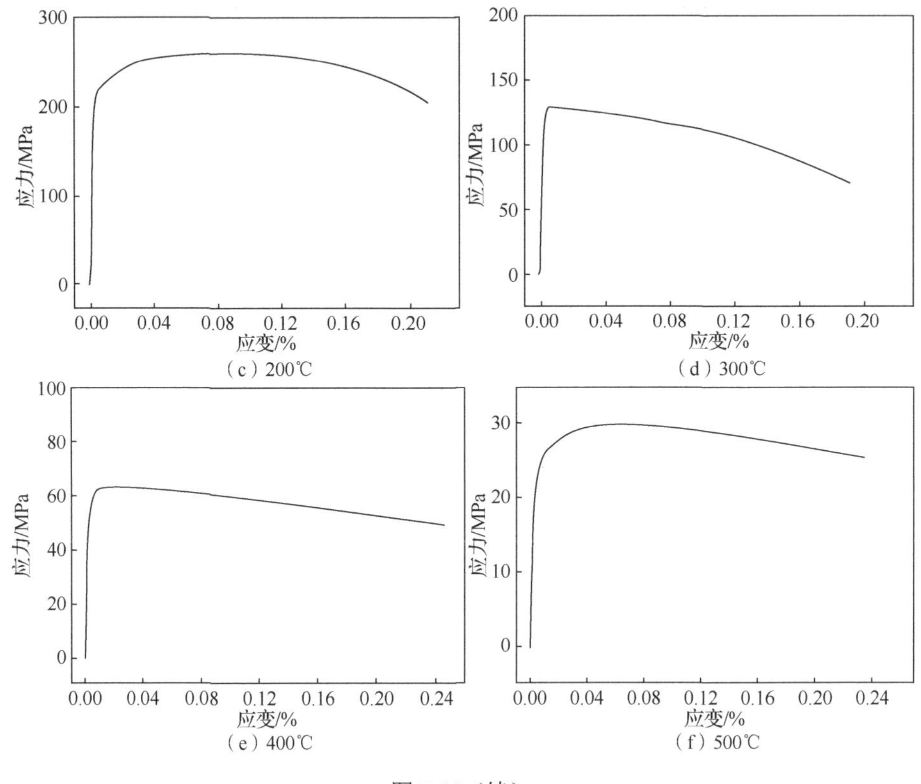

图 7-35（续）

表 7-4　在不同温度下软化后 7A52 铝合金的屈服强度和抗拉强度

温度/℃	20	100	200	300	400	500
屈服强度 $R_{p0.2}$/MPa	295.1	247.2	211.4	127.1	59.3	22.5
抗拉强度 R_m/MPa	364.2	356.3	261.2	128.8	63.5	29.5

3. 软化模型的建立

在 VPPA-MIG 复合焊接过程中，经历焊接加热的铝合金工件达到一定温度后，部分铝合金达到软化温度发生软化转变。在计算焊接应力场时，为进一步提高计算的准确性，提出了铝合金材料软化计算模型。这里采用 Lisfshitz 和 Slyozov[34]、Feng 等[35]提出的经典 LSW 理论对焊接过程中铝合金的软化过程进行计算。利用此理论可对相溶解与长大的过程进行扩散理论化处理和溶解反应理论化处理。对 LSW 理论进行扩展及简单的推导，将此理论用于 VPPA-MIG 复合焊接中铝合金材料的冶金反应，其等温反应动力学方程为

$$t^* = t_r \frac{T}{T_r} \exp\left[\frac{Q_d}{R}\left(\frac{1}{T} - \frac{1}{T_r}\right)\right] \tag{7-24}$$

$$\frac{f}{f_0} = 1 - \left[\frac{t}{t^*}\right] \tag{7-25}$$

式中，T 为温度（℃）；T_r 为参考温度（℃）；t^*为在 T 温度下完成转变的时间（min）；t_r

为在 T_r 温度下完成转变的时间（min）；R 为气体常数；Q_d 为析出物的活化能（kJ/mol）；f 为相的体积分数；f_0 为最初相的体积分数；t 为时间（min）。

在数值计算中，原始 7A52 铝合金母材定义为相 1；未填充金属部分（死单元）定义为相 2，填充金属定义为相 3，软化后的 7A52 铝合金定义为相 4。在计算过程中，相变反应表示为以下 3 个反应：第一个为相 1—相 4 的转变；第二个为相 2—相 3 的转变；第三个为相 1—相 3 的转变。其中相 1—相 4 的转变是焊接过程中铝合金的软化过程，相 2—相 3 的转变是在数值模拟中通过材料属性的转变实现焊接中金属填充过程，相 1—相 3 的转变是焊接熔池为部分母材转变为母材与填充金属的填充相。

将测量的原始态 7A52 铝合金与软化后 7A52 铝合金的高温力学性能分别赋予相 1 和相 4。填充金属是采用 ER5183 铝合金焊丝，其为 Al-Mg-Si 合金，所以在模拟过程中采用 Al-Mg-Si 合金的高温力学性能。用于应力场计算的不同材料的屈服强度如图 7-36 所示。焊接应力的分布主要受焊接过程中铝合金的塑性变形量所影响。然而，屈服强度是标注材料进入塑性变形阶段的参数指标。因此，在本节的计算与研究中，相的转化考虑了各不同相的屈服强度变化，假定弹性模量和热膨胀率仅随温度变化而变化，各相的转变对其无影响。用于应力场计算的弹性模量和热膨胀率如图 7-37 所示。

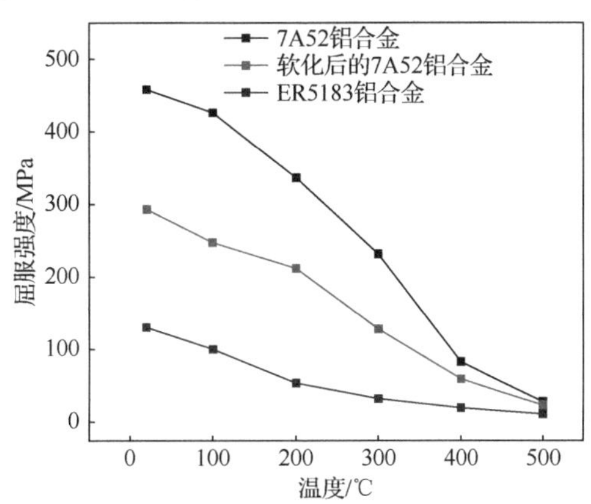

图 7-36　用于应力场计算的不同材料的屈服强度

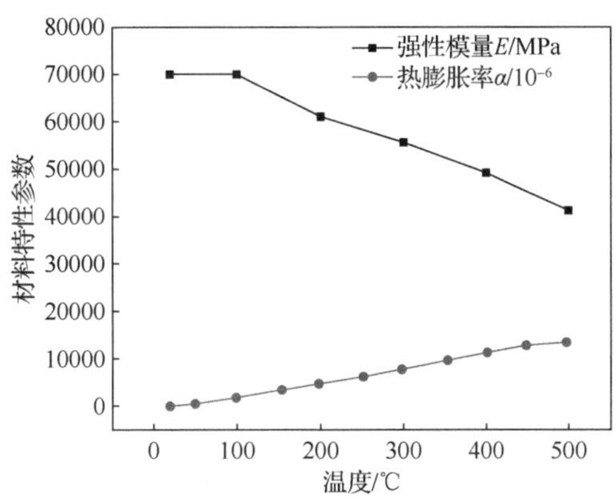

图 7-37　用于应力场计算的弹性模量和热膨胀率

4. 软化相的计算结果

图 7-38 所示为采用建立的材料软化模型计算的 7A52 铝合金 VPPA-MIG 复合焊接接头软化相的分布情况，从图 7-38（a）中可以看出，焊缝中心全部为填充金属与母材的混合相，即计算时设定的相 3。从图 7-38（b）中可以看出，在临近焊缝两侧的区域出现了 7A52 铝合金软化相，即计算时设定的相 4。逐渐向板材边缘靠近，此区域的软化相含量逐渐减小，直到全部转变为母材相（相 1）。出现软化相的区域与焊缝中心的距离为 12.8mm。将由焊接试验获得的焊缝截面（图 7-27）和复合焊接接头显微硬度分布的热影响区（图 7-26）进行对比，可以发现填充相（相 3）和软化相（相 4）的计算结果与试验结果吻合良好。

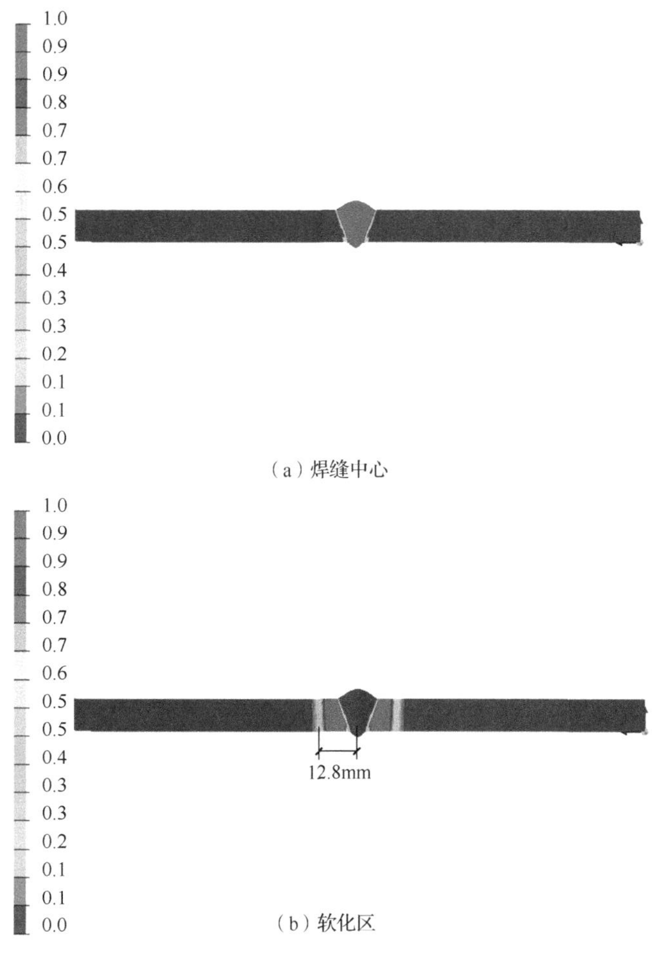

图 7-38　焊接接头中相的计算结果

7.4.4　焊接应力场有限元模型建立

1. 热-弹-塑性有限元法

在数值计算中，重点考虑温度场与应力场之间的耦合关系。通过顺序耦合的热-弹-

塑性有限元法计算复合焊接的热力学行为，将计算所得准确温度场以热载荷的形式加载至有限元计算模型中。采用热-弹-塑性有限元法计算焊接应力场的计算方程与求解过程如下[36-38]。

（1）焊接应力与变形的计算

应力与应变关系：铝合金材料在弹性阶段时，全应变增量 $\mathrm{d}\boldsymbol{\varepsilon}$ 为弹性应变增量 $\mathrm{d}\boldsymbol{\varepsilon}_{\mathrm{e}}$ 和温度应变增量 $\mathrm{d}\boldsymbol{\varepsilon}_{\mathrm{T}}$ 的组成，即

$$\mathrm{d}\boldsymbol{\varepsilon}=\mathrm{d}\boldsymbol{\varepsilon}_{\mathrm{e}}+\mathrm{d}\boldsymbol{\varepsilon}_{\mathrm{T}} \tag{7-26}$$

$$\mathrm{d}\boldsymbol{\varepsilon}_{\mathrm{e}}=\mathrm{d}\left[\boldsymbol{D}_{\mathrm{e}}^{-1}\boldsymbol{\sigma}\right]=\boldsymbol{D}_{\mathrm{e}}^{-1}\mathrm{d}\boldsymbol{\sigma}+\frac{\partial\boldsymbol{D}_{\mathrm{e}}^{-1}}{\partial T}\boldsymbol{\sigma}\mathrm{d}T \tag{7-27}$$

$$\mathrm{d}\boldsymbol{\varepsilon}_{\mathrm{T}}=\boldsymbol{\alpha}\mathrm{d}T \tag{7-28}$$

$$\boldsymbol{\alpha}=\left\{\alpha_0+\frac{\partial\boldsymbol{\alpha}}{\partial T}\boldsymbol{\sigma}\right\} \tag{7-29}$$

式中，$\boldsymbol{D}_{\mathrm{e}}$ 为弹性矩阵；$\boldsymbol{\sigma}$ 和 $\mathrm{d}\boldsymbol{\sigma}$ 分别为应力和应力增量列阵；T 为温度；$\boldsymbol{\alpha}$为线膨胀系数列阵；α_0 为室温下初始线膨胀系数。

弹性区间应力-应变关系为

$$\mathrm{d}\boldsymbol{\sigma}=\boldsymbol{D}_{\mathrm{e}}\mathrm{d}\boldsymbol{\varepsilon}-\boldsymbol{C}_{\mathrm{e}}\mathrm{d}T \tag{7-30}$$

$$\boldsymbol{C}_{\mathrm{e}}=\boldsymbol{D}_{\mathrm{e}}\left(\boldsymbol{\alpha}+\frac{\partial\boldsymbol{D}_{\mathrm{e}}^{-1}}{\partial T}\boldsymbol{\sigma}\right) \tag{7-31}$$

式中，$\boldsymbol{C}_{\mathrm{e}}$ 为弹性温度向量。

当铝合金材料进入塑性变形阶段时，全应变增量可以表示为

$$\mathrm{d}\boldsymbol{\varepsilon}=\mathrm{d}\boldsymbol{\varepsilon}_{\mathrm{e}}+\mathrm{d}\boldsymbol{\varepsilon}_{\mathrm{p}}+\mathrm{d}\boldsymbol{\varepsilon}_{\mathrm{T}} \tag{7-32}$$

式中，$\mathrm{d}\boldsymbol{\varepsilon}_{\mathrm{p}}$ 为塑性应变增量列阵。

设定材料的屈服条件为

$$f(\boldsymbol{\sigma})=f_0(\boldsymbol{\varepsilon}_{\mathrm{p}},T) \tag{7-33}$$

式中，f 为屈服函数；f_0 为与温度 T 和塑性应变 $\boldsymbol{\varepsilon}_{\mathrm{p}}$ 有关的屈服应力函数。

基于塑性流动法则，则塑性应变增量为

$$\mathrm{d}\boldsymbol{\varepsilon}_{\mathrm{p}}=\lambda\left\{\frac{\partial f}{\partial\boldsymbol{\sigma}}\right\} \tag{7-34}$$

式中，λ 为与材料硬化法相关的参数。

则塑性区域的应力-应变为

$$\mathrm{d}\boldsymbol{\sigma}=\boldsymbol{D}_{\mathrm{ep}}\mathrm{d}\boldsymbol{\varepsilon}-\boldsymbol{C}_{\mathrm{ep}}\mathrm{d}T \tag{7-35}$$

式中，$\boldsymbol{D}_{\mathrm{ep}}$ 为弹塑性矩阵；$\boldsymbol{C}_{\mathrm{ep}}$ 为弹塑性温度向量。二者计算公式为

$$\boldsymbol{D}_{\mathrm{ep}}=\boldsymbol{D}_{\mathrm{e}}-\boldsymbol{D}_{\mathrm{e}}\left\{\frac{\partial f}{\partial\boldsymbol{\sigma}}\right\}\left\{\frac{\partial f}{\partial\boldsymbol{\sigma}}\right\}^{\mathrm{T}}\boldsymbol{D}_{\mathrm{e}}/S \tag{7-36}$$

$$\boldsymbol{C}_{\mathrm{ep}}=\boldsymbol{D}_{\mathrm{ep}}\left[\boldsymbol{\alpha}+\frac{\partial\boldsymbol{D}_{\mathrm{e}}^{-1}}{\partial T}\boldsymbol{\alpha}\right]-D_{\mathrm{e}}\left\{\frac{\partial f}{\partial\boldsymbol{\sigma}}\right\}\left\{\frac{f_0}{\partial\boldsymbol{\sigma}}\right\}\Big/S \tag{7-37}$$

$$S=\left(\frac{\partial f}{\partial\boldsymbol{\sigma}}\right)^{\mathrm{T}}\boldsymbol{D}_{\mathrm{e}}\left\{\frac{\partial f}{\partial\boldsymbol{\sigma}}\right\}+\left\{\frac{\partial f_0}{\partial\boldsymbol{\varepsilon}_{\mathrm{p}}}\right\}^{\mathrm{T}}\frac{\partial f}{\partial\boldsymbol{\sigma}} \tag{7-38}$$

由式（7-30）～式（7-38）可知，λ 值可以决定塑性区域材料为加载过程或卸载过程；S，无实际含义。当 $\lambda<0$ 时，此过程为塑性加载，采用式（5-13）计算此过程的材料应力-应变；当 $\lambda=0$ 时，此过程是中性变载（对于理想弹塑性材料，继续进行塑性加载；对于硬化弹塑性材料，维持当前状态不变，不产生新的流动）；当 $\lambda>0$ 时，此过程为弹性卸载，采用式（5-8）计算此过程的材料应力-应变。

（2）平衡方程

考虑焊接构件中某一单元具有平衡方程为

$$\mathrm{d}\boldsymbol{p}^{\mathrm{e}}+\mathrm{d}\boldsymbol{p}_{\mathrm{T}}^{\mathrm{e}}=\boldsymbol{K}^{\mathrm{e}}\mathrm{d}\boldsymbol{\delta}^{\mathrm{e}} \tag{7-39}$$

式中，$\mathrm{d}\boldsymbol{p}^{\mathrm{e}}$ 为各节点上的力增量；$\mathrm{d}\boldsymbol{p}_{\mathrm{T}}^{\mathrm{e}}$ 为由温度变化导致的单元初应变等效节点力增量；$\mathrm{d}\boldsymbol{\delta}^{\mathrm{e}}$ 为节点位移增量。单元刚度矩阵 $\boldsymbol{K}^{\mathrm{e}}$ 表示为

$$\boldsymbol{K}^{\mathrm{e}}=\int\boldsymbol{B}^{\mathrm{T}}\boldsymbol{D}\boldsymbol{B}\mathrm{d}V \tag{7-40}$$

$$\mathrm{d}\boldsymbol{p}_{\mathrm{T}}^{\mathrm{e}}=\int\boldsymbol{B}^{\mathrm{T}}\boldsymbol{C}\mathrm{d}T\mathrm{d}V \tag{7-41}$$

式中，$\boldsymbol{B}$ 为联系单元中应变向量与节点位移向量矩阵。依据单元处于弹性或塑性区，分别用 $\boldsymbol{D}_{\mathrm{e}}$、$\boldsymbol{C}_{\mathrm{e}}$ 或 $\boldsymbol{D}_{\mathrm{ep}}$、$\boldsymbol{C}_{\mathrm{ep}}$ 替换式（7-40）和式（7-41）的 $\boldsymbol{D}$、$\boldsymbol{C}$，变为单元刚度矩阵和等效节点载荷。集成总刚度矩阵 $\boldsymbol{K}$ 与总载荷向量 $\mathrm{d}\boldsymbol{p}$，求取整体结构的平衡方程，则有

$$\boldsymbol{K}\mathrm{d}\boldsymbol{\delta}=\mathrm{d}\boldsymbol{p} \tag{7-42}$$

$$\boldsymbol{K}=\sum\boldsymbol{K}^{\mathrm{e}},\mathrm{d}\boldsymbol{p}=\sum\left[\mathrm{d}\boldsymbol{p}^{\mathrm{e}}+\mathrm{d}\boldsymbol{p}_{\mathrm{T}}^{\mathrm{e}}\right] \tag{7-43}$$

考虑到 VPPA-MIG 复合焊接中一般没有外部作用力，环绕每个节点的单元相应节点的力为自相平衡的力系，即取 $\sum\mathrm{d}\boldsymbol{p}^{\mathrm{e}}=0$，故 $\mathrm{d}\boldsymbol{p}=\sum\mathrm{d}\boldsymbol{p}_{\mathrm{T}}^{\mathrm{e}}$。在忽略宏观外部作用力的前提下，焊接力场的载荷项实际上由温度变化 ΔT 所影响。

（3）求解过程

在有限单元网格上逐步加载温度增量（预先算出的温度场）。每次温度增量叠加后，由式（7-42）能够求出每各节点的位移增量 $\mathrm{d}\delta^{\mathrm{e}}$。每个单元内的应变增量 $\mathrm{d}\boldsymbol{\varepsilon}^{\mathrm{e}}$ 与单元节点位移增量 $\mathrm{d}\boldsymbol{\delta}^{\mathrm{e}}$ 的关系为

$$\mathrm{d}\boldsymbol{\varepsilon}^{\mathrm{e}}=\boldsymbol{B}\mathrm{d}\boldsymbol{\delta}^{\mathrm{e}} \tag{7-44}$$

基于式（7-30）和式（7-35）的应力-应变关系，能够求出每个单元的应力增量 $\mathrm{d}\boldsymbol{\sigma}^{\mathrm{e}}$，从而可以计算整个过程的动态应力-应变的变化和残余应力分布。本节复合焊接应力场的计算采用的是间接求解法，将热场和力场分别进行计算。首先进行焊接温度场计算，然后把热分析获得的节点温度作为载荷加载在焊接构件上，最后通过热弹塑性进行应力和变形的计算。该方法收敛性较好，灵活方便，便于热场与力场分析。由于焊接应力对温度场的影响很小，因此热-弹-塑性有限元法可以保证足够的计算精度。

2. 计算应力场的边界条件

这里建立的与实际工件尺寸完全一致的有限元模型，其有限元网格的尺寸和类型与计算温度场的有限元网格全部相同。焊接过程中的边界条件主要考虑工件焊接工装夹具和防止工件发生刚体位移两种约束，其中工装夹具为工件上表面 4 个位置的 z 方向的约束，即约束 z。防止铝合金工件产生刚体位移的约束为工件下端 3 个节点上的自由约束。图 7-39 所示为计算焊接应力场时的约束条件。图 7-40 所示为计算焊接后冷却过程中应力场的约束条件。

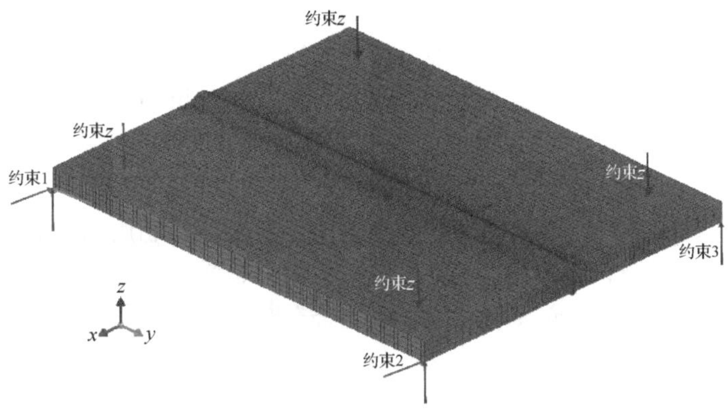

图 7-39　计算焊接应力场时的约束条件

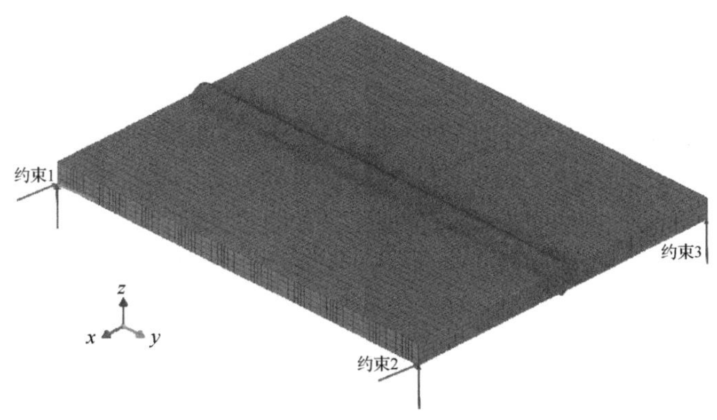

图 7-40　计算焊接后冷却过程中应力场的约束条件

7.5　铝合金 VPPA-MIG 复合焊接残余应力数值分析及测试

厚板 7A52 铝合金主要用于军工国防相关领域的一些复杂焊接结构（如轻型装甲车和坦克炮塔）中。在这些厚板铝合金复杂结构中，主要是通过焊接工艺实现可靠连接和组装的。VPPA-MIG 复合焊接工艺是针对厚板铝合金结构的一种极具应用前景的新型复合焊接工艺。由于 VPPA-MIG 复合焊接是采用 VPPA 热源与 MIG 热源相结合的一种复合焊接加工工艺，因此其焊接应力的分布规律与传统焊接工艺的应力分布规律不同。另外，焊接过程引起的残余应力对复杂结构的力学性能、尺寸稳定性及服役寿命等方面具有重要的影响。因此，为了实现厚板高强铝合金的高效、高质量焊接，同时使复杂焊接结构件向着大型化、复杂化、精密化和安全性与可靠性高的方向不断发展，有必要探索和研究高强铝合金 VPPA-MIG 复合焊接的应力分布规律。若要了解 VPPA-MIG 复合焊接整个过程中应力发生、发展的演变行为，则需准确获得残余应力分布并加以调节和控制，但仅通过试验研究是很难实现的。如今，用于计算焊接残余应力的方法主要包括热-弹-塑性有限元数值计算法、边界元法及固有应变法。截至目前，热-弹-塑性有限元法仍是焊接应力和变形领域应用最广泛的焊接残余应力计算方法，该方法能够准确地描述应力的产生过程及残余应力的分布规律。

本节基于复合焊接温度场，分别采用传统的铝合金材料模型和建立的材料软化模型计算 7A52 铝合金 VPPA-MIG 复合焊接应力场。从理论分析角度对比考虑与不考虑铝合金焊接接头软化行为的 VPPA-MIG 复合焊接残余应力分布区别，探索焊接接头软化行为对残余应力的影响。采用 XRD 残余应力测试仪，基于 $\sin^2\varphi$ 法和振荡法对复合焊接残余应力进行测量，对比分析残余应力的测量结果与计算结果。利用相关数值分析不同填充金属（填充 5 系铝合金和 7 系铝合金）对 7A52 铝合金复合焊接焊缝的热应力与残余应力的影响。从焊缝应力的角度揭示焊接 7 系铝合金时选择 5 系铝合金作为填充金属的原因。在保证平板对接焊缝成形时，计算与分析不同焊接工艺条件对复合焊接残余应力的影响规律，对比研究 VPPA-MIG 复合焊接与传统 MIG 焊接残余应力的分布特点。

7.5.1　复合焊接残余应力计算结果

分别采用传统的铝合金材料模型（未考虑铝合金软化行为）和材料软化模型（考虑铝合金软化行为）对复合焊接的残余应力场进行计算。利用不同材料模型计算的残余应力分布云图如图 7-41 所示。比较两种情况的应力分布云图可以看出，不论是纵向残余应力还是横向残余应力，计算的残余应力分布趋势基本一致。横向和纵向残余应力主要集中在焊缝附近两侧区域，均呈现拉应力，与焊缝距离越近，残余应力值越大。由图 7-41（a）和（b）可以看出，纵向残余应力在焊缝附近两侧区域呈现拉应力，逐渐向板材边缘过渡，应力值逐渐减小，并且由拉应力转为压应力，在板材边缘附近的压应力值最大。由图 7-41（c）和（d）可以看出，在焊接开始和结束的区域附近存在较大的横向压应力，由焊接开始和结束位置向焊缝中心靠近，横向压应力总体上呈现降低趋势，并且逐渐变为拉应力，在中间区域拉应力较大。对比两种不同材料模型的计算结果可以发现，考虑材料软化行为计算的残余应力峰值小于未考虑材料软化行为计算的残余应力值，而且可以看出纵向残余应力减小的程度较横向残余应力更显著。

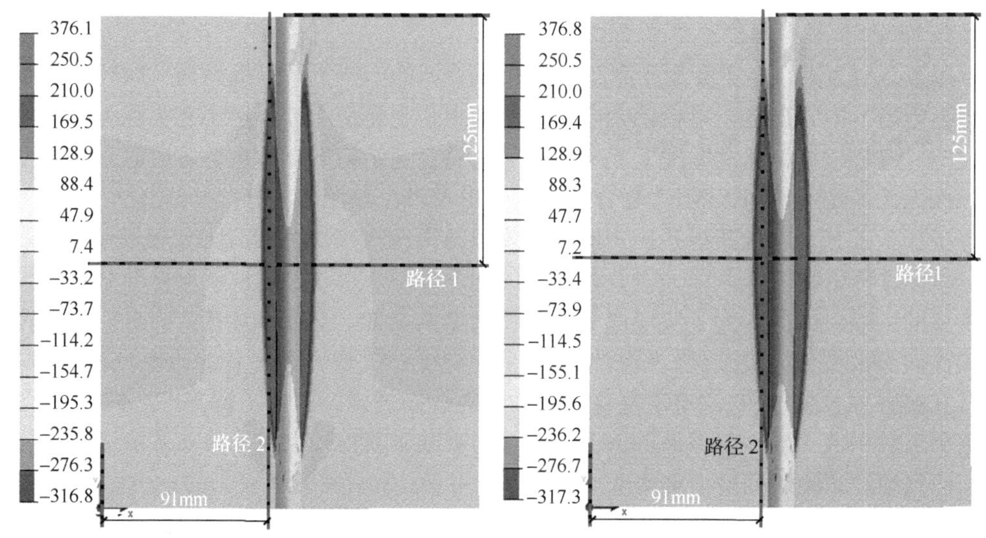

（a）未考虑软化行为的纵向残余应力分布　　（b）考虑软化行为的纵向残余应力分布

图 7-41　未考虑与考虑铝合金软化行为计算的残余应力分布云图

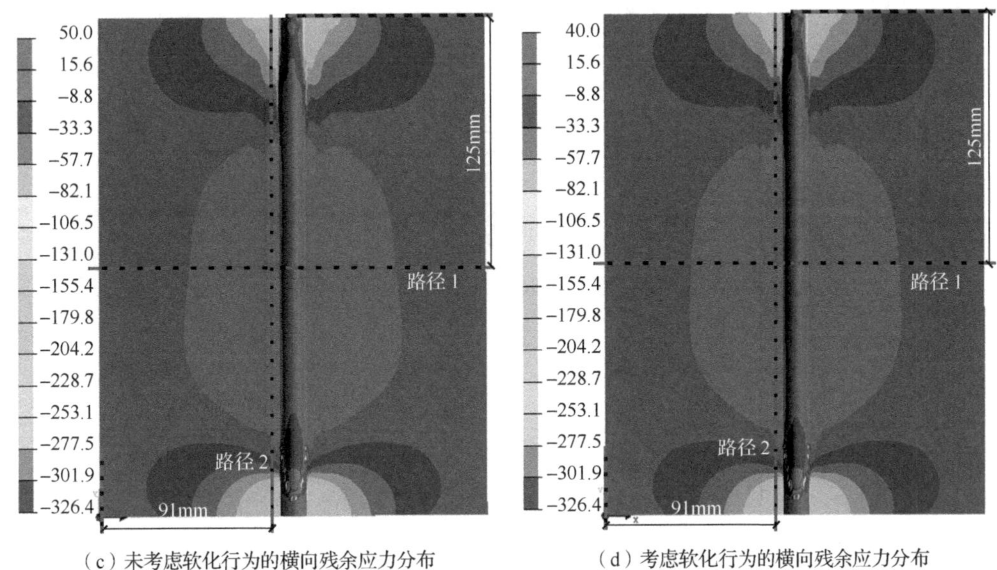

（c）未考虑软化行为的横向残余应力分布　　（d）考虑软化行为的横向残余应力分布

图 7-41（续）

为了进一步比较两种情况的计算结果，在如图 7-41 所示残余应力分布云图中选取 2 条特征路径（路径 1 和路径 2）提取了残余应力值。图 7-42 所示为采用传统的铝合金材料模型和材料软化模型计算的不同路径的残余应力。图 7-42（a）所示为路径 1 上的纵向残余应力对比，可以看出，与焊缝中心两侧的距离 17.1mm 范围内均呈现拉应力，在临近焊缝热影响区，采用材料软化模型较未考虑软化行为的材料模型计算的拉应力值具有较大的下降趋势，最大纵向残余拉应力下降了 26.4 %。考虑铝合金软化的材料软化模型计算的最大残余拉应力为 276.8 MPa，而未考虑铝合金软化的材料模型计算的最大残余拉应力为 376.1MPa。在焊缝中心区域及距焊缝中心 13.8mm 处向板材边缘过渡区域，二者的纵向残余应力没有明显的差异。图 7-42（b）所示为路径 1 上的横向残余应力对比，从二者的横向残余应力对比发现，同样在临近焊缝的热影响区，采用材料软化模型计算的残余拉应力小于传统材料模型计算的残余拉应力，最大横向残余拉应力从 44.0MPa 降至 32.9MPa，最大横向残余拉应力下降了 25.2%。在热影响区两侧到板材的边缘区域，两种材料模型计算的应力值趋于一致。图 7-42（c）所示为路径 2 上的纵向残余应力对比，可以看出，沿焊缝方向在距离焊接开始位置 72.7～184.0mm 范围内，采用材料软化模型较传统的材料模型计算的纵向拉应力值出现了不同程度的降低，而在接近焊接开始端和结束端的两侧区域，二者的应力水平基本一致。图 7-42（d）所示为路径 2 上的横向残余应力对比，可以观察到，在焊接中端位置采用材料软化模型计算的横向应力值比传统材料模型计算的应力值小，在焊接开始端和结束端的两侧区域二者的应力变化趋势基本一致。

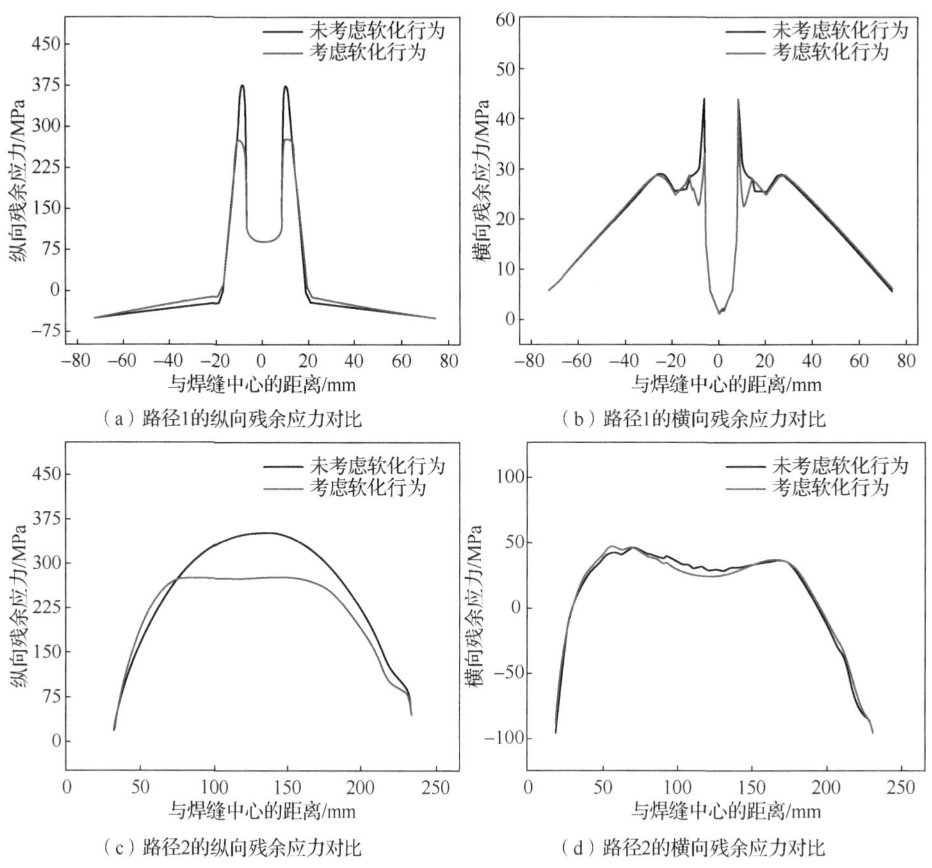

（a）路径1的纵向残余应力对比　（b）路径1的横向残余应力对比

（c）路径2的纵向残余应力对比　（d）路径2的横向残余应力对比

图 7-42　未考虑与考虑铝合金软化行为计算的特征路径残余应力对比

以上的计算结果分析表明，采用考虑铝合金软化行为的材料软化模型计算的残余应力比采用传统材料模型计算的残余应力在临近焊缝的热影响区出现了不同程度的下降趋势，尤其在临近焊缝的高应力区域残余应力下降的幅度较大。以下将对不同材料模型计算的残余应力分布的变化原因进行理论分析。假设铝合金工件是由若干条相互彼此没有制约的纤维组成，在焊接热过程的作用下，随着温度的快速升高和降低，每个纤维之间均可以进行自由变形，工件上每个位置的自由变形量 ε_T 为

$$\varepsilon_T = \alpha(T - T_0) \tag{7-45}$$

式中，α 为材料的热膨胀系数；T 为材料的温度（℃）；T_0 为材料的原始温度（℃）。

在计算的温度场中，提取临近焊缝软化区域内一个节点上的热循环曲线，如图 7-43 所示。由式（7-45）可以推断，在没有相互约束时的自由变形量 ε_T，如图 7-44（a）所示。然而，在实际焊接情况下，铝合金工件作为一个整体的刚性构件，每个纤维之间具有相互制约的作用拘束。根据材料力学的平面假设原理，即当材料受弯矩作用或纵向力而产生变形时，材料的截面一直保持为平面。因此，在热胀冷缩效应的作用下，随着此节点热循环曲线的变化，将产生如图 7-44（a）中 ε_e 的实际外观变形，产生的热塑性变形 ε_d 如图 7-44（b）所示，其计算公式如下为

$$\varepsilon_d = \varepsilon_e - \varepsilon_T - \varepsilon_s \tag{7-46}$$

$$\sigma = E(\varepsilon_e - \varepsilon_T - \varepsilon_s) \tag{7-47}$$

式中，ε_s 为弹性变形量；E 为材料的弹性模量（Pa）；σ 为产生的热应力（N）。当冷却到室温时，σ 为焊后的残余应力。通过式（7-46）与式（7-47）可以确定热应力与残余应力的变化过程。

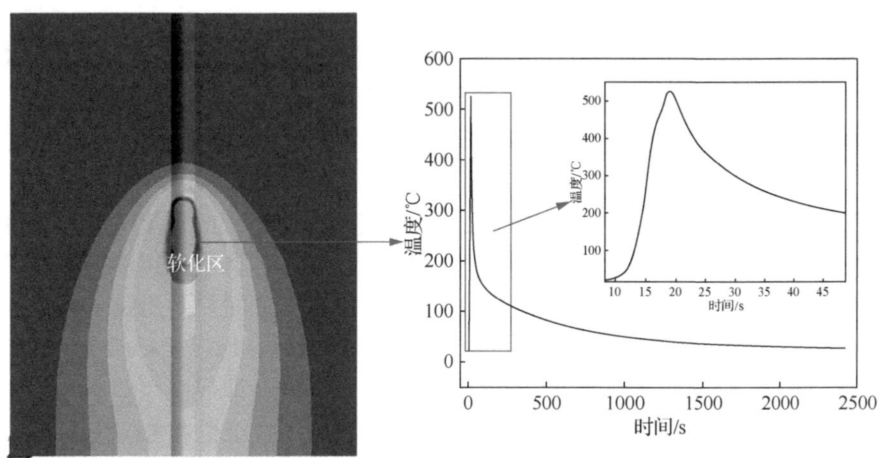

图 7-43　临近焊缝软化区的热循环曲线

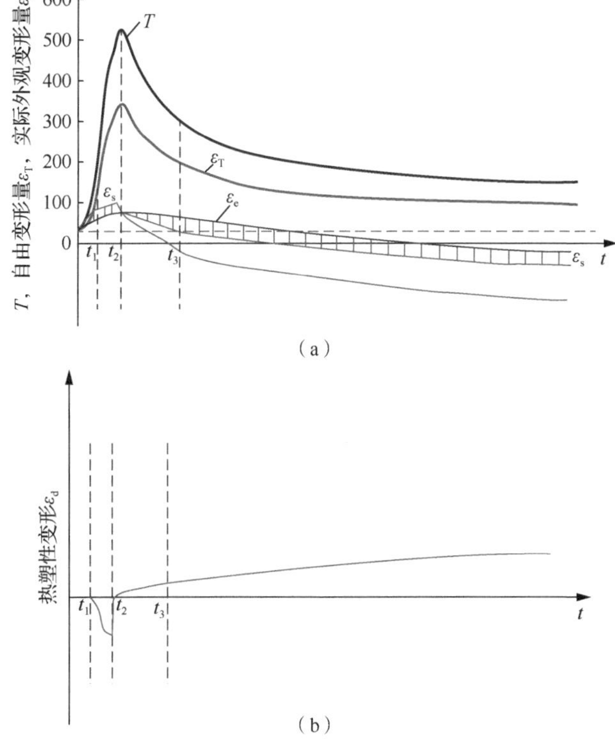

图 7-44　临近焊缝区域的热循环与应变循环特征

在图 7-44（a）中，0～t_1 时间段，随着此节点温度的快速升高，自由变形量 ε_T 大于外观变形量ε_e，此时铝合金金属受到压缩作用，压应力不断升高，自由变形量ε_T和外观变形量ε_e逐渐随温度升高而增大，自由变形量ε_T增加的速度大于外观变形量ε_e增加的速度，此阶段产生的变形处于弹性阶段，热塑性变形ε_d为 0［图 7-44（b)］。在 t_1 时刻，形成的压应力逐渐增加到此温度下的屈服强度，此时该位置的铝合金材料开始产生塑性变形。在 t_1～t_2 时间段，随着温度的进一步升高，材料的屈服强度快速降低，材料的压缩塑性变形量持续增加；在 t_2 时刻，达到了峰值温度，同时压缩塑性变形量达到了最大值。随后，随着温度的降低，铝合金材料开始发生收缩，在此时同样受到周围金属的阻碍与约束作用，自由变形量ε_T仍然大于外观变形量ε_e，使此区域的材料受到拉伸作用力产生拉伸塑性变形，同时逐渐恢复弹性；在 t_3 时刻，弹性阶段完全恢复，随着温度的继续下降，拉应力和拉伸塑性变形逐渐升高，此时自由变形量ε_T降低的速度大于外观变形量ε_e降低的速度。在 t_3 时刻以后，拉伸塑性变形量逐渐增加，但其增加速度逐渐趋于 0，自由变形量ε_T与外观变形量ε_e的差值趋于定值，直至室温二者的差值为残余的变形量。

在铝合金 VPPA-MIG 复合焊接过程中，临近焊缝两侧区域经历焊接的高温热作用，导致铝合金发生软化，软化后铝合金材料的力学性能下降，即屈服点和屈服强度降低。因此，在软化区域软化后的铝合金比原始未发生软化的铝合金更容易产生变形行为。在相同条件的焊接热作用过程中，在相同位置所受的热循环是恒定不变的，从而软化与未软化铝合金所产生的自由变形量ε_T是相同的。然而，软化后铝合金屈服强度下降，导致软化的铝合金比未经历软化的铝合金产生的实际外观变形量ε_e大。通过式（7-47）并结合图 7-44 可以得出，由于实际外观应变量ε_e的增大，其外观变形量与自由变形量的差值减小，软化区域的残余应力降低。

综上所述，从数值计算和理论分析两方面，揭示了在焊接热作用下，铝合金焊接接头的软化行为降低了临近焊缝两侧软化区域的残余应力值。

7.5.2 残余应力的测量及计算结果验证

1. XRD 测量残余应力

XRD 测量残余应力的计算是基于 1913 年英国物理学家布拉格父子所提出的布拉格方程的，当多晶材料受到波长为λ的 X 射线照射时，入射线、反射线及不同晶粒的同族晶面在同一个平面内，它们满足下述方程，即布拉格方程为

$$2d\sin\theta = n\lambda \tag{7-48}$$

其微分形式为

$$\Delta d/d_0 = -\cot\theta_0\Delta\theta \tag{7-49}$$

式中，d 为晶面间距（mm）；θ为掠射角（°）；2θ为衍射角（°）；n 为衍射级数（整数）；λ 为 X 射线波长（nm）。

在无应力状态时，不同位置的同族晶面间距相等。当受到宏观应力σ_ϕ时，不同晶粒的同族晶面间距发生规律的变化，如图 7-45 所示。沿$\varepsilon_{\phi\varphi}$方位的晶面间距 d_1 对应无应力（d_0）时的变化（$d_{\phi\varphi}$-d_0）/d_0=$\Delta d/d_0$，即应变$\varepsilon_{\phi\varphi}$=$\Delta d/d_0$。面间距随方位的变化率与作用力具有一定的函数关系。因此，建立了残余应力与空间方位的应变之间的关系式。

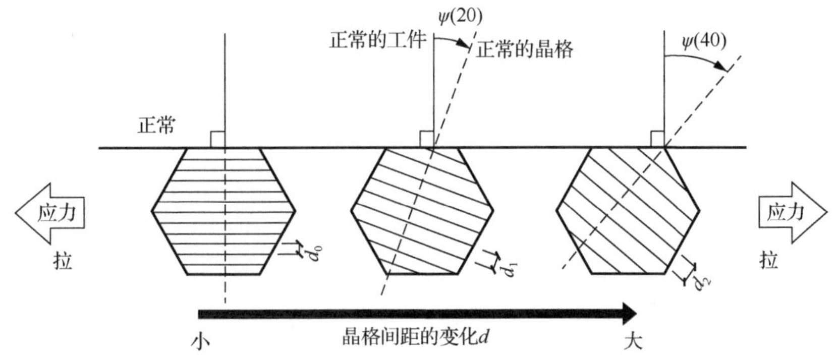

图 7-45　应力与同族晶面间距变化的关系

根据弹性力学原理和广义胡克定律，在平面的应力状态下，$\varepsilon_{\phi\varphi}$ 可推导为

$$\varepsilon_{\phi\varphi}=\frac{1+\nu}{E}\sigma_{\phi}\sin^{2}\varphi+\varepsilon_{3} \tag{7-50}$$

式中，E 为材料的弹性模量（Pa）；ν 为泊松比。将式（7-50）中 $\varepsilon_{\phi\varphi}$ 对 $\sin^2\varphi$ 求导，得

$$\sigma_{\phi}=\frac{E}{1+\nu}\frac{\partial\varepsilon_{\phi\varphi}}{\partial\sin^{2}\varphi} \tag{7-51}$$

再根据布拉格方程的微分形式，即式（7-48），最终可推导为

$$\sigma_{\phi}=K\frac{\Delta 2\theta_{\phi\varphi}}{\Delta\sin^{2}\varphi} \tag{7-52}$$

$$K=-\frac{E}{2(1+\nu)}\cot\theta\frac{\pi}{180} \tag{7-53}$$

式中，K 为 X 射线应力常数。式（7-53）为 XRD 测量残余应力的基本公式。

本节采用 $\cos\alpha$ 测量方法对残余应力进行测量。通过二维探测器探测与收集多晶结构产生的 360° 全方位的衍射信息。在晶体结构中，应力引起的晶面间距变化导致衍射角发生了变化，从而可通过收集的德拜环畸变来计算残余应力的大小。此方法的测量原理如图 7-46 所示。分析单次入射前后德拜环的变化，则有

$$\varepsilon_{\alpha}=-\frac{1}{\tan\theta}\Delta\theta\quad(0\leqslant\alpha\leqslant 2\pi) \tag{7-54}$$

$$\varepsilon_{\alpha 1}=\frac{1}{2}\left[(\varepsilon_{\alpha}-\varepsilon_{\pi+\alpha})+(\varepsilon_{-\alpha}-\varepsilon_{\pi-\alpha})\right] \tag{7-55}$$

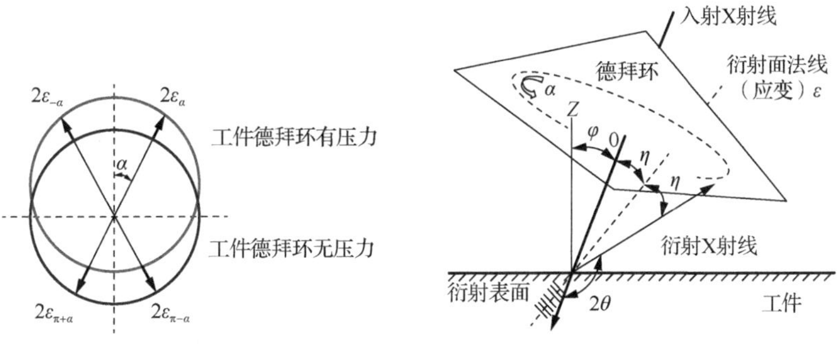

图 7-46　cosα测量方法测量残余应力原理图

基于以上传统测量原理，根据布拉格方程的微分形式、弹性力学原理和广义胡克定律推导得

$$\sigma_x = -\frac{E}{1+\nu} \cdot \frac{1}{\sin 2\eta} \cdot \frac{1}{\sin 2\varphi_0} \cdot \frac{\partial \varepsilon_{\alpha 1}}{\partial \cos\alpha} \tag{7-56}$$

式中，η 为衍射角θ的互余角（°）；φ_0 为 X 射线的入射角（°）。

在测量中采用单次曝光方式，尽管一次结果中可以计算出一个完整德拜环上的应力，但是当测量区域的晶粒尺寸较粗时，其精度会明显下降。在这种情况下，即使工件完全处于平面应力状态，德拜环也会变得不连续，使 cosα测量方法变得不准确[39]。Miyazaki 等[40]提出了利用 X 射线入射角振荡法提高测量大晶粒材料残余应力的准确性。本节采用振荡单元模块实现 X 射线入射角振荡法，从而提高铝合金焊接残余应力测量结果的准确性。在残余应力测量中，选择了铝合金（311）晶面进行残余应力测量。为了验证建立的复合焊接应力场计算模型以及计算结果，选取与 6.2 节对应的 2 条特征路径，即路径 1 和路径 2，如图 7-47 所示，进行横向残余应力和纵向残余应力的测量。

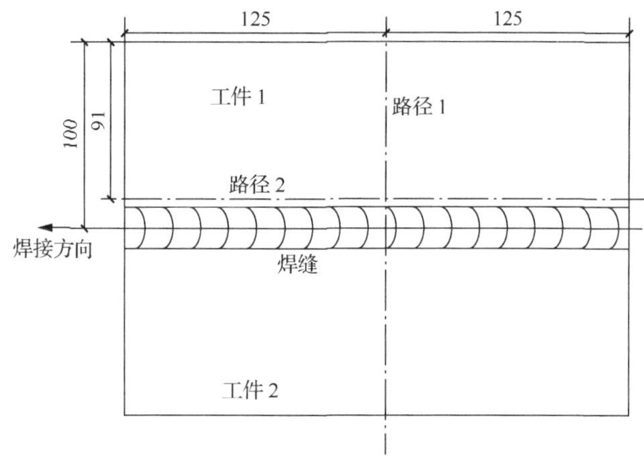

图 7-47　VPPA-MIG 复合焊接平板对接残余应力的测量位置（单位：mm）

2. 复合焊接残余应力的验证

图 7-48 所示为基于建立的材料软化模型计算的复合焊接残余应力的模拟值与实测值对比。由图 7-48（a）可以看出，路径 1 垂直焊缝方向的纵向残余应力模拟值与测量值吻合良好，二者的整体分布规律与特征值基本一致。在垂直焊缝方向纵向残余应力均呈现双峰分布特性，焊缝及临近焊缝区的残余应力处于拉应力状态，且最大拉应力出现在紧邻焊缝两侧的热影响区，焊缝中心拉应力明显低于热影响区。从热影响区的高应力区向板材边缘过渡，纵向残余应力迅速下降并转为压应力。最大的纵向拉应力模拟值和测量值分别为 276.8MPa 和 274.0MPa。图 7-48（b）所示为路径 1 垂直焊缝方向的横向残余应力模拟值与测量值对比。从二者的横向应力分布可以看出，整体在垂直焊缝方向横向残余应力均呈现拉应力，最大横向拉应力出现在紧邻焊缝的热影响区，向板材边缘过渡应力值逐渐减小并趋近于零，焊缝中心横向拉应力明显小于两侧热影响区拉应力。在路径 1 上，横向残余应力的计算结果与实测结果吻合良好。

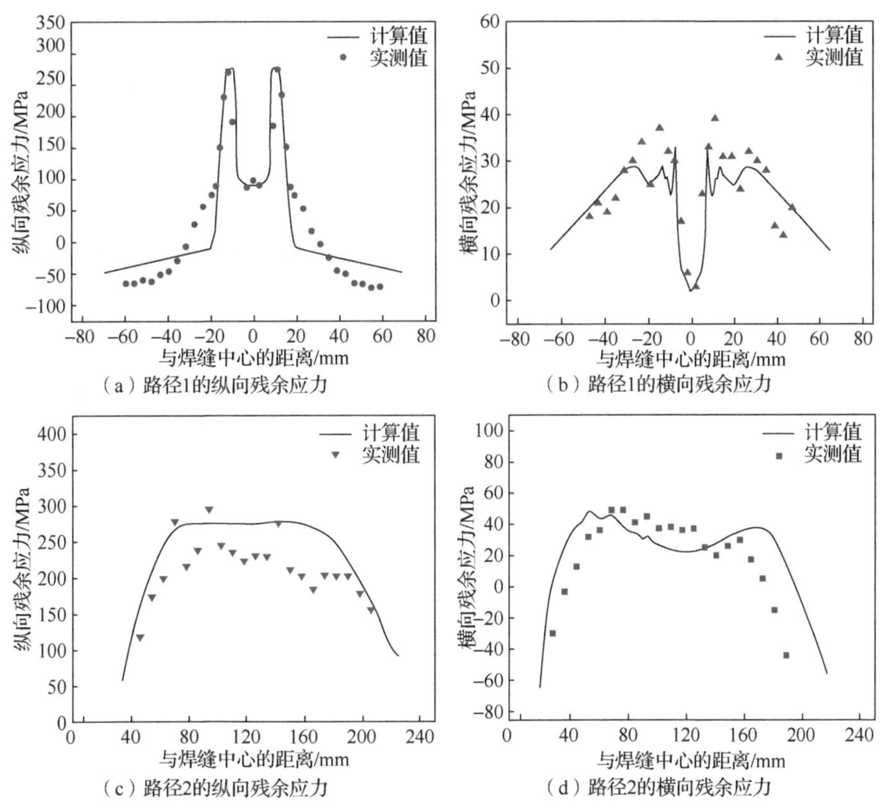

图 7-48　VPPA-MIG 复合焊接残余应力的计算值与实测值对比

图 7-48（c）所示为路径 2 沿焊缝方向的纵向残余应力模拟值与测量值。由图 7-48（c）可以看出，在焊接中间位置纵向残余应力存在较大的拉应力区，临近焊接开始和结束端纵向拉应力逐渐减小，较大的拉应力区主要集中在焊接中端位置 61～173mm 处。图 7-48（d）所示为路径 2 沿焊缝方向的横向残余应力模拟值与测量值，在焊接中端 57～214mm 位置处，纵向残余应力均呈现拉应力。在焊接中端 57～214mm 位置范围外，纵向拉应力转变为压应力，并且压应力逐渐增大。在路径 2 上横向残余应力和纵向残余应力的计算结果与实测结果吻合良好。

从残余应力计算结果和测量结果的对比分析可以看出，采用材料软化模型计算的残余应力能够进一步考虑复合焊接中热作用对铝合金材料的影响，计算得到的残余应力特征值和分布趋势与实际测量值更加吻合，提高了复合焊接应力场的计算精度，这充分表明了材料软化模型在计算铝合金焊接应力时的合理性和有效性。

7.5.3　铝合金 VPPA-MIG 复合焊接应力场演变

1. 纵向应力分布

图 7-49 所示为 0.97s、20.00s、37.48s、70.10s 和 3600s 时工件上表面的纵向应力分布云图。在 0.97s 焊接开始时，临近焊缝区域产生了压应力，而在垂直焊接方向远离焊缝区域纵向应力逐渐由压应力转为拉应力，如图 7-49（a）所示。在 20.00s 焊接中段时，

热源加热附近的高温区域仍然呈现压应力，远离高温区域呈现拉应力；而在热源后方的高温区域已经开始具有冷却作用，呈现压应力的区域逐渐向板材边缘扩展，临近焊缝区域变为拉应力，并且呈现拉应力区域逐渐增大。向板材边缘逐渐靠近时，拉应力逐渐减小并变为压应力后又变为拉应力，如图 7-49（b）所示。在 37.48s 焊接结束时，在临近焊缝区域，由加热过程产生的纵向压应力转变为较大的纵向拉应力，如图 7-49（c）所示。当冷却到 70.10s 时，从图 7-48（d）中可以看出，临近焊缝区域的纵向拉应力面积逐渐扩大，远离焊缝靠近板材边缘位置均呈现压应力。当最终冷却至 3600s（处于室温状态）时，如图 7-49（e）所示，临近焊缝区域呈现出较大面积的纵向拉应力，纵向拉应力值增加到最大，拉应力峰值为 276.8MPa。逐渐向板材边缘过渡，远离焊缝位置的纵向拉应力逐渐转变为压应力，纵向压应力峰值为−92.8MPa。在焊接开始和结束位置的纵向应力趋于 0MPa。

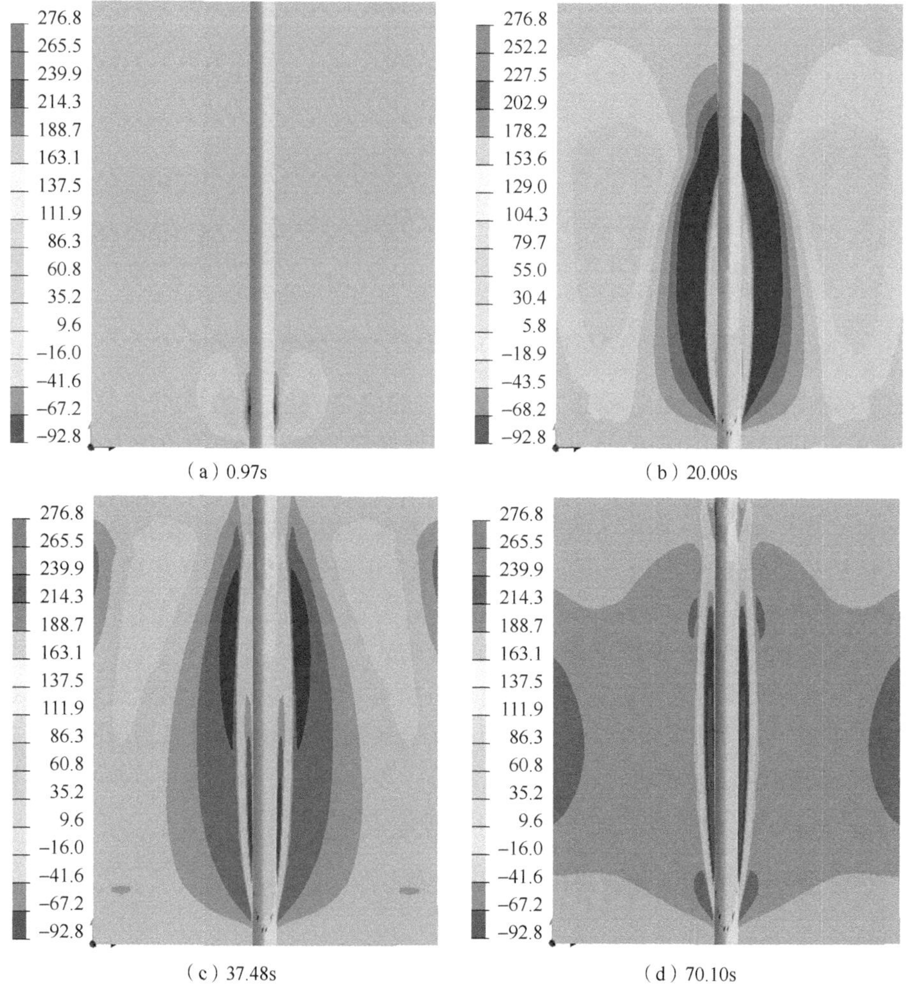

图 7-49　不同时刻纵向应力的分布云图

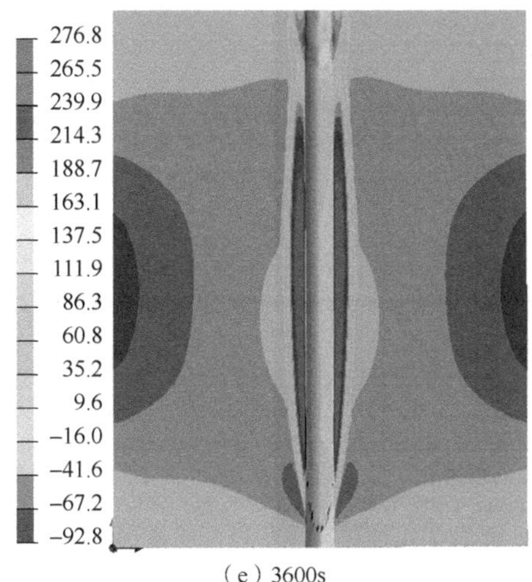

（e）3600s

图 7-49（续）

在复合焊接过程中，被焊铝合金材料可以假设由许多个金属纤维组合而成，它们彼此之间具有相互制约与牵制作用。由于焊接的不均匀加热与冷却过程，焊缝附近各区域金属纤维均会出现不同程度的热胀冷缩效应，在工件不同区域将会产生不均匀的纵向变形行为。由于彼此的约束作用，理论伸长量与实际伸长量有所不同，如图 7-50 所示。高温区域伸长量大的金属纤维受到相邻温度低伸长量小的金属纤维的压缩作用，反之，温度低伸长量小的金属纤维受到高温区域伸长量大的金属纤维的拉伸作用。在冷却过程中，由于收缩作用，整个过程为逆过程。高温区域收缩量大的金属纤维受到相邻温度低收缩量小的金属纤维的拉伸作用，温度低收缩量小的金属纤维受到高温区域收缩量大的金属纤维的纵向压缩作用。因此，在焊接加热过程中，焊缝及附近高温区域将产生压应力，由于内应力自身平衡特征两侧区域将产生拉应力，其截面上压应力的面积等于拉应力的面积，如图 7-51（a）所示。随着温度的升高，压应力不断增大，当高温区域的压应力到达材料在此温度下的屈服强度时，将会产生压缩塑性变形，图 7-51（a）中虚线围绕的空白部分为塑性变形区域。

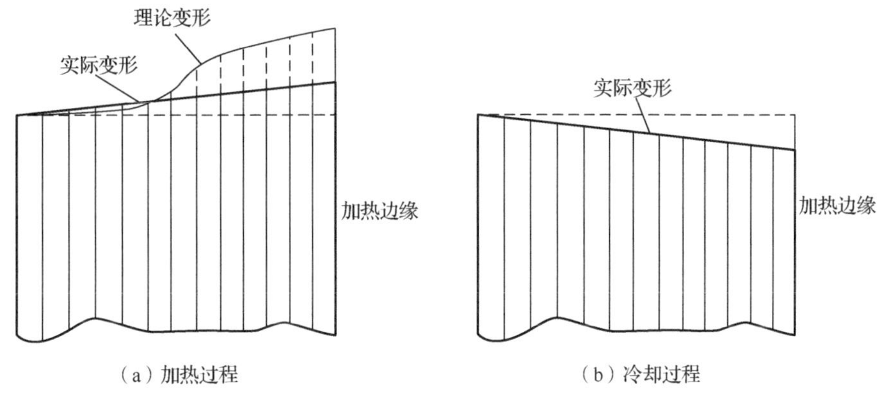

（a）加热过程　　（b）冷却过程

图 7-50　复合焊接加热与冷却过程的纵向变形行为

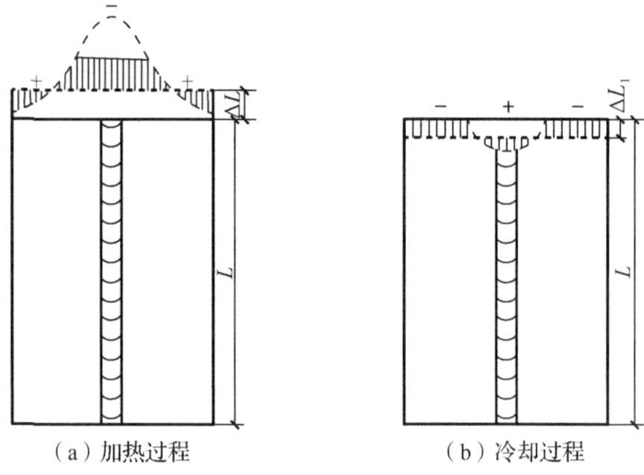

图 7-51　复合焊接加热与冷却过程的变形和纵向应力分布

图 7-51（b）所示为冷却过程的变形与纵向应力分布示意图。因为工件的冷却作用，工件上临近焊缝区域将产生不同程度的纵向收缩，但是仍然受到附近金属的阻碍而不能进行自由收缩，所以将产生拉应力。在该区域首先产生拉伸变形，拉伸变形与加热时产生的压缩塑性变形相互叠加，在工件某一节点的变形量为零。随着温度的进一步降低，材料开始恢复弹性，当拉应力达到材料的屈服强度时，材料发生拉伸塑性变形且临近焊缝中心区域的拉应力逐渐扩大，板材边缘区域由原来的拉应力转变为压应力。因此，在完全冷却到室温时，纵向残余应力在焊缝中间及临近焊缝附近区域为拉应力区，向板边两侧过渡区域为压应力区。纵向应力方向垂直于开始和结束端板材（自由边界），因此在焊接开始和结束的部位纵向残余应力趋近于零。

2. 横向应力分布

图 7-52 为 0.97s、20.00s、37.48s、70.10s 和 3600s 时工件上表面的横向应力分布云图。在复合焊接过程中，复合焊接热源的不均匀加热使焊缝区金属完全熔化，与熔池相邻的高温区金属受热膨胀受到周围冷态金属的限制，不同位置产生不均匀的压缩塑性变形。因此，在 0.97s 焊接开始时，在临近焊缝区域横向应力为压应力，远离焊缝区域横向应力逐渐减小，如图 7-52（a）所示。在 20.00s 焊接中段时，临近焊缝的高温区域产生了较大的压应力区域，向板材边缘逐渐靠近，压应力逐渐减小，在板材边缘位置应力为零。而在热源后方由于冷却作用，临近焊缝形成较大区域的拉应力。在热源前方同样形成了较大拉应力区域，如图 7-52（b）所示。在 37.48s 焊接结束时，焊接结束位置临近焊缝区域的横向应力为压应力。在焊接中间位置临近焊缝区域由于冷却作用横向压应力面积变小，靠近焊接开始端的部分区域已经转变为拉应力，如图 7-52（c）所示。当冷却到 70.1s 时，从图 7-52（d）可以看出，在焊接中间位置临近焊缝区域的拉应力面积逐渐扩大，焊接开始与焊接结束位置均呈现拉应力。当最终冷却到 3600s（处于室温状态）时，如图 7-52（e）所示，焊接中间部位临近焊缝区域呈现大面积的拉应力，横向拉应力峰值为 32.9MPa，工件边缘的应力值接近 0MPa。在焊接开始与焊接结束位置仍然呈现压应力。

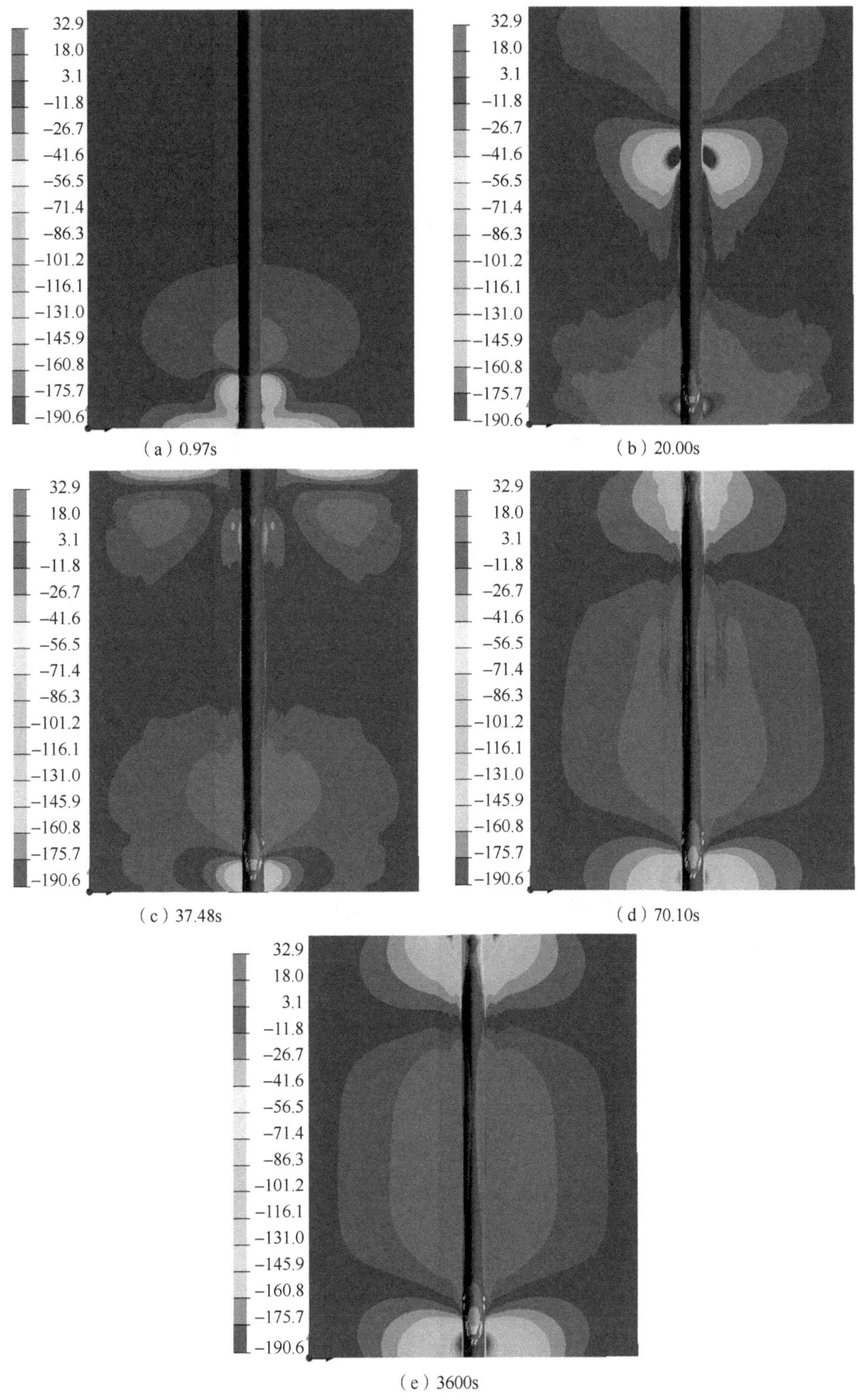

（a）0.97s　（b）20.00s

（c）37.48s　（d）70.10s

（e）3600s

图 7-52　不同时刻横向应力的分布云图

在焊接过程中，横向应力产生的原因具体如下：在边缘无约束时，工件在垂直焊缝横向的方向上能够自由收缩，沿着焊缝纵向方向，焊缝及附近塑性变形区在冷却过程中发生纵向收缩变形，如图 7-53 所示，导致在焊接开始和结束部位产生横向压应力，而中心部位产生横向拉应力。在垂直焊缝方向，随着与焊缝中心距离的增加，横向残余应力值逐渐减小，在板材边缘横向残余应力趋近于零。横向应力垂直于板材边缘，因此在其边缘的应力值逐渐趋近于零。最终平板对接产生的横向收缩引起的横向应力分布如图 7-54 所示。

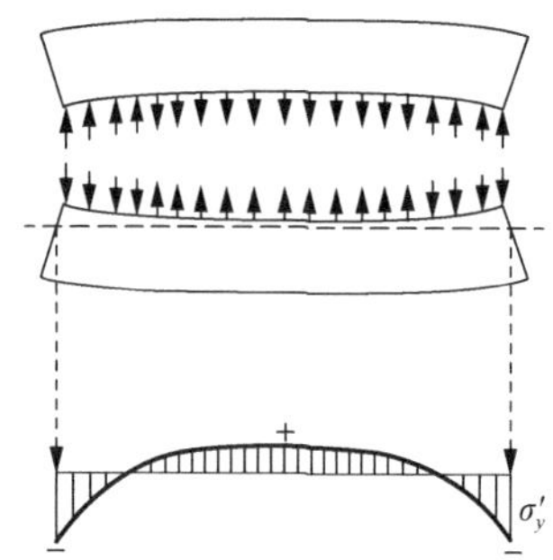

图 7-53　纵向收缩变形引起的横向应力分布

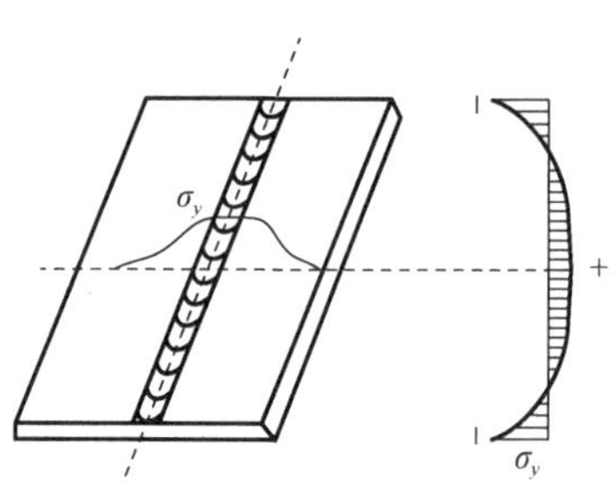

图 7-54　横向收缩变形引起的横向应力分布

7.5.4　不同填充金属对残余应力的影响

7A52 铝合金为 Al-Zn-Mg 系高强装甲铝合金，对于该类高强度铝合金的焊接而言，填充金属种类对焊接裂纹与焊接接头力学性能具有重要影响。常规铝合金的焊接多选择具有相同或相近化学成分的铝合金材料作为填充金属，通常为等强匹配或低强匹配。焊缝的强韧性与抗裂性能需要通过选择合理的填充金属实现可靠的焊接接头来满足。焊缝强度的提高将会加大裂纹产生的倾向，并且铝合金的焊接非常容易产生热裂纹。热裂纹产生的主要原因是刚凝固的金属存在较多缺陷并且成分及性能不均匀，在一定的拉伸应力作用下，焊缝金属易产生裂纹并迅速扩展。

对于焊缝产生裂纹倾向较大的 7A52 高强铝合金，不同填充金属焊缝中的应力分布对裂纹的形成与扩展具有一定的影响。本节计算研究了 7A52 铝合金 VPPA-MIG 复合焊接工艺不同填充金属对焊缝应力的影响，填充金属分别选择成分相同的 7 系铝合金和成分相近的 5 系铝合金。在计算填充 5 系铝合金的复合焊接应力场时，填充金属的力学性能参数如图 7-55 所示。在计算填充 7 系铝合金的复合焊接应力场时，填充金属采用的力学性能与 7A52 铝合金力学性能参数相同。

图 7-56 所示为计算的填充不同金属时焊缝纵截面的残余应力分布云图。从图 7-56 中可以看出，焊缝中应力分布呈现出大面积的拉应力，最大的拉应力集中在焊缝中心位置，在靠近焊接开始和结束的两端，二者的纵向残余应力逐渐趋于 0MPa，而横向残余应力逐渐从拉应力转变为压应力。对比不同填充金属的焊缝纵向残余应力分布［图 7-56（a）和（b）］可以发现，在焊缝中心区域，填充金属为 7 系铝合金的纵向应力值远大于填充金属为 5 系铝合金的纵向应力值，并且填充 7 系铝合金时呈现高拉应力值的区域面积较

大。对比二者的横向残余应力分布［图 7-56（c）和（d）］同样可以发现，前者的焊缝横向应力值大于后者的横向应力值。在临近焊接开始和结束的两端，二者的纵向和横向残余应力逐渐趋于相等。

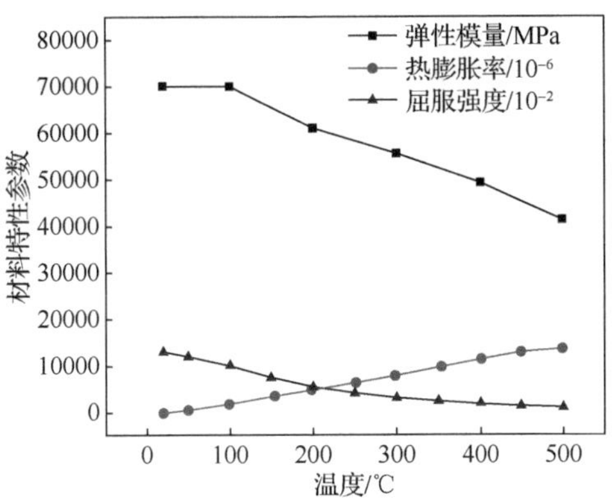

图 7-55　用于应力场计算的填充金属的力学性能

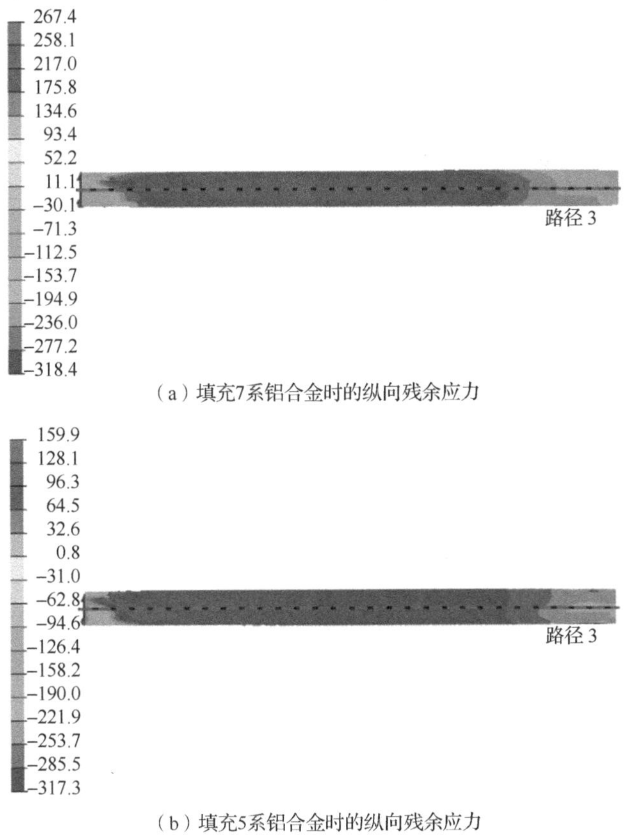

图 7-56　填充不同金属时焊缝纵截面的残余应力分布云图

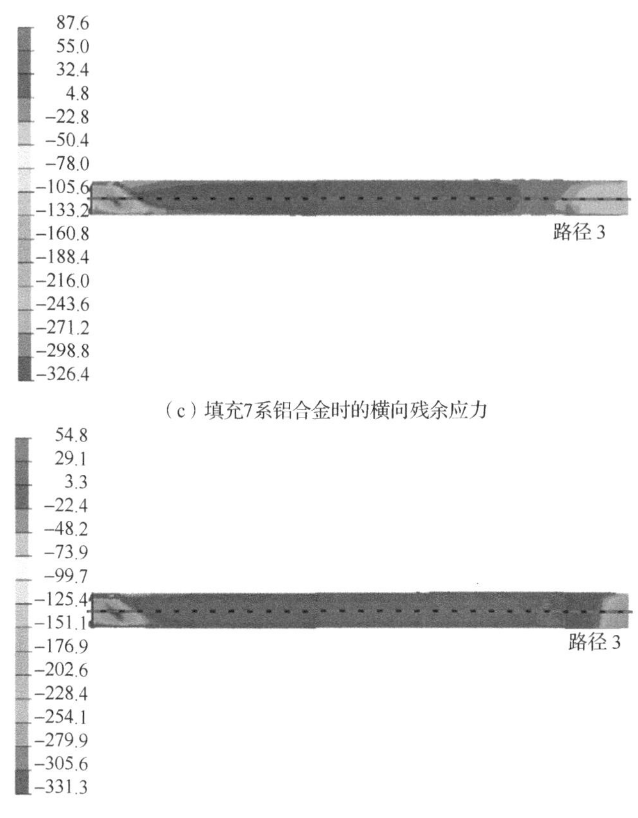

（c）填充7系铝合金时的横向残余应力

（d）填充5系铝合金时的横向残余应力

图 7-56（续）

图 7-57 所示为路径 3 上不同填充金属的残余应力分布曲线，从图 7-57 中可以看出，填充金属为 7 系铝合金时，焊缝中最大纵向残余拉应力为 266.0MPa，最大横向残余拉应力为 67.6MPa。填充金属为 5 系铝合金时，焊缝中最大纵向残余拉应力为 143.9MPa，最大横向残余拉应力为 52.6MPa。填充 5 系铝合金比填充 7 系铝合金焊缝中产生的最大纵向残余应力减小 122.1MPa，最大横向残余应力减小 15MPa。尤其在焊缝中段区域二者形成的残余应力差值相差较大。

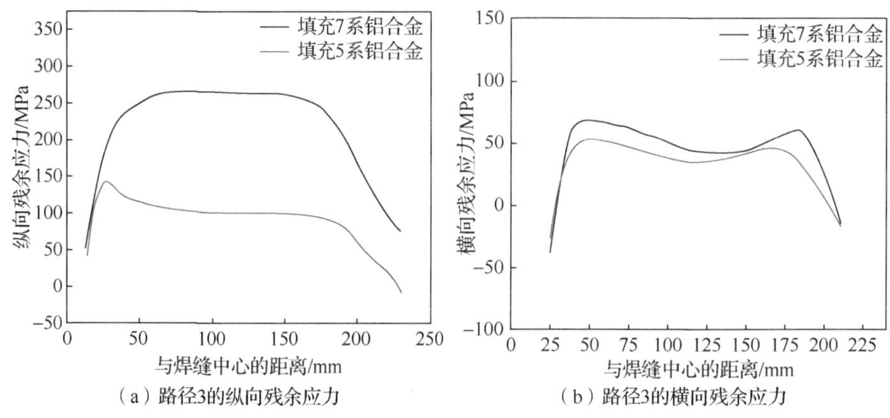

（a）路径3的纵向残余应力　　（b）路径3的横向残余应力

图 7-57　填充 7 系与 5 系铝合金时计算的残余应力对比

图 7-58 所示为填充不同金属时焊缝横截面的残余应力分布云图。对比图 7-58（a）和（b）可以看出，在焊缝中心区域填充 5 系铝合金时的纵向残余应力均小于填充 7 系铝合金时的残余应力，二者在临近焊缝热影响区的纵向残余应力相当。从焊缝向热影响区的过渡区域，填充 5 系铝合金时纵向残余应力均匀地过渡，而填充 7 系铝合金时在此区域形成了应力集中。对比图 7-58（c）和（d）可以看出，在焊缝中心区域填充 5 系铝合金时较填充 7 系铝合金时产生的横向应力值小。在填充 7 系铝合金时，热影响区与焊缝整体形成了一个较高的拉应力区域；而在填充 5 系铝合金时，横向残余应力过渡明显，在熔合线的焊缝一侧形成了高应力区域。这主要是因为在横向上，这种梯度材料的力学性能变化导致横向残余应力变化较大，但其应力值远小于填充 7 系铝合金的应力值。

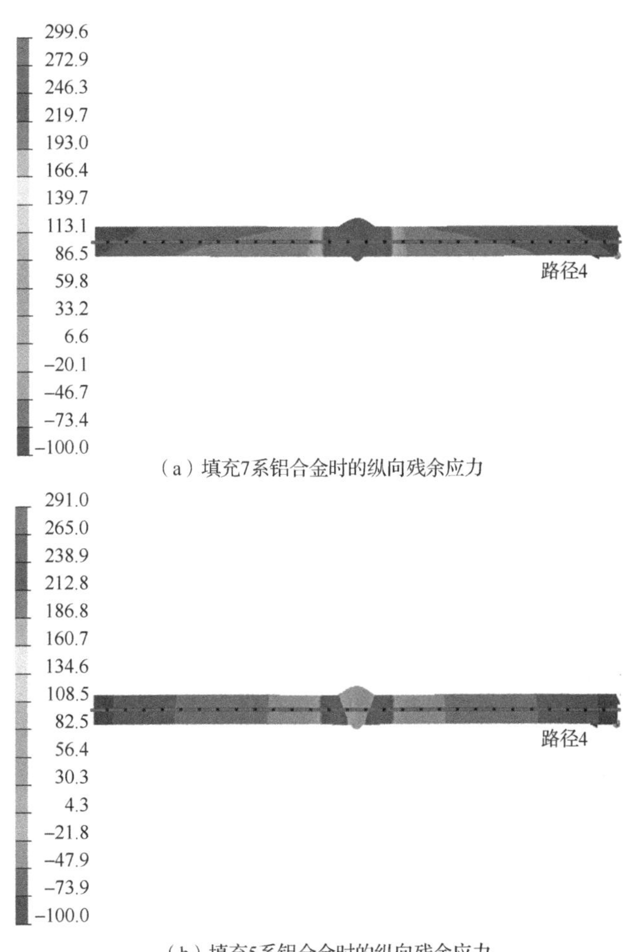

（a）填充7系铝合金时的纵向残余应力

（b）填充5系铝合金时的纵向残余应力

图 7-58　填充不同金属时焊缝横截面的残余应力分布云图

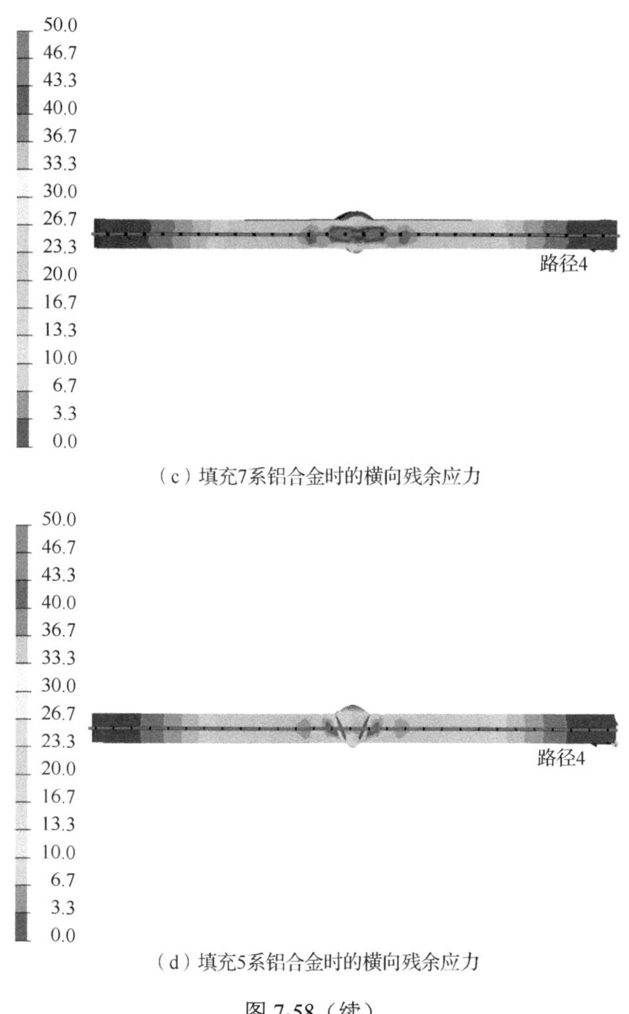

（c）填充7系铝合金时的横向残余应力

（d）填充5系铝合金时的横向残余应力

图 7-58（续）

与此同时，提取了不同填充金属焊缝中心同一单元上不同时刻的热应力，如图 7-59 所示。从图 7-59 中可以看出，在复合焊接过程中，热源下方的焊接熔池金属处于熔融状态，此时焊接熔池的热应力为 0MPa。当热源远离焊接熔池时，随着温度的降低，熔池金属开始发生凝固，在材料逐渐恢复弹性阶段屈服强度提高，由于金属的收缩作用，在焊缝中产生了拉应力和拉伸塑性变形。随着温度的继续降低，拉应力逐渐增加直至冷却到室温，在室温时形成了最大的残余拉应力。从图 7-59 中可以看出，无论纵向应力还是横向应力，在同一时刻填充 5 系铝合金时焊缝的横向和纵向热应力及残余应力均明显小于填充 7 系铝合金时的热应力及残余应力。

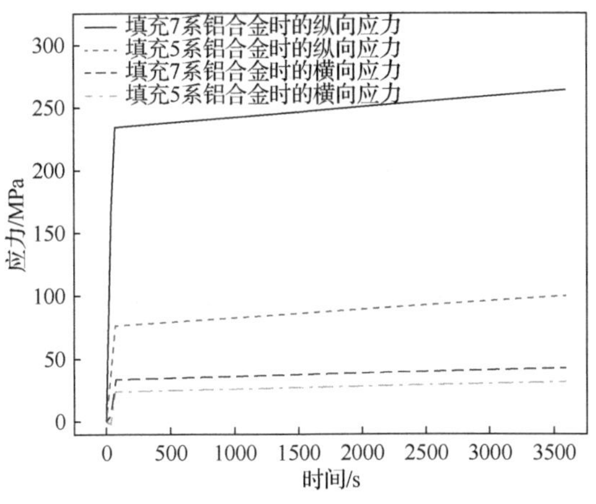

图 7-59　不同填充金属焊缝中的热应力变化

从数值计算结果可以发现，在 7A52 铝合金复合焊接过程中，不同类型的填充金属直接影响焊缝中应力的分布情况。由于不同填充金属的力学性能存在差异，在焊缝凝固冷却的过程中产生了不同的应力与变形。图 7-60 所示为采用两种不同填充金属时焊缝金属的变形示意图。在铝合金复合焊接加热时，热源下方的焊接熔池温度远高于填充金属的熔点，熔池处于熔融状态，熔池中熔融状态的金属材料屈服强度为 0MPa，产生的所有变形均为塑性变形，熔池中的热应力为 0MPa。当焊接热源远离后，随着温度的降低，熔池从高温状态开始冷却产生凝固行为，此时焊接熔池将发生收缩变形行为。然而，它受到周围金属的约束不能自由收缩变形，因此熔池中将产生拉伸热应力。当熔池温度继续降低时，熔池凝固的金属进一步受到拉伸应力，当拉伸应力达到屈服强度，焊缝金属将产生拉伸塑性变形，此时的拉应力值等于屈服强度值。当冷却到室温时，产生的拉伸塑性变形导致复合焊缝中形成了较大的残余拉应力。

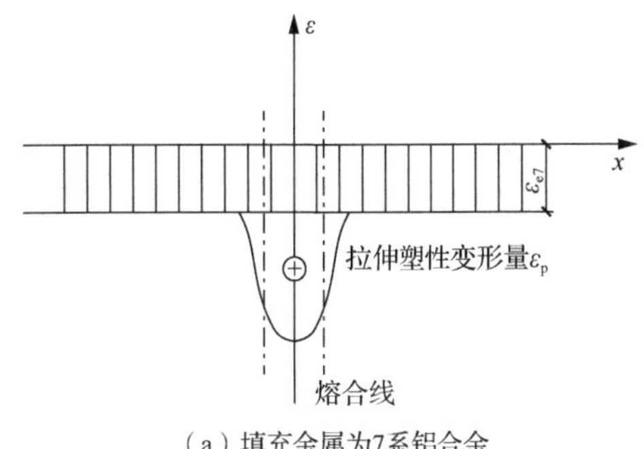

（a）填充金属为7系铝合金

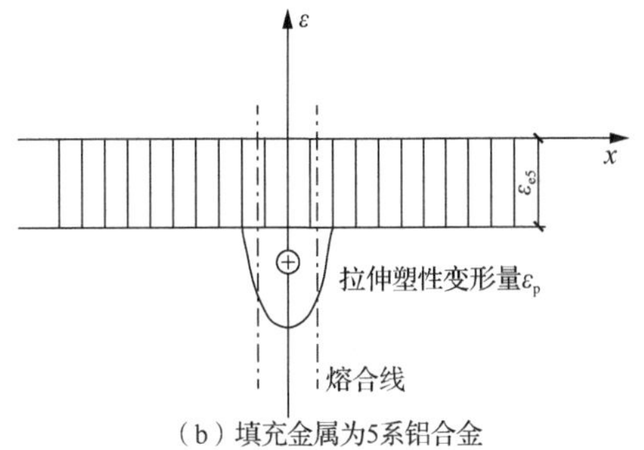

（b）填充金属为5系铝合金

图 7-60　采用不同填充金属时焊缝金属的变形示意图

焊缝中的残余应力 σ 主要受实际外观变形量ε_e和自由变形量中的塑性变形量ε_p所影响。不同种类的填充金属会影响焊接冷却过程中焊缝金属的外观变形量ε_e。众所周知，7 系铝合金的力学性能强于 5 系铝合金，前者的屈服强度大于后者的屈服强度。在相同的作用力下，5 系铝合金的变形量要大于 7 系铝合金的塑性变形量。在完全相同的复合焊接热过程中，由式（7-45）可知，不同填充金属产生的自由变形量相同。然而，由于热胀冷缩和相互拘束作用，在快速加热过程中，焊缝金属均为熔融状态，不同填充金属产生的外观变形均为塑性变形，并且变形量相等，产生的热应力值为 0MPa。在冷却过程中，材料恢复力学性能，在相同温度下，5 系铝合金的实际外观收缩变形量ε_{e5}大于 7 系铝合金的外观收缩变形量ε_{e7}，如图 7-60 所示。填充 5 系铝合金的焊缝外观变形量ε_{e5}与自由变形量ε_{p}的差值小于填充 7 系铝合金的焊缝ε_{e7}与ε_{p}的差值。因此，根据胡克定律式（7-47）可以得出，填充 5 系铝合金焊缝中产生的应力小于填充 7 系铝合金焊缝中产生的应力。

虽然在等强匹配的情况下，可以形成力学性能较高的复合焊接接头，但是由于高强铝合金强度较高（通常超过 500MPa），产生焊接裂纹的倾向极大，尤其是热裂纹。在焊缝凝固过程中的固-液阶段和完全凝固冷却阶段，拉伸应力是产生热裂纹的必要条件，在较大的拉伸应力与微小的缝隙及缺陷的相互作用下，极易在焊缝中产生结晶裂纹和多边化裂纹。在 7A52 铝合金复合焊接过程中，填充 7 系铝合金时焊缝产生的大应力会严重促使裂纹形成与扩展，增大产生裂纹敏感性且降低焊缝韧性。相反，填充 5 系铝合金可以有效降低焊缝中的应力，减小焊缝中裂纹的扩展驱动力，从而极大地降低产生焊接裂纹的敏感性，使高强铝合金焊接产生裂纹的倾向减小；同时，可以在满足强度的使用要求下，使焊接接头具有较高的塑性和断裂韧性。因此，对于高强度的 7A52 铝合金，采用低强匹配填充 5 系铝合金能够较好地控制焊接裂纹的产生并保证接头的抗断性能，更易获得优质焊接接头。

7.5.5　不同工艺条件对残余应力的影响

图 7-61～图 7-63 所示分别为工艺 F、G 和 H 下 11mm 厚的 7A52 铝合金双层 MIG 焊接和单层单道复合焊接平板对接的计算和实测的残余应力分布。其中双层 MIG 焊接和 VPPA-MIG 复合焊接在焊接工艺 F、G 和 H 下均能够获得良好的对接焊缝成形和接头力学性能，具体焊接参数如表 7-5 所示。从 3 种不同工艺条件的残余应力分布中可以看出，垂直焊缝中心的纵向残余应力同样都呈现典型的双峰型分布，中间呈拉应力，两侧边缘呈现压应力，中间焊缝区呈拉应力且低于两侧热影响区的应力值。3 种不同焊接条件下平板对接的残余应力计算值与实测值的分布均具有定性的一致性，计算结果与实测结果吻合较好。

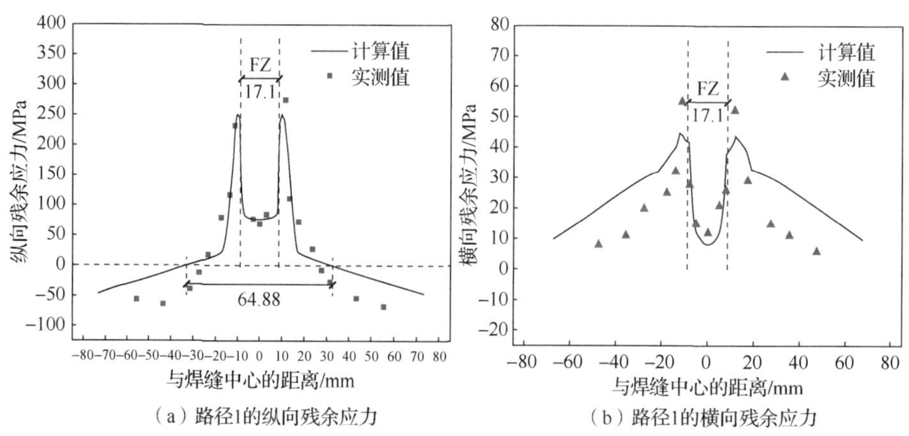

（a）路径1的纵向残余应力　（b）路径1的横向残余应力

图 7-61　工艺 F 下焊接残余应力的计算值与实测值对比

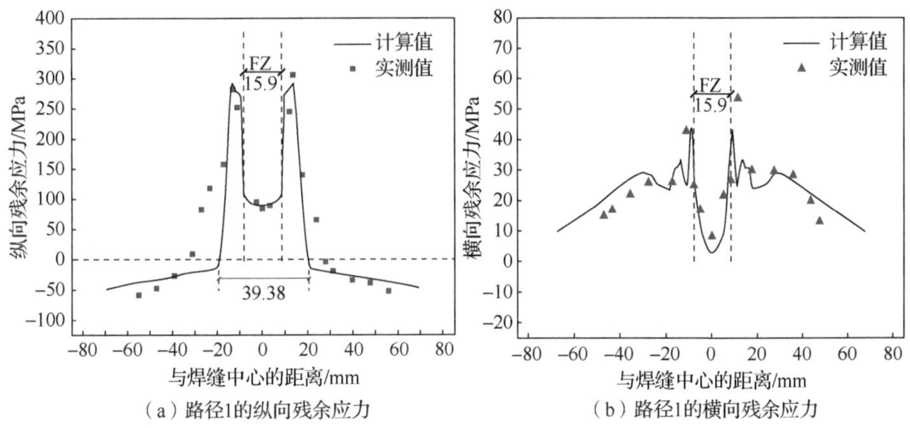

图 7-62　工艺 G 下焊接残余应力的计算值与实测值对比

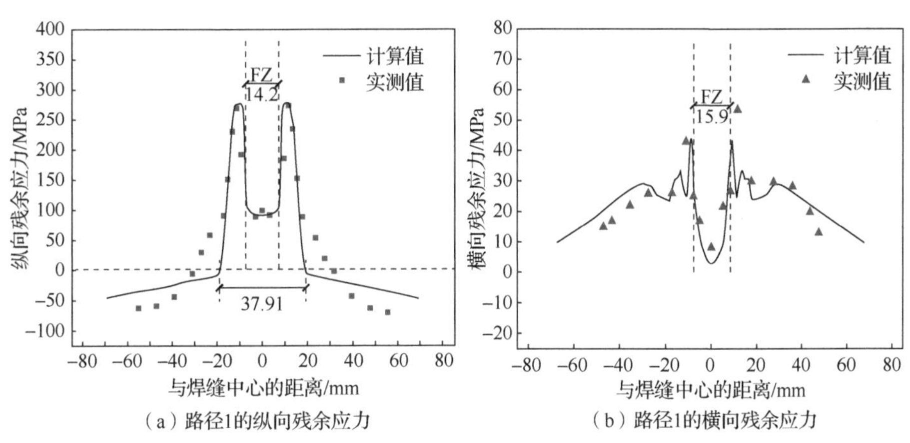

图 7-63　工艺 H 下焊接残余应力的计算值与实测值对比

表 7-5　11mm 厚板铝合金焊接参数

工艺	工件板厚/mm	DCEN 电流/A	DCEP 电流/A	正反极性时间比	MIG 电流/A	焊接速度/（mm/min）
F	11	—	—	—	第一次 280 第二次 270	400
G	11	100	125	17∶3	370	400
H	11	190	237	17∶3	290	400

从图 7-61 中可以看出，双层 MIG 焊的最大纵向残余拉应力为 251.3MPa，最大横向残余拉应力为 44.5MPa，呈现纵向残余拉应力区域长度为 64.88mm。图 7-62 显示了复合焊接工艺 G（VPPA 焊接电流为 100A，MIG 焊接电流为 370A）焊后的纵向残余应力和横向残余应力的分布，可以看出最大纵向残余拉应力为 292.3MPa，最大横向残余拉应力为 43.6MPa，呈现纵向残余拉应力区域长度为 39.38mm。图 7-63 展现了复合焊接工艺 H（VPPA 焊接电流为 190A，MIG 焊接电流为 290A）焊后的纵向残余应力和横向残余应力分布，可以看出最大纵向残余拉应力为 276.8MPa，最大横向残余拉应力为 32.9MPa，

呈现纵向残余拉应力区域长度为 37.91mm。

对比以上结果可以看出：双层 MIG 焊接最大纵向残余应力小于单层 VPPA-MIG 复合焊接（最佳工艺 H）最大纵向残余应力，二者相差 25.5MPa；而双层 MIG 焊接最大横向残余应力大于复合焊接最大横向残余应力，二者相差 11.6MPa；双层 MIG 焊比复合焊呈现拉应力区域长度减小了 26.97mm。产生以上现象的原因如下。由于单 MIG 焊接时需要采用双层焊接工艺，在焊接过程中第一层对第二层具有预热作用，第二层对第一层具有去应力退火作用，与复合焊接相比，双层 MIG 焊的纵向残余应力小于复合焊接的纵向残余应力。对于横向残余应力，在边缘无约束条件下，产生横向残余应力的间接原因是纵向收缩变形引起的横向变形。然而，在第一层焊接完成时，焊缝中间第一层金属完全凝固，在进行第二层焊接时，第一层焊缝金属形成了较大的刚度约束，阻碍了横向收缩变形，由此导致双层 MIG 焊接的横向残余应力大于复合焊接的横向残余应力。另外，复合焊接热源比 MIG 热源的能量更加集中，热源高温区更为密集，穿透能力更强，焊缝和热影响区的宽度小，因此引起的拉应力区域面积较小；而 MIG 焊接热源能量发散，同时进行了两次加热作用，因而形成了较宽的焊缝和热影响区，导致产生残余拉应力的区域面积增加。

对比复合焊接工艺 G 和工艺 H 可以看出，当 VPPA 电流从 100A 增加到 190A，MIG 电流从 370A 减小到 290A 时，最大纵向残余应力降低了 15.5MPa，最大横向残余应力减小了 10.7MPa，呈现拉应力区域长度减小了 1.47mm。结果表明，在保证良好焊缝成形时，随着 VPPA 电流的增加，MIG 电流的减小，纵向和横向残余应力以及呈现拉应力的区域面积均具有减小的趋势。出现这一现象的原因如下。当焊接工艺为 G 时，由于 VPPA 功率较小，MIG 功率较大，二者形成的复合焊接熔池相互脱离，二者的焊接熔池没有达到最佳的状态；另外，VPPA 能量的减小导致复合焊接的穿透能力减弱，在保证良好焊缝成形的情况下，需提高总焊接热输入实现焊缝的全熔透。因此，总热输入的增加提高了工艺 G 下的复合焊接残余应力。然而，当焊接工艺为 H 时，由于 VPPA 功率的提高，MIG 功率的减少，增强了复合焊接的穿透能力，复合热源的能量更加集中，能够在相对较小的焊接热输入下实现焊缝的熔透，并且保证复合焊焊缝成形。因此，当焊接工艺为 H 时，复合焊接形成了一个较小的残余应力分布特性，并且产生了一个较小面积的拉应力区域。

7.6 本章小结

1）应力场实验计算结果表明，沿板宽和焊缝方向的纵向残余应力和横向残余应力分布与理论结果是一致的。双丝 MIG 焊焊缝区的纵向残余应力均为拉应力。沿板宽方向，拉应力数值在 24～99MPa 范围内；而沿焊缝方向，在中间部位附近区域最大，并在距始焊端点 30～70mm 范围内形成一个稳定区。焊缝区的横向残余应力既有拉应力，也有压应力。沿板宽方向，均为拉应力，随着离开焊缝中心线距离的增加，拉应力逐渐降低，直到应力趋近于零；沿焊缝方向，两端为压应力，中间部位附近区域为拉应力。

2）10mm 厚的 5A03 铝合金焊接应力场数值计算发现，LB-VPPA 复合焊接最大纵向残余拉应力值为 115.5MPa；横向残余拉应力最大值为 66.6MPa；横纵向残余应力均呈现双峰现象。残余应力的实测结果与计算结果比较吻合，验证了数值计算的可靠性。同时对比两种不同焊接方法的横向残余应力和纵向残余应力发现，LB-VPPA 复合焊和单 VPPA 焊的焊后残余应力分布规律基本一致，LB-VPPA 复合焊最大纵向残余应力大于单 VPPA 焊的最大纵向残余应力，但 LB-VPPA 复合焊呈纵向残余拉应力区域的面积要小于单 VPPA 焊。

3）主要围绕 7A52 铝合金 VPPA-MIG 复合焊接应力场计算模型的建立进行了一系列研究，得到如下主要研究结论。

① 显微硬度和拉伸力学性能两方面的研究表明，7A52 铝合金 VPPA-MIG 复合焊接接头出现了不同程度的软化行为。复合焊焊接接头的抗拉强度比母材降低了 37.6%，焊缝及热影响区的显微硬度低于母材的显微硬度。复合焊接接头产生软化行为的原因如下：热影响区中组织粗化、强化相粒子回溶及合金元素分布不均匀；焊缝中 Mg 和 Zn 的蒸发烧损，其中 Mg 蒸发烧损情况较严重。

② 根据不同温度处理的 7A52 铝合金力学性能的分析，确定了 7A52 铝合金的软化温度，为原始态 7A52 铝合金和软化后 7A52 铝合金材料分别确定了不同温度下的高温拉伸力学性能。软化后，7A52 铝合金材料在不同温度下拉伸力学性能发生了一定程度的下降。

③ 基于不同温度下的高温力学性能，建立了原始态 7A52 铝合金和软化后 7A52 铝合金的材料力学性能参数数据库，采用了经典 LSW 理论实现了 VPPA-MIG 复合焊接过程中铝合金软化过程的计算，从而建立了更加贴合实际焊接过程的铝合金材料软化模型；针对 7A52 铝合金 VPPA-MIG 复合焊接应力场计算建立了考虑铝合金焊接接头软化行为的有限元计算模型。

4）利用考虑了焊接接头软化行为的材料软化模型，基于热-弹塑性理论对不同工艺条件的 7A52 铝合金 VPPA-MIG 复合焊接应力场进行了数值计算与分析，对比研究了材料软化模型和传统材料模型所计算的残余应力差异；分析了不同填充金属和不同焊接工艺条件对残余应力的影响，具体结论如下。

① 在临近焊缝的热影响区，采用材料软化模型较传统材料模型计算的横向与纵向残余应力均具有不同程度的减小趋势，而在热影响区以外区域和接近焊接开始端和结束端区域，二者计算的残余应力水平相差不大，这表明铝合金焊接接头的软化行为能够减小临近焊缝两侧应力集中区域的残余应力。采用 XRD 对平板的对接残余应力进行了测量，对比发现运用材料软化模型的计算结果与测量结果吻合良好。

② 研究发现不同种类的填充金属对焊缝的热应力和残余应力具有很大的影响，填充 5 系铝合金比填充 7 系铝合金焊缝中产生的最大纵向残余应力减小 122.1MPa，最大横向残余应力减小 15MPa。填充 5 系铝合金可以有效地减小高强铝合金焊缝中的应力，减小裂纹的扩展驱动力，从而降低产生焊接裂纹的敏感性。因此，在满足强度的使用要求下，焊接 7 系高强铝合金时需采用低强匹配的 5 系铝合金作为填充金属来控制焊接裂纹的产生，并保证接头的抗断性能。

参 考 文 献

[1] 李毅磊．基于 ANSYS 的随焊锤击后焊道应力场数值模拟[D]．保定：河北农业大学，2010．

[2] 李会，赵春玲，周立金，等．某轨道车辆车体端墙部件焊接变形的研究与控制[J]．焊接技术，2016，45（3）：71-73.

[3] 贾翠玲．超声冲击处理对 7A52 铝合金焊接残余应力影响的数值模拟[D]．呼和浩特：内蒙古工业大学，2016.

[4] 孟庆国，方洪渊，徐文立，等．双丝焊热源模型[J]．机械工程学报，2005，41（4）：110-113.

[5] GOLDAK J, CHAKRAVARTI A, BIBBY M. A new finite element model for welding heat sources[J]. Metallurgical and materials transactions B, 1984, 15(2): 299-305.

[6] 黄继武，尹志民，聂波，等．7A52 铝合金原位加热过程中的物相转变与热膨胀系数测量[J]．兵器材料科学与工程，2007，30（4）：9-12.

[7] 张丝雨．最新金属材料牌号、性能、用途及中外牌号对照速用速查实用手册[M]．香港：中国科技文化出版社，2005.

[8] CHENG A, CHENG D T. Heritage and early history of the boundary element method[J]. Engineering analysis with boundary elements, 2005, 29(3): 268-302.

[9] HUANG J W, YIN Z M, LEI X F. Microstructure and properties of 7A52 Al alloy welded joint[J]. Transactions of nonferrous metals society of China, 2008, 18(4): 804-808.

[10] 田红雨．7A52 铝合金焊接接头表面纳米化前后残余应力有限元分析[D]．呼和浩特：内蒙古工业大学，2010.

[11] 黄治冶，陈芙蓉．机械喷丸对 7A52 铝合金焊接接头残余应力改善的有限元模拟[J]．焊接学报，2014，35（3）：35-40.

[12] 贾翠玲，陈芙蓉．超声冲击处理对 7A52 铝合金焊接应力影响的数值模拟[J]．焊接学报，2015，36（4）：30-34.

[13] ESSERS W G，王小宝．P-M 焊新焊枪和起弧方法[J]．电焊机，1982（1）：42-44.

[14] SUN Z B, HAN Y Q, DU M, et al. Numerical simulation of VPPA-GMAW hybrid welding of thick aluminum alloy plates considering variable heat input and droplet kinetic energy[J]. Journal of manufacturing processes, 2018, 34: 688-696.

[15] CHEN S J, YAN Z Y, JIANG F, et al. Gravity effects on horizontal variable polarity plasma arc welding[J]. Journal of materials processing technology, 2018, 255 : 831-840.

[16] 童嘉晖，韩永全，洪海涛，等．高强铝合金 VPPA-MIG 复合焊接焊缝成形机理[J]．焊接学报，2018，39（5）：69-72.

[17] 孙振邦，韩永全，杜茂华．铝合金 LB-VPPA 复合焊接残余应力场预测[J]．焊接学报，2018，39（4）：6-10，22，129.

[18] 孙振邦，韩永全，张世全．铝合金 LB-VPPA 复合焊接热源模型[J]．机械工程学报，2016，52（12）：46-51.

[19] 孙振邦，韩永全，张世全．基于 SYSWELD 的铝合金 LB-VPPA 复合焊温度场数值模拟[C]．中国焊接学会焊接力学及结构设计与制造专业委员会学术会议，呼和浩特，2015.

[20] MARTUKANITZ R P, NATALIE C A, KNOEFEL J O. The weldability of an Al-Li-Cu alloy[J]. The journal of the minerals, metals & materials society, 1987, 39(11): 38-42.

[21] FU G F, TIAN F Q, WANG H. Studies on softening of heat-affected zone of pulsed-current GMA welded Al-Zn-Mg alloy[J]. Journal of materials processing technology, 2006, 180: 216-220.

[22] MA T, OUDEN G D. Softening behavior of Al-Zn-Mg alloys due to welding[J]. Materials science and engineering: A, 1999, 266(1-2): 198-204.

[23] ZHANG L, LI X, NIE Z, et al. Softening behavior of a new Al-Zn-Mg-Cu alloy due to TIG welding[J]. Journal of materials engineering and performance, 2016, 25: 1870-1879.

[24] 吴圣川，张卫华，焦汇胜，等．激光-电弧复合焊接 7075-T6 铝合金接头软化行为[J]．中国科学，2013，43（7）：785-792.

[25] 朱亮，陈剑虹．热影响区软化焊接接头应力分布特征及强度预测[J]．焊接学报，2004，25（3）：48-51.

[26] 朱浩，陈强，陈剑虹．热影响区几何尺寸对铝合金焊接接头变形及强度影响规律[J]．焊接学报，2012，33（5）：77-81.

[27] 廖娟，凌泽民，彭小洋．考虑相变的铝合金管焊接残余应力数值模拟[J]．材料工程，2013（4）：34-38.

[28] HANSEN N. Hall-Petch relation and boundary strengthening[J]. Scripta materialia, 2004, 51(8): 801-806.

[29] 尤思航．非热处理强化铝合金强度模型的研究[D]．哈尔滨：哈尔滨工业大学，2015.

[30] 黄继武．高强可焊 7A52 铝合金板材热处理及其相关基础研究[D]．长沙：中南大学，2008.

[31] KUMAR M, ROSS N G. Influence of temper on the performance of a high-strength Al-Zn-Mgalloy sheet in the warm forming processing chain[J]. Journal of materials processing technology, 2016, 231: 189-198.

[32] HADJADJ L, AMIRA R, HAMANA A, et al. Characterization of precipitation and phase transformations in Al-Zn-Mg alloy

by the differential dilatometry[J]. Journal of alloys and compounds, 2008, 462: 279-283.

[33] ROUT P K, GHOSH M M, GHOSH K S. Microstructural, mechanical and electrochemical behaviour of a 7017 Al-Zn-Mg alloy of different tempers[J]. Materials characterization, 2015, 104: 49-60.

[34] LISFSHITZ I M, SLYOZOV V V. The kinetics of precipitate from supersaturated solid solutions[J]. Journal of physics and chemistry of solids, 1961, 19: 35-50.

[35] FENG D, ZHANG X, LIU S, et al. Non-isothermal retrogression kinetics for grain boundary precipitate of 7A55 aluminum alloy[J]. Transactions of nonferrous metals society of China, 2014, 24(7): 2122-2129.

[36] 汪建华．焊接数值模拟技术及其应用[M]．上海：上海交通大学出版社，2003．

[37] DEAN D, ZHANG C, PU X, et al. Influence of material model on prediction accuracy of welding residual stress in an austenitic stainless steel multi-pass butt-welded joint[J]. Journal of materials engineering and performance, 2017, 26(10): 1494-1505.

[38] 傅建，彭必友，曹建国．材料成形过程数值模拟[M]．北京：化学工业出版社，2009．

[39] LEE S Y, LING J, WANG S, et al. Precision and accuracy of stress measurement with a portable X-ray machine using an area detector[J]. Journal of applied crystallography, 2017, 50(1): 131-144.

[40] MIYAZAKI O, MARUYAMA Y, SASAKI T. Improvement in X-ray stress measurement using Debye-Scherrer rings by in-plane averaging[J]. Journal of applied crystallography, 2016, 49(1): 241-249.

第 8 章　7 系铝合金焊接接头的表面纳米化处理

8.1　引　　言

7 系铝合金具有优良的力学性能和较高的比强度，因此被广泛应用于飞机、火箭、舰船和轻型装甲车辆等的结构件上，并且 7 系铝合金在使用的过程中将会通过焊接工艺进行连接，因此焊接接头不可避免地会出现残余应力等对使用寿命有害的因素，所以改善焊接接头的综合力学性能一直为 7 系铝合金焊接的研究热点。一般金属材料焊接接头的失效形式主要是腐蚀、磨损和疲劳断裂，而腐蚀、磨损与疲劳断裂均始于材料表面，所以材料焊接接头表面的结构和性能直接影响工程金属材料的综合性能。因此，通过进行表面纳米化处理来提高材料焊接接头表面的综合性能具有重要的意义。

表面纳米化作为表面强化的一种手段，是由 K. Lu 和 J. LV（卢柯和吕坚）提出的一个十分新颖的概念[1]，即利用各种物理或化学方法将材料的表层晶粒细化至纳米量级，制备出具有纳米晶结构的表层，但是基体仍然保持原有的粗晶状态，表面纳米晶组织与基体组织之间不存在明显的界面，在使用过程中不会发生剥层和分离，通过表面组织和性能的优化来提高材料综合的力学性能和服役行为。

表面纳米化是将表层晶粒细化至纳米级而基体仍保持原始粗晶状态。根据断裂力学，细小的材料晶粒有利于抑制裂纹的萌生，却不利于抵抗裂纹扩展，粗晶粒则有利于抵抗裂纹扩展。因此，若能实现材料表面是纳米晶而心部是粗晶，则可显著提高材料疲劳性能。表面纳米化[2]现有 3 种形式，即表面涂层沉积、表面自身纳米化和混合方式。其中，表面自身纳米化具有两个优点：在使用过程中不会发生剥落和分离，能有效抑制疲劳裂纹萌生。目前，表面自身纳米化有以下几种方法：高能喷丸（high energy shot peening，HESP）、超声喷丸（ultrasonic shot peening，USSP）、超声冲击处理（ultrasonic impact treatment，UIT）、表面机械加工技术、微粒冲击和机械研磨等。

本章将通过对 7A52 中强铝合金焊接接头进行高能喷丸处理和超声冲击处理来研究 7A52 中强铝合金焊接接头表面纳米化的实质，通过测试 7A52 中强铝合金焊接接头表面纳米化前后的显微组织等内部结构特征，以及抗拉强度、硬度等性能，对表面纳米化前后铝合金焊接接头表面的组织和性能进行系统深入的研究，从理论上揭示 7A52 中强铝合金焊接接头表面纳米化的机理，掌握各工艺参数、组织、性能之间的关系。这对于充分开发和利用表面纳米化来提高中强铝合金焊接接头的表面综合性能具有较大的实用意义。

8.2　7 系铝合金焊接接头的高能喷丸处理

超声喷丸是一种新颖的制备纳米材料的方法[2]。其基本原理是利用超声波使弹丸从各方向以高频撞击已被固定住的材料表面，在材料表面形成由正压力和剪切力组成的应力系统，材料表面可在瞬间产生强烈的塑性变形，最终形成纳米晶。高能喷丸技术是利用强制机械力的作用使金属材料的表面产生强烈塑性变形，形成具有纳米晶体结构的表面层，从而提高材料的整体性能的表面纳米化方法[3]。

近年来已有很多文献报道，在不同金属材料表面上，采用高能喷丸方法成功制备纳米晶结构层，以及对表面纳米晶结构层组织转变的研究，所研究的金属包括纯铁[4]、不锈钢[5]及有色金属[6]。而且国内外已有部分学者成功实现了在各种铝合金的表面制备纳米化[7]。

焊接技术本身所固有的快速加热和冷却，以及添加焊接材料的工艺特点决定了焊接接头组织（可简单地划分为母材、熔合区、热影响区、焊缝）及性能的不均匀性，这种不均匀性是焊接接头在服役中失效的主要原因之一[8]。因此，如何实现焊接接头组织及性能的均一化是焊接技术需解决的关键问题之一。采用表面喷丸处理可以改善金属材料与焊接接头的性能。利用表面纳米化技术对焊接接头进行处理，不仅可以产生压应力层，使材料表面组织均一化，还可以使晶粒细化至纳米量级，进一步提高其综合力学性能。

8.2.1　参数优化

1. 焊接方法

试验材料选用 8mm 的 7A52 铝合金板，采用直径为准 1.6mm 的 ER5356 焊丝进行自动双丝 MIG 焊焊接，单面焊两层。坡口形式为对接 V 形坡口加垫板，两板坡口间隙为 2mm，坡口角度单边 30°。双丝 MIG 焊焊接参数如表 8-1 所示。焊后试板经 X 射线探伤后，均无缺陷，如图 8-1 所示。

表 8-1　双丝 MIG 焊焊接参数

层数参数		焊接电流 I/A	电弧电压 U/V	焊接速度 v/（cm/min）	送丝速度 v_f/（m/min）	保护气体纯度/%
一	主	220～240	16～24	50	9～11	99.9
	副	190	24			

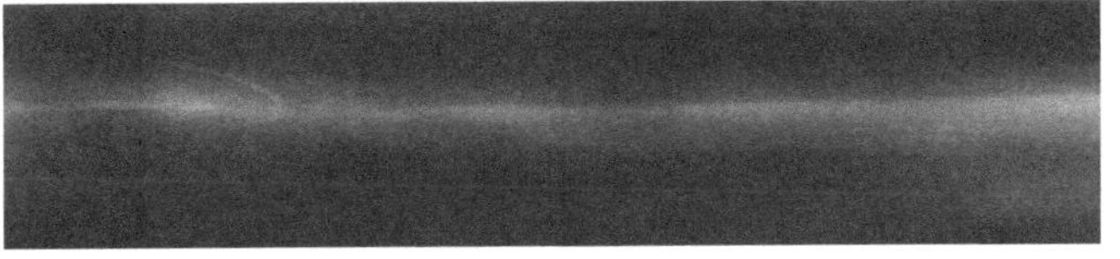

图 8-1　探伤照片

2. 高能喷丸的参数优化

7A52 铝合金焊接接头表面纳米化的实现是在 SNC-1 金属材料表面纳米化试验机上进行的。试验装置如图 8-2 所示。该试验装置由中国科学院金属研究所、法国特鲁瓦技术大学与成都新晶格科技有限公司联合研制。

（a）纳米化试验机

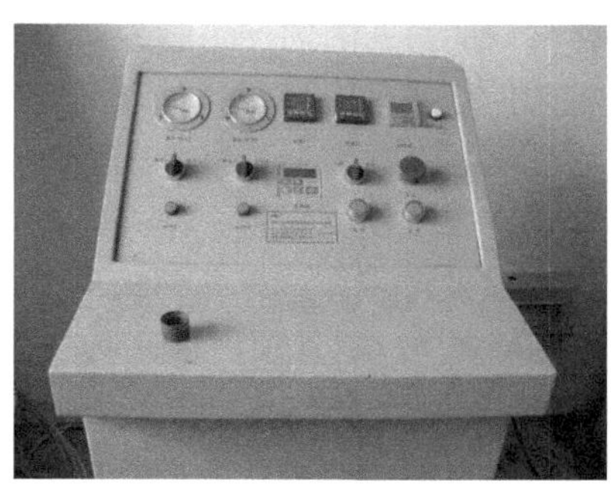

（b）操作台

图 8-2　表面纳米化试验机

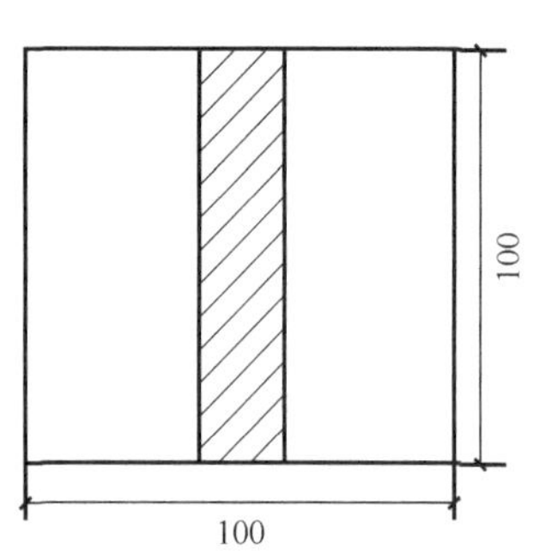

图 8-3　表面纳米化试样平面图

将焊接后的试板切割成 100mm×100mm×8mm 的片状试样，使焊缝位于试样中间，如图 8-3 所示。采用高能喷丸对试样进行表面纳米化，且在表面纳米化处理前采用碳化硅水砂纸研磨、抛光，随后在真空炉中进行 470℃/1h 固溶处理，室温盐水淬火，再进行 120℃/20h 时效处理，目的是消除机械加工对样品产生的影响，并且形成晶粒均匀的组织。

（1）影响因素

影响和决定高能喷丸过程中强化效果的各种因素称为喷丸强化工艺参数，其中包括弹丸材质、弹丸速度、弹丸直径、喷射角度、弹丸流量、喷丸时间及表面覆盖率等，上述诸参数中任何一个发生变化，都会影响高能喷丸的强化效果[9]。本次试验在实际操作过程中是通过改变喷丸时间参数来实现表面纳米化的。首先选取焊接质量优良的焊接接头，其规格为 100mm×100mm×8mm 的试样，采用高能喷丸方法实现铝合金焊接接头的表面纳米化，选定表面纳米化试验参数如表 8-2 所示。高能喷丸后试样的表面纳米化宏观照片如图 8-4 所示，试样的焊缝区域如图中箭头所指。

表 8-2　高能喷丸工艺参数

试样厚度/mm	喷丸时间/min	弹丸材料	弹丸直径/mm	频率/Hz	喷丸距离/mm
8	10	GCr15	8	50	37
8	20	GCr15	8	50	37
8	30	GCr15	8	50	37
8	40	GCr15	8	50	37
8	50	GCr15	8	50	37
8	未喷丸	—	—	—	—

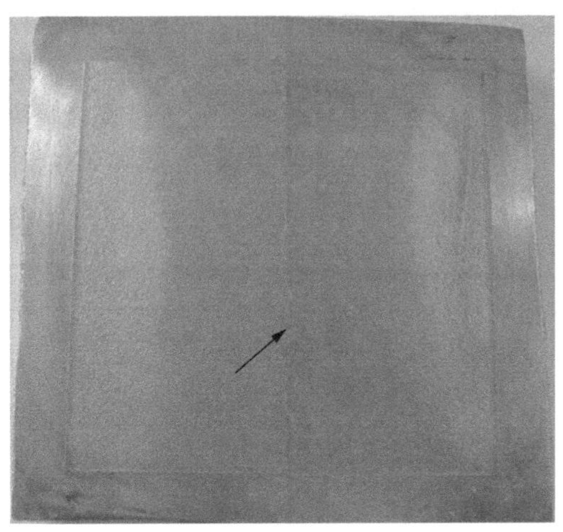

图 8-4　高能喷丸后试样的表面纳米化宏观照片

（2）XRD 分析

表 8-3 列出了利用 Scherrer 公式，计算 7A52 铝合金焊接接头 3 个区域不同高能喷丸时间表面的晶粒尺寸和微观应变。Scherrer 公式表示为

$$D = K\lambda / \beta\cos\theta \tag{8-1}$$

式中，D 为晶粒尺寸（nm）；K 为 Scherrer 常数，其值为 0.89；λ 为 X 射线波长，其值为 0.154056nm；β 为衍射峰半宽高（rad）；θ 为衍射角（°）。

表 8-3　不同高能喷丸时间焊接接头的表面晶粒尺寸和微观应变

喷丸时间/min	母材		焊缝		焊接热影响区	
	晶粒尺寸/nm	微观应变	晶粒尺寸/nm	微观应变	晶粒尺寸/nm	微观应变
10	110	0.32455	90	0.00495	90	0.30784
20	57	0.26759	55	0.27928	59	0.29602
30	50	0.25599	57	0.21449	59	0.24587
40	39	0.14374	52	0.20419	47	0.25598
50	31	0.09875	35	0.18178	41	0.18304

图 8-5 所示为不同高能喷丸时间焊接接头的表面晶粒尺寸。由表 8-3 及图 8-5 可知，随着高能喷丸时间的增加，7A52 铝合金焊接接头中母材表面各个区域的晶粒尺寸呈逐渐减小趋势，同时不同高能喷丸时间焊接接头各个区域晶粒尺寸均已达到纳米级别；且随着高能喷丸时间的增加，微观应变也有所减小。从图 8-5 中可以看出，当母材表面高能喷丸时间不足 20min 时，表面晶粒尺寸的减小幅度相对较大；当高能喷丸 20min 后，母材表面晶粒尺寸相对于高能喷丸时间为 20min 时的减小幅度不大，但仍在继续减小，表面晶粒均已达到了纳米级别；当高能喷丸时间为 50min 时，母材的表面晶粒尺寸为 31nm。由图 8-5 还可看出，随着高能喷丸时间的增加，7A52 铝合金焊接接头中，焊缝表面的晶粒尺寸呈逐渐减小趋势，当高能喷丸时间为 20min 时，表面晶粒尺寸减小幅度相对较大；当高能喷丸时间为 20～40min 时，焊缝表面晶粒尺寸相对于高能喷丸时间不足 20min 的减小幅度相对缓慢；当高能喷丸时间为 50min 时，相对于 20～40min 时的晶

粒减小趋势有所增加时，焊缝的表面晶粒尺寸为 35nm。而随着高能喷丸时间的增加，7A52 铝合金焊接接头中焊接热影响区表面的晶粒尺寸呈逐渐减小趋势，表面高能喷丸时间不足 20min 时，表面晶粒尺寸减小幅度相对较大，高能喷丸时间为 20～30min 时，焊接热影响区表面晶粒尺寸基本趋于不变的状态；当高能喷丸时间为 30～50min 时，相对于 20～30min 时的晶粒减小趋势有所增加；当高能喷丸时间为 50min 时，焊接热影响区的表面晶粒尺寸为 41nm。

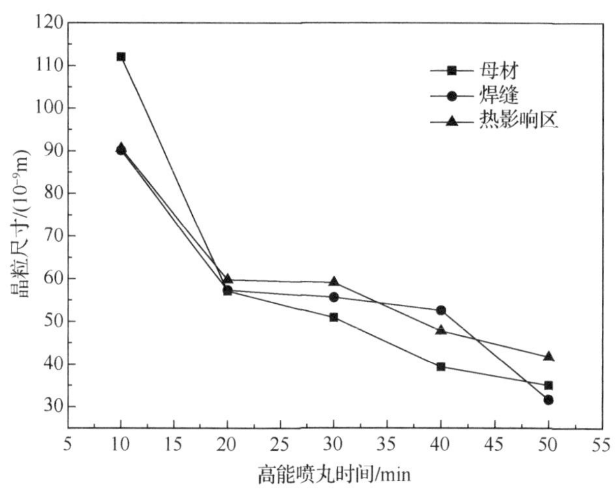

图 8-5　不同高能喷丸时间焊接接头的表面晶粒尺寸

单晶体在不同的晶体学方向上，其力学、电磁学、光学、耐腐蚀甚至核物理等方面的性能会表现出显著差异，这种现象称为各向异性。多晶体是许多单晶体的集合，如果晶粒数目大且各晶粒的排列是完全无规则的统计均匀分布，即在不同方向上取向概率相同，则该多晶体在不同方向上就会宏观地表现出各种性能相同的现象，称为各向同性。多晶体在形成过程中，由于受到外界的力、热、电、磁等各种因素的影响，或在形成后受到不同的加工工艺的影响，其中的各晶粒就会沿着某些方向排列，呈现出或多或少的统计不均匀分布，即出现在某些方向上取向概率增大（因为在这些方向上聚集排列）的现象，这种现象称为择优取向。这种组织结构及规则聚集排列状态类似于天然纤维或织物的结构和纹理，故称为织构。

当焊接接头中母材表面扫描角度为 15°～80° 时，不同高能喷丸时间母材的 XRD 图谱如图 8-6 所示。从图 8-6 中可以看出，试样经过高能喷丸处理以后，没有明显的新相析出，其原因是合金元素的含量相对较少，XRD 检测不到，或者是合金元素在时效过程中以固溶体的形式固溶于 α-Al 中，因此失去了本身元素的特性。从图 8-6 的局部放大图中可看出，随着喷丸时间的增加，衍射峰明显宽化。当高能喷丸时间为 50min 时，衍射角度为 65° 和 78° 左右处的衍射峰基本已经看不出来。未进行高能喷丸处理的 7A52 铝合金焊接接头中母材的结构具有一定的方向性，这是由轧制过程中在（220）方向上产生的带状组织（织构现象）。当高能喷丸时间为 10min 时，织构的方向由（220）转变为（200）方向；当高能喷丸时间为 20min 时，带状组织消除。

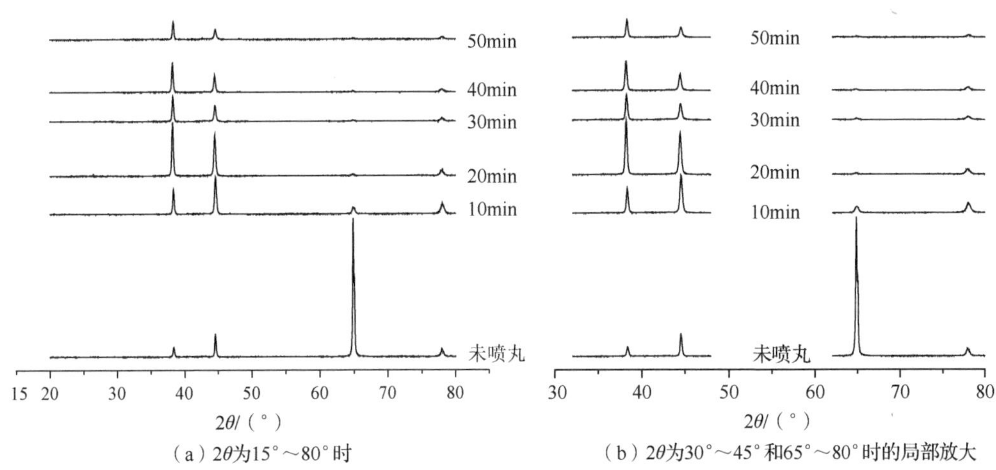

图 8-6　不同高能喷丸时间母材的 XRD 图谱

当焊接接头中焊缝表面扫描角度为 15°～80° 时，不同高能喷丸时间焊缝的 XRD 图谱如图 8-7 所示。从图 8-7 中可以看出，试样经过高能喷丸处理后，没有明显的新相析出。未喷丸处理与高能喷丸处理后的焊缝区域都未见带状组织，主要是因为焊缝区域的填充成分为焊丝，在焊缝凝固时没有轧制过程，属于液态金属冷却凝固过程，所以没有形成带状组织。

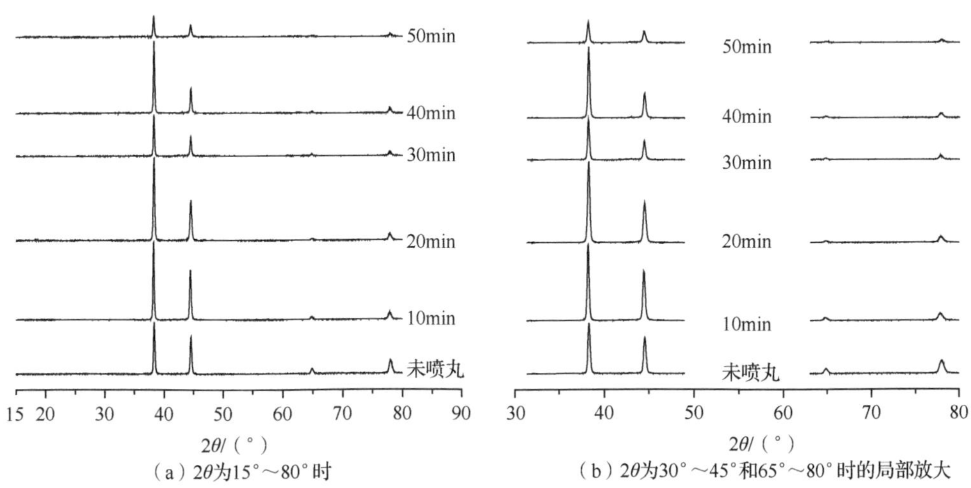

图 8-7　不同高能喷丸时间焊缝的 XRD 图谱

当焊接接头中焊接热影响区表面扫描角度为 15°～80° 时，不同高能喷丸时间焊缝热影响区的 XRD 图谱如图 8-8 所示。从图 8-8 中可以看出，试样经过高能喷丸处理以后，没有明显的新相析出。未喷丸焊接热影响区组织在（200）方向具有一定的织构现象。经高能喷丸处理 10min 后，试样表面的带状组织仍然存在；经高能喷丸处理 20min 后，试样表面的带状组织已经消除。

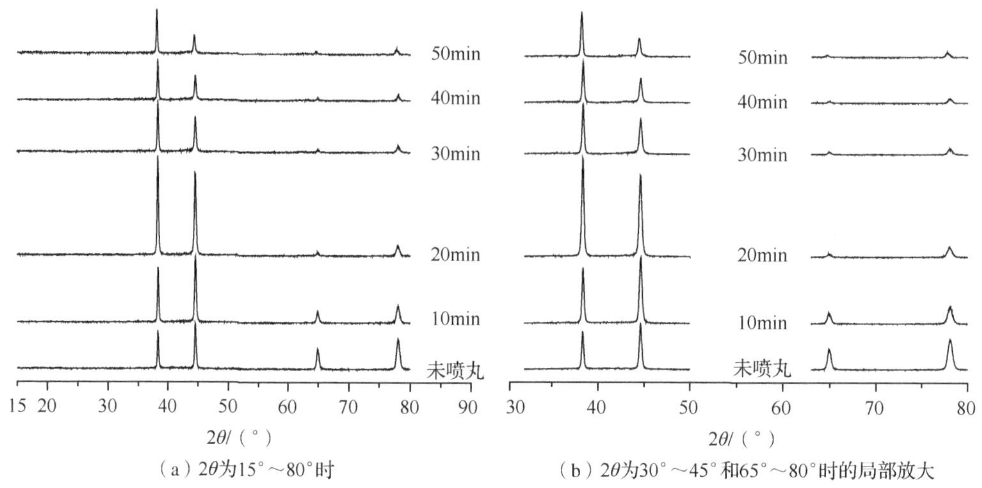

图 8-8　不同高能喷丸时间焊接热影响区的 XRD 图谱

（3）优化结果

由以上分析可知，7A52 铝合金焊接接头通过高能喷丸处理以后，焊接接头表面各个区域的晶粒尺寸均已达到纳米级别，没有检测出新相的析出。当高能喷丸时间为 50min 时，焊接接头各个区域的组织比较均匀、细小，母材区域表面的晶粒尺寸为 31nm，焊缝区域表面的晶粒尺寸为 35nm，焊接热影响区表面的晶粒尺寸为 41nm。由此可以得出，在对 8mm 的 7A52 铝合金焊接接头进行高能喷丸表面纳米化处理时，若其余参数为定值，则高能喷丸时间为 50min 时的表面纳米化工艺较佳。

8.2.2　组织分析

1. SEM 分析

图 8-9 所示为未喷丸母材的显微组织 SEM 照片，母材具有明显的带状组织；图 8-10 所示为未喷丸焊缝的显微组织 SEM 照片，焊缝呈等轴晶组织，晶粒尺寸为 50μm 左右。

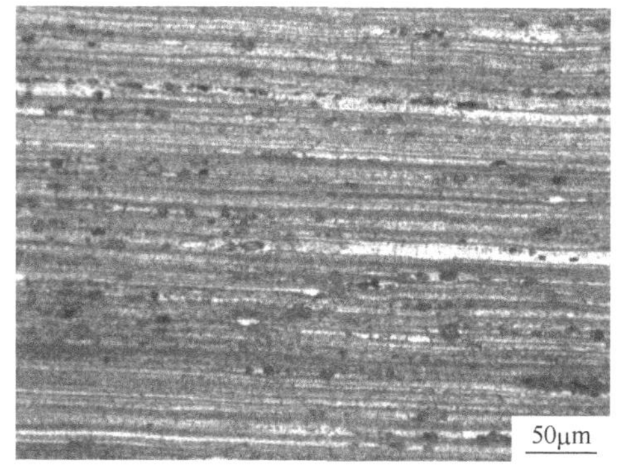

图 8-9　未喷丸母材的显微组织 SEM 照片

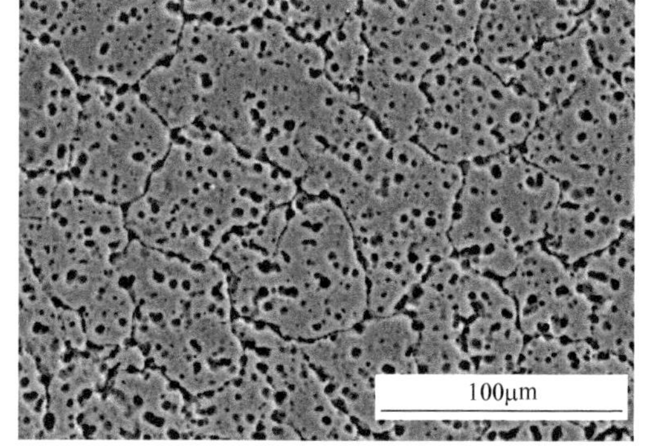

图 8-10　未喷丸焊缝的显微组织 SEM 照片

图 8-11 所示为焊接接头不同区域的显微组织 SEM 照片，图中 A 区为焊缝区，B 区为熔合区，C 区为热影响区中的相变重结晶区。C 区的组织为细小的等轴晶组织，晶粒

尺寸为 10μm 左右。热影响区中靠近相变重结晶区的组织，其典型的特征是加工态组织大部分发生了再结晶，有的部位出现了粗大的再结晶组织。在热影响区靠近母材区 D 区的组织结构为加工组织包夹着再结晶组织，同母材区的晶粒相比，D 区组织的晶粒发生了明显长大。图 8-12 所示为图 8-11 中 D 区的放大图，是焊接热影响区中的柱状拉长晶的显微组织 SEM 照片。

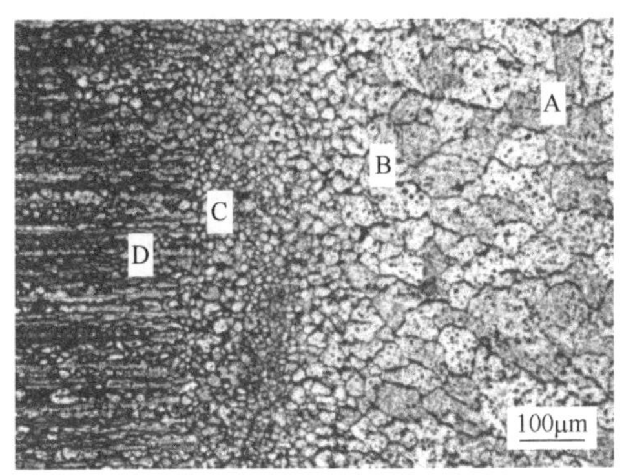

图 8-11　焊接接头不同区域的显微组织 SEM 照片

100μm

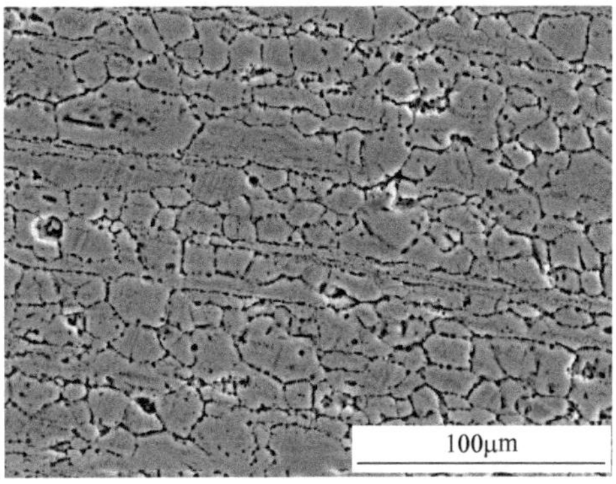

图 8-12　焊接热影响区的显微组织 SEM 照片

图 8-13 所示为高能喷丸处理后焊接接头母材纵截面的显微组织 SEM 照片，可以看出母材心部组织具有明显的带状组织，高能喷丸处理以后（如图中箭头所示）的表面可以看出带状组织已经完全消除，这与 XRD 分析的结果一样。高能喷丸时，试样表面在高速度、长时间的弹丸冲击下，使材料表面碰撞点附近的位错密度很高，距碰撞中心越远，位错密度越低，导致沿试样喷丸表面向心部方向变形程度的不均匀性。随着距喷丸表面距离的增加，塑性变形逐步减弱，最后使 7A52 铝合金焊接接头母材表面发生强烈塑性变形，表层晶粒被严重碎化至非常细小的晶粒。由此可以看出，表层与心部组织明显不同，因为表层晶粒为纳米级别，所以无法观察出表面变形层中的晶粒大小及晶界，变形层的厚度为 50μm 左右，变形层厚度比较均匀。图 8-14 所示为高能喷丸处理后的 7A52 铝合金焊缝纵截面的显微组织 SEM 照片，可以看出，焊缝的心部组织为等轴晶组织，处理的表面变形层范围内已经看不出晶粒的大小及明显的晶界，变形层厚度为 70μm 左右。图 8-15 所示为高能喷丸处理后的 7A52 铝合金焊接热影响区纵截面的显微组织 SEM 照片，焊接热影响区的表面也已经看不出明显的晶粒及晶界，变形层厚度为 60μm 左右。

图 8-13　高能喷丸处理后的 7A52 铝合金母材纵截面的显微组织 SEM 照片

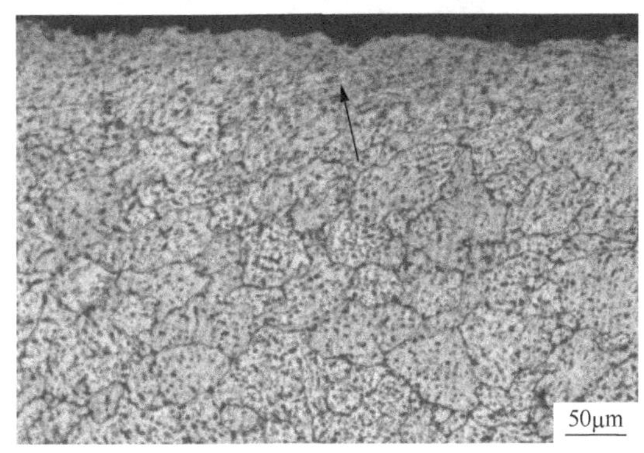

图 8-14　高能喷丸处理后的 7A52 铝合金焊缝纵截面的显微组织 SEM 照片

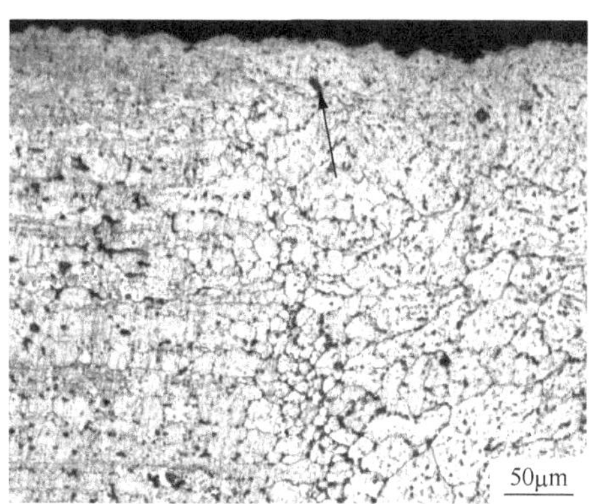

图 8-15　高能喷丸处理后的 7A52 铝合金焊接热影响区纵截面的显微组织 SEM 照片

2. TEM 分析

TEM 的主要特点是可以进行组织形貌与晶体结构同位分析。使中间镜物平面与物镜像平面重合（成像操作），在观察屏上得到的是反映试样组织形态的形貌图像；而使中间镜的物平面与物镜背焦面重合（衍射操作），在观察屏上得到的则是反映试样晶体结构的衍射斑点。电子衍射的原理和 XRD 相似，都是以满足（或基本满足）布拉格方程作为产生衍射的必要条件[10]。两种衍射技术所得到的衍射花样在几何特征上也大致相似。

多晶体的电子衍射花样是一系列不同半径的同心圆环，单晶体的电子衍射花样由排列得十分整齐的许多斑点所组成。而非晶态物质的衍射花样只有一个漫散射的中心斑点。标定电子衍射花样，需要基本特征平行四边形（定义具有以下性质的平行四边形为特征平行四边形[11]：由最短的两个邻边 *R*1、*R*2 组成，*R*3 为其对角线的长度）。在 TEM（JEM2010）上对 50min 高能喷丸处理以后的试样进行 TEM 和 HRTEM 分析。

图 8-16 所示为高能喷丸处理后母材的表面形貌 TEM 照片及其电子衍射斑点和标定，从图 8-16 中可以看出明显清晰的晶界，平均晶粒尺寸为 20nm 左右，晶粒尺寸比较均一，呈均匀的等轴状纳米晶分布。电子衍射斑点呈连续的圆环形分布，说明衍射区内分布着大量的晶粒，而且相邻晶粒之间晶体学取向随机，表明具有较高的晶界取向差。从图 8-16 中还可以看出一系列衍射斑点，该斑点由单晶体产生。

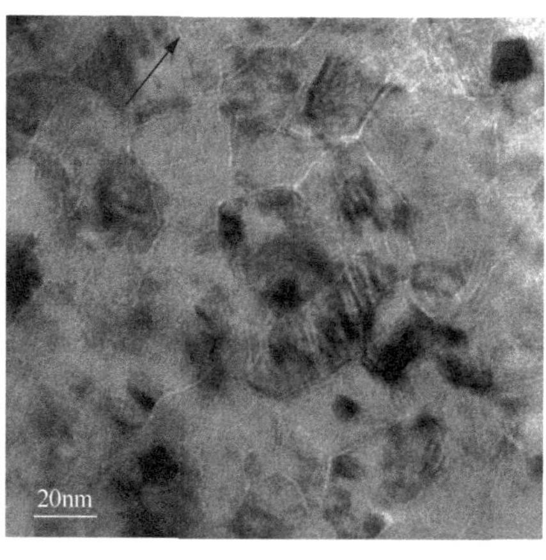

（a）表面形貌

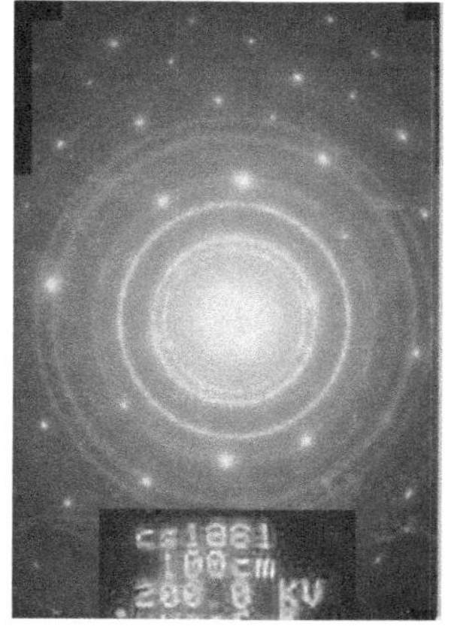

（b）暗场像

图 8-16　高能喷丸处理后母材的表面形貌 TEM 照片及其电子衍射斑点和标定

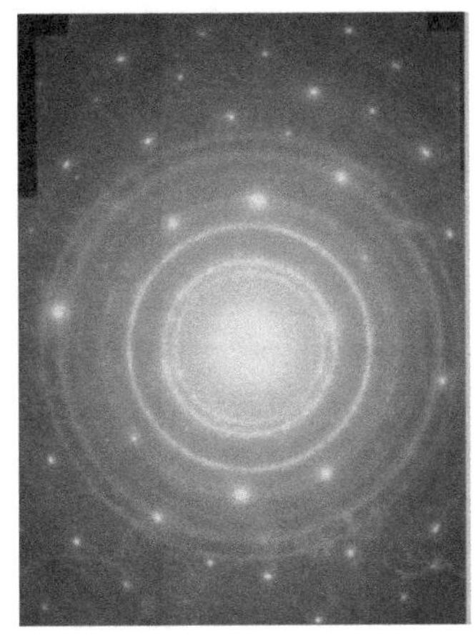

（c）电子衍射斑点

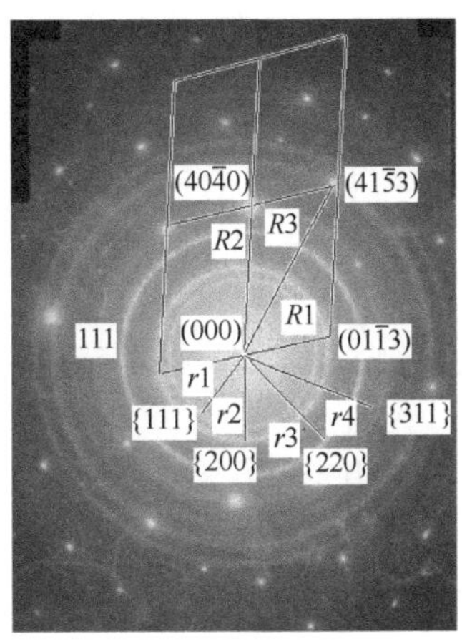

（d）电子衍射斑点标定

图 8-16（续）

从图 8-16 所示的电子衍射斑点图中，可以找到一系列的同心圆环和平行四边形，圆环说明试样表面存在大量的晶体，亮的衍射斑点有可能是较大的铝晶粒产生的，也有可能是析出相发生的衍射斑点。通过衍射斑点标定，计算得出的 d 值与 $MgZn_2$（η）相标准卡片的 d 值相吻合，$MgZn_2$（η）相属于复杂六方结构，可利用六方结构的夹角公式，验证 $MgZn_2$ 相标得是否正确及选择晶面指数的正负，得 $\cos\varphi=0.26697137$，$\varphi=74.5°$，与量取的角度值相差 1.5°，在误差允许范围之内。由图 8-16（d）及以上分析可知，$R1$、$R2$、$R3$ 对应的指数分别为(01$\bar{3}$3)（40$\bar{4}$0）(41$\bar{5}$3)，晶带轴为[012$\bar{1}\bar{2}\bar{4}$]。通过以上分析可以得出，7A52 铝合金焊接接头通过高能喷丸表面纳米化处理以后，母材区域的表面晶粒已经达到了纳米级别，且在 α-Al 的基体上有 $MgZn_2$ 相析出。试样经过高能喷丸处理后，即其表面经过弹丸高速高能量的撞击以后，形成了均匀、细小的纳米晶组织。

图 8-17 所示为图 8-16（a）中箭头所指析出相的形貌 TEM 照片，通过对图 8-18 所示的能谱图进行分析可知，其中 Mg∶Zn 的原子数量比约为 1∶2，母材经过表面纳米化处理以后，表层有 $MgZn_2$ 强化相析出，晶粒尺寸为 15nm 左右，与衍射斑点标定的结果相一致。

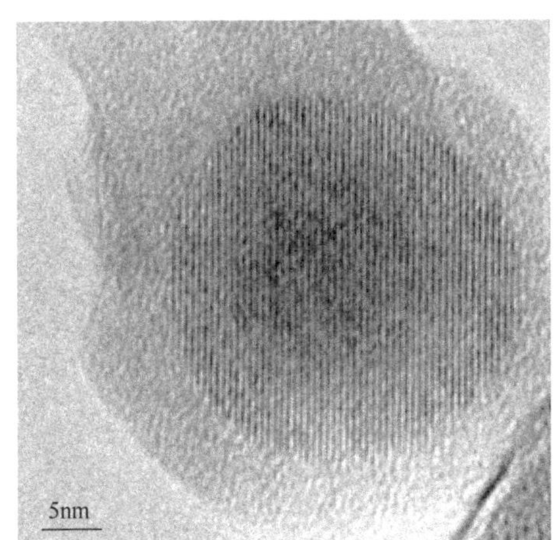

元素	质量分数/%	元素比例/%
Mg	1.03	1.18
Al	93.70	96.56
Cu	1.79	0.78
Zn	3.48	1.48

图 8-17　$MgZn_2$ 相的形貌 TEM 照片

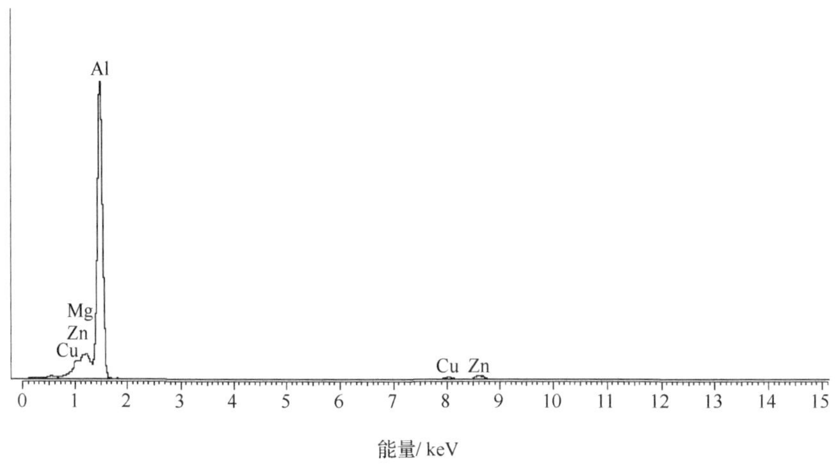

图 8-18　$MgZn_2$ 相的能谱图

图 8-19 所示为高能喷丸处理后焊缝的表面形貌 TEM 照片及其选区电子衍射斑点（处理时间为 50min）。从图 8-19 中可以看出衍射斑点基本呈连续的环状，表面存在大量等轴细小的铝纳米晶。图 8-20 所示为高能喷丸处理后焊缝的表面放大形貌 TEM 照片，晶粒尺寸为 26nm 左右，纳米晶粒没有母材的细小，也没有其分布均匀。图 8-21 所示为 Al_4Cu_9 相的高分辨图像，通过图 8-22 中的傅里叶变换后，可以算出面间距，其与立方晶系 Al_4Cu_9 相的 d 值相吻合，通过角度验证也可知其在误差允许范围之内。晶面指数分别为$(00\bar{1})$、(321)、(320)，晶带轴为$(\bar{2}30)$。图 8-23 所示为 Al_4Cu_9 相的能谱图，对其进行分析也可验证 Al_4Cu_9 相的存在。

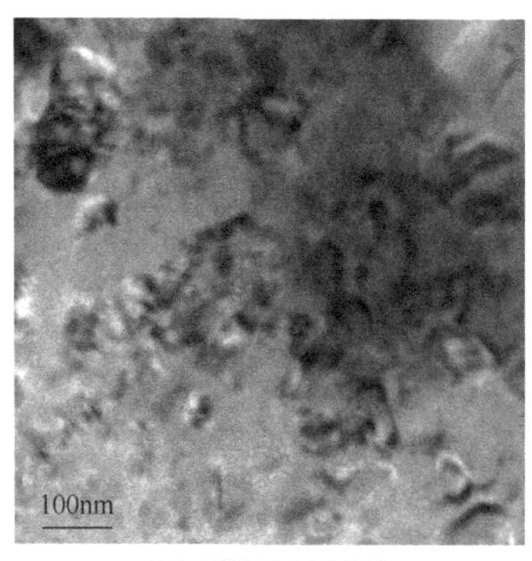

（a）焊缝的表面形貌

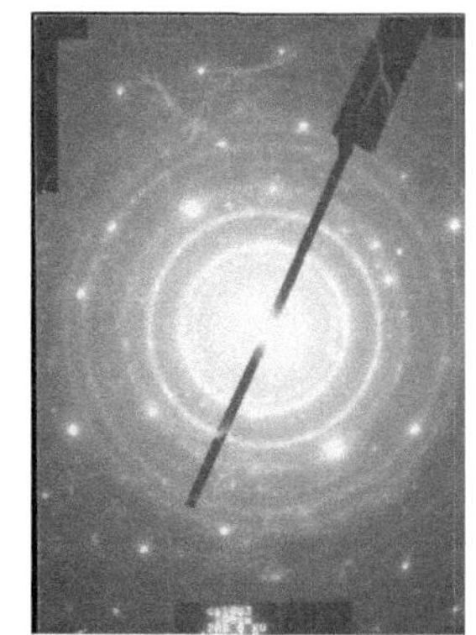

（b）选区电子衍射斑点

图 8-19　高能喷丸处理 50min 后焊缝的表面形貌 TEM 照片及其选区电子衍射斑点

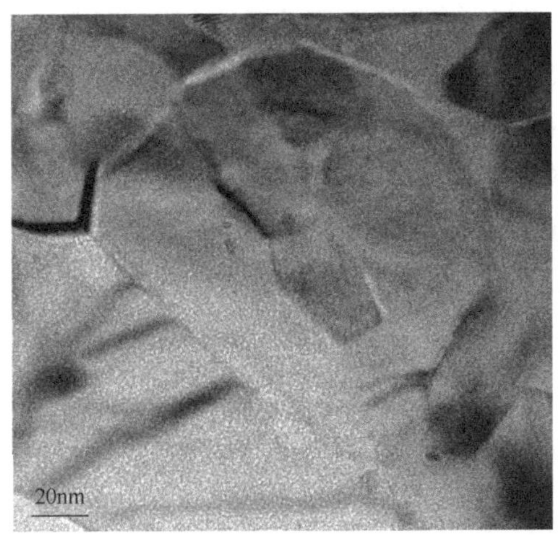

图 8-20　高能喷丸处理后焊缝的表面放大形貌 TEM 照片

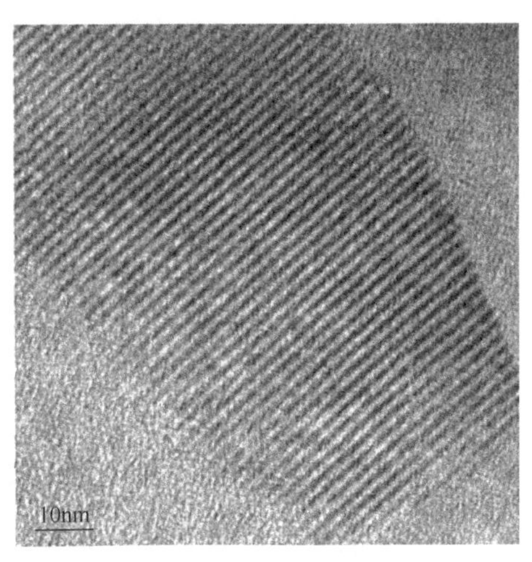

图 8-21　Al_4Cu_9 相的高分辨图像

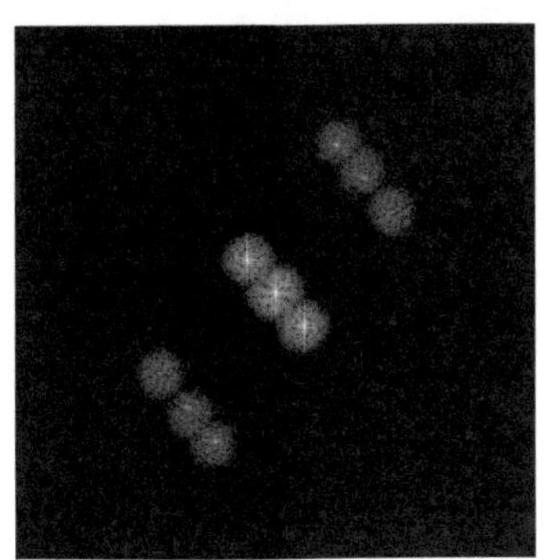

元素	质量分数/%	元素比例/%
Al	26.35	45.12
Cu	73.65	54.88

图 8-22　Al_4Cu_9 相的傅里叶变换图像

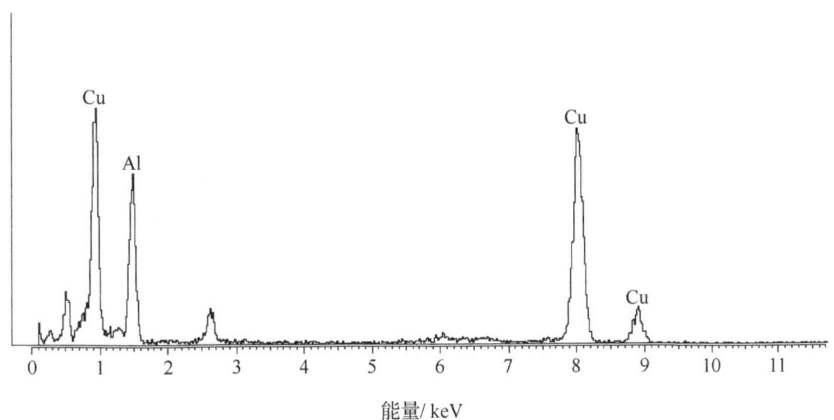

图 8-23　Al_4Cu_9 相的能谱图

图 8-24 所示为高能喷丸处理后焊接热影响区的表面形貌 TEM 照片（处理时间为 50min）。从图 8-24 中可看出明显的晶界，晶粒尺寸约为 32nm，大于母材与焊缝的晶粒

尺寸。图 8-25 和图 8-26 所示为图 8-24 中的箭头所指处焊接热影响区的表面晶粒的高分辨图像及其傅里叶变换图像，经过傅里叶变换以后，量取面间距，与铝的 PDF 卡片 d 值相吻合，测量可知两组铝的衍射斑点之间的角度差小于 6°，属于小角度晶界，所以铝晶粒的内部存在亚结构。从图 8-24 中还可看出各晶粒取向差很大，属于大角度晶界。这进一步说明随着变形量的增加，晶粒的取向差增加，由小角度晶界的亚晶转化为大角度晶界的纳米晶。图 8-27 所示为图 8-24 中双箭头处所指析出相的放大形貌图，图 8-28 所示为其能谱图，通过形状及能谱分析可知此相为 Al_4Cu_9 相。这说明高能喷丸处理后，焊接热影响区的表面有 Al_4Cu_9 相析出。

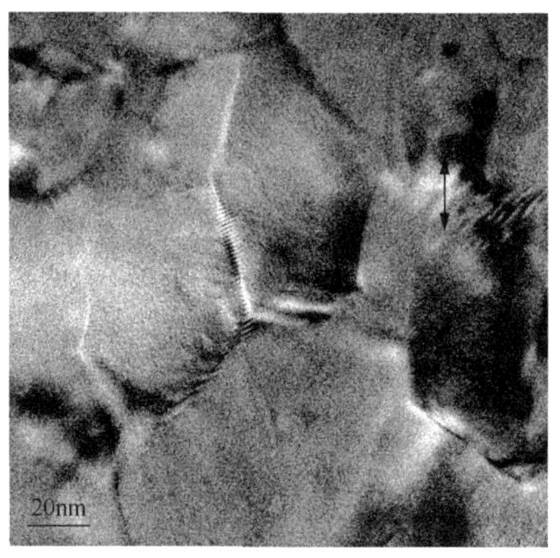

（a）焊接热影响区的表面形貌1　　（b）焊接热影响区的表面形貌2

图 8-24　高能喷丸处理 50min 后焊接热影响区的表面形貌 TEM 照片

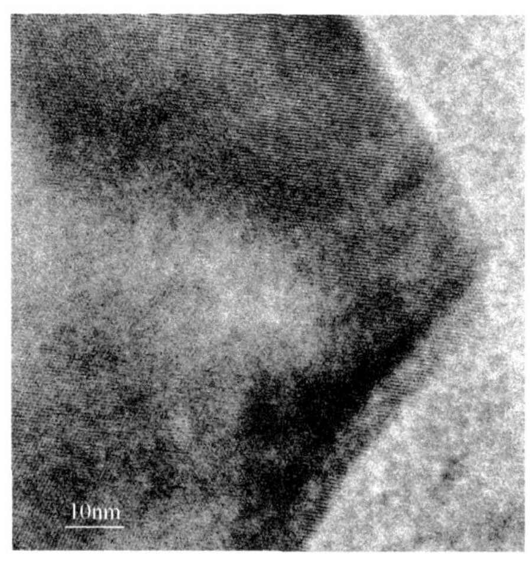

图 8-25　热影响区表面晶粒的高分辨图像

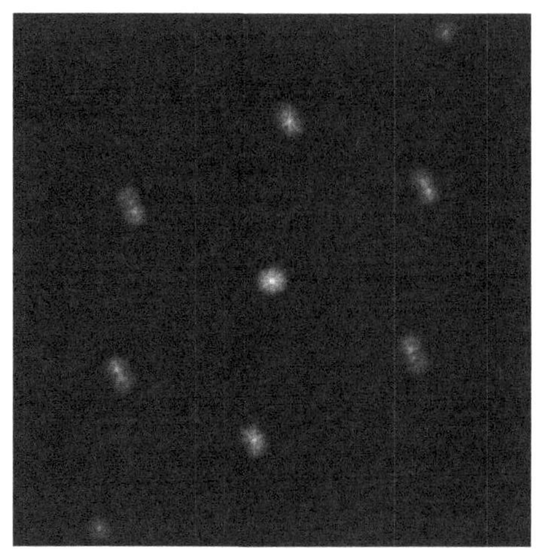

图 8-26　热影响区表面晶粒的傅里叶变换图像

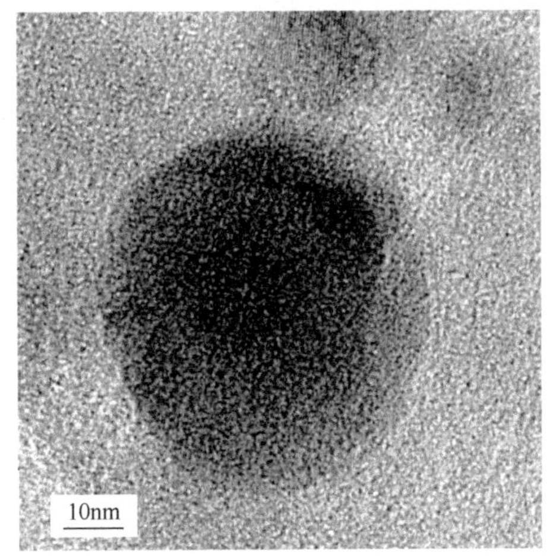

元素	质量分数/%	元素比例/%
Al	25.59	44.74
Cu	74.41	55.26

图 8-27　Al_4Cu_9 相的形貌图

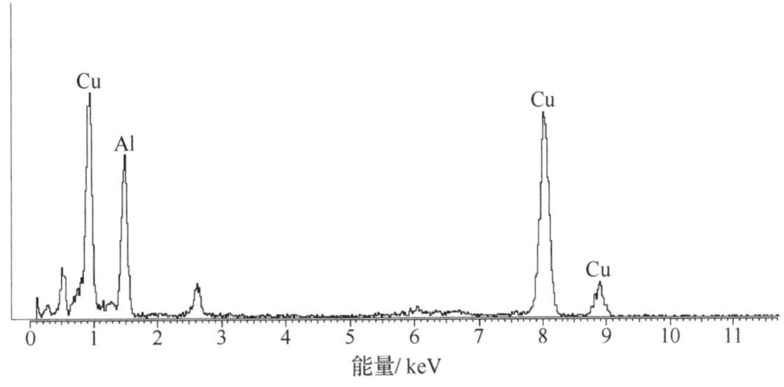

图 8-28　Al_4Cu_9 相的能谱图

由以上分析可知，表面的纳米晶是铝合金焊接接头通过高能喷丸以后形成的，不仅仅是个别的纳米级别的沉淀析出相。通过 TEM 分析可知，母材和焊缝的晶粒尺寸均小于由 XRD 测得的晶粒尺寸，主要原因是 XRD 反映的是距表面约 10μm 深度内的结构信息，而 TEM 分析反映的是试样表面的晶粒尺寸大小。因此，对于具有强烈塑性变形且具有明显晶格畸变的纳米材料，通过 XRD 分析和 TEM 观测得到的样品晶粒尺寸具有明显的差别。另外，TEM 测量的结果是与试样表面重合的平面的晶粒尺寸，而 XRD 得到的是垂直于试样表面一定深度方向晶粒的平均尺寸。对于表面纳米化后的试样而言，晶粒尺寸是沿厚度方向逐渐增大的，所以它们之间存在一定的误差。

表面纳米化实现的过程可以简述如下：试样表面在弹丸的高速撞击下，碰撞产生的瞬时应力将以碰撞点为中心，以弹丸与试样相接触的面积从试样表面向试样的内部传播，并逐步减小。在各个随机方向载荷的撞击下，试样内部的位错开始发生滑移。随着应变量的增加，位错的滑移大于位错的湮没，试样表面发生强烈塑性变形，不断撞击产生不断增加的变形量，位错密度不断增大，位错形成位错墙。当位错胞的能量高于形变晶界的能量时，位错胞结构转变为晶界结构，位错墙转变为亚结构，把原始的粗晶组织细化为各个不同的亚晶（属于小角度晶界），随着应变的进一步增加，大量的位错向亚晶界位置滑移，促使小角度晶界转变为大角度晶界，晶粒取向开始随机分布。因此，在试样的表面形成均匀分布、取向随机的等轴纳米晶。

8.2.3 性能分析

1. 显微硬度测试

图 8-29 所示为 8mm 的 7A52 铝合金焊接接头在不同高能喷丸时间的表面硬度的对比图形，从图 8-29 中明显可以看出：与未进行纳米化处理的试样相比，表面纳米化以后的试样，其表面硬度显著增大，随着高能喷丸时间的增加，表面的硬度逐渐增大。当高能喷丸时间为 50min 时，焊缝表面处的平均硬度为 185HV 左右，母材表面处的平均硬度为 270HV 左右。母材处的硬度增大 2.5 倍左右，焊缝处的硬度增大 2 倍左右。硬度增大是晶粒细化和加工硬化的结果。材料经过表面纳米化处理以后，表面形成纳米晶组织可以防止材料表面裂纹的萌生，基体中原本的粗晶组织可以阻止裂纹的扩展，表面硬度的提高有助于改善材料的摩擦磨损性能。

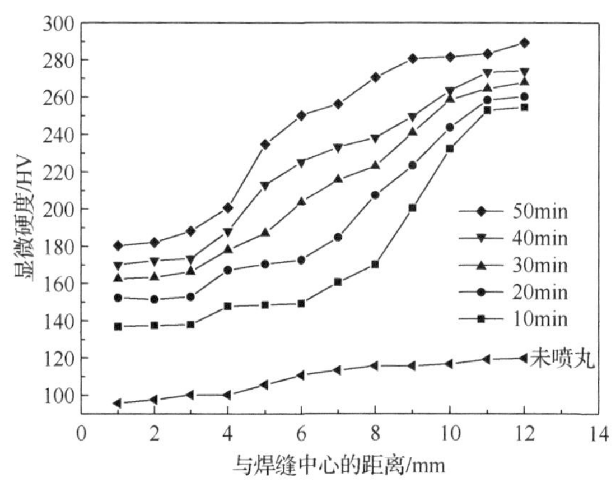

图 8-29　焊接接头表面纳米化前后试样表面的显微硬度

图 8-30 所示为高能喷丸时间为 50min 后，焊接接头纵截面显微硬度沿表面深度的变化图形，从图 8-30 中可以看出，高能喷丸处理以后，试样表面层的硬度明显增大，并随着距离表面深度的增加而逐渐减小，随着深度的进一步增加，硬度趋于稳定，直到与基体相等。从未喷丸处理的心部至高能喷丸处理的表面，硬度呈逐渐上升的趋势，最后接近表面的硬度。这说明，焊接接头进行高能喷丸处理以后，在纵截面距离表面厚度的方向上，晶粒呈逐渐增大的趋势，最后与未进行高能喷丸处理的组织相同。

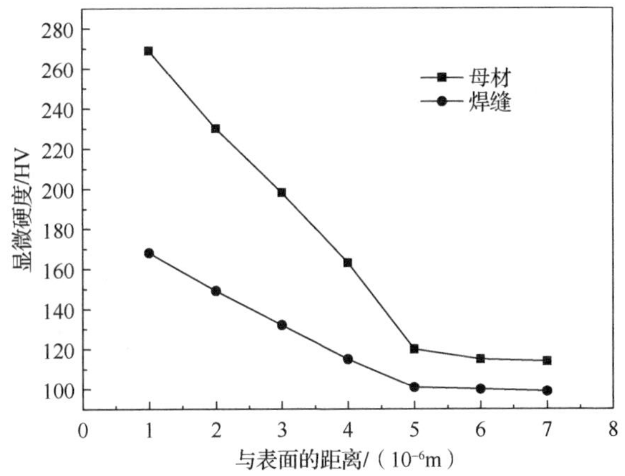

图 8-30　焊接接头表面纳米化以后沿深度方向显微硬度的变化

从图 8-30 中可以看出，距离表面最近点的显微硬度小于表面的显微硬度。这是因为在测量截面显微硬度时不可能获得截面最表面点的硬度，会与表面有几微米的距离，所以会出现截面距离表面最近的显微硬度小于表面的显微硬度的现象。通过对显微硬度的分析可以发现，铝合金经过高能喷丸表面纳米化处理以后，表面的硬度按 $d^{-1/2}$ 规律线性增大，即材料的强度随晶粒尺寸的减小而增大。

2. 耐磨性测试

摩擦磨损试验采用对比试验的方法，在同样的磨损条件下，利用 MMW-1 型立式万能摩擦磨损试验机分别对表面纳米化前后的试样进行摩擦磨损对比检验。磨损试样为纳米化前后的 10mm×10mm×8mm 的长方形方块，摩擦副黏结有 1000 目（13μm）碳化硅水砂纸的磨头，试样与水砂纸进行干摩擦，考虑到干摩擦时会产生发热现象，由此引发试样对砂纸的黏结影响，载荷根据试验现象选择为 5N，主轴转速为 50r/min。整个摩擦过程分为 8 个阶段，每一个阶段 10min，共计 80min，即每个阶段 500 转，共磨损 4000 转。在试验过程中，为了能及时将磨损时产生的磨屑排出，防止产生黏结现象，砂纸每 5min 更换一次，试样每 10min 称重一次。称重之前，将试样用丙酮清洗，去除磨屑。磨损率计算公式为

$$磨损率 = \frac{\Delta W}{W_0 S} \times 100\% = \frac{W_0 - W_t}{W_0 S} \times 100\% \tag{8-2}$$

式中，ΔW 为试样的磨损失重量（g）；W_0 为试样的初始质量（g）；W_t 为试样最终磨损后的质量；S 为试样的磨损面积（mm^2）。

表 8-4 所示为不同高能喷丸时间母材磨损的失重量，图 8-31 所示为不同高能喷丸时间对母材耐磨性的影响。通过分析表 8-4 中数据及图 8-31 可知，表面纳米化以后的试样在磨损 30min 以前，属于相对快速磨损阶段，失重量比较多，主要是因为弹丸的高速撞击下使材料的表面变得更加粗糙，磨损 30min 以后，材料进入相对稳定磨损阶段，失重量明显减少。

表 8-4　不同高能喷丸时间母材磨损的失重量

喷丸时间/min	失重量/g							
	磨损时间/min							
	10	20	30	40	50	60	70	80
未喷丸	0.0047	0.0036	0.0035	0.0032	0.0033	0.0031	0.0032	0.0030
10	0.0053	0.0039	0.0029	0.0028	0.0030	0.0027	0.0026	0.0024
20	0.0059	0.0033	0.0030	0.0027	0.0024	0.0023	0.0020	0.0021
30	0.0052	0.0031	0.0028	0.0023	0.0020	0.0019	0.0017	0.0019
40	0.0059	0.0042	0.0026	0.0022	0.0021	0.0018	0.0016	0.0015
50	0.0060	0.0043	0.0019	0.0019	0.0018	0.0016	0.0017	0.0015

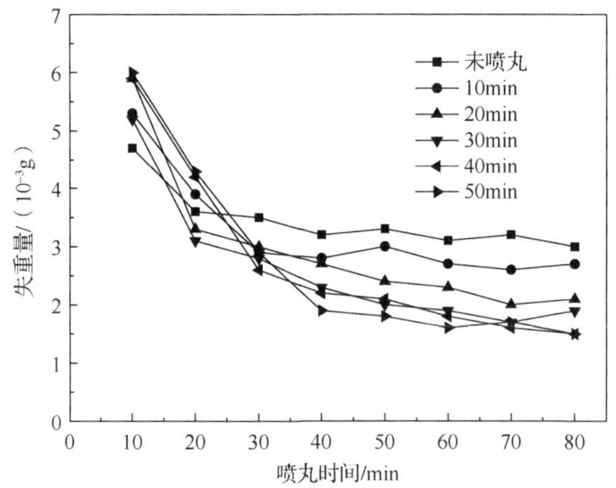

图 8-31　不同高能喷丸时间对母材耐磨性的影响

从图 8-31 中还可看出：在同样的磨损条件及参数下，高能喷丸处理 10min 和 20min 后，相对于未处理的试样，材料的失重量明显减少；高能喷丸处理 30min、40min、50min 后，相对于未处理的试样，失重量仍然有较明显的减少，但是相对于高能喷丸处理 10min 和 20min 后的试样，失重量减少得不明显，且 30min、40min、50min 这 3 种高能喷丸时间下材料耐磨性提高的相对幅度不大，趋于相对稳定磨损状态。利用式（8-2）可计算出 7A52 铝合金母材未经喷丸处理的磨损率为 84.2%，高能喷丸处理 50min 后，母材的磨损率为 64.5%。可以看出，经过高能喷丸处理后，7A52 铝合金母材的耐磨性提高了 20%左右。

表 8-5 所示为不同高能喷丸时间焊接接头磨损的失重量，图 8-32 所示为不同高能喷丸时间对焊接接头耐磨性的影响。通过分析表 8-5 及图 8-32 可知，经过高能喷丸后，焊接接头的磨损失重量明显减少。利用式（8-2）计算可得，未进行高能喷丸处理的 7A52 铝合金焊接接头的磨损率为 96.8%；高能喷丸处理 50min 后，焊接接头的磨损率为 69.7%。可以看出，经过高能喷丸处理以后，7A52 铝合金焊接接头的耐磨性提高了 27.1%左右。

表 8-5　不同高能喷丸时间焊接接头磨损的失重量

喷丸时间/min	失重量/g							
	磨损时间/min							
	10	20	30	40	50	60	70	80
未喷丸	0.0043	0.0040	0.0037	0.0032	0.0033	0.0035	0.0032	0.0036
10	0.0060	0.0041	0.0028	0.0024	0.0023	0.0024	0.0022	0.0022
20	0.0058	0.0045	0.0029	0.0024	0.0025	0.0025	0.0026	0.0024
30	0.0055	0.0042	0.0026	0.0024	0.0022	0.0022	0.0019	0.0020
40	0.0053	0.0040	0.0027	0.0026	0.0020	0.0018	0.0019	0.0018
50	0.0056	0.0040	0.0026	0.0020	0.0019	0.0016	0.0017	0.0016

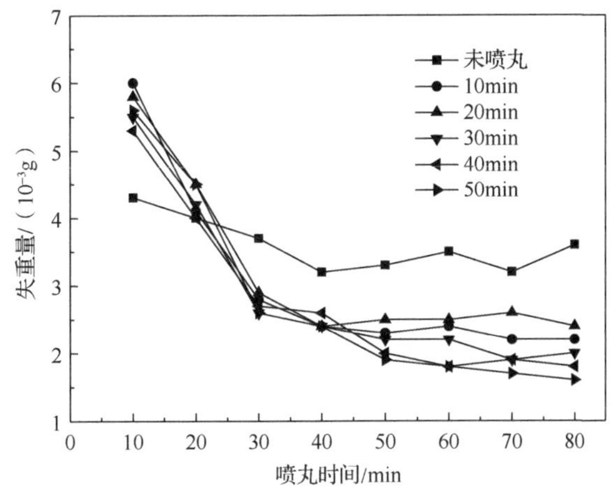

图 8-32　不同高能喷丸时间对焊接接头耐磨性的影响

通过对耐磨性的分析可得，7A52 铝合金焊接接头经过高能喷丸处理后，母材与焊接接头的耐磨性提高较大，焊接接头的耐磨性比母材的提高要大。

3. 拉伸试验

图 8-33 所示为 7A52 铝合金焊接接头表面纳米化之前的拉伸试验曲线，图 8-34 所示为 7A52 铝合金焊接接头表面纳米化以后的拉伸试验曲线，试验在 SEM S-3400 上以 0.1mm/min 的拉伸速率进行。从图 8-34 中可以看出，表面纳米化之前的试样拉伸断裂时的最大力为 542.9N，试样的横截面面积为 $2mm^2$，计算公式为

$$p=F/S \tag{8-3}$$

式中，p 为压强（Pa）；F 为试验力（N）；S 为试样横截面面积（mm^2）。由式（8-3）可算出 p=271.4MPa；从图 8-34 中可以看出，高能喷丸表面纳米化之后的试样拉伸断裂时的最大力为 788.1N，可算出 p=394.1MPa，断裂位置均为焊缝。由此可见，试样经高能喷丸以后，抗拉强度提高约为 45.2%。

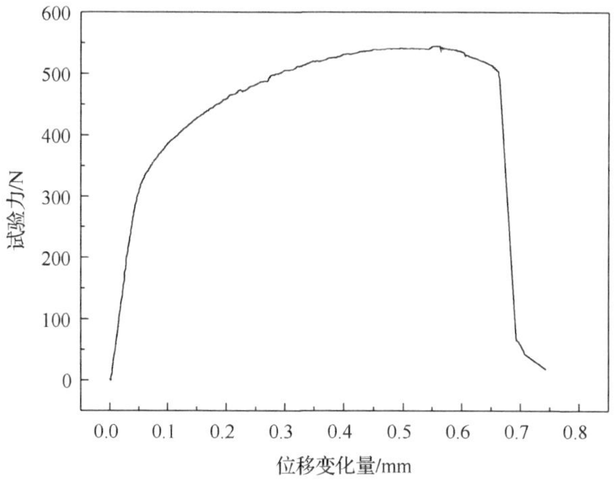

图 8-33　铝合金焊接接头表面纳米化之前的拉伸试验曲线（未喷丸）

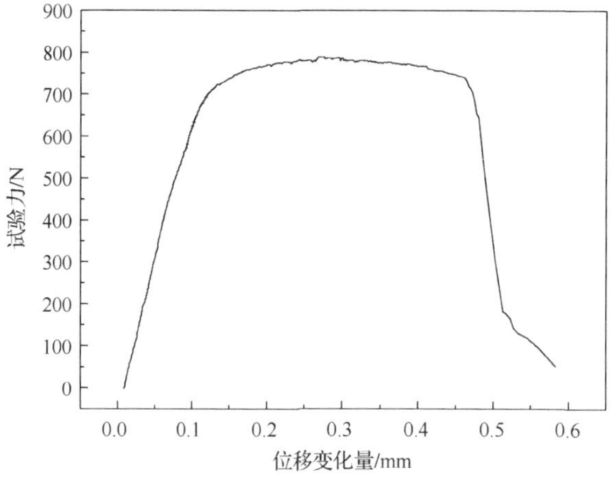

图 8-34　高能喷丸 50min 后铝合金焊接接头的拉伸试验曲线

图 8-35 所示为表面纳米化之前拉伸试样断口形貌 SEM 照片。从图 8-35 中可以看出，断口存在大量韧窝，韧窝基本呈等轴状分布，从放大照片中还可以看出大韧窝里仍有许多小韧窝，属于韧性断裂。

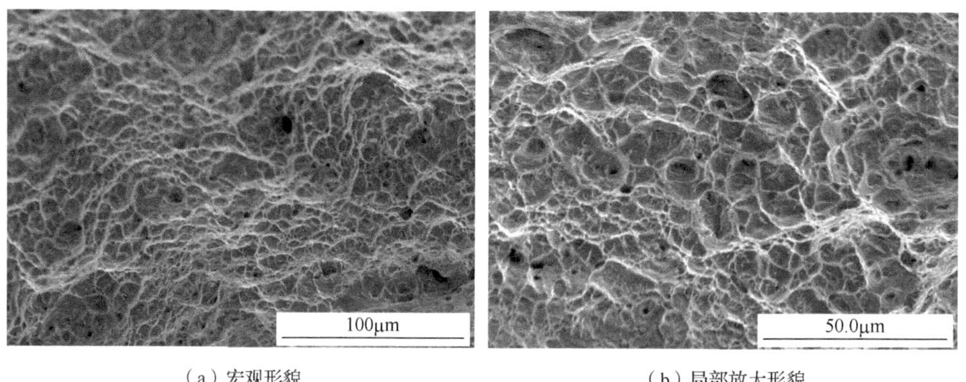

（a）宏观形貌　　（b）局部放大形貌

图 8-35　表面纳米化之前拉伸试样断口形貌 SEM 照片

图 8-36 所示为试样表面纳米化之后靠近高能喷丸处理表面的断口形貌 SEM 照片，可看出试样出现的韧窝没有图 8-35 中的韧窝均匀、细小。图 8-36 中韧窝的尺寸有些较大，纳米化以后的韧性较纳米化以前的韧性差些，还可以看出试样的断裂方式为混合型断裂，主要原因是经过高能喷丸处理之后，试样表面的硬度提高较大。从断口形貌 SEM 照片中可以看出，高能喷丸表面纳米化后试样断口的韧性较纳米化之前的差一些。

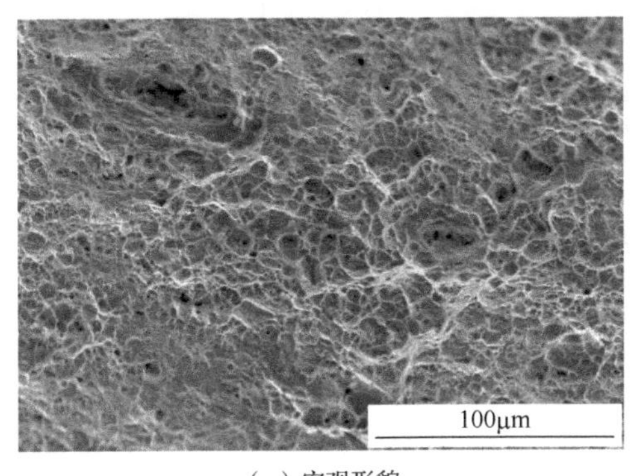

（a）宏观形貌

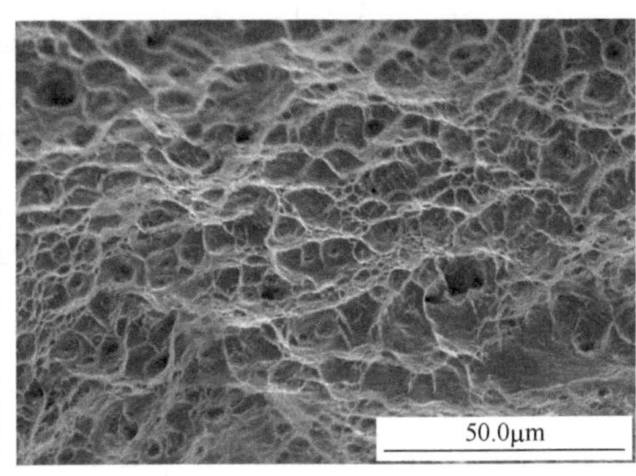

（b）局部放大形貌

图 8-36　高能喷丸 50min 时拉伸试样断口形貌 SEM 照片

由拉伸试验分析可知，7A52 铝合金焊接接头经过高能喷丸处理以后，抗拉强度提高较大，但是塑性有所下降。

4. 轴向疲劳试验

疲劳试验选取的应力比为 R=0.5，将试样在 100kN 高频疲劳试验机上进行拉伸疲劳试验，全部试样均为焊态。试验机的静载精度为满量程的±0.2%，动载振幅波动度为满量程的±2%。具体试验数据如表 8-6 所示。其中疲劳寿命为 3×10^6 次的疲劳强度为 40MPa。

表 8-6　铝合金焊接接头疲劳试验结果

试样编号	疲劳寿命 N/次	应力范围Δσ/MPa	直径/mm	静载/kN	动载/kN	断裂位置
1	41155	110	8.05	8.0	2.7	焊缝
2	73224	80	8.00	6.0	2.0	
3	99385	70	5.14	2.15	0.7	
4	103914	60	5.11	1.85	0.6	
5	287124	50	5.14	1.5	0.5	
6	3046500	40	5.14	1.25	0.42	

计算所有疲劳试验数据点的应力范围$\Delta\sigma$，循环周次为以 10 为底的对数值。利用最小二乘法原理线性拟合得到如图 8-37 所示的$\Delta\sigma$-N 曲线，拟合公式为

$$m\log\Delta\sigma+\log N=\log C\text{（取对数后的表达式）}$$

式中，$\Delta\sigma$为所加载荷的名义应力范围；N 为疲劳寿命；C 为材料常数，$C=N(\Delta\sigma)^m$，m 为$\Delta\sigma$-N 曲线的斜率。如图 8-37 所示，疲劳试验数据符合对数正态分布。

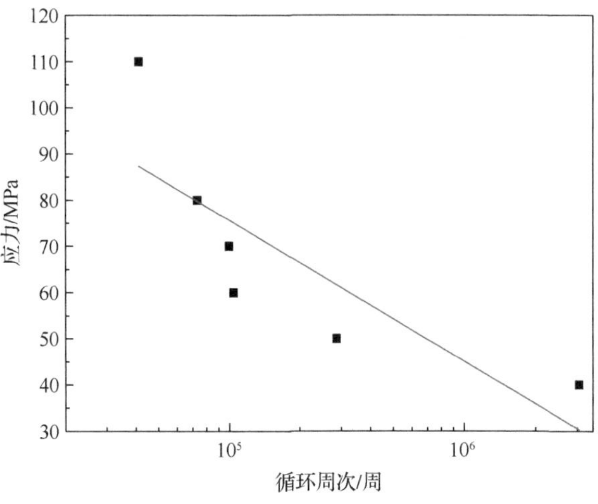

图 8-37　7A52 铝合金焊接接头$\Delta\sigma$-N 曲线

试验表明，MIG 焊接接头的疲劳断裂都发生在焊缝位置。这是由于疲劳裂纹大多起源于焊接接头表面应力集中处，而焊缝处应力集中最严重，是疲劳裂纹萌生的主要部位。焊接接头在交变载荷作用下发生塑性滑移变形，而局部的滑移导致出现挤入谷或挤出峰（或称凹进或凸起），即导致出现粗糙效应，此效应为形成裂纹的重要先导。在疲劳载荷作用下，滑移开始大多集中于局部范围，随后所产生的疲劳裂纹沿这些粗滑移区出现。

5. 残余应力测试与分析

本节实验所用仪器为秦皇岛市信恒电子科技有限公司（前身为北戴河电子仪器厂）生产的 CM-1A-20 型数字静态应变仪。7A52 铝合金焊接接头残余应力测量结果如表 8-7 所示。由表 8-7 可知，试样焊缝中心处和沿焊缝方向的纵向残余应力都远大于横向残余应力，因而，7A52 铝合金焊接接头的焊缝处以纵向残余应力为主。焊缝及其附近区域的压缩塑性变形区内的 σ_x 为拉应力，其数值大多低于焊接接头的屈服强度 219MPa。

表 8-7　焊接接头残余应力测量结果

测点分布方位	测点编号	测点坐标 d/mm	应变 ε_1/10^{-6}	应变 ε_2/10^{-6}	应变 ε_3/10^{-6}	角 θ/(°)	应力 σ_x/MPa	应力 σ_y/MPa
垂直于焊缝（焊缝中心为零点）	V1	0	597	977	366	−38.4	259.0	205.6
	V2	10	565	282	467	39.1	260.2	237.7
	V3	20	622	−166	154	33.6	241.3	133.1
	V4	30	−89	−302	20	−39.2	−31.1	29.7
	V5	40	−60	−279	−66	43.9	−29.2	4.1
平行于焊缝（沿焊接方向依次排列）	P1	20	−164	−319	−133	−42.4	75.2	68.1
	P2	30	−48	−39	294	−21.7	65.4	49.2
	P3	40	−129	−231	−60	−37.9	53.6	37.6
	P4	50	−72	−38	−137	−32.0	57.9	42.9
	P5	60	−138	−83	−53	8.2	55.9	36.3
	P6	70	−133	−8	−64	34.6	55.5	39.6
	P7	80	−106	22	−23	32.2	40.7	21.5

（1）垂直于焊缝方向的残余应力

由图 8-38 可知，7A52 铝合金焊接接头的纵向残余应力 σ_x 在焊缝及其附近区域为拉应力，远离焊缝的母材处为压应力，并随着与焊缝中心距离的增加而降低。原因是在焊接过程中，焊接热输入引起材料不均匀局部加热，使焊缝区熔化，与焊缝相比，热影响区的金属较焊缝先冷却，产生收缩变形，这部分收缩的材料对焊缝及其近缝区周围产生拉应力，从而对远离焊缝处产生压应力，符合焊接接头焊接残余应力的分布规律。横向残余应力 σ_y 在焊缝及其附近区域和远离焊缝处均为拉应力，也随着与焊缝中心距离的增加而降低，且试样边缘处的 σ_y 接近零，这表明横向残余应力的分布也符合焊接接头焊接残余应力的分布规律。

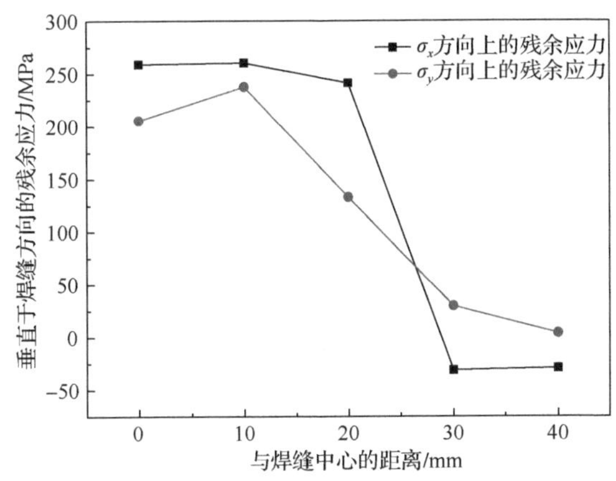

图 8-38　垂直于焊缝方向的残余应力分布

（2）平行于焊缝方向的残余应力

在平行焊缝方向上，与焊缝中心的距离 2mm 处的残余应力分布趋势如图 8-39 所示，各点横向、纵向应力均为拉应力，在 40～70mm 范围内应力分布都比较平稳，其纵向内应力值为 53.6～57.9MPa，横向应力值为 36.3～42.9MPa。这表明在试样中部沿焊缝存在一个相对的应力稳定区，原因如下：当焊接开始时，电弧与试样存在较大的温度梯度，应力集中较大；当焊接到试样中部时，其温度梯度逐渐减小，应力达到稳定状态；在焊接结束时，温度梯度相对降低，应力也随之降低。

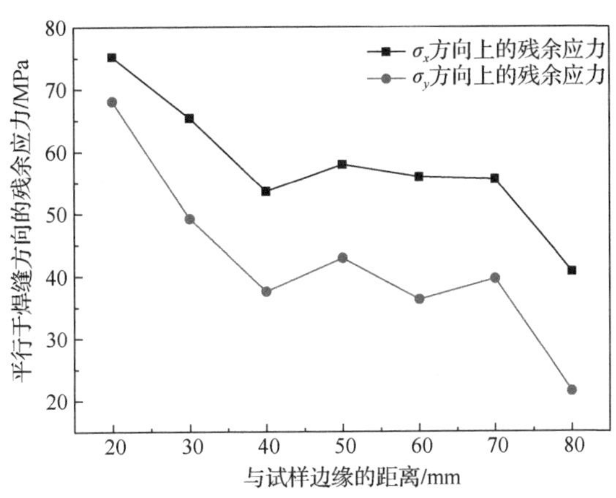

图 8-39　平行于焊缝方向的残余应力分布

8.3　7 系铝合金焊接接头的超声冲击处理

超声冲击处理技术是近年来迅速发展起来的一种以超声波为动力源，利用超声机械振动对焊接接头及结构件的焊缝区域进行处理，从而提高其疲劳强度，延长其疲劳寿命的一种机械冷加工处理方法。该技术可以使材料的表层产生一层塑性变形层，并使变形层的微观形态和残余应力分布情况发生改变，通过表面组织和性能的优化来提高材料的综合力学性能。超声冲击处理技术由于其执行机构轻巧简单，噪声小，效率高，不受应用场所、材料及焊接结构形状等限制而成为一种理想的焊后提高接头疲劳强度、延长疲劳寿命的处理措施，有着广阔的应用前景。

8.3.1　超声冲击处理的原理及特点

超声冲击处理的原理示意图如图 8-40 所示。超声冲击处理利用超声波推动冲击工具以 20kHz 的频率冲击材料表面，使该材料表层受到超声波的高频聚焦的大能量冲击而产生较大的压塑性变形层，细化了表层晶粒，也使焊趾表面及其周边的几何外观形貌得到有效改善，减缓了应力集中程度。另外，经过冲击处理的材料，在被冲击区域内局部会产生一定量的塑性伸长，焊接过程产生的残余拉伸弹性应变得到释放。当撤去超声冲击处理后，塑性变形层阻碍了弹性恢复，在被冲击材料表层产生压缩的残余应力，重新调整焊接残余应力场。同时超声冲击处理改变了材料表层显微组织，对材料表层的硬度、耐磨性及抗应力腐蚀等性能产生积极的影响，使材料疲劳性能得以显著改善。

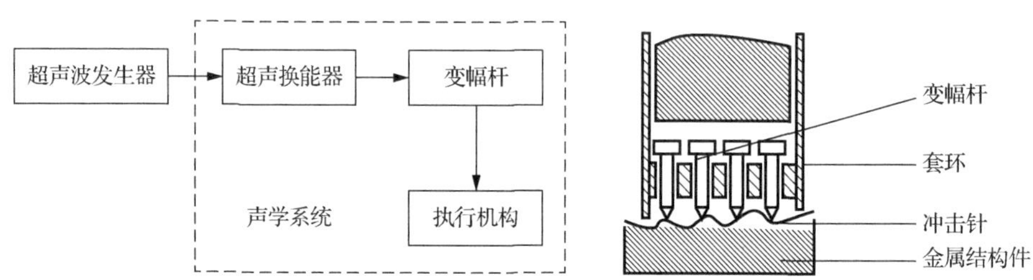

图 8-40　超声冲击处理的原理示意图

超声冲击处理提高焊接接头疲劳强度的机理与锤击和喷丸基本一致，但这种方法的执行装置质量小、体积小、可控性好、效率高、噪声小、应用时受限少，适用于各种类型的焊接接头，因而成为一种理想的焊后改善焊接接头疲劳性能的处理工艺。其特点如下：可以有效改善焊趾处的几何外观形貌，增大焊趾过渡半径，使焊缝与母材金属圆滑过渡，大幅降低应力集中程度；引入有益的残余压应力，调整焊趾及其周边的焊接残余应力场；细化金属材料表层一定范围内的晶粒，产生塑性变形层，使材料表层组织变得更加细致均匀，提高了金属表层的强度、硬度及耐蚀性等性能；有效地改善了焊缝表层夹渣、气孔、咬边等焊接缺陷，延长了疲劳裂纹形成寿命，从而有效地缓解了裂纹的萌生和扩展。

8.3.2　超声冲击处理的发展现状

超声冲击处理技术也属于材料表面自身纳米化的一种，是利用超声振动使材料的表面产生塑性变形的技术方法，其发展可以追溯到 20 世纪 50 年代 Mukhanov 和 Golubev[12]、Gust 等[13]的研究。他们使用超声换能器连续制造出超声振动波，使材料表面产生变形层，变形层中的组织和残余应力分布相对于母材发生了变化。

后来，Zicheng 等[14]在超声换能器输出端和待处理材料之间放置了一枚自由运动的小球体，用激振系统激励的振动冲击激励代替了换能器对工件的直接振动处理。这种方法在一定程度上可以增加塑性变形程度，但是这种在材料表面自由振动的小球体并不能保证塑性变形层的均匀性。在 20 世纪 70 年代初期，Statnikov 等[15]正式提出超声冲击方法，随后，超声冲击方法作为消除焊接接头残余拉应力的主要方法在机械加工制造等一系列相关工业领域逐渐得到广泛应用。从 20 世纪 80 年代开始，超声冲击方法的应用开始向提高焊接接头疲劳性能的方向发展，并且获得了一系列的成果。该想法最初由乌克兰巴顿焊接研究所提出。20 世纪 90 年代，国际焊接学会的巴顿研究员又开始进行超声冲击处理结构疲劳寿命的预测，与此同时 Lobanov 和 Garf [16]也对超声冲击处理管接头疲劳强度与疲劳寿命的预测问题进行了研究。近年来，乌克兰、俄罗斯、美国等国对超声冲击处理技术的研究日益活跃，而且将超声冲击处理技术应用到实际工程中，取得了很多成果。

我国超声冲击处理技术的研究由天津大学王东坡教授等发起。超声冲击处理技术发起至今，已经得到了很大发展，该技术目前已经应用到我国工业当中的各个领域，如船舶、桥梁、汽车、钢轨等。目前，国内已经有研究人员将超声冲击处理技术应用到了焊接接头，并且取得了不错的效果。例如，焊接接头表层组织变得更加均匀、晶粒明显细化、表层硬度得到提高等，超声冲击处理技术还可以增加焊趾处的过渡弧半径，降低焊接接头的应力集中系数，并且会在焊趾表层处形成局部的残余压应力，使整个焊接接头的疲劳寿命延长，疲劳强度增加。

杨彦涛等[17]对 Ti80 合金对接接头和十字接头进行了超声冲击处理，冲击处理后接头的残余应力降低，疲劳寿命得到延长。对接接头和十字接头的疲劳极限分别延长了 64.5%和 22.7%，疲劳寿命分别提高了 13.5 倍和 5.4 倍。

李占明等[18]对 30CrMnSiNi2A 合金钢板 TIG 接头进行了超声冲击处理。结果表明，超声冲击处理后可以在接头表面形成厚度为 100～150μm 的晶粒细化层，而且表层的平均硬度由 350HV 增加到 402HV，断裂强度和断后伸长率分别提高了 16.8%和 35.7%。

超声冲击处理具有普遍适应性等诸多优点，这使得其在应用及研究方面得到了迅猛发展。该技术目前不仅在低碳钢、高强钢、有色金属等诸多材料的焊接结构上得到应用，而且在各种类型的接头中也均有应用，是一种有效提高焊接结构疲劳强度、延长疲劳寿命的焊后处理方法。迄今为止，该技术已在铁路、桥梁、车辆、航天航空等诸多领域得到应用。

8.3.3　超声冲击方法

如图 8-41 所示，在对焊趾区进行超声冲击处理时，选用单排圆头冲击头，将冲击枪对准试样的焊趾部位，冲击针沿焊缝的纵向排列，并使冲击针沿焊缝的焊趾表面保持一定的倾角，冲击时使冲击枪在略大于自重的条件下进行处理，冲击过程中超声冲击枪沿焊趾向两侧做小幅度的摆动，以便在处理焊接接头焊趾部位的同时，也能使焊趾周边区域受到冲击处理，从而保证焊缝与母材圆滑过渡，在焊趾处形成连续均匀光滑的凹弧。对接头焊缝区进行超声冲击处理时，换用平面冲击头，并保证冲击针基本垂直于待处理表面，超声冲击枪也要在略大于自重的条件下对试样表面进行均匀冲击处理。

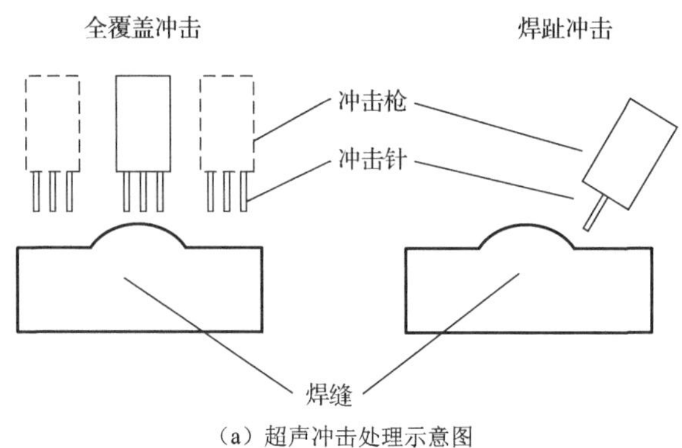

（a）超声冲击处理示意图

（b）超声冲击处理真实场景

图 8-41　超声冲击处理

8.3.4　超声冲击参数的确定与优化

本节主要利用正交试验来确定并优化 7A52 铝合金焊接接头超声冲击处理技术的工艺参数，为超声冲击处理技术应用到实际工程当中奠定理论基础。较优参数的评定主要根据表层晶粒尺寸大小、变形层深度和表层硬度大小 3 个技术指标完成。在此基础上，从 3 种指标的极差方面来确定超声冲击参数的主次因素和较优水平，从方差和贡献率的方面来定量分析这 3 种因素对各指标的影响程度。

1. 试验方法

采用双丝 MIG 焊焊接的 7A52 铝合金板，焊缝长度为 260mm。利用天津天东恒科技发展有限公司生产的 UIT-125 型超声冲击机对焊接接头进行冲击处理。

在对焊接接头进行超声冲击处理的过程中，超声冲击的时间、冲击电流及冲击针直径这 3 个因素对焊件焊趾处的形貌、焊缝表面粗糙度及接头表层组织与性能有很大影响，换言之，对超声冲击处理焊接接头的综合质量有直接影响。

本节试验在选定冲击针尖端为半球面状的条件下，主要考虑冲击电流、冲击时间及冲击针直径这 3 个因素对焊接接头表层晶粒大小和变形层厚度的影响；每个因素取 3 个水平，采用 $L_9(3^3)$正交表来进行正交试验，通过对试验结果的极差分析和方差分析，得到影响指标的主要因素，进而找到较优的工艺参数。

选取的因素与水平如表 8-8 所示。

表 8-8　因素与水平

因素		冲击时间（*A* 因素）/min	冲击电流（*B* 因素）/A	冲击针直径（*C* 因素）/mm
水平	1	30	1.2	3
	2	45	1.6	4
	3	60	2.0	5

2. 试验结果及分析

（1）正交试验方案及结果

本节试验以超声冲击处理后的变形层厚度和表层晶粒大小两个指标来评估超声冲击处理质量。变形层厚度在一定程度上反映了超声冲击处理的程度，表层晶粒大小则从根本上决定了超声冲击处理质量，即晶粒越细小，组织越致密，材料的综合性能就越优异。通过 9 组试验在两个指标上的测试与分析，得出的最终试验结果如表 8-9 所示。

表 8-9　正交试验方案及试验结果

编号	*A* 因素	*B* 因素	*C* 因素	变形层厚度/μm	表层晶粒大小/nm
1	30	1.2	4	1	14.3
2	30	1.6	5	5	19.1
3	30	2.0	3	7	24.4
4	45	1.2	5	8	18.0
5	45	1.6	3	9	23.5
6	45	2.0	4	18	15.8
7	60	1.2	3	14	23.0
8	60	1.6	4	20	16.7
9	60	2.0	5	15	17.5

（2）正交试验结果分析

首先分析变形层厚度指标上的 9 个平均值。这 3 个因素的分析方法相同，这里以 *A* 因素为例进行说明。*A* 因素一共有 3 个水平，即 A_1、A_2、A_3，涉及第 i 个水平的试验值总和 $T(i=1,2,3)$为 $T_1=1+5+7=13$、$T_2=8+9+18=35$、$T_3=14+20+15=49$，如表 8-10 所示；t_1、t_2、t_3 分别为水平试验值的平均值；R 为极差；M 为较优水平；N 为主次因素。利用相同方法分析 *B*、*C* 因素，然后分析 3 个因素的表层晶粒大小，所得结果如表 8-10 所示。

表 8-10　正交试验结果分析

因素	变形层厚度/μm			表层晶粒大小/nm		
	A	*B*	*C*	*A*	*B*	*C*
T_1	13.0	23.0	30.0	57.8	55.3	70.9
T_2	35.0	34.0	39.0	57.3	59.3	46.8
T_3	49.0	40.0	28.0	57.2	57.7	54.6
t_1	4.3	7.7	10.0	19.3	18.4	23.6
t_2	11.7	11.3	13.0	19.1	19.8	15.6
t_3	16.3	13.3	9.3	19.1	19.2	18.2

续表

因素	变形层厚度/μm			表层晶粒大小/nm		
	A	*B*	*C*	*A*	*B*	*C*
R	12.0	5.6	3.7	0.2	1.4	8.0
M	A_3	B_3	C_2	A_3	B_1	C_2
N	*ABC*			*CBA*		

从变形层厚度和表层晶粒大小两个指标综合来看来，*A* 因素的较优水平为 A_3，*C* 因素的较优水平为 C_2，对 *B* 因素的 1 水平和 3 水平进行分析择优选择。所以，要对比考虑 *B* 因素的这两个水平在两个指标上的影响程度。在变形层厚度指标上，影响率为(13.3−7.7)/13.3×100%=42.1%；而在表层晶粒度大小指标上，影响率为(19.2−18.4)/19.2×100%=4.2%。因此可以看到，*B* 因素的 1 水平和 3 水平在变形层厚度指标上影响很明显，而在另一个指标上的影响程度很小。因为需要基于降低影响数据程度的目的来选择 *B* 因素的较优水平，所以选择 B_3 为较为稳定的水平。最终将 $A_3B_3C_2$ 确定为较优水平。

（3）方差分析

由表 8-11 方差分析结果可知，*F* 值反映了各因素对焊接接头变形层厚度以及表层晶粒度大小的影响情况。

表 8-11　方差分析结果

来源	变形层厚度方差结果				表层晶粒大小方差结果			
	离差	自由度	均方离差	*F* 值	离差	自由度	均方离差	*F* 值
因素 *A*	219.93	2	109.67	7.51	0.12	2	0.06	0.04
因素 *B*	48.33	2	24.17	1.72	2.97	2	1.49	0.99
因素 *C*	23.19	2	11.60	0.83	99.93	2	49.97	32.24
误差 *e*	28.11	2	14.06	—	3.1	2	1.55	—

从 *F* 分布表中查出临界值 $F_{因}=(f_{因}, f_{误})$，即 $F_{0.900}(2,2)=9.0$。从变形层厚度指标来看，$F_{0.900}(2,2)>F_A>F_B>F_C$，但是 $F_A=7.51$ 与 9.0 已经较为接近，因此因素 *A* 对变形层厚度指标具有一定影响。从表层晶粒大小指标来看，$F_C>F_{0.900}(2,2)>F_B>F_A$，因素 *C* 对焊缝冲击后的表层晶粒大小影响显著，而因素 *A*、*B* 在这个指标下影响不够显著。可见，选择合适的冲击针直径对改善表层晶粒尺寸有显著的作用。

综合两个指标的方差分析，因素 *A* 对变形层厚度这个指标上产生一定的影响，因素 *B* 则在两种指标上的影响均不够明显，因素 *C* 则在表层晶粒大小指标上的影响显著。

3. 验证试验

利用工艺参数 $A_3B_3C_2$ 进行验证试验，对经超声冲击处理后的焊缝处进行 XRD 分析可知，表层有 Al_2Cr_3 和 Al_6Mn 两种新的析出相产生。同时焊缝表面会形成一定厚度的硬化层，表层处的显微硬度为 105HV 左右，比冲击前的 54HV 提高了约 94%。随着与表面距离的增加，硬度值会逐渐下降，并趋于稳定值，最终稳定在显微硬度为 70HV 的基体上，硬化层深度为 4mm 左右。

经过以上分析得到以下结果。

1）通过对正交试验数据的方差分析，得出较优的超声冲击参数为 $A_3B_3C_2$，即采用准 4mm 的冲击针对 260mm 长的焊缝冲击 60min，冲击电流控制在 2.0A。

2）通过对正交试验数据的方差分析，在变形层厚度指标上，超声冲击时间起到了较为明显的作用；从表层晶粒大小指标来看，冲击针直径因素影响最为显著。在着重考虑变形层厚度指标时，因素影响显著性顺序为 *ABC*，着重考虑表层晶粒大小指标时，因素影响显著性顺序为 *CBA*。

8.3.5　组织分析

7A52 铝合金双丝 MIG 焊焊接完成后，对焊接质量良好的焊接接头进行超声冲击处理，图 8-42 所示为焊接接头超声冲击处理前后的宏观形貌。

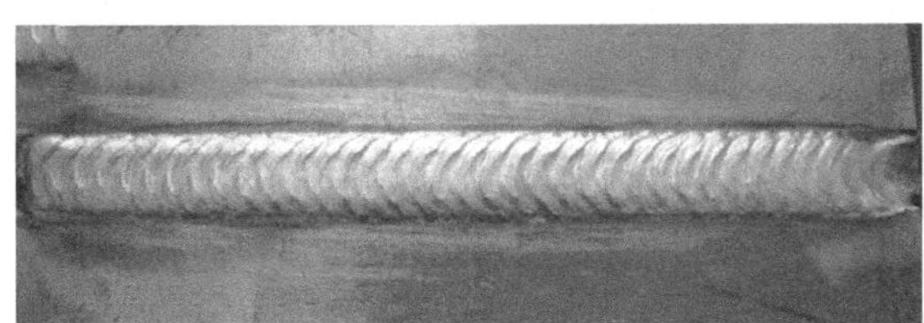

（a）超声冲击处理前

（b）对焊趾超声冲击处理后

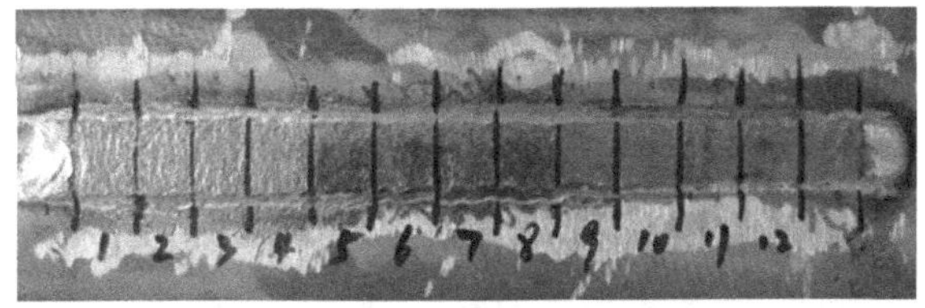

（c）对接头全覆盖超声冲击处理后

图 8-42　7A52 铝合金焊接接头超声冲击处理前后的宏观形貌

由图 8-42（a）可知，由于余高的存在，焊态下的焊接接头的焊缝和母材间的过渡弧半径较小，应力集中系数相应比较大，焊缝依然保持双丝焊后的宏观形貌。由图 8-42（b）可知，对焊趾进行超声冲击处理后，焊趾处形成了连续、均匀、光滑的凹槽，过渡弧的半径变大，母材与焊缝形成良好的过渡，应力集中系数降低，从而可以降低此处的疲劳缺口敏感性。由图 8-42（c）可知，焊缝已经失去了原有的外观形貌，形成了较为平坦的表面，深浅均匀，此时不存在明显的应力集中。这说明该尺寸下的超声冲击针可以很好地适应焊态下焊缝表面形貌，冲击针已经将能量传递至接头表面，在焊缝表面形成了压缩塑性变形。

1. 焊接接头超声冲击处理前后的显微组织分析

7A52 铝合金经过双丝焊后，在第三层的焊缝中心处会形成等轴晶组织，晶粒大小为 50μm 左右，焊缝表层超声冲击处理前的显微 SEM 照片如图 8-43 所示。

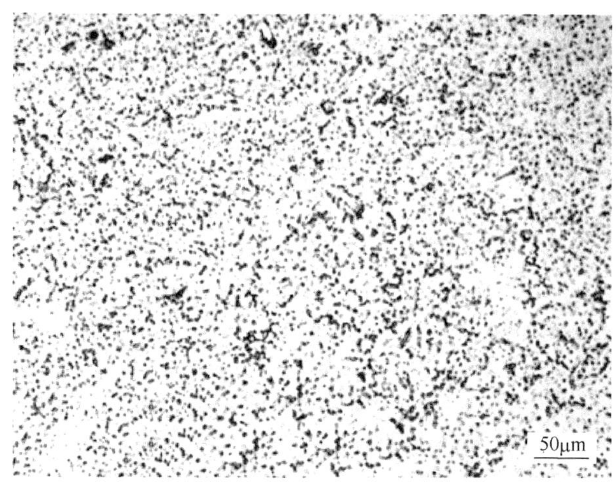

图 8-43　焊缝表层超声冲击处理前的显微 SEM 照片

由图 8-43 可知，焊缝中心组织比较致密，这是由于焊缝组织类似于铸锭中心组织，其凝固原理可以用铸态组织形成的原理来解释。因为铝合金的热导率高于外界空气，所以焊接接头的形核及长大过程是从母材向焊缝中心过渡。随着焊接熔池柱状晶的发展，经过散热，焊缝中心的液态金属温度已经降低到熔点以下，并且受到焊接时焊丝中含有的多种合金元素的作用，使整个焊缝中心满足形核条件，于是焊缝中心的液态金属同时形核。与此同时，散热已经失去了方向性，晶核在液态金属中自由生长，在各个方向上的生长速率基本相等，当它们生长到与柱状晶相遇时，熔池中的液态金属也已经全部凝固完成，因此就会在焊缝中心区域出现较为均匀的等轴晶组织。

图 8-44 所示为焊缝表层超声冲击处理后的显微 SEM 照片。观察焊缝表层超声冲击处理后的显微组织发现，焊缝表面产生了塑性变形层，变形层内的组织形貌发生了明显改变，焊缝表面的气孔被压合，夹渣等缺陷明显减少，表层组织变得更加致密。

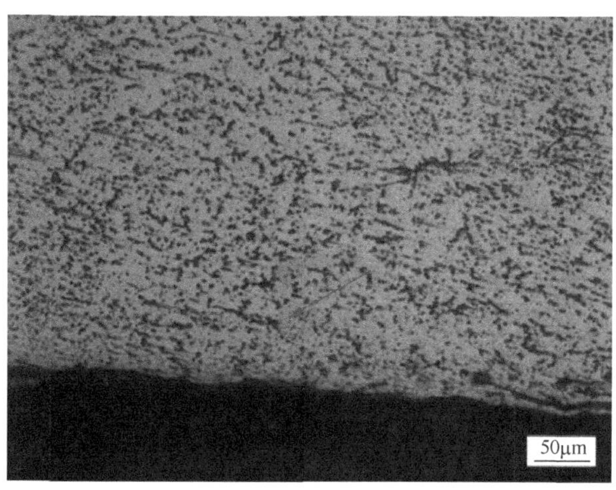

图 8-44　焊缝表层超声冲击处理后的显微 SEM 照片

由图 8-44 可知，塑性变形后的表层组织大体上可以分成 3 个部分，即强烈塑性变形区域、过渡区域和基体焊缝组织。超声冲击处理后的焊缝表面的组织与基体的焊缝组织明显不同，超声冲击处理后的焊缝表层形成了一个厚度方向上比较均匀的塑性变形层。在强烈塑性变形区内，晶粒被严重碎化，成为非常细小的晶粒，晶粒尺寸明显减小，已经难以看出晶粒的大小及明显的晶界，强烈塑性变形层的厚度约为 50μm。随着与焊缝表面距离的增加，大概在 70μm 范围内，晶粒逐渐变大，不过晶粒形貌也已经出现了因为冲击而产生的变形，再往深度方向看，晶粒在距离表面 100μm 左右恢复到了正常水平，此现象说明超声冲击处理时，冲击针传递的能量不足以改变此深度下的组织。

图 8-45 所示为焊缝表层超声冲击处理后的 SEM 照片，可以发现，焊缝表层的塑性变形层厚度比较均匀，约为 60μm，比在光学显微镜下观察的略厚。表层晶粒也已经看不出明显晶界，细化明显，晶粒大小也是由表及里逐渐增大，变化趋势与光学显微镜下观察的大体相同。

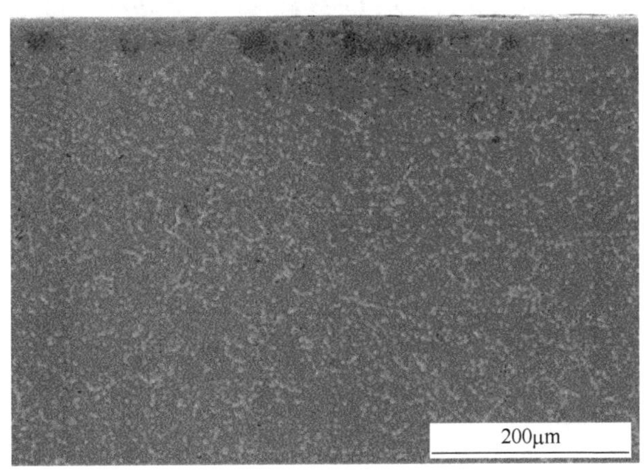

图 8-45　焊缝表层超声冲击处理后的 SEM 照片

超声冲击处理焊趾处的目的是要从宏观上在该处形成连续均匀光滑的凹弧，不过对焊接热影响区进行金相观察也可以发现，该区域表层的显微组织也发生了明显改变，如图 8-46 所示的焊接接头表层超声冲击处理后的 SEM 照片，a 区为母材区，b 区为相变重结晶区，c 区为熔合区，d 区为焊缝区。由图 8-46 可知，焊趾处的表面也形成了一定厚度的塑性变形层，表层组织变得更加致密，无明显的气孔、夹渣等缺陷，因此从微观角度也可以解释焊接接头性能提高的原因。

2. 焊缝超声冲击处理前后 XRD 分析

7A52 铝合金焊缝表层超声冲击处理前后 Al 的 XRD 图如图 8-47 所示。根据图 8-47，将超声冲击后的焊缝表面与焊态下的焊缝表面 XRD 图进行对比发现，处理后的焊缝表面 XRD 衍射峰强度明显降低，衍射峰发生明显宽化，利用 Scherrer 公式计算所得表层的平均晶粒尺寸约为 20nm，晶粒得到了明显的细化，已经细化至纳米程度。由于超声冲击处理焊缝表面，表层组织受到的外加应力很高，该区域发生了强烈的塑性变形，焊缝表层的粗大晶粒被分割成亚晶粒。随着超声冲击处理的进行，冲击针继续将外界的机械能传递给焊缝表层，表层组织就会发生再结晶，从而实现晶粒细化，直至形成纳米级的晶粒。

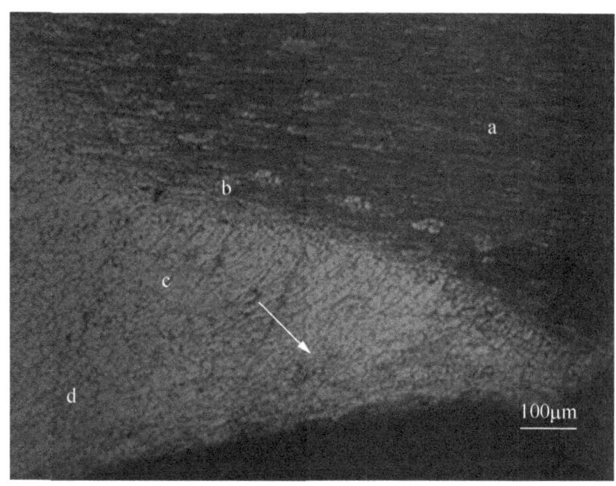

图 8-46　焊接接头表层超声冲击处理后的 SEM 照片

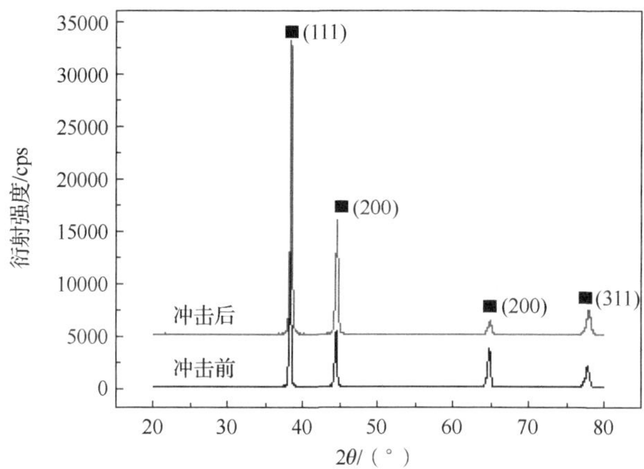

图 8-47　焊缝表层超声冲击处理前后 Al 的 XRD 图

焊缝表层超声冲击处理前的 XRD 图如图 8-48 所示。7A52 铝合金经过双丝焊，焊缝经过 XRD 测试后，焊缝区主要由基体 Al 相组成，同时还检索到了 Al_4Cu_9、$Ti_{3.3}Al$、Mg_2Zn_3、$Al_{0.403}Zn_{0.597}$ 等物相。这主要是因为 7A52 铝合金母材中含有一定量的 Mg、Zn、Ti、Cu 等合金元素，并且在焊接过程中也添加了含有这些合金元素的焊丝，弥补了焊接时高温导致的 Mg 挥发及 Zn 烧损等问题，因此，合金元素会残留在 Al 基的焊缝当中，以析出相的形式存在，强化焊缝，细化组织。$Ti_{3.3}Al$ 就起到了细化焊缝组织的作用，Al_4Cu_9、Mg_2Zn_3、$Al_{0.403}Zn_{0.597}$ 等物相均可以提高焊缝的强度。

焊缝表层超声冲击处理后的 XRD 图如图 8-49 所示。由图 8-49 可以看出，焊缝表层经过超声冲击处理后析出了 Al_2Cr_3 相和 Al_6Mn 相，这主要是因为 7A52 铝合金母材及添加的焊丝中都有一定含量的 Cr、Mn 元素。焊态下焊缝的这两种元素分别固溶在了 α-Al 基体的间隙中，以固溶体形式存在，而焊缝经过超声冲击处理时，超声振动能量会传递到焊缝表层，温度升高，表层组织会发生回复与再结晶，从而固溶在 α-Al 基体间隙中的 Cr、Mn 元素以 Al_2Cr_3 相和 Al_6Mn 相析出。其中 Al_6Mn 相是一种难溶的物相，由于

Mn 元素的存在，该相就起到了强化焊缝的作用，同时 Al_2Cr_3 相也作为新的析出相强化焊缝。

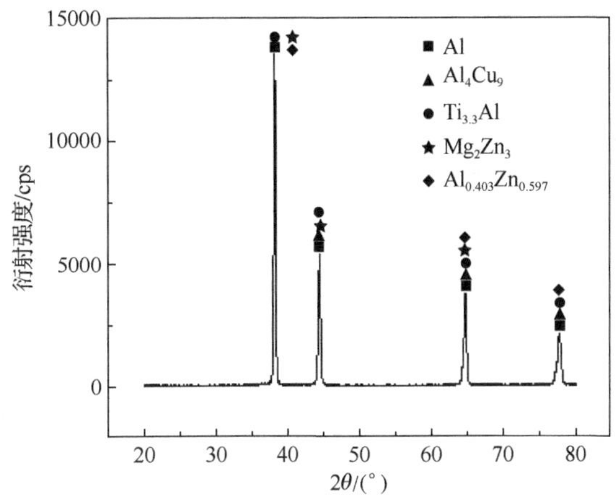

图 8-48　焊缝表层超声冲击处理前的 XRD 图

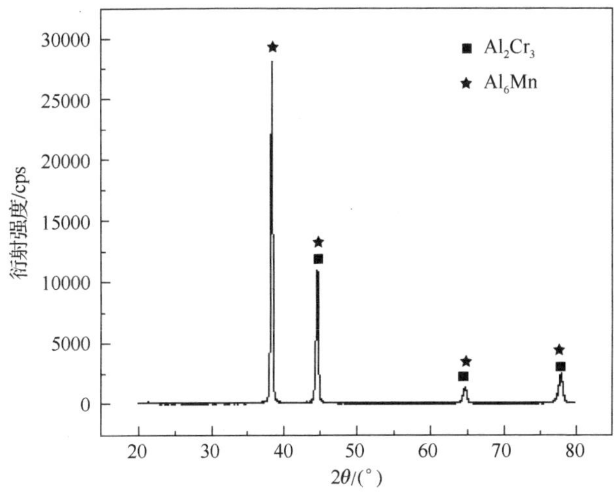

图 8-49　焊缝表层超声冲击处理后的 XRD 图

3. 表面粗糙度分析

利用激光共聚焦显微镜对超声冲击处理不同时间的试样进行 5 次测量，取 5 次测量的平均值，数据整理后如表 8-12 和图 8-50 所示。

表 8-12　双丝 MIG 焊接接头超声冲击处理不同时间的表面粗糙度

超声冲击处理时间 t/（min/cm^2）	0	2.5	5	10	15	30	75
表面粗糙度 Ra/μm	44.45	40.94	37.08	31.63	30.70	46.11	46.23

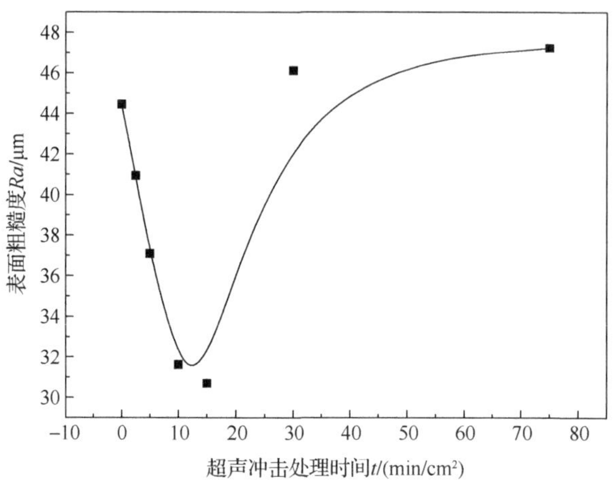

图 8-50　双丝 MIG 焊接接头超声冲击处理前后的表面粗糙度

从图 8-50 中可以看出，随着超声冲击处理时间的增加，表面粗糙度总体上呈现先减小后增大的趋势。原始焊态试样的表面粗糙度为 44.45μm，超声冲击处理时间为 2.5min/cm^2、5min/cm^2、10min/cm^2 时，表面粗糙度分别为 40.94μm、37.08μm、31.63μm，与焊态的表面粗糙度值相比较，均明显下降。当超声冲击处理时间为 15min/cm^2 时，试样表面粗糙度达到最小值 30.70μm，此时表面质量最佳。超声冲击处理时间为 30min/cm^2 时，表面粗糙度与 15min/cm^2 相比提高幅度较大，说明超声冲击处理时间的增加并没有进一步降低试样表面粗糙度。当超声冲击处理时间为 75min/cm^2 时，表面粗糙度为 46.23μm，比未超声冲击处理试样的表面粗糙度还要大，表面质量恶化，这说明过量的超声冲击处理并不能进一步提高试样的表面质量。但此时与超声冲击处理 30min/cm^2 时相比较，表面粗糙度提高幅度不大，这说明在超声冲击处理时间达到一定值后，再大幅度地增加超声冲击处理时间并不能大幅度地增加表面粗糙度，变化逐渐趋于平缓。

8.3.6　力学性能测试

7A52 铝合金焊接接头超声冲击处理后的表面，在外部机械力的作用下会产生不均匀的塑性变形，这将引起焊接接头表面的加工硬化，从而使表层硬度有所增加。另外，经过超声冲击处理后的焊接接头，焊缝处的表面粗糙度会得到改善，焊趾处的应力集中也会得到改善，同时引入有益的残余压应力，这些都可使整个焊接接头的疲劳性能得以提高。

1. *焊缝表层硬度变化分析*

在较优参数下超声冲击处理的焊缝表面，其表层硬度会增加，随着与表面距离的增加硬度值会逐渐下降，并趋于稳定值。7A52 铝合金焊缝表层超声冲击处理前后的硬度分布如图 8-51 所示。

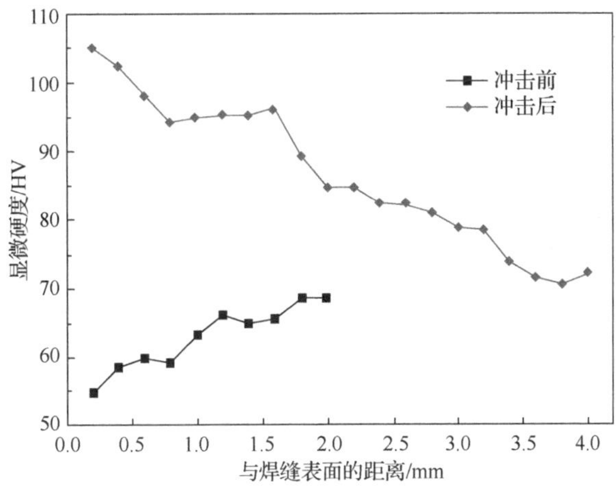

图 8-51　焊缝表层超声冲击处理前后的硬度分布

表层显微硬度值的增加是由表层的晶粒细化和加工硬化引起的。从图 8-51 中可以看出，7A52 铝合金焊缝在超声冲击处理前的显微硬度值由表及里逐渐提高，由表层的 54HV 左右开始，一直增加到与表面距离 1.8mm 时的 70HV 左右并趋于稳定，稳定值为 70HV 左右，即内部基体显微硬度值。经超声冲击处理后，焊缝表层的硬度值有所提高，为 105HV 左右，比冲击前提高了 94%。随着变形层深度的增加，在 0.7mm 与 1.6mm 之间形成了一个硬度稳定值，基本稳定在 96HV 左右，出现这种现象的原因是在此范围内晶粒大小相差不大，而且塑性变形程度相当。当变形层深度为 1.6～4mm 时，显微硬度值逐渐下降，没有出现过渡台阶，这主要是因为在此深度范围，塑性变形的程度降低，晶粒逐渐变大。随着变形层深度的进一步增加，显微硬度继续降低，直至在与焊缝表面距离 4mm 处趋于稳定，稳定值为 70HV 左右，与冲击前与表面距离 1.8mm 处的硬度值相当。由此可以得出，在较优参数下的超声冲击处理焊缝表面，不仅可以增加距表面距离 1.8mm 以内的硬度值，而且可以进一步增加硬化层深度，增加至 4mm 处才恢复到基体的显微硬度值，硬化层深度为 4mm 左右。

7A52 铝合金双丝 MIG 焊接接头焊缝区经不同超声冲击处理时间的显微硬度如图 8-52 所示。从图 8-52 中可以看出，经过超声冲击处理后，焊缝表面的显微硬度值均明显提高，而且随着距超声冲击表面距离的增加而逐渐减小，呈单调下降趋势，最后趋于平缓，与原始焊缝表面显微硬度值相似。经过超声冲击处理后的焊缝表面最大显微硬度分别为 110.5HV、115.3HV、125.8HV、129.2HV、127.6HV、132.3HV，相比于没有经过超声冲击焊缝硬度的平均值，分别增加了 33.3%、39.1%、51.7%、55.9%、53.9%、59.6%。由此可以看出，当超声冲击时间从 2.5min/cm^2 增加至 15min/cm^2 时，显微硬度提高较大，提高率增加了 22.6%，实际硬度值增加了 18.7HV；而在超声冲击时间为 15min/cm^2 后，再大幅度地增加超声冲击时间至 75min/cm^2，显微硬度提高率仅增加了 3.7%，实际硬度值增加了 3.1HV，增加幅度不明显。这说明在超声冲击处理时间达到一定值后，再大幅度增加超声冲击时间，不会显著地提高焊缝的显微硬度值。

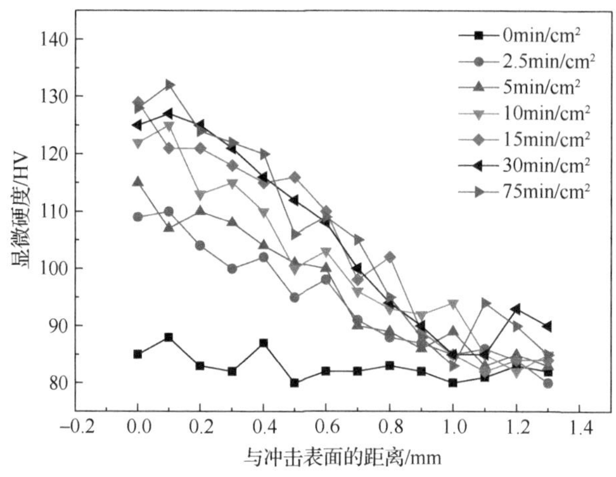

图 8-52　超声冲击处理不同时间的焊缝区显微硬度变化

2. 拉伸性能测试

焊接构件使用原则首先需要保证构件的可靠性，焊接接头的强度是焊接结构承受外载作用的基本保证。焊接结构的强度是保证焊接结构在工作环境下满足可靠性的基本要求，因此焊接接头的强度质量不仅影响焊接产品的使用性能和寿命，更有可能危及人身财产的安全。接头的强度跟焊缝与母材的强度组配有关，尤其采用不同种材料连接的接头中，焊缝和母材更是很难做到同质等强度。对焊接接头进行常温静载拉伸试验时，可以简单确定焊接参数是否合适，以及焊接接头的强度是否符合设计的可靠性要求。

对 7A52 铝合金母材及不同处理后的焊接接头进行拉伸试验，拉伸试验在 CSS-2220 电子万能拉伸试验机上进行，拉伸时试验加载力的加载速度为 100N/s。图 8-53 所示为母材及接头断裂的宏观图。具体拉伸试验结果如表 8-13、表 8-14 及图 8-54 所示。

（a）母材试样

（b）焊态接头试样

图 8-53　母材及接头断裂的宏观图

表 8-13　不同处理后的接头试样拉伸试验数据

处理状态	试样编号	断裂强度 R_m /MPa	平均断裂强度 $\bar{R}_m$ /MPa	断后伸长率 A/%	平均断后伸长率 $\bar{A}$ /%
焊态	1	293.7	300	9.58	11
	2	306.6		12.19	
	3	298.8		11.11	

续表

处理状态	试样编号	断裂强度 R_m /MPa	平均断裂强度 $\bar{R}_m$ /MPa	断后伸长率 A/%	平均断后伸长率 $\bar{A}$ /%
超声冲击处理	1	289.7	305	8.72	9
	2	320.2		8.60	
时效处理	1	304.4	288	9.75	10
	2	282.0		9.46	
	3	277.9		9.82	
时效处理+超声冲击处理	1	289.3	291	9.60	7.5
	2	300.8		6.20	
	3	283.4		6.40	

表 8-14　母材拉伸试验数据

试样编号	断裂强度 R_m/MPa		屈服强度 $R_{p0.2}$/MPa		断后伸长率 A/%	
	单值	平均值	单值	平均值	单值	平均值
1	532.3	533	478.86	483	11.11	11.5
2	533.2		487.74		11.75	

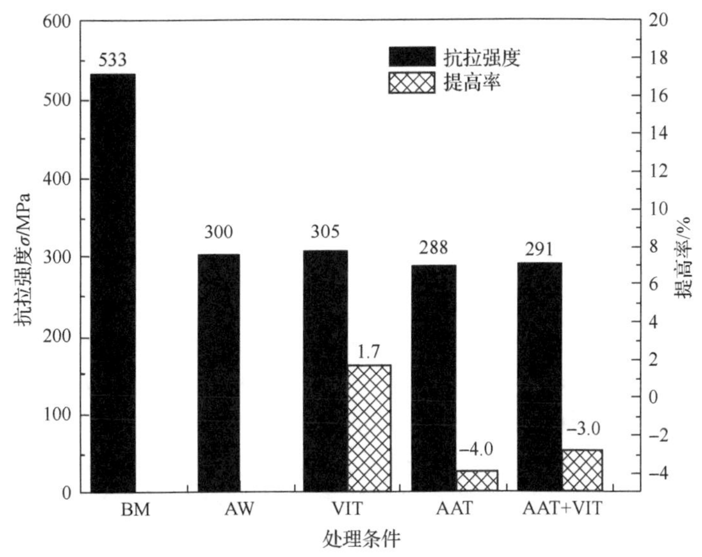

图 8-54　不同处理条件下的接头拉伸性能对比

由上可知，7A52 铝合金母材试样的断口沿着与试样表面几乎成 45° 角的方向断裂，表现为典型的韧性断裂。而焊态接头及不同处理后的焊接接头也都断裂在焊缝位置，如图 8-53（b）所示，说明焊缝区是接头最薄弱的区域，而且在其断口宏观形貌中可以看到明显的缩颈现象，整个接头表现为韧性断裂。其中 7A52 铝合金母材抗拉强度达到 533MPa，断后伸长率为 11.5%，其焊态试样抗拉强度为 300MPa，相当于母材的 56.3%。由此可知，双丝 MIG 焊焊接接头抗拉强度严重下降，这主要与焊接过程中强化相合金元素 Zn、Mg 的烧损有关。经过超声冲击处理后其抗拉强度可以达到 305MPa，与焊态相比提高了 1.7%，这主要是因为超声冲击的作用使金属表层晶粒细化，同体积内晶界增多，断裂时所消耗的能量增加，因而断裂时所需的应力较大。经过时效处理后，试样的抗拉强度可以达到 288MPa，与焊态相比降低了 4.0%，这主要是因为在时效处理的过程中，析出了与基体不共格的脆化相 Mg_5Al_8。经过时效+超声冲击处理后，试样的抗拉强度为 291MPa，与焊态试样相比降低了 3.0%，与时效处理态试样相比提高了 1.0%。

图 8-55 所示为 7A52 铝合金双丝焊焊接接头焊态试样的拉伸断口形貌 SEM 照片。从图 8-55（a）中可以看出，接头的拉伸断口断面上分布着许多大小不等的韧窝，而且韧窝深度较大，在韧窝的凹坑底部可以看到有第二相粒子的存在，如图 8-55（b）中所示。这也恰好证明焊接接头在局部微小区域内发生过强烈的拉伸变形，断口处发生了塑性流动，断裂过程按照微孔聚集的方式进行，焊接接头有着良好的抗塑性变形能力。

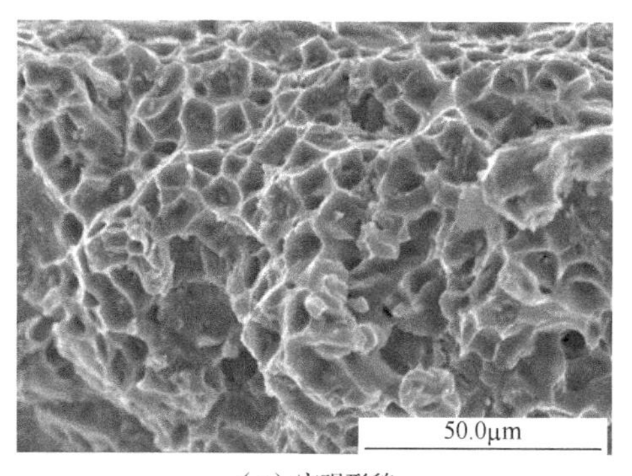

（a）宏观形貌

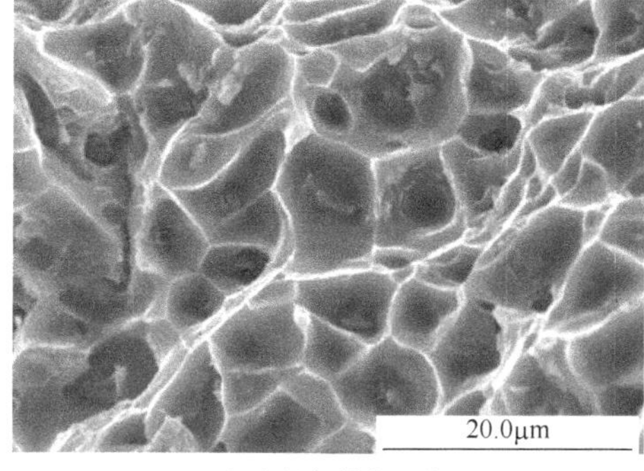

（b）局部放大形貌

图 8-55　焊态试样的拉伸断口形貌 SEM 照片

图 8-56 所示为时效处理试样的拉伸断口形貌 SEM 照片。从图 8-56 中可以看出，时效处理后的试样断口主要表现为一种抛物线形的撕裂韧窝，并且可以看到有大小不等的凹坑被四周封闭或者不封闭的撕裂棱包围着，这说明时效处理后的断口主要是在平面应变的低能量条件下撕裂形成的。

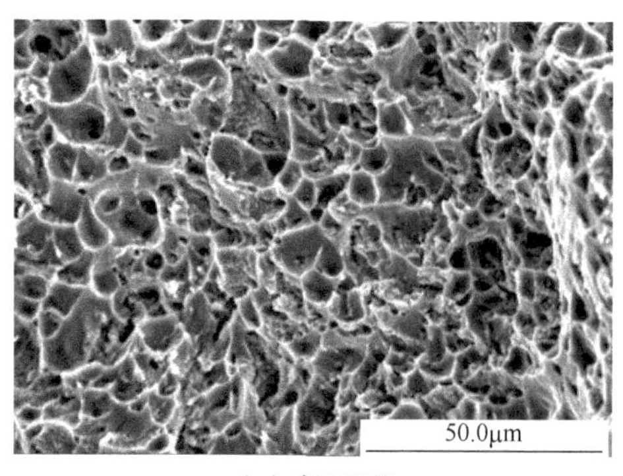

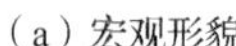

（a）宏观形貌

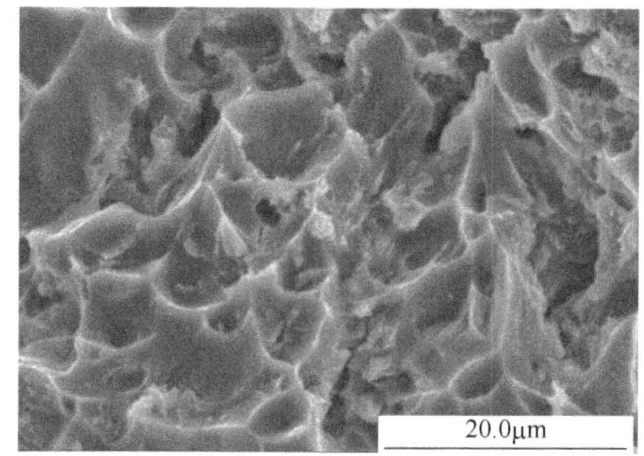

（b）局部放大形貌

图 8-56　时效处理试样的拉伸断口形貌 SEM 照片

图 8-57 所示为超声冲击处理试样的拉伸断口形貌 SEM 照片，其中图 8-57（a）和（b）为超声冲击试样断口上表层的形貌，图 8-57（c）和（d）为冲击试样心部的形貌。由图 8-57 可以发现，与焊态试样相比，超声冲击试样心部依然表现为大小不等的韧窝形貌，而超声冲击试样断口表层则变为大小更加均匀的细小等轴韧窝。一方面，由于超声冲击的作用，表层及次表层的第二相粒子得以碎化，第二相颗粒密度增加，增加了微孔形核的概率，从而局部塑性变形量也就有所减小；另一方面，超声冲击处理使金属表层硬化，材料变形硬化指数变大，断裂时将在材料内部生成更多的显微空洞，因此表层的韧窝形貌也就变得小而浅，浅而密。

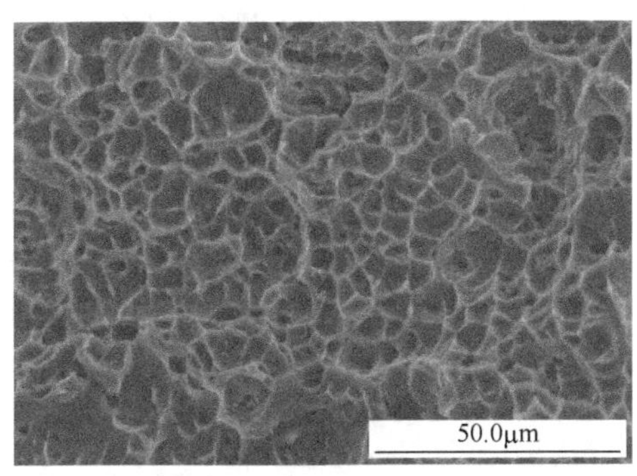

（a）试样断口上表层的宏观形貌

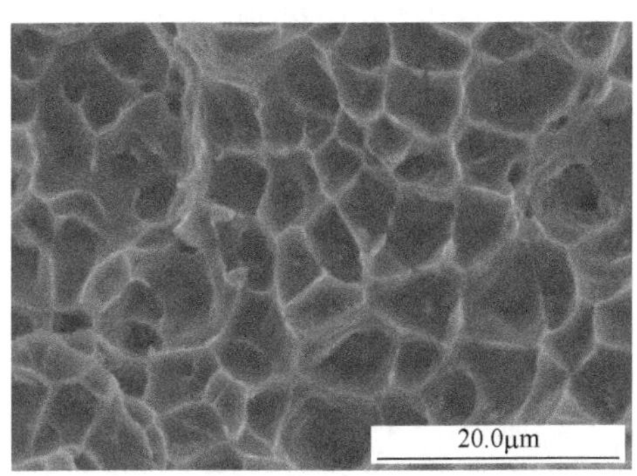

（b）试样断口上表层的局部放大形貌

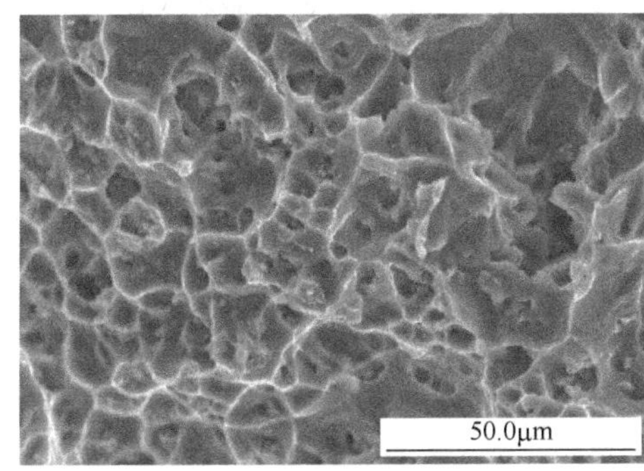

（c）冲击试样心部的宏观形貌

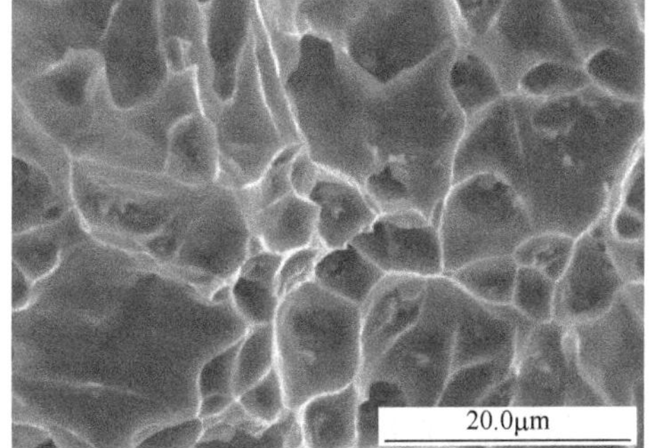

（d）冲击试样心部的局部放大形貌

图 8-57　超声冲击处理试样的拉伸断口形貌 SEM 照片

图 8-58 所示为时效+超声冲击处理后试样的拉伸断口形貌 SEM 照片，其中图 8-58（a）和（b）为其上表层的形貌，图 8-58（c）和（d）为其心部的形貌。与超声冲击处理的试样相类似，时效+超声冲击试样表层与心部有着两种不同的形貌，其表层为大小均匀的等轴韧窝，而心部却保持着原来时效状态试样的断口形貌，这说明超声冲击处理只对接头处理表层区域在深度方向上有一定的影响。

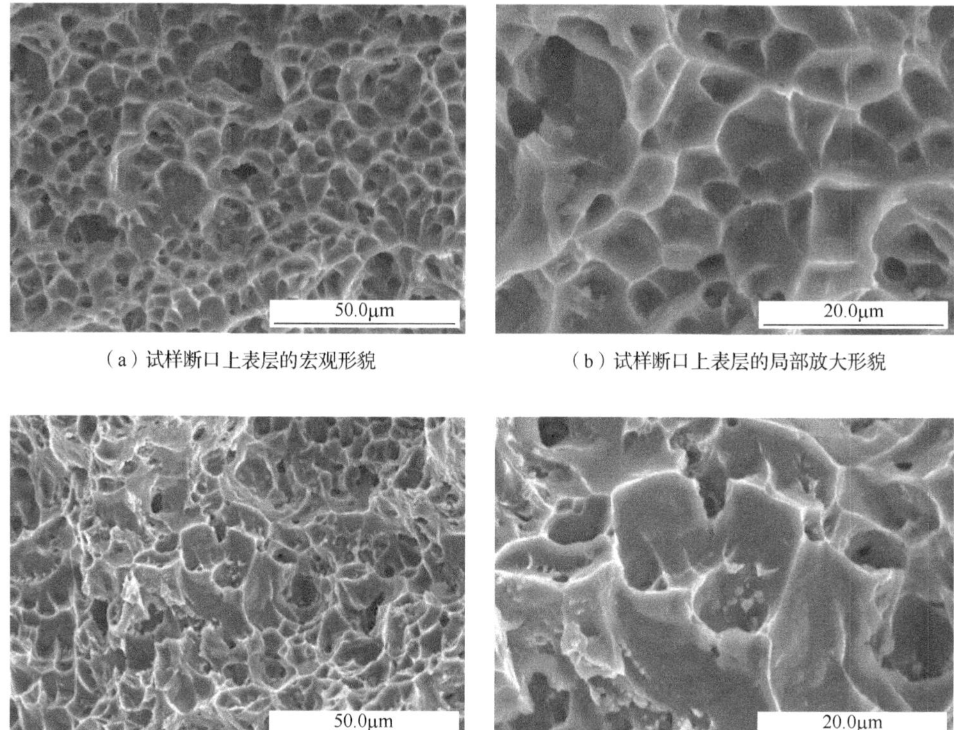

（a）试样断口上表层的宏观形貌　（b）试样断口上表层的局部放大形貌

（c）冲击试样心部的宏观形貌　（d）冲击试样心部的局部放大形貌

图 8-58　时效+超声冲击处理后试样的拉伸断口形貌 SEM 照片

3. 焊接接头疲劳性能的分析

强度、刚度和疲劳寿命是对工程结构和机械使用的 3 个基本要求。在实际工程当中，材料的疲劳性能是一个很重要因素，该因素决定了材料在特定环境下的使用期限，也决定了材料在某一个使用期限下的安全使用环境，所以对超声冲击处理 7A52 铝合金焊接接头的疲劳性能进行研究是很有必要的。

（1）疲劳试验的数据处理

首先假设疲劳试验结果符合对数正态分布，采用最小二乘法原理拟合 7A52 铝合金焊接接头冲击前后疲劳试验的数据（拟合方程为 $S^mN=C$，C 为材料常数），即载荷应力范围 S（$\Delta\sigma$）和疲劳断裂循环周次 N。拟合出冲击前后焊接接头的 S-N 曲线，得到超声冲击处理前后焊接接头的拟合公式，然后根据得到的拟合公式计算出 $N=2\times10^6$ 循环周次下的疲劳强度，以及冲击前后焊接接头在不同应力水平下的疲劳寿命，拟合过程如下。

1）统计所有疲劳试验数据点的外加载荷以及疲劳循环周次 N。

2）对公式 $S^mN=C$ 用幂函数模型回归计算 m 和 $\lg C$ 的值，即

$$\lg N + m\lg\Delta\sigma = \lg C \tag{8-4}$$

3）设 c_i 是试验数据的对数值，利用所获得的 m 值，计算 $\lg C$ 的平均值 C_m 和标准偏差 stdv，n 为试验的个数，即

$$C_m = \frac{\sum c_i}{n} \tag{8-5}$$

$$\text{stdv} = \sqrt{\frac{\sum (c_i - C_m)^2}{n-1}} \tag{8-6}$$

为了分析超声冲击处理技术对 7A52 铝合金焊接接头疲劳性能的影响，本节试验将焊接接头经超声冲击处理前后的试样进行疲劳性能测试。选择应力循环比为 R=0.1。焊接接头超声冲击处理前后疲劳试验结果分别如表 8-15 和表 8-16 所示。

表 8-15　焊接接头超声冲击处理前疲劳试验结果

试样编号	平均载荷 F/kN	交变载荷 F/kN	应力范围 $\Delta\sigma$/MPa	循环周次 N/（10^6 次）	断裂情况
1	34.73	28.41	100	80469	断焊趾
2	30.86	25.25	90	>149652	断圆弧过渡处
3	27.69	22.66	80	129447	断焊趾
4	24.19	19.79	70	>247428	断圆弧过渡处
5	21.06	17.23	60	293050	裂焊趾
6	17.41	14.24	50	1091820	裂焊趾
7	13.89	11.36	40	2875726	裂焊趾

表 8-16　焊接接头超声冲击处理后疲劳试验结果

试样编号	平均载荷 F/kN	交变载荷 F/kN	应力范围 $\Delta\sigma$/MPa	循环周次 N/（10^6 次）	断裂情况
1	34.91	28.56	100	226841	裂焊趾
2	31.24	25.56	90	299801	裂焊趾
3	27.58	22.57	80	613877	裂焊趾
4	24.13	19.74	70	669449	裂焊趾
5	20.77	17.00	60	>2118587	未断
6	17.31	14.16	50	>5020032	未断

7A52 铝合金焊接接头超声冲击处理前后疲劳断裂位置如图 8-59 所示，可见 7A52 铝合金焊接接头超声冲击处理前后的疲劳断裂位置都在接头的焊趾位置，不过断裂的程度是有所差异的。如图 8-59（b）所示，超声冲击处理前的 7A52 铝合金焊接接头在外加载荷为 40MPa 时的低循环应力下，经疲劳试验后，接头的焊趾处只是产生了一个裂纹。而如图 8-59（a）所示，在外加载荷为 100MPa 和 80MPa 的高应力载荷下，两个试样经过疲劳试验后已经是完全断裂。从图 8-59（c）和（d）中可以看出，经过超声冲击处理后的焊接接头，同样是在外加载荷为 100MPa 的高循环应力下，经疲劳试验后，也只是在焊趾处出现一个裂纹，并没有完全断裂。此现象说明焊趾经过超声冲击处理后已经得到了强化。

由于焊缝处会有余高，焊缝与母材的过渡角变小，过渡半径也变小，焊趾处会产生较大的应力集中，而疲劳裂纹往往会在应力集中明显的位置最先产生。从图 8-59 中可以明显看出，不论是经过超声冲击处理的焊接接头，还是焊态下的焊接接头，断裂位置都在焊接接头的焊趾处，因此 7A52 铝合金焊接接头的焊趾在整个接头是最薄弱的。超声冲击处理接头的焊趾处，并不能将接头的疲劳性能提高到与 7A52 铝合金母材相当的水平。进一步观察接头断裂的情况发现，焊态下的断裂源均是从表层焊趾开始，沿着熔合线向内开裂，一直到接头的焊根处，这说明焊态下的焊接接头，其疲劳薄弱点位于焊接接头的表层焊趾或者底层焊根处。由图 8-59（d）可以看出，经过超声冲击处理后的焊接接头，起裂位置仍然是焊接接头的表面焊趾处，但是裂纹的走向已经偏离熔合线的位置。综上可知，超声冲击处理可以提高 7A52 铝合金焊接接头的疲劳强度。

（a）冲击处理前 1

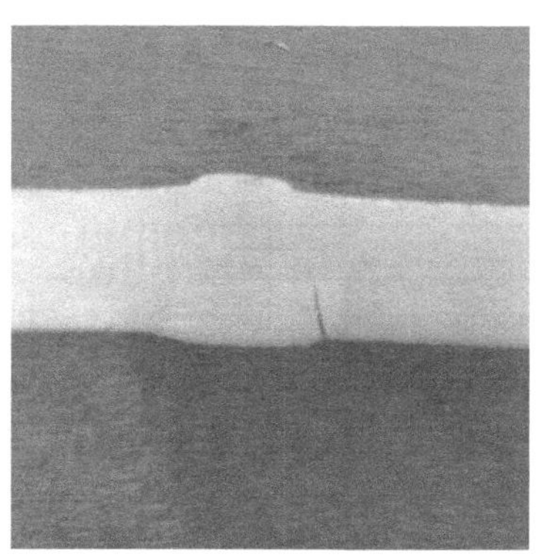
（b）冲击处理前 2

（c）冲击处理后 1

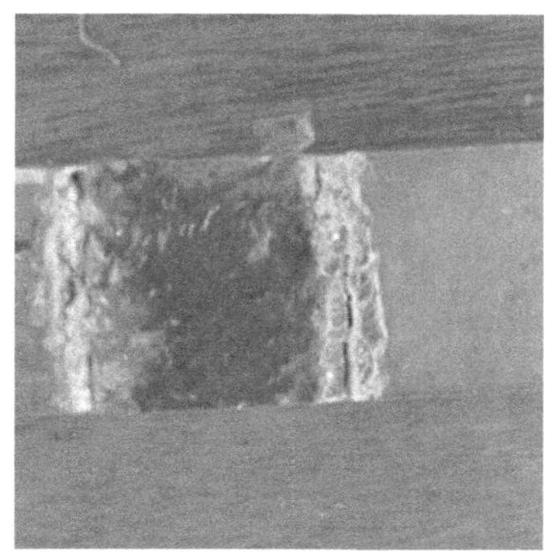
（d）冲击处理后 2

图 8-59　焊接接头超声冲击处理前后疲劳断裂位置

（2）*S-N* 曲线分析

依据表 8-15 和表 8-16 的疲劳试验数据结果，在应力循环比为 R=0.1 的情况下，拟合绘制双对数坐标的 *S-N* 曲线，计算拟合参数，得到的焊接接头超声冲击处理前后 *S-N* 曲线参数表如表 8-17 所示。结合焊接接头的断裂位置，绘制出焊接接头超声冲击处理前后 *S-N* 曲线，如图 8-60 所示。

表 8-17　焊接接头超声冲击处理前后 *S-N* 曲线参数表

处理状态	m	C_m	stdv
焊态	3.7	12.2	0.13583
超声冲击处理	4.5	12.8	0.12677

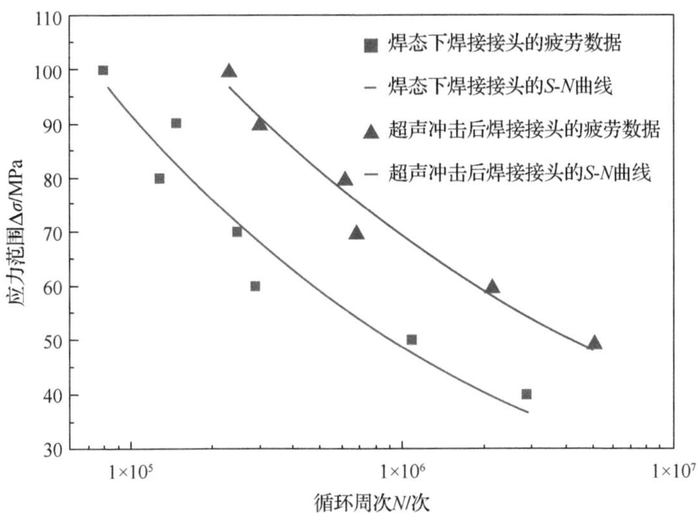

图 8-60　焊接接头超声冲击处理前后 S-N 曲线

经过曲线拟合后，由表 8-17 可得焊态下的拟合方程为 $S_{3.7}N$=1.70×1012，即 3.7lg$S$+lg$N$=12.23；超声冲击处理后的拟合方程为 $S_{4.5}N$=1.67×1014，即 4.5lg$S$+lg$N$=14.22。疲劳 S-N 曲线是评定裂纹可靠与否的依据，而且也为材料的设计规范提供了一定的指导作用。它的含义是指，材料在不同的循环外力加载下的载荷值与疲劳循环周次 N 之间的关系。该曲线将整个图分为 3 个部分：第一部分是 S-N 曲线以上的区域，该区域可以认为是疲劳断裂区，只要位于此区域的点，均认为该试样已经断裂；第二部分是 S-N 曲线下面的区域，该区域可以认为是未发生疲劳断裂的区域，只要是位于该区域的试样，就认为没有发生疲劳断裂；第三部分是疲劳 S-N 曲线上的点，这个曲线上的点认为是疲劳试样断裂与否的分界值，这些数值可以定量为焊接接头疲劳评定和设计提供有利理论基础。

根据已经计算出的拟合方程及拟合出来的 S-N 曲线，超声冲击处理前后的 7A52 铝合金焊接接头在循环周次为 2×10^6 时的疲劳强度分别为 40.68MPa、59.67MPa，在此循环周次下的疲劳强度提升了 46.7%。焊接接头超声冲击处理前后疲劳强度结果如表 8-18 所示。

表 8-18　焊接接头超声冲击处理前后疲劳强度结果

处理状态	应力循环比	疲劳强度Δσ/MPa	提高效果/%
焊态	0.1	40.68	46.7
超声冲击处理	0.1	59.67	

由表 8-18 可知，7A52 铝合金双丝 MIG 焊接接头经过超声冲击处理后在高周疲劳周次下疲劳强度提高得非常明显。进一步分析可知：当选用较高外加载荷，即 90MPa 时，焊态下的疲劳循环周次约为 1.00×10^5 次，而相同载荷下，经过超声冲击处理后的焊接接头疲劳循环周次约为 3.30×10^5 次，疲劳寿命提高了 2.3 倍；当选用外加载荷为 70MPa 时，焊态下的疲劳循环周次约为 2.64×10^5 次，而相同荷载下，经过超声冲击处理后的焊接接头的疲劳循环周次约为 9.75×10^5 次，疲劳寿命提高了 2.7 倍；当选用较低外加载荷，即 50MPa 时，焊态下的疲劳循环周次约为 9.20×10^5 次，而相同荷载下，经过超声冲击处理后的焊接接头疲劳循环周次约为 4.39×10^6 次，疲劳寿命提高了 3.8 倍。由此可以看

出，在相同载荷下，超声冲击处理技术可以显著提高 7A52 铝合金焊接接头的疲劳寿命。此结果还可以说明，不论外加载荷是高应力，还是低应力，超声冲击处理技术都能提高 7A52 铝合金焊接接头的疲劳性能。

（3）疲劳断口分析

本节主要对超声冲击处理前后的焊接接头分别在外加载荷为40MPa和100MPa的疲劳试样进行分析，并将同一种载荷下超声冲击处理前后的疲劳试样进行对比，探究超声冲击处理技术对 7A52 铝合金焊接接头疲劳性能的影响规律。

焊接接头的疲劳断口一般会存在 3 个区域，即疲劳源区、裂纹扩展区和瞬断区。这 3 个区域根据实际情况的不同，所占的断口面积比例会有所不同。疲劳源区是疲劳断裂的开始，也是裂纹萌生的起点；裂纹扩展区是裂纹源出现后随着外加载荷的增加，裂纹继续扩展的区域，随着外加载荷继续增加或者加载时间的继续增加，裂纹继续扩展，直至剩余未产生裂纹的区域难以承受外力载荷的作用，此时焊接接头将会发生断裂，即在断裂的瞬间，疲劳扩展区的边缘便会形成瞬断区。

由前述内容可知，未处理的接头在 40MPa 的低外加载荷下，疲劳断裂时只是在焊趾处出现一个裂纹，并没有完全断裂，所以在观察断口时并没有发现瞬断区。超声冲击处理前外加载荷为 40MPa 的循环应力下焊接接头疲劳断口形貌 SEM 照片如图 8-61 所示。

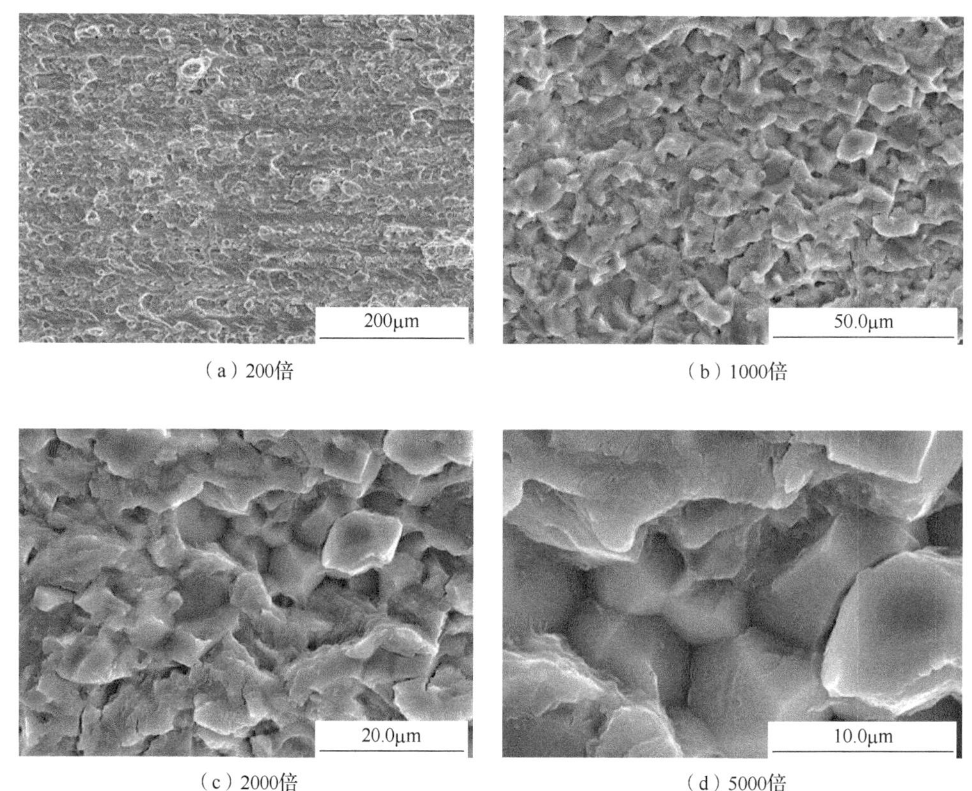

（a）200倍　（b）1000倍

（c）2000倍　（d）5000倍

图 8-61　焊接接头超声冲击处理前的疲劳断口形貌 SEM 照片

如图 8-61（a）和（b）所示，在 200 倍及 1000 倍下观察断口发现，其扩展区的疲劳条纹在一定的区域内小范围扩展，而且存在很多这样的小区域。将某一区域放大后［图 8-61（c）］发现，断口中存在很多微裂纹，即细小的二次裂纹，这主要是进行接头疲劳试验时，外加的载荷值处于低循环应力范围，疲劳断裂的时间延长，这就为二次裂纹源的萌生及扩展提供了有利的条件。整个断口存在很多类似的二次裂纹，因此会出现疲劳条纹在小范围扩展的形貌。随着这种小范围区域数量的增多，接头断裂的倾向会增大。再进一步放大断口的疲劳扩展区形貌，如图 8-61（d）所示，断裂的形式属于沿晶断裂，并没有晶粒滑移的迹象，因此，该试样疲劳断裂的形式为准解理断裂。

在对超声冲击处理后的焊接接头进行外加载荷同样为 40MPa 的低应力循环载荷疲劳试验时发现，焊接接头在宏观上根本没有断裂的痕迹。由此可知，超声冲击处理技术可以延长 7A52 铝合金焊接接头在低应力循环载荷下的疲劳寿命，这与之前测得的焊接接头疲劳 *S-N* 曲线相符，并且还可以得出超声冲击处理后焊接接头的疲劳极限已达到 40MPa 以上。

图 8-62 所示为超声冲击处理前外加载荷 100MPa 下的焊接接头疲劳断口形貌 SEM 照片。如图 8-62（a）所示，疲劳断口的裂纹源区域很小，因为裂纹源一旦产生，在大的循环应力载荷下，裂纹源便会很快地过渡到疲劳裂纹扩展区。图 8-62（b）和（c）所示为 500 倍及 1000 倍下的扩展区断口形貌。由于该接头外加载荷升高，因此疲劳扩展区的形貌与外加载荷为 40MPa 时有所不同，其扩展区的疲劳条纹不会呈现出很多小范围区域内的扩展，而是呈网状向整个断口扩展，断裂倾向更加明显。随着时间的增加，疲劳裂纹就会继续扩展，直到剩余未断的区域不能维持接头的连接，此时会瞬间断裂。观察图 8-62（d）所示的扩展区 2000 倍的断口形貌可发现，该接头断裂形式为沿晶断裂，也属于准解理断裂。因此，超声冲击处理前焊接接头的疲劳断裂形式为疲劳脆性断裂。

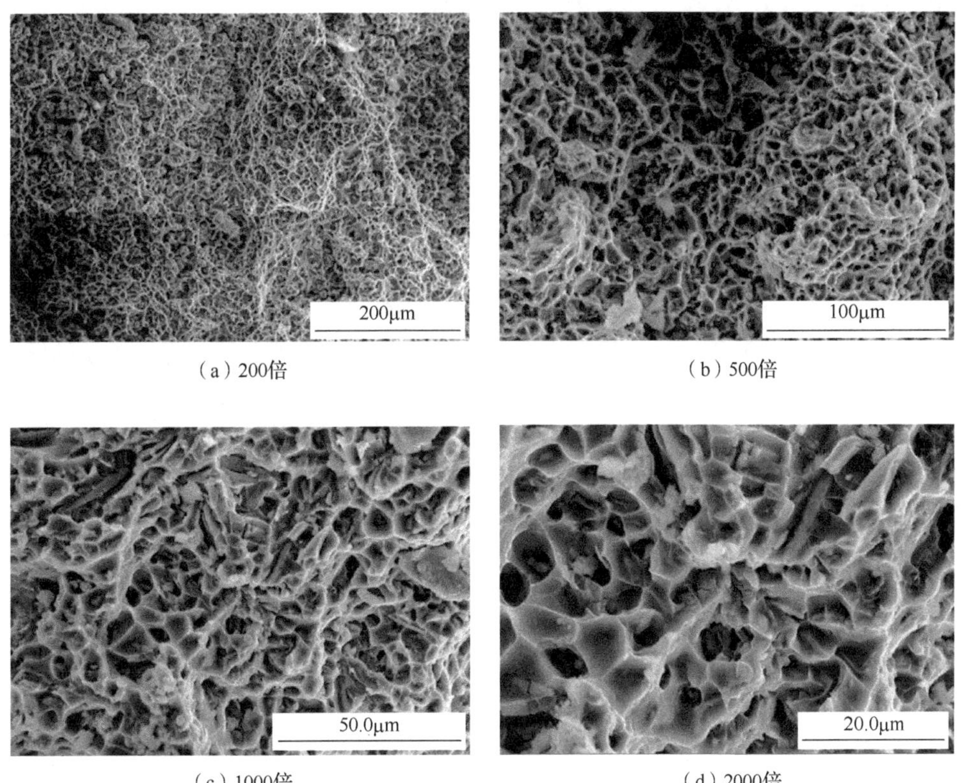

（a）200倍　（b）500倍

（c）1000倍　（d）2000倍

图 8-62　焊接接头超声冲击处理前的疲劳断口形貌 SEM 照片

同样的，在外加载荷为 100MPa 的循环应力下，经过超声冲击处理后的焊接接头开裂位置也是在焊趾的表面处，不过焊接接头并没有完全裂开，只是出现一个裂纹，所以断口处的瞬断区域很小。超声冲击处理后焊趾处疲劳断口形貌 SEM 照片如图 8-63 所示。

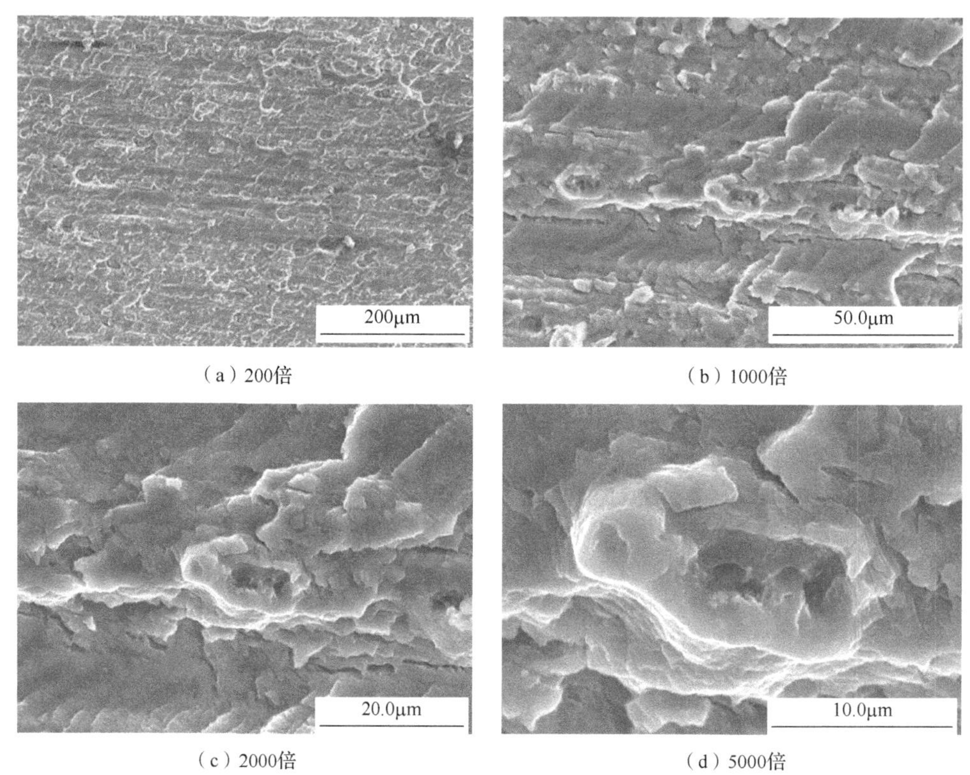

（a）200倍　（b）1000倍

（c）2000倍　（d）5000倍

图 8-63　焊接接头超声冲击处理后焊趾处疲劳断口形貌 SEM 照片

如图 8-63（a）所示，在低倍数下观察断口形貌发现，经过超声冲击处理后的焊接接头疲劳裂纹源区域也很小，断口大部分还是疲劳裂纹扩展区，存在着疲劳扩展弧线。将疲劳扩展弧线放大后发现，该弧线与冲击前外加载荷为 100MPa 的疲劳扩展弧线有所区别，如图 8-63（b）所示，出现了很多条状的疲劳断裂解理台阶，每个条状的解理台阶的距离就代表了每次应力循环下的移动距离，同时在解理台阶边缘出现了一些细小的二次裂纹，如图 8-63（c）和（d）所示，而且在台阶上存在类似晶粒滑移后剥落的痕迹。由此表明，经过超声冲击处理后，外加载荷为 100MPa 时的疲劳寿命会延长。然而从解理断面的形貌来看，其断裂形式没有本质性的改变，依然是准解理断裂，不过断裂的倾向减小了。

综合 3 种断口的形貌分析发现，超声冲击处理可以提高焊接接头的疲劳性能，但是并不能从根本上改变焊接接头的疲劳断裂形式，仍以脆性断裂为主。

4. 残余应力分析

焊接残余应力直接影响焊接结构的疲劳性能，进而影响焊接构件的质量。为此，本节采用 XRD 对原始焊态及超声冲击处理不同时间试样的残余应力进行了测定，测定结果如图 8-64 所示，超声冲击处理不同时间的平均残余应力如图 8-65 所示。

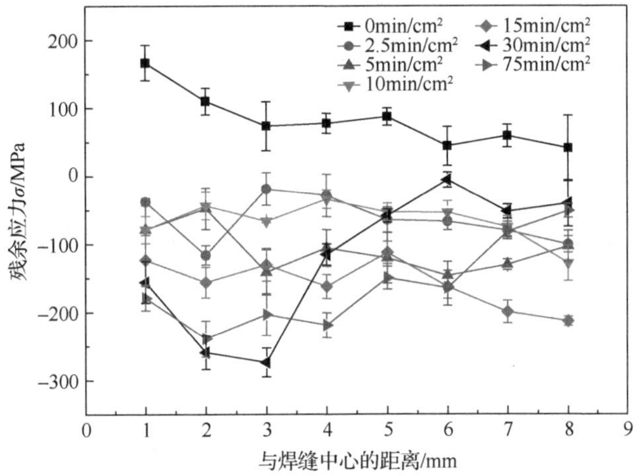

图 8-64　超声冲击处理不同时间试样的残余应力分布

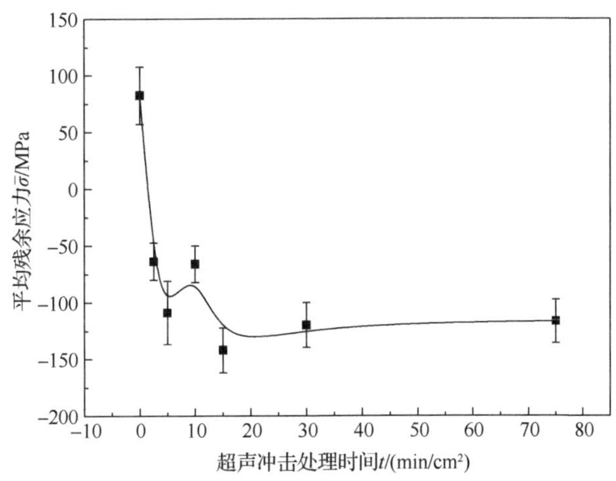

图 8-65　超声冲击处理不同时间的平均残余应力

由图 8-64 和图 8-65 可知，焊态的 7A52 铝合金焊接接头的残余应力主要表现为拉应力，焊缝区最大残余拉应力为 166.6MPa，平均值为 82.6MPa。与焊态试样的残样应力分布对比发现，超声冲击处理后焊接接头上的残余拉应力转变为残余压应力。随着与焊缝中心距离的增加，残余压应力逐渐减小，曲线呈上升趋势，这与包晓燕等[19]的说法一致。随着超声冲击处理时间从 2.5min/cm^2、5min/cm^2、10min/cm^2、15min/cm^2、30min/cm^2 增加到 75min/cm^2，残余压应力的平均值依次为−63.8MPa、−101.8MPa、−66.1MPa、−141.9MPa、−119.8MPa、−116.5MPa。可以看出，数值上总体是先减小后不变的趋势，在超声冲击时间为 15min/cm^2 时达到最小，此时残余压应力最大为 141.9MPa。残余应力随超声冲击处理时间的增加而饱和，这是由于经超声冲击处理后，产生位错滑移、位错重排等，形成位错塞积，而且不同的位错分布对应着不同的残余应力分布，位错密度越大，应力越集中，宏观表现为拉-压应力的转换[20]。当超声冲击处理时间过长时，位错密度加大，位错墙阻碍了位错的进一步运动而产生饱和现象。因此，经超声冲击处理后，7A52 铝合金焊接接头表面引入一定量的残余压应力，有效改善了 7A52 铝合金焊接接头的疲劳性能。

8.4 本 章 小 结

1. 高能喷丸处理部分

1）通过 XRD 分析可知，7A52 铝合金焊接接头经过高能喷丸表面纳米化处理以后，随着喷丸时间的增加，焊接接头表面晶粒逐渐减小，微观应变也相应减小，没有观测出明显的新相衍射峰。经过高能喷丸处理以后，母材、焊接热影响区的带状组织消除。当高能喷丸时间为 50min 时，试样的焊接接头各个区域的组织比较均匀、细小，母材区域表面的晶粒大小为 31nm，焊缝区域表面的晶粒大小为 35nm，焊接热影响区表面的晶粒大小为 41nm。通过金相组织分析同样可得，当高能喷丸时间为 50min 时，7A52 铝合金焊接接头母材、焊接热影响区的带状组织消除，焊缝表面已经难以看出晶粒大小和晶界，母材变形层的厚度为 50μm 左右，焊缝变形层的厚度为 70μm 左右，焊接热影响区变形层的厚度为 60μm 左右。

2）通过 TEM 分析可知，高能喷丸时间为 50min 时，表面晶粒已经达到了纳米级别，表面晶粒大小为 20nm 左右，且在 α-Al 的基体上有 $MgZn_2$ 相析出；焊缝的晶粒大小为 26nm 左右，在 α-Al 的基体上有 Al_4Cu_9 相析出；焊接热影响区表面的晶粒大小为 32nm 左右，在 α-Al 的基体上有 Al_4Cu_9 相析出。焊缝与焊接热影响区的表面晶粒大于母材的晶粒，而且纳米晶粒的分布没有母材的细小、均匀。

3）7A52 铝合金焊接接头经过高能喷丸表面纳米化处理以后，表面硬度明显提高。当高能喷丸时间为 50min 时，焊缝表面处的平均硬度为 185HV 左右，母材表面处的平均硬度为 270HV 左右。纵截面显微硬度随着距离表面深度的增加而逐渐减小，随着深度的进一步增加，硬度趋于稳定，直到与基体相等。

4）7A52 铝合金焊接接头经过不同时间高能喷丸处理以后，耐磨性等都提高较大。母材未喷丸的磨损率为 84.2%，焊接接头未喷丸的磨损率为 96.8%；当高能喷丸时间为 50min 时，母材的磨损率为 64.5%，焊接接头的磨损率为 69.7%。通过高能喷丸处理以后，7A52 铝合金焊接接头母材的耐磨性可以提高 20%左右，7A52 铝合金焊接接头的耐磨性可以提高 27.1%左右。

5）表面纳米化之前，7A52 铝合金焊接接头中母材拉伸断裂时的最大力为 542.9N，抗拉强度为 271.4MPa；进行 50min 高能喷丸表面纳米化之后，试样拉伸断裂时的最大力为 788.1N，抗拉强度为 394.1MPa，断裂位置均为焊缝。试样经高能喷丸以后，其抗拉强度提高 45.2%左右。

6）焊接接头疲劳寿命为 3×10^6 次时的疲劳强度为 40MPa，且都断于焊缝；焊缝处是以纵向残余应力为主，焊缝及其附近的压缩塑性变形区内的 σ_x 为拉应力，其数值大多小于焊接接头的屈服强度 219MPa。

2. 超声冲击处理部分

1）7A52 铝合金焊接接头经过超声冲击处理后，焊趾处形成了连续、均匀、光滑的凹槽，焊缝上形成了较为平坦的表面。而且冲击处理后焊缝表层形成了一层细晶组织，且这层组织的晶粒沿工件的厚度方向呈梯度增大。

2）对冲击处理后的焊缝处进行 XRD 分析可知，在与焊缝表面距离为 10μm 内的晶粒平均大小为 20nm 左右，并且表层有 Al_2Cr_3 和 Al_6Mn 两种新的析出相产生。

3）在较优参数下进行超声冲击处理后，其焊缝表面会形成一定厚度的硬化层，表层处的显微硬度为 105HV 左右，比冲击前的 54HV 提高了 94%。随着与表面距离的增加，硬度值会逐渐下降，并趋于稳定值，最终稳定在显微硬度为 70HV 的基体上，硬化层深度为 4mm 左右。

4）对超声冲击处理前后 7A52 铝合金焊接接头疲劳试验数据进行 *S-N* 曲线拟合，超声冲击处理前的 *S-N* 曲线拟合函数为 $3.7\lg S+\lg N=12.23$，超声冲击处理后的 *S-N* 曲线拟合函数为 $4.5\lg S+\lg N=14.22$。

5）超声冲击处理后，7A52 铝合金焊接接头在 2×10^6 循环周次下的疲劳强度提高了 46.7%，但该接头的断裂形式与冲击前一样，均为脆性断裂。

参 考 文 献

[1] LU K, LV J. Surface nanocrystallization (SNC) of metallic matels presentation of the concept behind a new approach[J]. Matels science and engineering, 1999, 15(3): 193-197.

[2] TIAN J W, VILLEGAS J C, YUAN W, et al. A study of the effect of nanostructured surface layers on the fatigue behaviors of a C-2000 super alloy[J]. Matels science and engineering, 2006, 15(10): 1-7.

[3] WANGT S, YU J K, DONG B F. Surface nanocrystallization induced by shot peening and its effect on corrosion resistance of 1Cr18Ni9Ti stainless steel[J]. Surface coatings technology, 2006(200): 4777-4781.

[4] 方培源，钟澄，曹永明．纳米化纯铁中 Al 扩散的深度剖析[J]．质谱学报，2009，30（2）：114-117.

[5] 张洪旺，刘刚，黑祖昆，等．表面机械研磨诱导 AISI304 不锈钢表层纳米化 I 组织与性能[J]．金属学报，2003，39（4）：342-346.

[6] 毕海香．纯铜表面纳米化及其扩散性能研究[D]．太原：太原理工大学，2007.

[7] DAI K, VILLEGAS J, SHAW L. An analytical model of the surface roughness of an aluminum alloy treated with a surface nanocrystallization and hardening process[J]. Scripta matelia, 2005(52): 259-263.

[8] 储继影，关占群，李占杰．喷丸强化效果和质量的表征指标及影响因素[J]．汽轮机技术，2003，45（4）：250-256.

[9] 王吉孝，王志平，霍树斌，等．16MnR 钢焊接接头表面纳米化及接头抗 H2S 应力腐蚀性能[J]．焊接，2005（2）：13-16.

[10] 周玉．材料分析方法[M]．2 版．北京：机械工业出版社，2004.

[11] 宋宝来．四方和六方晶系基本特征平行四边形表的统一及电子衍射花样的标定分析与改进[D]．湘潭：湘潭大学，2007.

[12] MUKHANOV I I, GOLUBEV Y M. Strengthening steel components by ultrasonically vibrating ball[J]. Vestn mashin, 1966, 11: 52.

[13] GUST W, PROKOPENKO H I, KOZLOV A V, et al. Ultrasonic shock treatment of welded joints[J]. Materials science, 1999, 35(5): 678-683.

[14] ZICHENG Q I, ZHENG Z, TANG S, et al. Development of ultrasonic testing equipment with rolling structure for steel plate detection[J]. Ordnance material science and engineering, 2016, 2(39): 76-80.

[15] LOBANOV L M, GARF E F. Estimation of life of metal tubular structure connections at ultrasonic peening treatment of welded joint zone[J]. Journal of constructional steel research, 1998, 46(1-3): 431-432.

[16] 杨彦涛，张永洋，余巍．超声冲击处理钛合金焊接接头的性能研究[J]．材料开发与应用，2007，22（1）：28-32.

[17] 李占明，朱有利，刘开亮，等. 超声冲击对 30CrMnSiNi2A 焊接接头组织与性能的影响[J]. 金属铸锻焊技术，2012，41（21）：150-152，156.

[18] 包晓燕，甘世明，春兰. 纯铝薄板 TIG 焊接残余应力测量[J]. 热加工工艺，2018，47（23）：182-185.

[19] 金辉，何柏林. 超声冲击技术强化机理的研究[J]. 热加工工艺，2018，47（16）：18-22，26.

第 9 章　7 系铝合金焊接接头表面纳米化的数值模拟

9.1　引　　言

如第 8 章所述，对焊接接头进行表面纳米化处理，可有效改善焊接接头的显微组织，从而提高焊接接头的显微硬度，并且其表面硬度的提高有益于磨损性能的改善，处理后形成的表面残余压应力能够改善焊接接头的疲劳性能，优化其服役性能，因此具有很好的应用前景。7A52 铝合金经表面纳米化处理之后，其表面的塑性应变和应力是难以观测到的，然而计算机模拟为深入研究表面纳米化前后应力应变的规律提供了可能，所以使用有限元模拟软件对 7A52 铝合金及其焊接接头进行表面纳米化的数值模拟，具有十分重要的理论意义。

数值模拟技术现在已经成为解决实际问题的重要手段，采用数值模拟技术可对试验过程进行多次重复模拟，方便对试验进行优化，同时通过对试验过程的数值模拟可帮助人们更形象的观察试验过程及结果，便于进一步的试验分析，提高试验的准确性。表面纳米化数值模拟与焊接应力场数值模拟不同，前者是为了使已经成形的焊缝获得更高的质量，其通过对焊缝表面进行机械模拟处理，使焊缝表面形成塑性变形层，以达到强化焊缝的作用，而进行焊接应力场数值模拟是为在对板材焊接时获得良好的焊接质量。赵建飞等[1]以有限元分析软件 ABAQUS 和 MSC.Fatigue 为平台，对 AZ31B 镁合金激光喷丸（laser shot peening，LSP）工艺过程进行数值模拟，结果表明，激光喷丸可以有效抑制疲劳裂纹扩展，延长疲劳寿命。王业辉[2]基于 ABAQUS 建立了 TC4 钛合金超声喷丸增强的三维有限元模型，结果表明，试样表面及亚表面每层残余压应力分布范围及残余压应力值均值增加，残余压应力层深度增加。黄海明[3]选取汽车后轴常用的 42CrMo 钢为研究对象，运用有限元分析和实验验证相结合的方法，建立高能喷丸有限元模型，结果表明，受喷试样表层形成的纳米梯度结构可以有效改善疲劳稳定性，弥补残余压应力松弛后抗疲劳性能的下降。王惠敏[4]运用有限元分析软件 ABAQUS 中的 CEL 方法建立了 TC4 铁合金湿喷丸过程有限元模型，结果表明，在一定试验参数下，喷丸对试样表面的强化作用明显。

本章以高能喷丸处理的数值模拟和超声冲击处理的数值模拟为例，利用大型有限元分析软件 ANSYS 和 ABAQUS 对 7A52 铝合金焊接接头表面纳米化过程中所产生的残余应力、塑性应变等进行数值模拟分析。

9.2　高能喷丸处理的数值模拟

本节利用 ANSYS 有限元软件，对固溶-人工时效处理后的焊接接头进行表面纳米化应力场的有限元分析，得到高能喷丸残余应力场的分布规律，探讨表面纳米化工艺参数（主要是喷丸时间）对焊接接头残余应力的影响规律。喷丸时间是高能喷丸工艺中的一个重要参数，如果喷丸时间过短，则不能达到喷丸强化效果；如果喷丸时间超过喷丸饱和时间，则实际喷丸效果也不明显，反而浪费了弹丸和时间。因此，本节通过高能喷丸表面纳米化应力场的有限元分析，寻找高能喷丸过程中的喷丸饱和时间，为焊接接头表面纳米化的试验研究提供理论指导。

9.2.1 高能喷丸工艺

采用高能喷丸技术实现 7A52 铝合金双丝 MIG 焊焊接接头的表面纳米化。弹丸材料为滚动轴承钢 GCr15，直径为ϕ6mm。高能喷丸工艺参数如表 9-1 所示。在振动频率为 50Hz 的情况下，设定高能喷丸时间分别为 10min、20min、30min、40min 和 50min。

表 9-1 高能喷丸工艺参数

弹丸装入量/g	喷射距离/mm	喷丸速度/（m/s）	喷丸时间/min	振动频率/Hz
500	33	60	10～50	50

9.2.2 施加载荷的计算

在利用高能喷丸技术实现表面纳米化的过程中，弹丸以一定的速率，多方向、长时间与试样表面发生碰撞，每次碰撞后都会在试样表面产生一个应力场。相应地，试样沿不同方向产生塑性变形，多次碰撞后，材料表面层的晶粒得以细化。在进行高能喷丸纳米化的应力场分析中，必须寻求一个高能喷丸压力与喷丸时间之间的函数，定义载荷矩阵，以 Table 表进行加载。但是，在高能喷丸过程中，弹丸运动无规律，目前无法得到高能喷丸压力与喷丸时间之间的函数。鉴于这种情况，对弹丸的运动过程进行了一些假设。

1）弹丸是沿垂直于试样表面的方向进行作用的。

2）在试样表面的某一位置，一个弹丸作用完毕，另一个弹丸随即作用其上，从而实现高能喷丸压力在作用面上的时间连续性。

以这两个假设为前提，可以将作用在试样表面的高能喷丸压力看成一个随喷丸时间恒定不变的力。针对一个弹丸的运动过程，利用动量定理可以求得高能喷丸压力 F，即

$$F\Delta t = m\Delta v \tag{9-1}$$

$$F = \frac{m\Delta v}{\Delta t} = \frac{\rho V \Delta v}{\Delta t} \tag{9-2}$$

$$p = \frac{F}{A} = \frac{\rho V \Delta v}{\Delta t A} \tag{9-3}$$

式中，p 为高能喷丸压力（MPa）；ρ 为弹丸的密度（取 7810kg/m^3）；V 为弹丸的体积，$V = \frac{4}{3}\pi \times (3\times 10^{-3})^3\ \text{m}^3$；$\Delta v$ 为速度的变化量，取 60m/s；Δt 为弹丸与被作用表面的接触

时间，约为$\left(\frac{1}{50}\times\frac{1}{3}\right)$s，本章取 5×10^{-3}s；A 为弹丸与被作用表面的接触面积，可以利用球冠表面积的计算公式进行计算，即

$$A = 2\pi R\cdot H = 2\pi\times3\times10^{-3}\times1\times10^{-3}\ (\mathrm{m}^2)$$

代入所取数据可得

$$p = \frac{\rho V\Delta v}{\Delta tA} = \frac{7810\times\frac{4}{3}\pi\times(3\times10^{-3})^3\times60}{5\times10^{-3}\times2\pi\times3\times10^{-3}\times1\times10^{-3}} = \frac{7810\times\frac{4}{3}\times27\times60}{30} \approx 0.56\ (\mathrm{MPa})$$

9.2.3　有限元计算过程

在计算前需进行以下设置：首先，对结构模型进行位移约束；其次，对纳米化表面上的所有节点施加高能喷丸压力；再次，进行载荷步选项设置，主要包括求解时间的设置和时间步长的设置，即按表 9-1 中高能喷丸时间的要求，需运算 5 次，其中时间步长应根据计算时间的长短来设置，施加荷载的计算中，在一个载荷步内，子步数取 20 左右为宜。所有设置完成后即可进行运算。

9.2.4　有限元计算结果与分析

经计算，本节分别得到了高能喷丸时间为 10min、20min、30min、40min 和 50min 后的残余应力场分布，各个高能喷丸时间的纵向和横向残余应力分布曲线如图 9-1～图 9-4 所示。

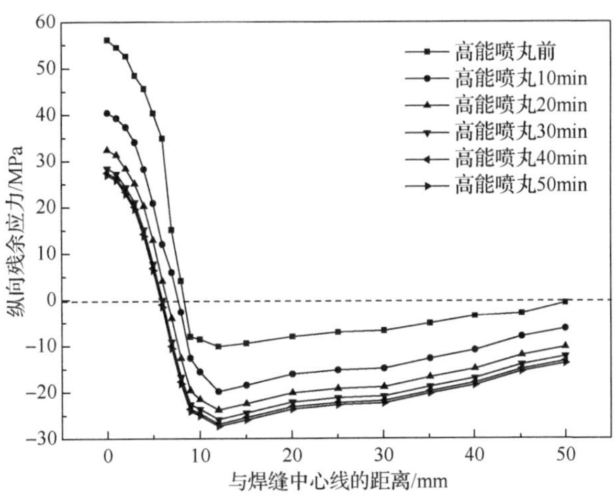

图 9-1　不同喷丸时间下沿路径 1 节点的纵向残余应力分布曲线

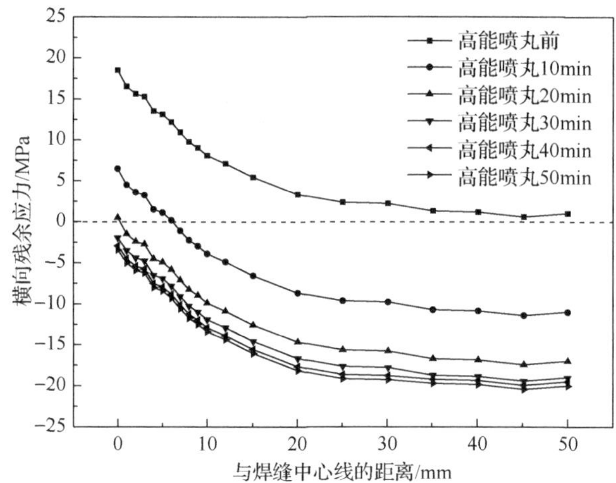

图 9-2　不同喷丸时间下沿路径 1 节点的横向残余应力分布曲线

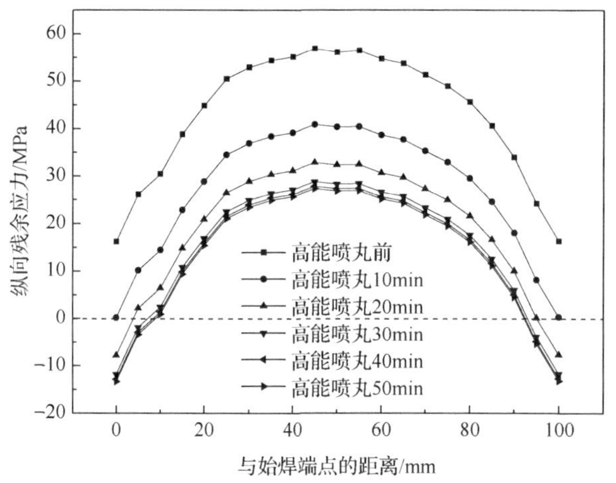

图 9-3　不同喷丸时间下沿路径 2 节点的纵向残余应力分布曲线

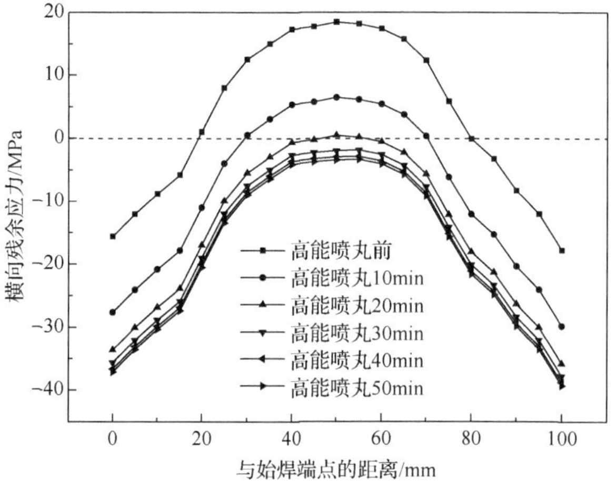

图 9-4　不同喷丸时间下沿路径 2 节点的横向残余应力分布曲线

从图 9-1～图 9-4 中可以看出，随着喷丸时间的增加，沿板宽和焊缝方向的纵向、横向残余应力的变化规律为拉应力逐渐减小并转化为压应力，压应力逐渐增大。原因是高能喷丸产生的残余压应力能够部分抵消焊接接头表面的残余拉应力，从而使残余压应力增大。此外，还可以看出，当高能喷丸时间超过 30min 后，残余应力值变化很小，说明高能喷丸饱和时间为 30min。

从图 9-1 中可以看出，当高能喷丸达到饱和后，焊缝区的最终纵向残余拉应力在焊缝中心处最大，最大值由高能喷丸前的 56MPa 减小到 27MPa，随着离开焊缝中心线距离的增加，拉应力逐渐降低并转化为压应力，最大压应力由高能喷丸前的 10MPa 增大到 27MPa，可知与焊缝距离越远，压应力值越低。

从图 9-2 中可以看出，当高能喷丸达到饱和后，沿板宽方向，焊接接头各区均为横向残余压应力，随着与焊缝中心线距离的增加，压应力逐渐增大，最大压应力为 20MPa。

从图 9-3 中可以看出，当高能喷丸达到饱和后，最终沿焊缝中心线方向上纵向残余应力的分布情况如下：两端为压应力，最大值为 13MPa；中间部位附近区域为拉应力，并在距离始焊端点 40～60mm 范围内形成一个稳定区，最大拉应力由高能喷丸前的 56MPa 减小到 27MPa。

从图 9-4 中可以看出，当高能喷丸达到饱和后，焊缝区均为横向残余压应力，两端数值最大，最大压应力由高能喷丸前的 17MPa 增加到 39MPa，中间部位附近区域数值最小。

9.3　超声冲击处理的数值模拟

在焊接完成后，应对构件的焊缝及热影响区采取适当的措施减小或消除焊接残余应力，以保证构件的受力安全。通过对焊接接头进行适当的超声冲击处理，可以减小或者消除焊接残余拉应力，并在表层引入有益的压应力，从而改善焊接构件的综合使用性能。本节采用 ABAQUS 有限元软件对 7A52 铝合金双丝 MIG 焊温度场及应力场、超声冲击处理焊接试样后应力场的变化进行数值计算分析，为确定合理的超声冲击处理工艺参数提供理论指导。材料本身的力学性能对计算焊接应力应变的影响较大，因此采用 Gleeble 热模拟试验对 7A52 铝合金的拉伸性能进行测验，获得不同温度、不同应变率条件下的应力-应变数据，通过该数据拟合获得材料的本构模型参数，为后续焊接和超声冲击处理有限元分析提供精确的材料模型。

9.3.1　本构模型研究

本节在准静态下进行拉伸试验，并且在 Gleelbe 热模拟试验数据的基础上，考虑焊接热循环温度历史对材料性能的影响，建立 7A52 铝合金材料的本构模型，为后续关于 7A52 铝合金材料焊接、表面硬化处理及机械加工有限元模拟计算提供准确的材料模型。本构模型是描述材料变形规律的一种数学模型，它在数值分析中作为输入数据模拟特定载荷下材料的响应，因此，本构方程的精确程度直接影响有限元计算精度。材料的流动应力与变形程度、应变速率、变形温度、组织结构和合金化学成分等因素有关。因此，对材料开展高温流变行为的研究，了解材料热变形的物理规律，建立本构方程，对材料热加工工艺的确定及金属塑性变形理论的研究均具有重要意义。

1. 7A52 铝合金不同加载条件下的力学性能

7A52 铝合金的 Gleeble 热模拟试验在应变率 $\dot{\varepsilon}$ 为 0.01～1s^{-1}、温度为 200～400℃的拉伸应力-应变曲线如图 9-5～图 9-7 所示。

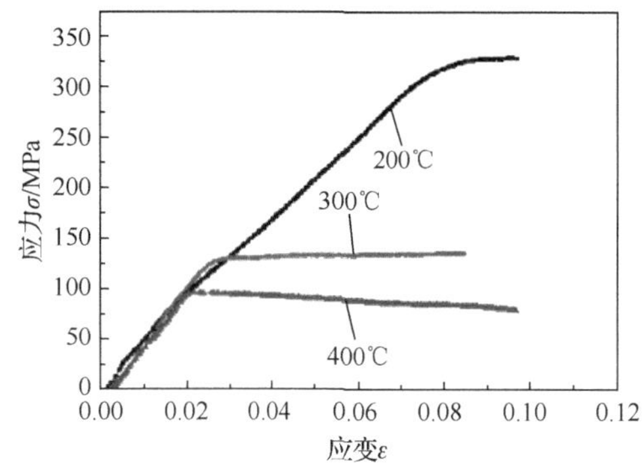

图 9-5　不同温度下的应力-应变曲线（$\dot{\varepsilon}$ =0.01s^{-1}）

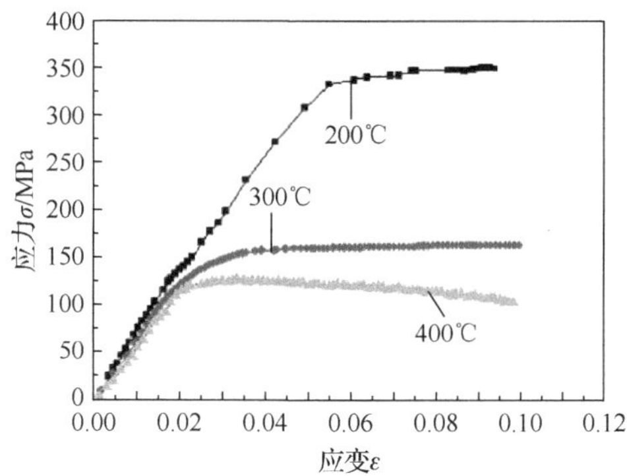

图 9-6　不同温度下的应力-应变曲线（$\dot{\varepsilon}$ =0.1s^{-1}）

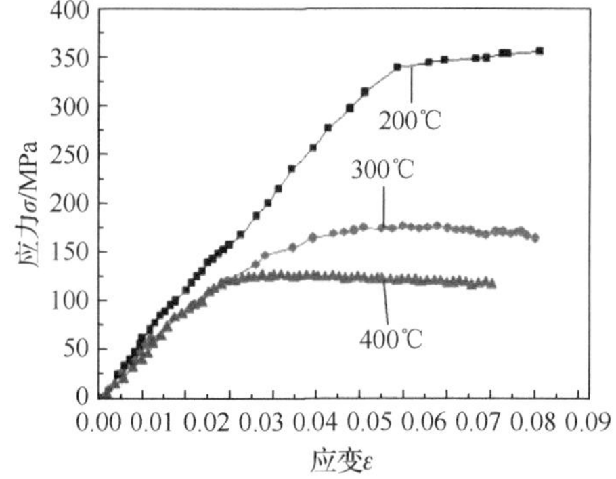

图 9-7　不同温度下的应力-应变曲线（$\dot{\varepsilon}$ =1s^{-1}）

从图 9-5～图 9-7 中可以看出，7A52 铝合金在拉伸试验中表现出明显的弹塑性特征。在弹性阶段，应力随应变的增加迅速直线上升，达到屈服强度后，流动应力上升较缓，且随着温度的升高，屈服强度下降明显，尤其是在 200～300℃的温度区间下降较为明显，且在温度高于 300℃后，进入塑性变形阶段后，应变硬化性能显著降低，逐渐转变为应变软化特性。

由试验数据可知，7A52 铝合金的屈服强度随温度变化的曲线如图 9-8 所示。在 7A52 铝合金的 Gleeble 热模拟试验中，当材料的应力小于屈服应力时，随着温度的升高，应力-应变曲线的弹性区直线越来越短，为了准确计算弹性模量，采用较小应变时测得的应力计算弹性模量较为合理。经过计算，7A52 铝合金的弹性模量随温度变化的曲线如图 9-9 所示。室温下的屈服强度和弹性模量通过 7A52 铝合金准静态拉伸试验获得，对于材料接近熔点及高于熔点的屈服强度和弹性模量曲线则采用线性外推拟合法获得。

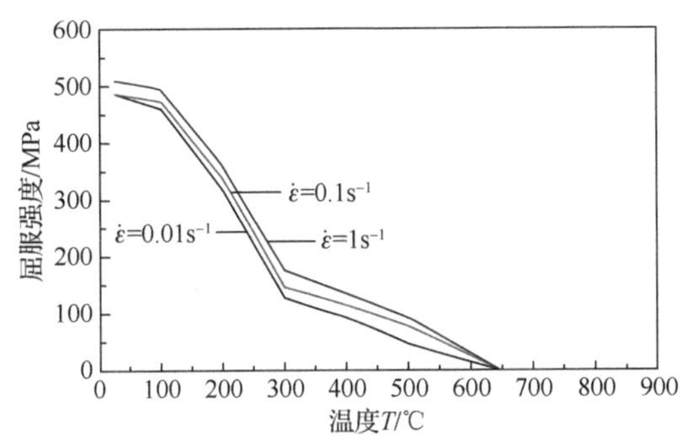

图 9-8　屈服强度随温度变化的曲线

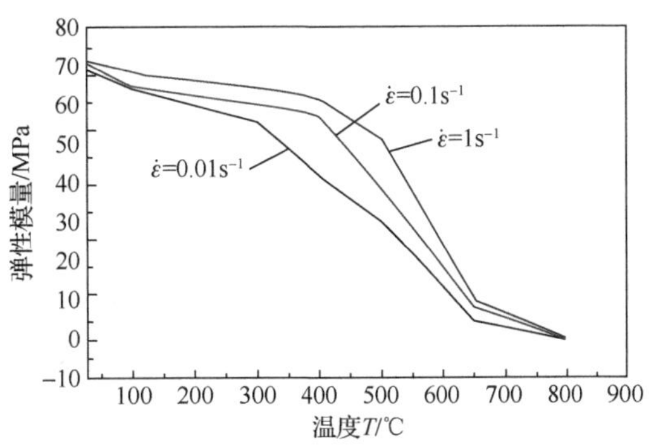

图 9-9　弹性模量随温度变化的曲线

2. 7A52 铝合金本构模型的建立

本构模型是描述材料加工变形规律的一种数学模型，它在数值分析中作为输入数据来模拟特定载荷下材料的响应。因此，本构方程的精确程度直接影响模拟精度[5]。材料的流动应力与变形程度、应变速率、变形温度、材料的组织结构和合金化学成分等因素有关，为此根据常温下的准静态拉伸试验和 Gleeble 热模拟拉伸试验中的数据，建立 7A52 铝合金的 Johnson-Cook 本构方程，然后将建立的 Johnson-Cook 模型作为输入数据，采用有限元软件 ABAQUS 建立 7A52 铝合金不同应变率在不同温度条件下的有限元模型，将数值计算结果与试验结果进行对比，证明该模型的准确性。

在 Gleeble 热模拟拉伸试验中，温度 T=400℃时，应变率分别取 0.01s^{-1}、0.1s^{-1}、1s^{-1}，应力-应变数据拟合获得应变率常数 C 为 0.105。此外，为了计算温度软化系数 m，选取 $\dot{\varepsilon}=\dot{\varepsilon}_0=0.1\text{s}^{-1}$，从而忽略应变率对该温度下应力的影响。因此，取 7A52 铝合金的 Gleeble 热模拟拉伸试验在应变率为 0.1s^{-1}，温度分别为 200℃、300℃、400℃时的应力-应变数据，计算可知温度软化系数 m 为 0.65。此时，Johnson-Cook 模型中的 4 个参数已经确定。将确定的参数代入 Johnson-Cook 本构方程中，通过在 MATLAB 中编制 m 的函数文件，计算获得应力-应变曲线与试验应力-应变曲线，并进行比较，得出结果为温度取 300℃比较合理。

最后对 Johnson-Cook 本构模型进行修正。对温度软化项修正后的 Johnson-Cook 模型为

$$\sigma=(A+B\varepsilon^n)\left[1+C\ln\left(\frac{\dot{\varepsilon}}{\dot{\varepsilon}_0}\right)\right]\left[1-\left(\frac{T-T_0}{T_\text{m}-T_0}\right)^m\right]\left[\frac{1}{1+\left(\dfrac{T}{T_\text{c}}\right)^{m_1}}\right] \tag{9-4}$$

式中，σ 为等效应力；A 代表材料室温时的屈服强度（$R_{\text{p}0.2}$）；B 为加工硬化模量；n 为硬化指数；C 为应变率常数；m 为温度软化系数；ε 为等效塑性应变；$\dot{\varepsilon}$ 为等效塑性应变率；$\dot{\varepsilon}_0$ 为应变率参考值（取 0.1s^{-1}）；T_0 为参考温度，通常为室温或环境温度 25℃；T_m 为材料的熔点温度；T_c 为临界转变温度；m_1 为温度软化指数，可通过试验确定。

9.3.2　有限元模型建立

焊接数值模拟技术是通过编制计算机程序求解定量描述与焊接过程相关因素联系和变化规律的数学模型的一种技术。随着计算机技术的迅速发展，数值模拟技术在各行各业得到了广泛应用，尤其对焊接工艺的研究具有重要意义。原因之一是数值模拟技术可以大大节约人力、物力和时间成本，减轻人们在实验室进行大量试验的负担。此外，在试验过程中，有些复杂难懂的问题依靠单纯的试验很难准确弄清问题的关键，数值模拟技术可以帮助人们找到关键的影响因素。

1. 建立焊接模型

利用有限元软件 ABAQUS 进行 7A52 铝合金双丝 MIG 焊有限元模型建模。焊接过程的模拟计算属于非线性瞬态分析，因此本节采用的是顺序耦合方式求解温度场和应力应变场。试样几何尺寸为 300mm×150mm×8mm，焊接模型考虑焊缝余高，当焊接模拟参数与实际焊接参数相同时，所得的焊接模型余高为 1mm。进行网格划分时，根据平板对接焊接接头的特性，在对焊接区域与母材区域进行分割时，大多数区域以 Structured 网格生成的方式进行划分，网格大小过渡区域采用 Swept 方式进行划分。单元计算采用 ABAQUS/Standard，采用温度位移耦合的三维实体单元类型 C3D8T，最小单元尺寸为 0.5mm×1.00mm×1.00mm，节点数为 30390，单元数为 24605。

焊接有限元计算是在 ABAQUS/Standard 中进行的，通过将几何体离散成扩散热传导单元，其中单元所用的材料属性是通过温度相关的函数来进行热传导分析计算的。因此，在模拟计算温度和应力的焊接过程中，需要确定材料的热物理性能参数，其中在计算温度场时需要确定的参数包括密度、比热容、热导率；在计算应力场时需要确定的参数包括弹性模量、泊松比、线膨胀系数及材料本构关系中的各个参数。有限元模拟计算的应力采用之前建立的 Johnson-Cook 本构模型。焊接有限元模型中的材料模型选热弹塑性，属于材料非线性。材料遵循 von-Mises 屈服法则，塑性区符合流变法则，并假设各向同性硬化。焊丝材料采用 ER5356。

载荷、边界条件等均随分析步的不同而变换，因此必须先确定分析步。在模拟 7A52 铝合金双丝 MIG 焊接过程中，将求解过程划分为两个阶段：前一阶段为焊接热源加热、填料过程，该阶段共分为 30 个分析步，热源移动速度为 7.5mm/s，焊缝总长 300mm，因此总时长为 40s；后一阶段为室温自然冷却过程，有 1 个分析步，总时长为 2400s，以上分析步类型为通用的温度位移耦合模型，采用牛顿-拉弗森（Newton-Raphson）法来求解。

采用的约束与实际焊接相同，在试样底部 B、C 点处（图 9-10）的 z 方向施加位移约束，对起始焊处试样底部的 A 点施加 x 方向的位移约束，对焊接终点试样底部的 D 点处施加 y 方向的位移约束和 x、z 两个方向的转动约束，防止整个试样在焊接过程中的整体刚性移动，以模拟夹具的作用。

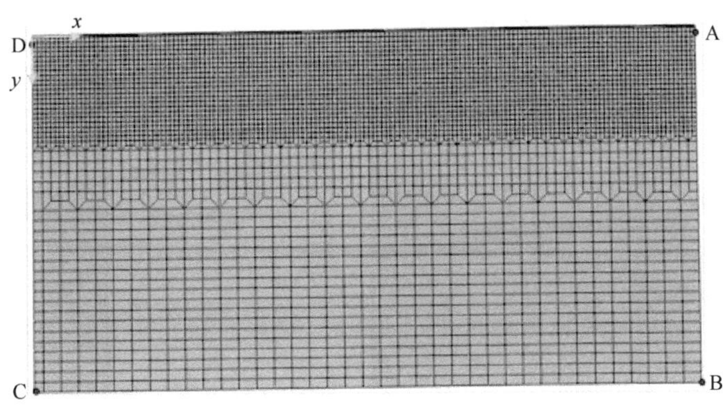

图 9-10　施加约束的位置

为了模拟焊接接头材料随热源的移动逐步填充的过程，本节采用生死单元的方法，在焊接之前，“杀死”所有焊缝单元，考虑刚度矩阵的稳定性，将“杀死”的单元的材料属性设定一个很小的值，使其作用降至最小，然后随着热源的移动，逐步将该单元材料属性恢复至原值。

2. 计算结果与分析

图 9-11 所示为焊接速度为 75mm/s 的纵向残余应力随垂直焊缝中心线的距离变化曲线。由图 9-11 可知，当焊接加热 9.38s 时，热源距离起始焊位置为 70.35mm，此时还未到达焊缝中点，纵向残余应力很小；当焊接加热 20.1s 时，热源到达焊缝中点，该点处的焊料开始熔化，熔池区域应力接近零，与焊接熔池相近的高温区材料受到周围冷态材料的约束，产生不均匀的压缩塑性变形，因此该区域产生纵向应力为较小的压应力；当焊接热源移动 29.48s（即热源移动至 221.1mm）时，焊缝中心点正在冷却过程中，经前期加热发生压缩塑性变形的该部分材料受到周围金属的约束作用而不能自由收缩，从而产生拉应力；随着时间的增加，试样进一步冷却，在焊缝中心处的纵向拉应力受到周围母材更大的制约，从而产生越来越大的拉应力，而远离焊缝中心位置处则产生越来越大的纵向拉应力，最后形成较大的残余拉应力。由图 9-11 可知，沿垂直焊缝中心线的纵向残余应力在焊缝处为拉应力，远离焊缝位置的母材区为压应力，该纵向残余应力曲线相对于焊缝中心线呈现出相关文献中提到的双峰特征，可能原因之一是焊接 7A52 铝合金的焊丝为 5 系铝合金，其屈服强度小于母材。另外，焊接时铝合金受热膨胀，且铝合金的热导率比较大，压缩变形量降低，残余应力也降低，因此呈现焊缝中心纵向拉应力小而两边大的双峰特征。由图 9-11 可知，焊接接头的纵向应力在冷却过程中，拉应力逐渐增加，但其分布规律基本与最终形成的残余应力一致。图 9-12 所示为焊接加热和冷却后的横向应力随垂直焊缝中心线的距离变化曲线，最大横向应力为 84.5MPa，远小于纵向应力，焊接接头的横向应力在冷却过程中分布规律基本一致，且逐渐增大。

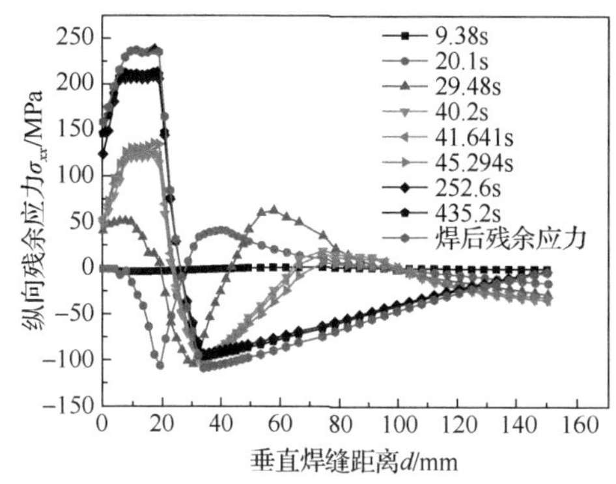

图 9-11　纵向残余应力的变化曲线

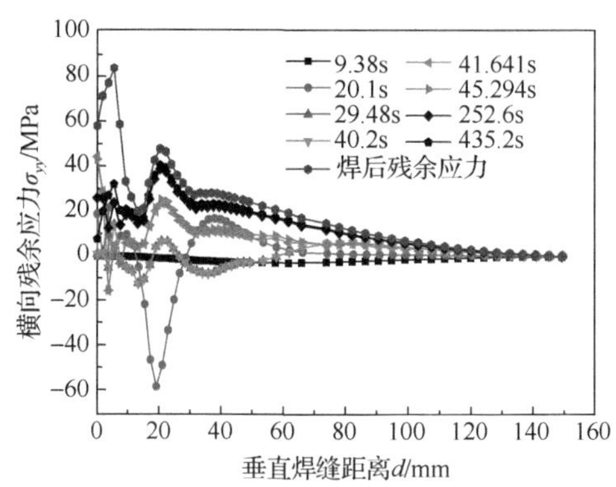

图 9-12　横向残余应力的变化曲线

9.3.3　超声冲击处理金属材料塑性变形理论

1. 超声冲击处理有限元模型的建立

本节建立超声冲击过程的动力学模型，通过理论计算预测产生残余应力分布及超声冲击处理过程中各参数对残余应力的影响程度，从而找到关键参数，达到合理调整超声冲击处理参数的目的，这对提高材料的使用性能具有重要的现实意义。

首先，对超声冲击模型尺寸进行确定。采用 ABAQUS 软件建立单根冲击针的超声冲击有限元模型，如图 9-13 所示。

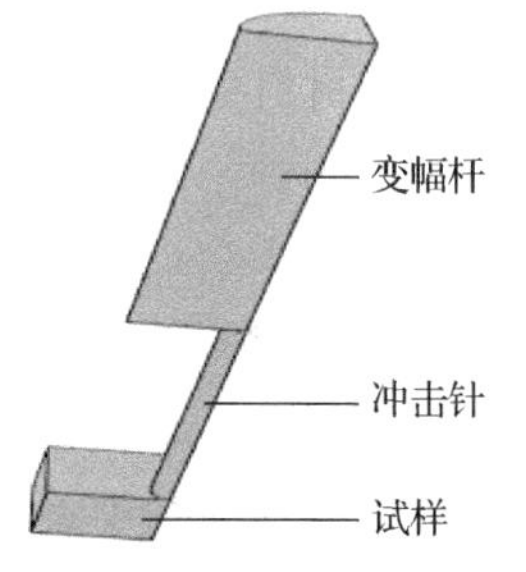

图 9-13　单针超声冲击有限元模型

为了提高计算效率，所建模型为 1/4 模型，其中试样尺寸为 10mm×10mm×8mm，试样上的冲击针的直径为 4mm，高为 30mm，定义冲击针针头顶点参考点为 RF1，冲击针上面是直径为 18mm、高为 40mm 的圆柱形变幅杆，与冲击针接触处的变幅杆轴心定义为参考点 RF2。图 9-13 中从上往下是变幅杆、冲击针、试样，其中变幅杆和冲击针的轴心在一条直线上。

其次，进行网格划分。为了提高计算效率，通过多次测试，最终确定试样接触区的最小单元尺寸为 0.1mm×0.1mm×0.1mm，既能满足应力场的计算精度又能兼顾计算效率。整个模型网格划分采用八节点线性减缩积分单元 C3D8R，单元数量为 15884，节点数量为 18529。

试样采用 7A52 铝合金的材料属性，冲击针和变幅杆为 Q235 钢，具体属性如表 9-2 所示。

表 9-2　试样、冲击针和变幅杆的力学性能

材料	密度/（kg/m^3）	弹性模量/GPa	泊松比
试样	2830	71	0.33
冲击针	7800	210	0.3
变幅杆	7800	210	0.3

最后，进行接触与边界条件的设置。采用显式时间积分求解超声冲击过程，分析步设为 Dynamic-Explicit。分别对变幅杆、冲击针和试样定义对 x、y 轴的对称面约束，对变幅杆参考点 RF2 和冲击针参考点 RF1 设置除 z 方向的位移约束，对试样底部实行全固定约束。为了模拟半无限三维实体，将试样的侧面与底面设置为无反射边界。根据实际超声冲击时工作频率和输出振幅对变幅杆参考点 RF2 设置一个 z 方向的频率为 20kHz、振幅为 20μm 的周期位移函数。

2. 计算结果

采用有限元软件 ABAQUS 建立单针超声冲击模型，冲击针对试样冲击后形成的凹坑轮廓如图 9-14 所示，其直径为 0.742mm。此外，实际冲击针冲击试样产生的凹坑平均直径可以通过放大测量获得，为了能够清晰地测量凹坑的大小，在冲击频率为 20kHz、冲击振幅为 20μm、冲击针直径为 4mm 的条件下，特意在各个不同的位置进行处理，测量 20～30 个凹坑直径，然后取平均值，即为冲击产生的凹坑直径。图 9-15 所示为实际单针冲击试样形成的凹坑大小，实测冲击凹坑平均直径为 0.751mm，而通过前述超声冲击所建数学模型计算所得凹坑直径为 0.714mm，三者基本一致，因此验证了超声冲击处理数学模型和有限元计算的准确性和有效性。其中，1～24 表示超声冲击凹坑的序号；d_i（i=1,2,…,24）表示凹坑直径。

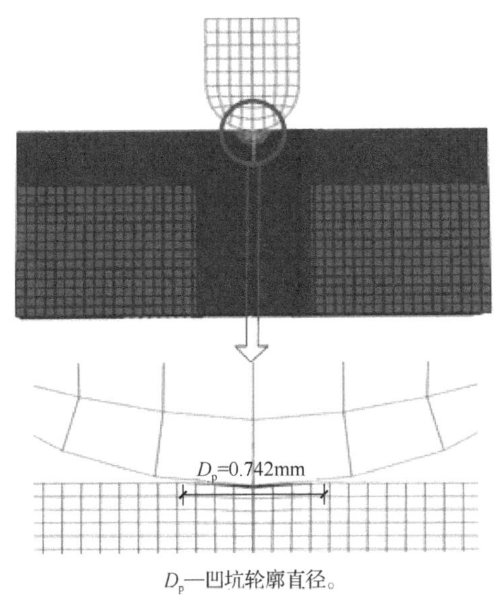

图 9-14　超声冲击处理形成的凹坑轮廓

d_1=0.824mm	d_2=0.712mm
d_3=0.704mm	d_4=0.708mm
d_5=0.707mm	d_6=0.706mm
d_7=0.704mm	d_8=0.808mm
d_9=0.709mm	d_{10}=0.822mm
d_{11}=0.702mm	d_{12}=0.810mm
d_{13}=0.809mm	d_{14}=0.705mm
d_{15}=0.817mm	d_{16}=0.822mm
d_{17}=0.813mm	d_{18}=0.708mm
d_{19}=0.809mm	d_{20}=0.808mm
d_{21}=0.706mm	d_{22}=0.703mm
d_{23}=0.708mm	d_{24}=0.706mm

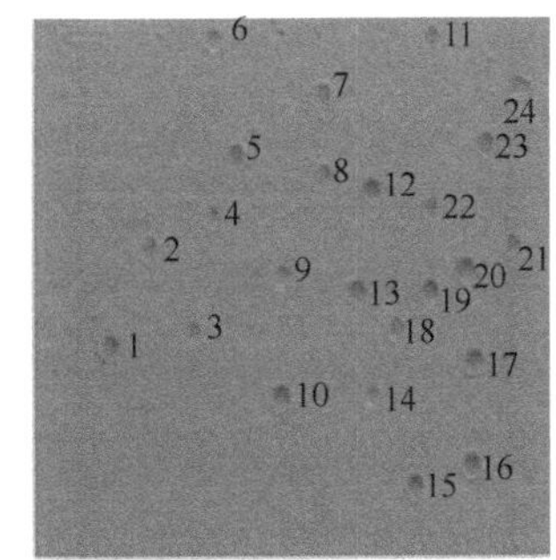

平均凹坑直径为0.751mm

图 9-15　超声冲击凹坑直径

为了进一步验证以上模型的准确性，将同样大小的试样进行与模拟相同参数的冲击处理，利用 XRD 测量残余应力的方法，测量冲击试样中心点处的 z 方向的残余应力，然后通过电解的方法逐层减薄剥离测得沿试样深度方向的残余应力并将它与计算结果进行比较，通过控制电解的时间控制减薄的厚度。

冲击针半径为 2mm、高为 30mm，变幅杆半径为 9mm、高为 40mm，将冲击针与变幅杆等效为一个相同体积的圆球，其等效半径 R_{eq} 为 13.6mm。将其代入 MATLAB 计算应力应变程序中，设为冲击针半径，并且 MATLAB 计算残余应力时的弹性模型、泊松比、密度等物理参数均与 ABAQUS 软件所建模型参数相同，计算结果如图 9-16 所示。图 9-16 所示为沿试样厚度方向的 z 方向应力 σ_{zz} 的有限元计算值、MATLAB 计算值及试验值，由图 9-16 可知，三者结果吻合较好，证明了超声冲击处理有限元模型及数学模型的准确性，可以采用该有限元模型进行应力计算，并且可以采用该超声冲击处理数学模型进行理论分析。

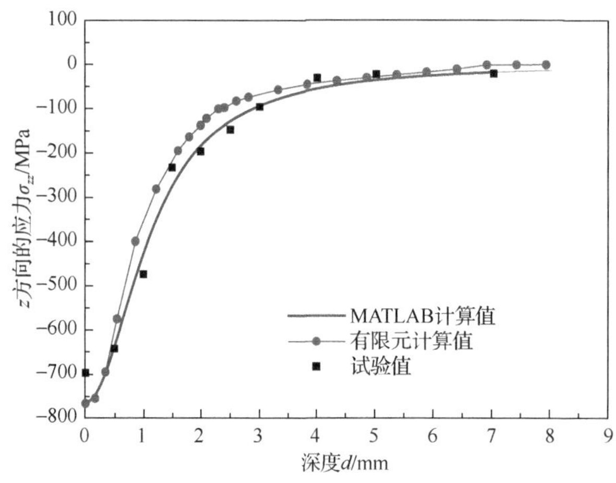

图 9-16　试样厚度方向应力 σ_{zz}

为了分析冲击针半径对试样产生应力的影响程度，分别取半径为 1mm、2mm、4mm 和 8mm 的冲击针进行计算，获得 z 方向应力沿试样深度方向的分布曲线，如图 9-17 所示。由图 9-17 可知，冲击针半径分别为 1mm、2mm、4mm 和 8mm 时，试样表面产生的 z 方向压应力分别为 683.6MPa、731.3MPa、738.8MPa 及 741.2MPa，距离试样表面 1mm 处的压应力值分别为 77.6MPa、298.6MPa、509.8MPa 及 656.7MPa。由此可知，冲击针半径对试样表面应力的影响较小；随着冲击针半径的增大，z 方向应力也相应增大，且不同半径的冲击针随距靶材表面距离增大 z 方向应力增大，规律一致；随着冲击针半径的增大，产生的 z 方向压应力层厚度增加，原因是采用较大的冲击针半径对试样会产生较大的冲击接触半径，冲击针半径增加，冲击接触半径会增大，产生的应力也会相应增大。

为了研究冲击针不同冲击速度对应力的影响，分别取冲击速度为 5m/s、10m/s、20m/s、40m/s 和 80m/s 的冲击针进行计算，z 方向应力沿厚度方向的应力变化如图 9-18 所示。由图 9-18 可知，冲击速度分别为 5m/s、10m/s、20m/s、40m/s 和 80m/s 时，冲击点处的 z 方向压应力分别为 426.3MPa、562.5MPa、742.2MPa、979.3MPa 及 1292.2MPa。冲击速度对试样表层冲击点处的 z 方向应力影响较大，随着冲击速度的增大，压应力增大，且压应力层会显著加大。

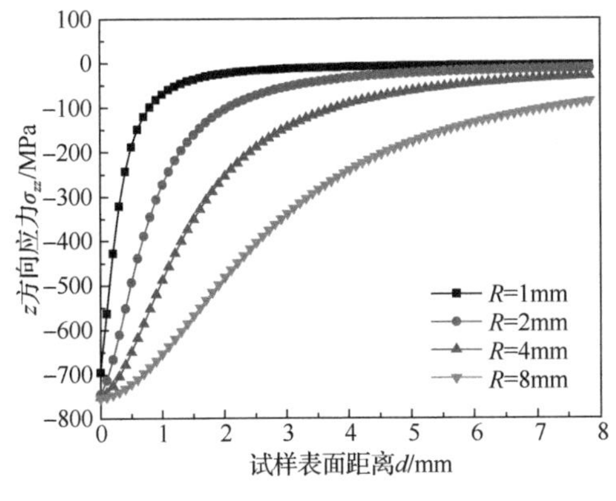

图 9-17　冲击针半径对 z 方向应力的影响

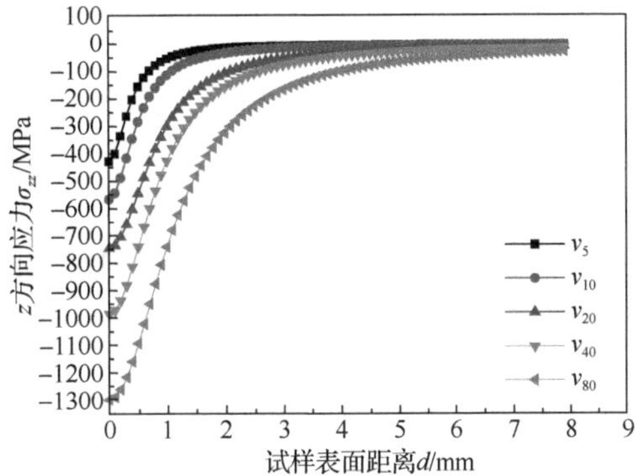

图 9-18　冲击速度对 z 方向应力的影响

为了研究冲击针不同冲击振幅对应力的影响，分别取冲击振幅为 10μm、20μm、40μm 和 60μm 的冲击针进行计算，z 方向应力沿厚度方向的应力变化如图 9-19 所示。由图 9-19 可知，冲击振幅对 z 方向应力影响较大，随着冲击振幅的增加，表层 z 方向压应力也逐渐增大，但是实际超声冲击设备的冲击振幅增大趋势有限，因此可以在冲击硬件设计方面进行改进，以加大对振幅改变的力度。

同样的，分别取冲击频率为 100Hz、10kHz、15kHz、20kHz 和 25kHz 的冲击针进行计算，z 方向应力沿厚度方向的应力变化如图 9-20 所示。由图 9-20 可知，冲击频率对 z 方向应力也有影响，随着冲击频率的增加，表层 z 方向压应力也逐渐增大，但增大的幅度较小。

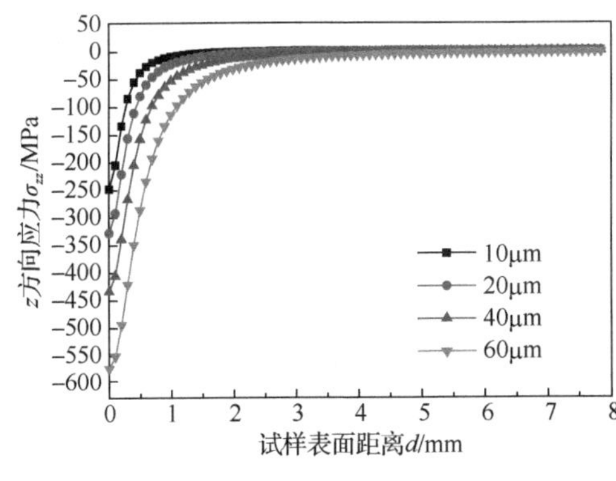

图 9-19　冲击振幅对 z 方向应力的影响

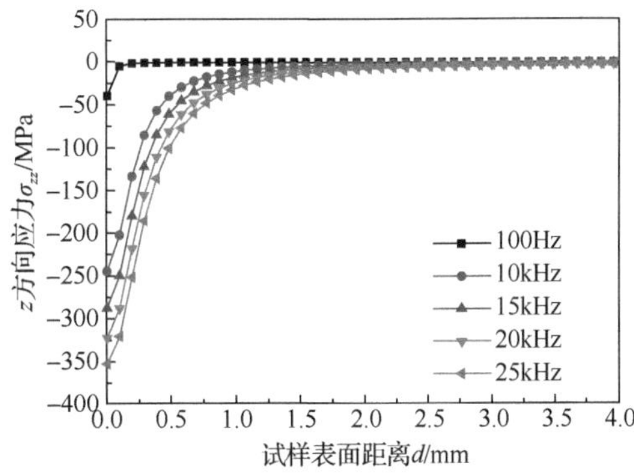

图 9-20　冲击频率对 z 方向应力的影响

本节，首先根据试样在超声冲击处理下的弹塑性变化过程建立了超声冲击处理的数学模型，将试样、冲击针、冲击工艺过程与冲击后残余应力之间建立了联系；然后，通过 MATLAB 对模型进行计算，通过有限元软件 ABAQUS 模拟超声冲击处理模型，将二者的计算结果与试验结果进行对比分析，结果表明理论计算和有限元模型计算结果与试验结果一致，证明了二者的准确性。此外，通过改变影响超声冲击处理后应力变化的因素，如冲击针半径、冲击速度、频率、振幅等参数，发现冲击针半径对试样表层应力的影响较小但对产生压应力层厚度影响较大；随着冲击针半径的增大，产生的 z 方向压应力层厚度增加。冲击速度对试样表层应力影响较大，随着冲击速度的增大，压应力增大，且压应力层会显著加大；冲击振幅和频率均会增加压应力值与压应力层的厚度。综上可知，以上结论可以为后续研究提供相关参考。

9.3.4 超声冲击处理对焊接残余应力影响的数值模拟

采用有限元软件 ABAQUS 对 7A52 铝合金双丝 MIG 焊温度场及应力场、超声冲击处理焊接试板后应力场的变化进行数值计算分析，以便为确定合理的超声冲击处理工艺参数提供理论指导。

1. 超声冲击处理与焊接耦合模型的建立

首先，采用 ABAQUS/Standard 求解器计算铝合金试样焊接过程；然后，将焊接计算后的残余应力应变场计算结果传递到 ABAQUS/Explicit 中进行超声冲击处理后续分析；最后，建立超声冲击处理与铝合金焊接耦合模型。

被冲击试样为焊后试样，试样尺寸与焊后变形试样大小一样，材料属性的设置与焊接模型中的设置一致，冲击针直径为 4mm、高为 30mm，冲击针材料属性的设置与 9.3.3 节相同，由于不考虑冲击针的变形，故将其设为刚体。焊后试样网格类型为 C3D8T 共计 23785 个，节点数为 27612 个；冲击针网格划分类型为 C3D8R 共 8220 个，节点数为 9051 个。

超声冲击处理过程中，冲击针头将静压力（一般为超声冲击设备自重与操作时的下压力）和输出端超声冲击振幅作用在材料表层，冲击针头的振动频率会随着实际接触工况发生变化，而不是固定地持续在其空载输出频率。此外，冲击针振幅只是一个理论数据，不能客观地体现冲击针对试样的实际冲击情况。当给定静压力及振幅时，冲击针实际作用在试样上的动态冲击力具有特定频率和幅值大小的正弦或余弦函数变化。但是，由于静压力与操作人在操作时对冲击针施加的力有关，除非采用自动冲击设备能够确定该值，否则静压力的变化情况也比较复杂。因此，需要采用其他加载形式，可以在冲击针头 RP 处（参考点 RP 如图 9-21 所示）施加 z 方向（即板厚度方向）的位移载荷，从而使试样表面产生塑性变形，位移载荷的大小需要结合实际超声冲击凹坑的实际深度来确定，可以通过测量塑性变形在厚度方向上的实际变化值，但是由于有弹性应变的存在，在软件中施加的位移载荷要比实际测量值要大，施加实际超声冲击处理时的频率的正弦波位移载荷。因此，通过在冲击针参考点 RP 施加 z 方向（即板厚度方向）的正弦函数周期性变化的位移载荷来模拟超声冲击处理加载情况，这种周期变化的正弦量通过傅里叶函数加载，傅里叶函数为

$$D(t) = D_0 + \sum_{n=1}^{\infty}(a_n \cos n\omega t + b_n \sin n\omega t) \tag{9-5}$$

式中，D_0 为初始位移量；n 为谐波个数；a_n、b_n 为谐波振幅；ω 为冲击波角频率，即 $\omega = 2\pi f$。对于正弦波，n=1，a_n=0，其余参数根据超声冲击不同工艺参数得出。

工作头与被处理平面之间设置接触对，采用罚函数接触运算法则，库仑摩擦系数为 0.1。另外，对冲击针沿试样焊接接头的长度方向施加一定的冲击速度，实现连续冲击载荷的施加，根据每次移动的间隔来保证冲击连续，以完成对整个试样接头长度的冲击处理。

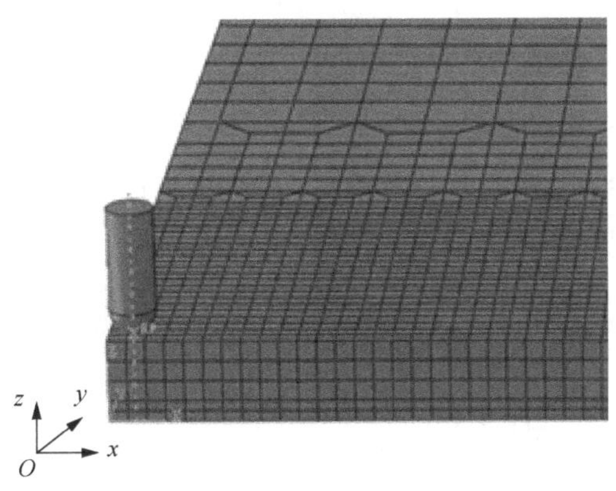

图 9-21　超声冲击针与试样的有限元模型

2. 冲击处理位置对焊接残余应力的影响

为了研究超声冲击处理位置对焊接残余应力分布的影响，分别对焊缝中心和焊趾沿焊缝长度方向进行冲击处理，垂直于焊缝中心的距离为 150mm 处的纵向残余应力分布如图 9-22 所示。由图 9-22 可知，对焊缝中心进行处理后，其焊缝中点处压应力为 55.9MPa，压应力最大值为 90.4MPa，位于距离焊缝中心 1.8mm 处，且焊缝处的压应力区间为与焊缝中心相距 0～3.7mm 处。而对焊趾处进行超声冲击处理后，其焊缝中心处为 54.3MPa 的拉应力，其压应力区间为与焊缝中心相距 0.9～11.6mm 处，最大值位于与焊缝中心的距离为 7.6mm 处，值为 147.9MPa。由此可知，超声冲击处理位置对焊件残余应力影响较大，且对焊趾进行超声冲击处理能够显著增加焊缝处残余压应力值及范围。

图 9-23 所示为不同超声冲击处理位置的横向残余应力分布。由图 9-23 可知，超声冲击处理能够极大地降低焊接接头处横向拉应力，对焊趾进行冲击比对焊缝处冲击产生横向残余压应力范围更大。综上所述，在实际超声冲击处理对焊接件进行处理时，对焊趾处冲击产生的压应力范围大且应力值也大。因此，建议对焊件的焊趾处进行冲击处理，效果更好。

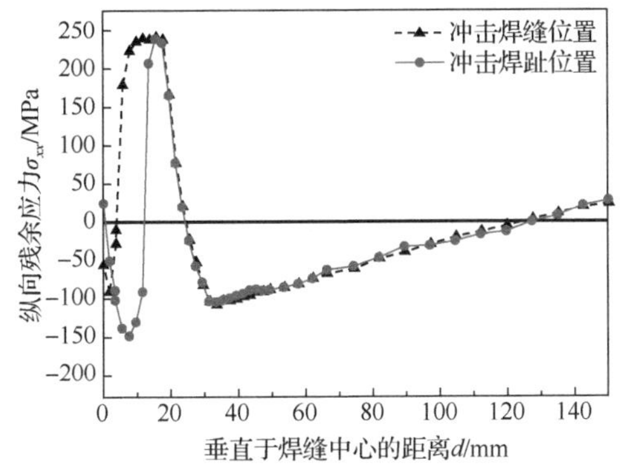

图 9-22　不同超声冲击处理位置的纵向残余应力分布

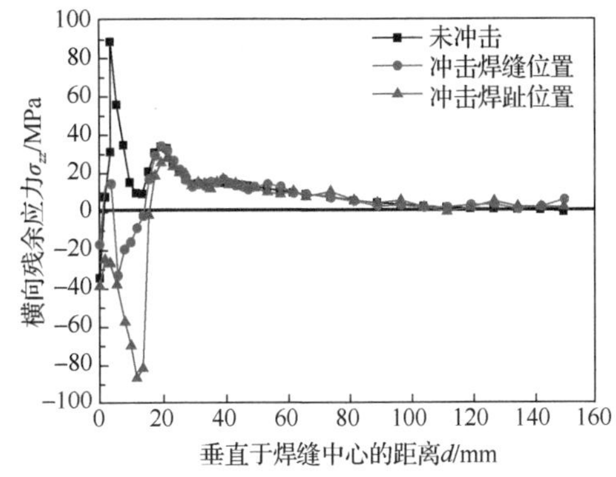

图 9-23　不同超声冲击处理位置的横向残余应力分布

3. 冲击针冲击速度对焊接残余应力的影响

为了研究冲击针不同的冲击速度对超声冲击处理后强化应力场的影响，分别取冲击速度为 5mm/s、10mm/s、20mm/s、30mm/s 和 40mm/s 的情况，对焊趾处进行冲击处理，垂直于焊缝中心的距离为 150mm 处的纵向残余应力分布如图 9-24 所示。

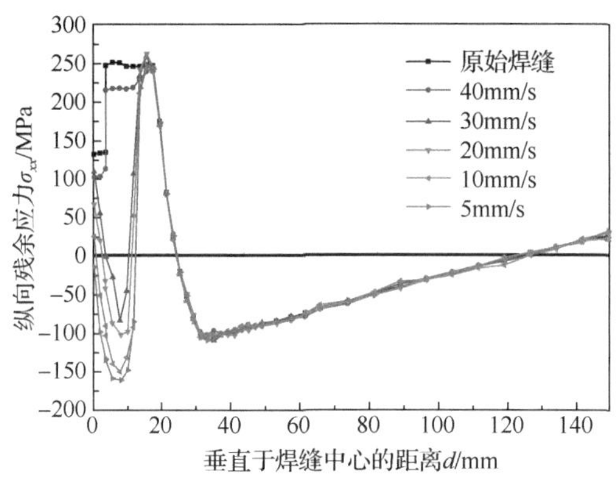

图 9-24　不同冲击速度下的纵向残余应力分布

由图 9-24 可知，冲击针的冲击速度为 5mm/s、10mm/s、20mm/s 和 30mm/s 时，其纵向残余应力分布规律基本一致，且随着冲击速度的增加，其焊缝接头处的残余压应力逐渐较小，压应力产生的范围也有明显的减小。其中，冲击速度为 5mm/s 和 10mm/s 时，产生的压应力数值变化范围不大。为了提高超声冲击处理效率，在实际操作中选取 10mm/s 的冲击速度即可得到较好的效果。当冲击速度增大到 40mm/s 时，此时在接近焊缝位置处未出现压应力，而是在原来焊接残余应力基础上的拉应力有一定的减小，由此可知，当冲击速度超过 40mm/s 时，此时的超声冲击处理处于欠处理状态，没有达到想要得到的压应力。

4. 冲击针直径对焊接残余应力的影响

考虑不同直径的冲击针对超声冲击处理后应力场的影响，取直径分别为 4mm、6mm 和 8mm 的冲击针，以 10mm/s 的冲击速度对焊趾沿焊缝方向进行冲击处理，垂直于焊缝中心的距离为 150mm 处的纵向残余应力分布如图 9-25 所示。

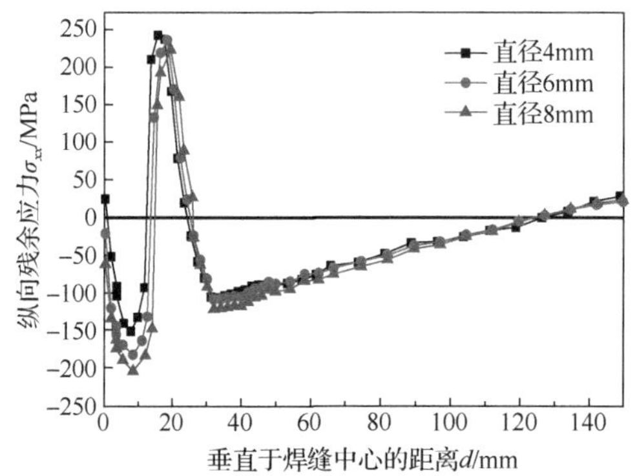

图 9-25　不同超声冲击针直径的纵向残余应力分布

由图 9-25 可知，冲击针直径分别为 4mm、6mm 和 8mm 时，产生的最大压应力分别位于 7.6mm、8.2mm、8.3mm 处，压应力值分别为 147.9MPa、178.4MPa 及 199.8MPa；焊缝中心点纵向应力值分别为 24.3MPa、-20.5MPa 及-59.9MPa，并且与焊缝中心相距 11.6mm、12.4mm 及 13.9mm 处为压应力区间。由此可知，随着冲击针直径的增大，其接头处压应力值增加，且产生的纵向残余压应力区间增大。

5. 冲击振幅对焊接残余应力的影响

为研究超声冲击针输出振幅对焊后残余应力的影响规律，设置静压力为超声冲击设备自重，频率为 20kHz，振幅分别取 20μm、30μm、40μm、50μm 和 60μm，沿焊缝方向对焊趾进行冲击处理。

图 9-26 所示为不同超声冲击处理振幅下的纵向残余应力分布。振幅为 20μm、30μm、40μm、50μm 和 60μm 时，焊缝附近一定范围内均能产生一定的压应力，最大压应力值分别为 69.7MPa、114.2MPa、136.2MPa、157.9MPa 和 171.2MPa，产生的最大压应力的位置均为与焊缝中心的距离保持一定距离的位置，即产生的压应力区间分别为 3.81mm、7.77mm、11.1mm、11.6mm 和 11.8mm 处。由此可知，随着冲击振幅的增加，其接头处压应力值会增加，且产生的纵向压应力区间会增大，但振幅增加到一定数量，压应力值增加幅度有所减小。

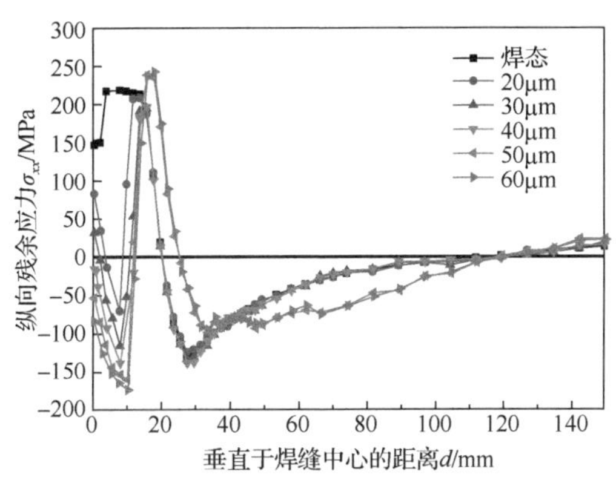

图 9-26　不同超声冲击处理振幅下的纵向残余应力分布

6. 冲击频率对焊接残余应力的影响

为研究超声冲击频率对焊后残余应力的影响，取幅值为 40μm，频率分别为 10kHz、15kHz、20kHz 和 25kHz，具体如图 9-27 和图 9-28 所示。图 9-27 所示为不同超声冲击频率产生的纵向残余应力分布。当超声冲击频率为 10kHz、15kHz、20kHz 和 25kHz 时，最大压应力值分别为 114.4MPa、120.6MPa、136.2MPa 和 142.6MPa，其纵向残余应力分布规律一致，差值变化很小。由图 9-27 可知，随着超声冲击频率的增加，其接头处压应力值会增加，但是增加的幅度很小。

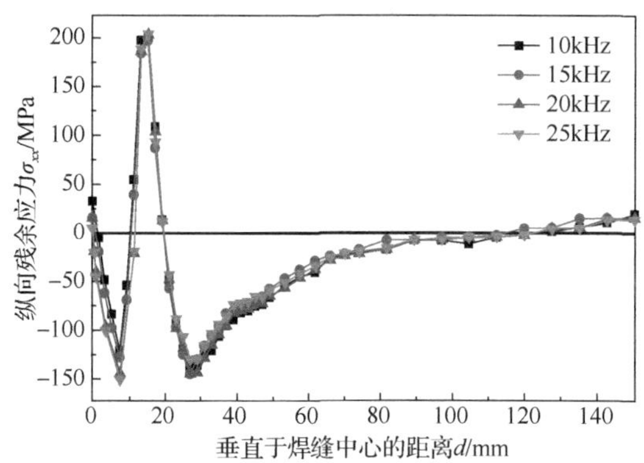

图 9-27　不同超声冲击频率产生的纵向残余应力分布

图 9-28 所示为不同超声冲击频率产生的横向残余应力分布。4 种冲击频率条件下都能在焊缝处产生残余压应力，且均有相同的分布规律，随着频率的增大，在焊缝附近产生的压应力值也会增加，但增加的幅值很小。由此可知，频率对横向残余应力影响较小。

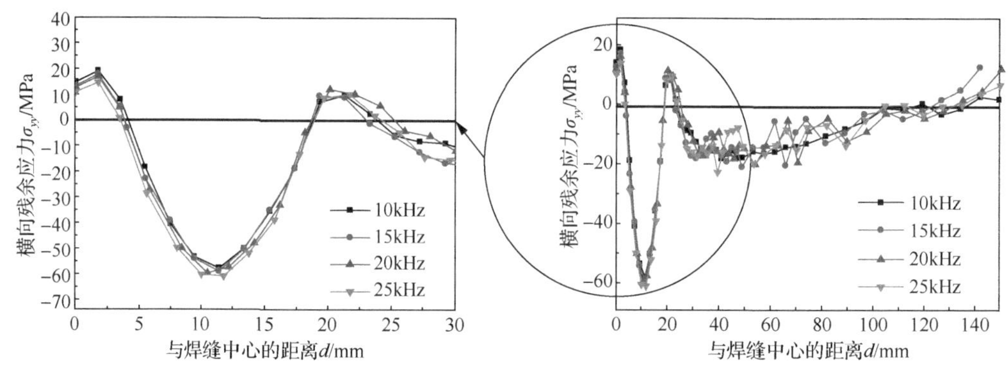

图 9-28　不同超声冲击频率产生的横向残余应力分布

7. 静压力对焊接残余应力的影响

由于超声冲击处理时的静压力一般为设备的自重，为了研究静压力对残余应力的影响程度，取频率为 20kHz，振幅为 40μm，静压力分别取设备的自重、5 倍自重及 10 倍自重。图 9-29 和图 9-30 所示分别为在该 3 种条件下纵向和横向残余应力分布图。由图 9-29 可知，随着静压力的增加，获得的最大纵向残余压应力值分别为 136.2MPa、142.6MPa 和 145.2MPa，即产生的纵向压应力会增加，但增加的幅度很小。3 种静压力情况下纵向和横向残余应力分布规律基本一致。由此可知，静压力对残余应力分布影响不明显。

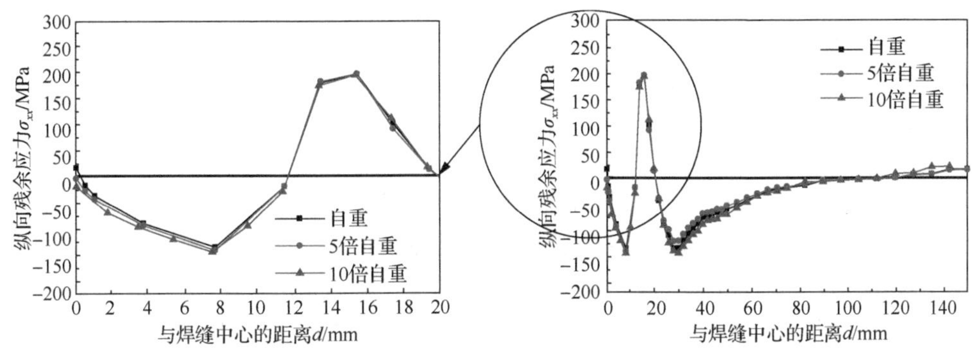

图 9-29　不同静压力下纵向残余应力分布

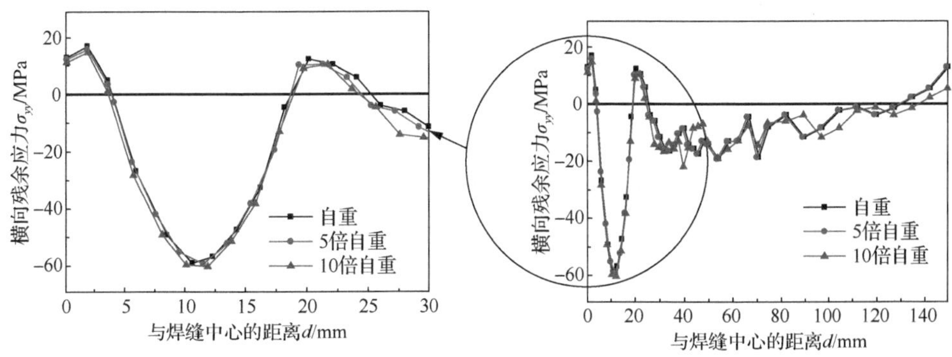

图 9-30　不同静压力下横向残余应力分布

9.4　本 章 小 结

1）本章利用有限元软件 ANSYS，进行了高能喷丸表面纳米化应力场的有限元分析。随着高能喷丸时间的增加，沿板宽和焊缝方向的纵向、横向残余应力的变化规律如下：拉应力逐渐减小并转化为压应力，压应力逐渐增大；当高能喷丸超过 30min 后，残余应力值变化很小，说明高能喷丸的饱和时间为 30min。焊缝区的纵向残余应力既有拉应力，也有压应力。沿板宽方向，最大拉应力数值由高能喷丸前的 56MPa 减小到 27MPa，随着离开焊缝中心线距离的增加，拉应力逐渐降低并转化为压应力，最大压应力由高能喷丸前的 10MPa 增大到 27MPa，并且离焊缝距离越远，压应力值越低。沿焊缝方向，两端为压应力，最大值为 13MPa，中间部位附近区域为拉应力，最大拉应力由高能喷丸前的 56MPa 减小到 27MPa。焊接接头各区的横向残余应力均为压应力。沿板宽方向，随着离开焊缝中心线距离的增加，压应力逐渐增加，最大压应力为 20MPa；沿焊缝方向，两端数值最大，最大压应力由高能喷丸前的 17MPa 增加到 39MPa，中间部位附近区域数值最小。

2）本章以国产 7A52 高强铝合金为研究材料，分别采用试验和有限元的方法进行研究，主要采用双丝 MIG 焊方法对 8mm 厚的平板试样进行对接焊，建立了 7A52 铝合金材料的本构模型和超声冲击处理的动力学模型，利用有限元软件 ABAQUS 建立了该铝合金的焊接与超声冲击处理有限元耦合模型，旨在分析超声冲击处理对 7A52 铝合金焊后残余应力的影响因素和分布规律，从而解决超声冲击参数的选择问题，即避免出现只能依靠性能试验或经验而造成大量人力、物力消耗的状况，为实际超声冲击处理工艺提供一定的借鉴。通过研究所得的主要结论如下：

① 利用 Gleeble 热模拟试验和常温拉伸试验获得的数据，作为原始输入数据建立了 7A52 铝合金的 Johnson-Cook 本构模型，根据试验曲线特点对原始 Johnson-Cook 本构模型进行了适当的修正，获得了应力随应变、温度与应变率变化的非线性关系。

② 采用有限元分析软件 ABAQUS 建立了 7A52 铝合金双丝 MIG 焊接有限元模型。计算结果表明，垂直于焊缝中心的纵向应力分布呈现双峰分布特征；焊缝中心的纵向应力在焊接加热过程中首先产生较小的压应力，然后在冷却过程中又转变为拉应力，并且随着冷却的继续进行，其拉应力逐渐增大，最后形成较大的拉应力；焊后横向残余应力远小于纵向残余应力。

③ 根据赫兹接触理论和材料弹塑性变化过程特点，建立了超声冲击处理数学模型，计算获得了超声冲击处理后的应力场分布，分析了超声冲击处理各参数对试样应力的影响。通过改变影响超声冲击处理后应力变化的因素冲击针半径、冲击速度、频率、振幅等参数，发现冲击针半径对试样表面应力的影响较小。冲击速度对试样表层应力影响较大，随着冲击速度的增大，压应力增大；冲击振幅和频率的增大均会增加压应力值。

④ 利用有限元分析软件 ABAQUS，建立了 7A52 铝合金焊接与超声冲击处理耦合模型，研究了不同超声冲击处理参数包括冲击位置、冲击速度、冲击针直径、振幅、频率及静压力对焊后残余应力的影响规律。结果表明，超声冲击分别对焊缝中心与焊趾处进行处理，均能使焊缝中心的拉应力转变为压应力，但其他参数一定条件下对焊趾处冲击产生的压应力范围大且应力值也大，冲击效果好；随着冲击针直径的增大，其接头处压应力值会增加，并且产生的纵向压应力区间会增大。随着冲击振幅的增加，其接头处压应力值会增加，并且产生的纵向压应力区间会增大，但振幅增加到一定数量，压应力值增加幅度有所减小。随着超声冲击频率的增加，其接头处压应力值会增加，但是增加的幅度很小。静压力对其接头处残余应力分布影响不明显。

参 考 文 献

[1] 赵建飞，周建忠，黄舒，等. AZ31B 镁合金激光喷丸强化后疲劳裂纹扩展的数值模拟研究[J]. 机械设计与制造，2009（12）：117-119.

[2] 王业辉. TC4 钛合金超声喷丸强化残余应力数值模拟分析[J]. 航空发动机，2019，45（3）：58-64.

[3] 黄海明. 汽车轴用 42CrMo 钢高能喷丸表面纳米化技术仿真和优化研究[D]. 武汉：武汉理工大学，2019.

[4] 王惠敏. 钛合金湿喷丸强化过程的计算机模拟与分析[D]. 大连：大连理工大学，2016.

[5] 俞秋景，刘军和，张伟红，等. Inconel625 合金 Johnson-Cook 本构模型的一种改进[J]. 稀有金属材料与工程，2013，42（8）：1679-1684.